ナショナル・トラスト
100周年への道筋
1970〜1995年

四元忠博 著

時潮社

目　次

第1編　ナショナル・トラスト75周年を越えて、100周年を目指す

第1章　ナショナル・トラストの公害反対運動【1970年】……………………15

はじめに　*15*

第1節　ヨーロッパ自然保護年およびトラスト75周年記念行事　*15*

第2節　新しく獲得された資産　*19*

第3節　エンタプライズ・ネプチューン　*22*

第4節　カントリィ・パーク　*23*

第5節　生垣および生垣の低木の列の保全　*25*

第6節　1970年の会員キャンペーン　*26*

第7節　ナショナル・トラストと若い会員たち　*26*

第8節　センター　*27*

第9節　地域委員会　*28*

第10節　会計および会員数　*28*

おわりに　*30*

【資料】　1970年　新しく獲得された資産と約款　*30*

第2章　ナショナル・トラストの自然保護問題に対する態度【1971年】…34

はじめに　*34*

第1節　国際的協力関係　*35*

第2節　トラストの一般的な自然保護問題に対する態度　*35*

第3節　新しく獲得された資産　*36*

第4節　エンタプライズ・ネプチューン　*38*

第5節　会　員　*39*

第6節　北アイルランド　*40*

おわりに　*41*

【資料】　1971年　新しく獲得された資産と約款　*42*

第3章　ナショナル・トラストの国土保全を中心とした国民経済的意義
　　　　【1972年】……………………………………………………………47

　はじめに　47

　第1節　『村落地』　47

　第2節　新しく獲得された資産　48

　第3節　エンタプライズ・ネプチューン　49

　第4節　1972年財政法　50

　第5節　地　域　51

　第6節　売　店　52

　第7節　会員数　55

　第8節　エイコーン・キャンプと青年会員たち　55

　おわりに　55

　【資料】　1972年　新しく獲得された資産と約款　58

第4章　イギリス経済とナショナル・トラスト【1973年】………………62

　はじめに　62

　第1節　譲渡不能 inalienability　62

　第2節　新しい資産　64

　第3節　エンタプライズ・ネプチューン　66

　第4節　ヨーロッパ建築物遺産年1975　67

　第5節　考古学　68

　第6節　樹木年　69

　第7節　会員数　70

　第8節　センター　71

　おわりに　71

　【資料】　1973年　新しく獲得された資産と約款　72

第5章　ナショナル・トラストの着実な進展を目指して【1974年】………76

　第1節　財政上の展望と会員数　76

　第2節　新しい租税法　77

目　次

第3節　農場地代　*78*

第4節　譲渡不能　*79*

第5節　新しい資産　*80*

第6節　エンタプライズ・ネプチューン　*81*

第7節　織物の保存　*84*

第8節　アメリカ合衆国のトラスト　*85*

おわりに　*85*

【資料】1974年　新しく獲得された資産と約款　*86*

第6章　不況に抗して【1975年】……………………………………………*90*

第1節　不　況　*90*

第2節　ナショナル・トラストと経済　*90*

第3節　寄付金と入場料　*91*

第4節　80周年記念行事　*92*

第5節　法律制定　*92*

第6節　ペットワース　*93*

第7節　新しい資産　*94*

第8節　エンタプライズ・ネプチューン　*95*

第9節　基金募集アピール　*97*

第10節　ロイヤル・オーク財団　*98*

第11節　モンタキュートとナショナル・ポートレート・ギャラリィ　*98*

第12節　センター　*99*

おわりに　*99*

【資料】1975年　新しく獲得された資産と約款　*100*

　　　　ナショナル・トラストへの遺産提供　*103*

第7章　再び経済危機に抗して【1976年】……………………………………*104*

はじめに　*104*

第1節　財政および会員数　*104*

第2節　ペットワース　*105*

第3節　新しい資産　*106*

第4節　エンタプライズ・ネプチューン　*109*

第5節　センター　*110*

第6節　ジュニア部門　*111*

おわりに　*112*

【資料】1976年　新しく獲得された資産と約款　*113*

第8章　トラストのさらなる発展を目指して【1977年】……………………*118*

第1節　ナショナル・トラスト議長アントリム卿の死去　*118*

第2節　皇太后、トラスト総裁就任25周年　*119*

第3節　新しい資産　*119*

第4節　エンタプライズ・ネプチューン　*121*

第5節　財政・会員数　*123*

第6節　遺産教育年によるトラストの成長　*124*

第7節　雇用創出プログラム　*125*

第8節　合衆国とのつながり　*126*

第9節　業　務　*126*

おわりに　*127*

【資料】1977年　新しく獲得された資産と約款　*127*

第9章　記録的なナショナル・トラストの成長と会員数の増加【1978年】…*132*

第1節　会員数　*132*

第2節　財　政　*132*

第3節　宣　伝　*133*

第4節　新しい資産　*133*

第5節　エンタプライズ・ネプチューン　*135*

第6節　新しい工業博物館　*136*

おわりに　*137*

【資料】1978年　新しく獲得された資産と約款　*139*

目 次

第10章　将来へ向けて：ナショナル・トラスト運動【1979年】……………*143*

はじめに　*143*

第1節　新しい資産　*144*

第2節　エンタプライズ・ネプチューン　*146*

第3節　財　政　*147*

第4節　会員数　*148*

第5節　アピール　*149*

おわりに　*150*

【資料】　1979年　新しく獲得された資産と約款　*151*

第11章　トラストの活動領域の拡大【1980年】…………………………………*155*

第1節　国民遺産記念基金　*155*

第2節　新しい資産　*156*

第3節　エンタプライズ・ネプチューン　*157*

第4節　資金の調達　*159*

第5節　オープン・スペース　*161*

第6節　庭　園　*163*

第7節　ロイヤル・オーク財団　*165*

第8節　ヤング・ナショナル・トラスト・グループ　*165*

第9節　スコットランド・ナショナル・トラストの50周年記念行事　*166*

第10節　ピルグリム・トラストの50周年記念行事　*167*

おわりに　*168*

【資料】　1980年　新しく獲得された資産と約款　*169*

第12章　100万人目の会員―さらなる前進へ【1981年】………………………*175*

はじめに　*175*

第1節　新しい資産　*176*

第2節　エンタプライズ・ネプチューン　*176*

第3節　ランズ・エンド（地の果て）　*177*

第4節　自然保護　*179*

7

第5節　雇用促進委員会（Manpower Services Commission、MSC）　*180*

第6節　資金調達とアピール　*181*

第7節　センター、アソシエーション、そしてヤング・ナショナル・トラスト・
グループ　*182*

第8節　ボランティアの役割　*182*

第9節　若者と教育　*183*

おわりに　*184*

【資料】　1981年　新しく獲得された資産と約款　*185*

第13章　困難を乗り越えて：500マイル（800km）へ【1982年】 …………*191*

理事長の本年度に対する評価　*191*

第1節　新しい資産　*195*

第2節　野外スポーツ　*196*

第3節　財政と会員数　*198*

第4節　アピール、そしてスポンサーシップ　*198*

第5節　エンタプライズ・ネプチューン　*199*

第6節　若　者　*199*

おわりに　*200*

【資料】　1982年　新しく獲得された資産と約款　*201*

第14章　学校教育へのアプローチ【1983年】……………………………………*208*

アンガス・スターリング理事長からの挨拶　*208*

第1節　海岸とカントリィサイド　*215*

第2節　自然保護　*217*

第3節　ナショナル・トラスト・エンタプライズ　*217*

第4節　ボランティア　*218*

第5節　ナショナル・トラストと教育　*218*

おわりに　*219*

【資料】　1983年　新しく獲得された資産と約款　*219*

目　次

第15章　長引くインフレーションとトラスト【1984年】 ……………226

はじめに　アンガス・スターリング理事長　*226*

第1節　海岸とカントリィサイド　*232*

第2節　雇用促進委員会（MSC）　*234*

第3節　農地法（1984年法）　*234*

第4節　良好な高地へ　*234*

第5節　財　政　*235*

第6節　会員数と訪問者　*235*

第7節　教　育　*236*

第8節　アピール　*237*

【資料】　1984年　新しく獲得された資産と約款　*238*

第16章　国立公園と油田開発【1985年】 ……………………244

理事長挨拶　　アンガス・スターリング　*244*

第1節　資産の獲得について　*249*

第2節　自然保護　*251*

第3節　庭　園　*252*

第4節　ナショナル・トラストとカントリィサイド委員会　*252*

第5節　教　育　*253*

第6節　訪　問　*253*

第7節　アピール　*254*

おわりに　*254*

【資料】　1985年　新しく獲得された資産と約款　*255*

第17章　新たに獲得した資産の保全と管理【1986年】 ………………262

ジェニファー・ジェンキンズ議長の「あいさつ」から　*262*

第1節　1986年を顧みて　*264*

第2節　風景の保全と土地の管理　*266*

第3節　会員数とP.R.　*270*

第4節　財　政　*271*

9

【資料】1986年　新しく獲得された資産と約款　*272*

第18章　イングランドを襲った強風【1987年】⋯⋯⋯⋯⋯⋯⋯⋯⋯*280*

ジェニファー・ジェンキンズ議長の「まえがき」　*280*

はじめに　理事長　アンガス・スターリング　*281*

第1節　海岸と村落　*284*

第2節　強風によるダメージ　*287*

第3節　ナショナル・トラストの推進　*288*

【資料】1987年　新しく獲得された資産と約款　*291*

第19章　ナショナル・トラスト運動のイノベーション【1988年】⋯⋯⋯*298*

ジェニファー・ジェンキンズ議長の「まえがき」より　*298*

はじめに　アンガス・スターリング理事長　*300*

第1節　自然保護　*302*

第2節　農　業　*303*

第3節　高　地（uplands）　*304*

第4節　考古学　*304*

第5節　その地方特有の建物（Vernacular Buildings）　*304*

第6節　大強風の災害　*306*

第7節　基金募集　*309*

第8節　会員とボランティア　*308*

第9節　年次総会　*309*

【資料】1988年　新しく獲得された資産と約款　*311*

第20章　財政問題と組織の拡大【1989年】⋯⋯⋯⋯⋯⋯⋯⋯⋯⋯⋯*317*

はじめに　議長　ジェニファー・ジェンキンズ　*317*

理事長からの序文　アンガス・スターリング　*318*

第1節　カントリィサイドと庭園　*320*

第2節　トラストの推進　*322*

第3節　センターおよび協会　*326*

　　　　　　　　　　　　　　　　　　　　　　　　　　　　目　次

　　【資料】　1989年　新しく獲得された資産と約款　*328*

第21章　ナショナル・トラストのもつ多様性【1990年】 ……………………*334*

　　あいさつ　ジェニファー・ジェンキンズ議長　*334*

　　あいさつ　アンガス・スターリング理事長　*337*

　　第1節　資　産　*341*

　　第2節　ナショナル・トラスト運動の推進　*346*

　　第3節　年次総会　*347*

　　【資料】　1990年　新しく獲得された資産と約款　*348*

第2編　ナショナル・トラスト100周年、そして次へ

　第1章　教育事業の推進【1991年】 …………………………………………*357*

　　はしがき　議長　チョーリー卿　*357*

　　はしがき　理事長　アンガス・スターリング　*359*

　　第1節　資　産　*362*

　　第2節　自然保護　*366*

　　第3節　アクセス　*367*

　　第4節　考古学　*368*

　　第5節　その地方特有の建物　Vernacular Buildings　*368*

　　第6節　ナショナル・トラストを推進して　*371*

　　第7節　ナショナル・トラストを支援して　*371*

　　【資料】　1991年　新しく獲得された資産と約款　*373*

　第2章　ナショナル・トラストと農業【1992年】 ……………………………*382*

　　はしがき　議長　チョーリー卿　*382*

　　序　文　理事長　アンガス・スターリング　*384*

　　第1節　1992年におけるナショナル・トラストの事業　*389*

　　第2節　トラストを推進して　*394*

　　【資料】　1992年　新しく獲得された資産と約款　*397*

11

第3章　トラスト100周年へ向けて【1993/94年】 ················ 404

　議長　あいさつ　チョーリー卿　*404*

　第1節　1993年のレヴュー　理事長　アンガス・スターリング　*406*

　第2節　ナショナル・トラスト：地域での活動　*412*

　第3節　会計報告に関するコメント（財政委員会議長による）　*416*

　【資料】　1993/94年　新しく獲得された資産と約款　*420*

第4章　設立100周年を迎えて、そして次へ【1994/95年】 ··········· 426

　はじめに　ロジャー・チョーリー議長　*426*

　今期を振り返って　理事長アンガス・スターリング　*429*

　　新しい獲得：カントリィサイドの保護を強調して　教育の重要性　「健全」の概念を得るた
　　めに　援助の必要性　永遠の目的　活動するナショナル・トラスト　100周年記念行事　新し
　　く獲得された資産　トラストとともに生涯学習を　自然保護と自然保存地　道路　ヨーロッ
　　パ　共に働いて　遺産からの支持と資金収集のための活動

　【資料】　1994/95年　新しく獲得された資産と約款　*440*

【索引】 ·· 449

【付】　ナショナル・トラスト　地図 ································ 455

　1．地図は、前理事のピーター・ニクスン氏の秘書のセリーナ・アンダーウッド女史に送って
　　いただいたものです。
　2．ウェールズ語の発音については、Fundraising Consultant Walesのピアソン・アマンダ女
　　史に依頼したものを、ウェールズのボンゴール大学のGuto Roberts氏に送付していただい
　　たものです。いずれもナショナル・トラストのご好意によるものです。
　　記してお礼を申し上げます。

第 1 編

ナショナル・トラスト75周年を越えて、
100周年を目指す

第1章　ナショナル・トラストの公害反対運動
【1970年】

はじめに

　1970年のナショナル・トラストの年次報告書（*THE NATIONAL TRUST ANNUAL REPORT 1970*）は、完全な暦年のイベントと統計をカバーする最初の年次報告書であり、この形式は将来も引き継がれる。1970年はヨーロッパ自然保護年とトラスト設立75周年記念行事が重なった。それにまたベンソン委員会によって勧告された多くの変化と、トラストの地域システムのさらなる拡大と統合も導入された。これらの変化によって、トラストは前進するためのチャンスを得たと言っていい。しかしインフレーションとともにトラストの責任が重くなり、かつ財政状態が悪化したのも事実である。このような年に寄付と遺産金が増えたことは幸運であったし、会員数が増加したことも、会費収入が増加したことと併せて、トラストが前進する契機となった。しかしトラストの財政は、これまでの改良事業が継続したことと、節約を厳しく実行したことで、バランスが漸く保たれたのである。

　節約の必要性は避けられない。だからといって地域および地方委員会が関心を持っているものを減らすわけにはいかない。評議会自体、地域委員会が責任をもって、通常は地域委員会との連絡は地域あるいは地方事務所を通じて行なわれる。それ故に評議会は、地域および地方委員会、そして会員が節約の必要性を理解し、実行されるということを確信した。⁽¹⁾

第1節　ヨーロッパ自然保護年およびトラスト75周年記念行事

　評議会は、前年の年次報告書で、これらに関連したイベントをできる限り多くの広告で広めたほうがよいと考えていた。ヨーロッパ自然保護年が計画され、かつ達成されたのは、大部分この国からのプレッシャーもあったからだった。そしてヨーロッパ自然保護年において勧められたことを、ナショナル・トラス

サスペンション・ブリッジの右側の森林がリー・ウッズ（1988.6）

トが75年の間、実行してきたということを知らしめたことは多分成功だったと考える。スコットランド・ナショナル・トラストおよびナショナル・トラストが国民のために多くのことを保護することができたが故に、この国はそれなりにこれまでの実績を誇りにすることができるのだ。

　ブリストル近郊にあるリー・ウッズ（Leigh Woods）を国立自然保存地として管理するための自然管理委員会（the Nature Conservancy）との協定の結論を12月に公表できたことは象徴的であった。トラストは大都市の郊外に、地方委員会の指導と費用を折半して管理している一般の人々に自由に開放され、重要かつ美しい資産がある。トラストが1909年以来、リー・ウッズの一部を保全してきたこと、そしてそこが国立自然保存地として指定されたことを感謝していることと考えたい。

　私自身、1988年6月にブリストル西部にあるサスペンション・ブリッジを渡り、リー・ウッズの森林地に入った。運よくエイヴォン川を見渡すところまで来た。吊り橋を右側に見て満足した。帰りには吊り橋を渡りながらエイヴォン

第1章　ナショナル・トラストの公害反対運動【1970年】

川に沿ったリー・ウッズの森とエイヴォン・ゴージ（Avon Gorge）も存分に眺めることができた。ここからの眺望も素晴らしかった。しかしこの時には、この森林地が国立自然保存地として指定されていることに気が付かなかった。後年、このこともあって、再びこの森に入ったことがある。2016年には妻と一緒にこの森を目指したのだが、運悪く途中で引き返さざるをえなかったのは残念であった。

　評議会は、トラストあるいはトラストの資産で働いている仲間が、イギリスのカントリィサイドの自然を改良し、あるいはイギリスのカントリィサイドを深く意識し、かつ理解していくためのプロジェクトを、エディンバラ公が推奨するために7つの賞品を付与してくれた。賞品は以下のとおりである。

＊バッキンガムシァのピッツトンにある風車を完全に復元したことに対して、ピッツトン風車復元委員会へ。
＊チェシァのタットン・パークの自然歩道の基礎を固めるための努力に対して、チェシァ保存トラストへ。
＊コーンウォールのランディ湾での崖地の歩道とピクニック地域および植樹計画を持つアメニティ地帯とドーセットおよび北デヴォンの海岸のトラストの所有地の地図と道標を提供したことに対して、ナショナル・トラストへ。
＊ドーセットのブラウンシィの一部地域に自然保存地をつくったことに対して、ドーセット・ナチュラリスト・トラストへ。
＊スタッフォードシァのホークスムアにある自然保存地を教育およびフィールド・スタディ・センターに発展させたことに対して、トラストのホークスムア管理委員会のピーター・L・ウィルスン氏へ。

　1970年のデヴォン州植樹競争では、トラストは＊ヘンブリィ・ウッズのブナ／ツガに対して2等賞を得、＊キラトンでは、コルシカの松に対して3等賞を得た。

　75周年記念行事は、トラスト総裁のエリザベス皇太后の恩義に大いに助けら

れた。その他王室の他のメンバーの人々もまた強力な支持を与えてくれた。評議会は1970年のトラストの活動に王室が深い関心をはっきりと示してくれたことに深い謝意を表した。

　ナショナル・トラストの資産の存在そのものが、自然保護に対して積極的に貢献するものだということは、トラストの仕事の割合が大きくなればなるほど大きくなってくる。自然保護は年を経るにつれて、トラストの静寂と永続性という理想への困難に対して闘いを挑んできた。それらは高速道路、鉱業、機械工業、そしてその他の形での公害が示している。道路建設計画の提案が譲渡不能の土地の相当程度の地域を奪い取る場合には、それに反対するのはトラストの義務である。

　例えばトラストは、デヴォンのキラトン・エステートの真ん中を通るM5高速道路の建設に、そしてスタッフォードシャのモーズリィ・オールド・ホールの150ヤードの中を走るために計画されたM54号線に反対した。湖水地方では、トラストによって継続した反対運動によって、カンバーランド州議会にケジックを回る南方のバイパスのための計画を放棄させた。この計画が実施されたら、トラストの約款の土地と交差し、そしてボローデイルの交通量を増加させたことだろう。

　アングルシィでは、アムルクでの石油基地（oil terminal）をつくることに反対するキャンペーンに、トラストがケマエス、ケムリンおよび近辺の他の資産に石油公害を及ぼす危険があるということを根拠にして支持を表明した。トラストによって反対されたウェールズでのもう一つの提案は、マウダッハ・エスチュアリィで試掘をしようというthe Rio Tinto Zinc Corporationの提案であった。もしここで金あるいは銅の鉱床が見つかれば、掘削を最初に行なうこと自体が海岸で鉱床の露天掘りになり、そしてクレゲナンおよびドルメリンスリンのトラストの資産を傷つける恐れがあった。

　サー・ヘンリィ・ベンソン委員会によって再確認された最初の方針は、トラストが自らの資産に影響を及ぼす脅威には、トラストが積極的に反対するということであった。評議会は、トラストの資産でなくてもトラストの見解を表明するだけの正当性のある例外的な場合があるということも認識していた。

　広範な一般の人々の関心を呼び起こし、そして同時にトラストのワデスドン、

クレイドンおよびアスコット（バッキンガムシァ）のトラストの資産に脅威を与え、そしてチルターン・ヒルズでは、第3のロンドン空港がカブリントンに建設されるべきだというロスキル委員会の勧告が出た。ついでながら次のことだけは主張しておきたい。私はロンドンに滞在している時はしばしばアシュリッジにヒーリングを求めて訪ねており、時にはアイヴィング・ホウに登った。ここからカブリントンまで10kmも離れていない。こんなところに空港をつくるとは!?　幾人かの会員がこのことについて不安を表わす手紙をよこした。そして評議会はすすんで、トラストは反対し、そしてこの委員会に彼らを代表して反対を表明した。議長もまたタイムズ紙にトラストの反対を表わす手紙を書いた。それに両議会のトラストの会員は、論争の間トラストを代表して演説してくれた。

　自然保護年においてトラストは、ヨーロッパ大陸の自然保護運動と貴重な連携を維持し、そして強化した。トラストは「我らのヨーロッパ（Europa Nostra）」の執行委員会を代表しており、そして後者は、イコモス（ICOMOS、国際記念物遺跡会議）と密接な協力関係にある。トラストはまたICI（International Castles Institute）の会員にもなっている[2]。

第2節　新しく獲得された資産

　1970年にトラストによって獲得された新しい資産および約款の全リストは章末の資料に見出される。前年の年次報告書で発表されなかった獲得資産が少数あったが、それらも含んでいる。ノーフォークのフェルブリッグ・ホールおよびエステートは、交渉が引き延ばされたが、この資産は1970年9月29日ミカエル祭以降、遺言執行人の代わりにイースト・アングリアン地域事務所によって管理されていた。このホールは874ha.の私園（park　いわゆるパブリックな「公園」とは区別されるプライベート＝私有の公園（庭）のこと。以下「私園」と表記）と土地に取り囲まれている。

　1970年のもう一つの重要な遺贈不動産は、スコトニィ・カースル（ケント）のそれであった。塀で囲まれた14世紀の城を取り囲んでいる有名な風景をなす庭園は、4月から10月まで1週間のうち5日間開放されることになった。

　スコトニィ・カースルと言えば、著者には良い思い出がある。ここには拙著

スコトニィ・カースル：周囲を農場や森林で囲まれた広大なカントリィ・ハウス（1995.7）

『ナショナル・トラストの軌跡　1895～1945年』でも紹介しているE・M・バトリック夫人の子息ピーター・バトリック氏が勤務していた。そういうわけもあって、私は1995年7月27日にここを訪ねてみた。とはいっても彼と会うアポイントメントを取っていたわけではなかった。受付にいた婦人にこのことを話すと、すぐに彼に電話をしてくれた。運よく会うことができた。これが彼との最初の出会いであった。初めての出会いを喜んでからスコトニィ・カースルに入っていった。310ha.の美しい私園と森林地、そして農場がある古い堀で囲まれた城を歩いているうちにボランティアと思われるある婦人に、このエステートに農場があるかどうかを尋ねてみた。ここの農場について知らなかった彼女は男性スタッフを摑まえて聞いてくれた。農場を一つ持っているとのことであった。彼女自身、このことを知ってとても喜んだ。ナショナル・トラストの重要な仕事に農業部門があることを初めて知ったのである。私にとってもたいへん嬉しいことであった。少し暗くなりかかった時、1995年の100周年を祝うためのミュージカルの練習に励んでいる一団があった。私も暗くなるまでここに

第1章　ナショナル・トラストの公害反対運動【1970年】

2015年に全焼し、現在、クランドン・パークは復元中（2014.9）

居たかったのだが、やむをえずロンドンに帰らざるをえなかった。

　シュロップシァのワイルダーホープ農場の購入については、この土地がワイルダーホープ・マナーのための基本財産として意図されていたのであって、「新しく獲得された資産と約款」の項には挙げられていない。したがってこの土地は譲渡不能として宣言されていない。ワイルダーホープは1936年にW・A・カドベリィ・トラストによってナショナル・トラストへ寄贈された。ところで私自身、直接訪ねていないのだが、実は1988年8月にシュロップシァのチャーチ・ストレットンの近くにあるロング・マインドに登った時、ワイルダーホープ・マナーがチャーチ・ストレットンの東方11.2kmのところにあることは知っていたし、この美しいエリザベス朝時代のマナー・ハウスが1936年にはジョン・カドベリィ氏によって復元され、周囲が農場で囲まれていることも知っていたのだが、未だに訪ねていない。

　新たに獲得されたわけではないが、トラストの大邸宅のうちの2つが1970年により壮観となって公開された。評議会はトラストにサリーのクランドン・パ

ークを復元させてくれた7万5,000ポンドの贈与金に対して恩義を感じた。私自身、ここを1985年に訪ねたことがあるのだが、2014年9月に再び訪ねてみた。この日はあいにく休館日で邸宅に入れなかったので、農業用地など周囲を歩いているうちに、農家の前に2人の中年の婦人がいた。彼女たちはトラストの借地農ではなかったが、トラストの農業について尋ねてみた。2人ともトラストに対してとても良い印象を持っていた。全国を歩くうちにトラストの将来について希望が持てることを記すことに何らのためらいもない。ただ翌年、ここの邸宅が火事にあったと聞き、再びここを訪ねたのだが、あの素晴らしいカントリィ・ハウスをもう見ることができなかった。一日も早い修復を祈念しているところだ。

　ダービシャのサドベリィ・ホールは、広範な修復と装飾を施したのちに1971年に初めて一般の人々に公開されることになった。主要な宝飾類を有する邸宅と68ha.を含む周囲の土地が国民的土地基金（National Land Fund）の手続きを経て1967年にナショナル・トラストへ譲渡された。10代目のヴァーノン卿が一部の基本基金を提供し、そして維持費もまた歴史的建築物評議会（the Historic Building Council）およびダービシャ州議会からの補助金によってすべてが贈与されることになった。

　主要なネプチューンによる獲得物については、この報告書でも記述されている。デヴォンシャおよびコーンウォールでは、その目的は、すでに所有されているものに隣接している海岸地を獲得することに集中された。その結果はこれまで断片的な所有の状態にある18カ所の主要な海岸地を一緒にすることであった。このことがいかなる意味を持つかについては後で記すことにするが、このような事情もあって私たち夫婦は2015年8月にサマセット州北部のリントンからクーム・マーティン港まで、海沿いを車で走ってみた。貴重な体験であったが、直接にトラストの借地農の一人にも会えなかったのは今でも残念に思っているところだ。[3]

第3節　エンタプライズ・ネプチューン

　1970年の12ヵ月の間に約12万6,000ポンドに達する寄付金が、この年末には合計163万9,600ポンドまでに達し、評議会は満足できる年を報告することがで

きた。11ヵ所の新しいネプチューンの資産のうち、19.2kmの海岸線を構成するものはエセックスのトラストの最初の海岸地、すなわちレイ・アイランドだった。評議会は、特にウェスト・マージー近くの手つかずのこの半島を購入するための費用としてウッドフォード・グリーン・センターの相当額の寄付金が施されたことに対して謝意を表した。

サウス・デヴォンの重要な獲得物は、スタート湾のシュガリィ・コウヴとワレン・ポイントの2.4kmの長さがある素晴らしい海岸線を有するリトル・ダートマス農場であった。トラストは長い間、ここに足場を築きたいと考えていた。このプロジェクトのための特別なアピールへの寛大な寄付金のうちデヴォン婦人会連合からの7,000ポンドは、そのメンバーのうちの1万5,000人が参加したスポンサー付きのウォーキング大会で集まったものであった。

より素晴らしい、手つかずの海岸はまたこの年、カーナヴォンシァ、カーディガンシァ、コーンウォールおよびワイト島においても獲得された。これらは20州にある196.8kmの海岸線がネプチューンによって救われた。17州の80kmの海岸線に広がる33の資産については交渉中である。トラストのネプチューン・アピールによる海岸の保全に関して、国民がその価値を喜んで認識していることは、10月1日にカントリィサイド委員会によって公刊された海岸保全と開発に関する徹底的な報告書のなかに書かれている。この委員会はイングランドとウェールズの34の個々の海岸を確認した。この報告では、特に景観上優れた価値を有し特別に保護する資格を持っていた。これらのうち23において、トラストはそれらを確実に管理していた。

ネプチューン・アピールは今なお実施中であり、寄付行為は依然として歓迎されていた。ネプチューンのための支持が続くならば、この国の貴重な海岸線がもっと保護されることを期待する理由がいくつもあった。トラストが所有することによって、海岸の保護は永続するのである。[4]

第4節　カントリィ・パーク

評議会は1968年カントリィサイド法の通過を歓迎した。この法律はカントリィ・パークの設立のための条項を含んでいた。これらのカントリィ・パークは、もし人口の集中するところにあるならば、人々に出かけるべき場所として提供

オルダリィ・エッジ：マンチェスターの南側にある都市、ストックポートが見える（1985.11）

することによって、カントリィサイドの保存を助けることになるであろう。かくして破壊されやすい地域はトラストによって所有されることにより圧迫を受けることが少なくなるであろう。

　トラストは自然美を保全することを最高のものとするため、それらのトラストの資産はカントリィ・パークとして指定すべきであると考えた。カントリィサイド委員会と協議したのち、トラストの資産はすでにカントリィ・パークの諸機能を果たしていたので、それらの資産をカントリィ・パークとして指定される資格があることがわかっていた。カントリィ・パークとしての指定は実質的な政府の補助金を利用でき、かくしてトラストにそれらの資産の維持・改良を可能にさせ、かつ資産と訪問者に恩恵を与えながら監視することを可能にする。ライム・パーク、オルダリィ・エッジおよびスタイル・ウッズはチェシァにあり、ハードウィックはダービシァにある。クレント・ヒルズとチャドウィッチはウースターシァにあり、フェル・フットは湖水地方にある。クランバー・パークはノッティンガムシァにあり、ボックスヒルとフレンシャム・コモ

ンはサリィにある。これらの大部分は現在トラストのために地方委員会あるいは地方自治体によって管理されている。そしてこれらの機関はこの時の提案に満足していた。

評議会は、トラストの仕事を推進するためにトラストに財政的援助を行なってきたカントリィサイド委員会へ深く感謝している。カントリィ・パークのために利用できる援助は、前項で述べたとおりだが、委員会はまた、広大な農村のコミュニティ社会に対する有益性も認識していた。広大な農村社会へのアクセスについては、トラストは費用を重ねつつも維持してきた。委員会は、大臣の承認に従って、ウォータースミート、ザ・ロング・マインド、ハドリアンズ・ウォール、南ウェールズのブレコン・ビーコンズおよび他のオープン・カントリィサイドとともに、コーンウォール、ペンブロークシァ、ガワー半島およびワイト島の海岸資産を管理する費用を実質的に補助してきた。評議会は、カントリィサイドの保全の利益の点で、委員会とトラストとの間に、この協力体制が続くことを希望してきた。[5]

第5節　生垣および生垣の低木の列の保全

トラストの重要な目的の一つは、カントリィサイドの美しさと、そこの動植物の生命を守ることである。これらに関連して、生垣は田園風景を維持するのに重要な役割を演じている。それらはまた野生生物のためにサンクチュアリィを提供している。

事実上、すべてのトラストの農場は、木、若木およびセイヨウヒイラギなどの木を伐採したりすることはできないという契約に基づいて貸し出されている。借地農として、彼らは生垣を保全しなければならない。この保全義務に加えて、トラストはほぼ1,000人を数えるトラストの借地農が、経済的問題に直面しながらも効率的に農作業を行なえるように奨励している。例えば古い低木の生垣を維持することと、トラクターなど農耕機器を備えた近代的農業の必要性の間には、かなりのバランスが保たれねばならない。しかし「霜害」などもあり、条件によっては、生垣あるいはいくらかの木を取り除くこともある。トラストが生垣の保持を優先しなければと考える時には、トラストは借地農にその理由を説明し、その場合にそれに従って地代を調節することになる。[6]

第6節　1970年の会員キャンペーン

　トラストが一丸となって努力したおかげで、1970年に行なわれた会員獲得キャンペーンは成功であった。達成は無理だと考えられた5万人の新規会員の加入が、予想を超えて5万9,000人となり、1969年末の会員総数は17万6,900人から1970年末には22万6,200人となった。最高の数の新規会員数が各地の資産およびインフォメーション・センターで登録されたのは驚きだった。

　1971年にはこれまでの資産が新規会員を登録するのにもっと都合の良い場所となった。いくつかの重要な邸宅は、設備は貧弱だが、将来、情報発信と新規会員募集の拠点となり、そしてこの分野の担当職員全員が、この任務がトラストの仕事の極めて重要な場だということを十分に理解してくれた。私自身、ずいぶん以前のことだが、サマセットのバリントン・コートの入口で、中年の夫妻がボランティアとなって、進んでトラストの仕事に励んでいるのを見かけたし、サリーのポレスデン・レイシィでは、ボランティアとなって働いたことが、いかに楽しかったかを話してくれた若い女性のことを思い出す。

　2月と6月のニュースレターでは、会員へ配布された議長のポスト・カードの新規会員への勧誘は、2枚のポスト・カードに対して1名の会員を勧誘するようになっていた。これは、会員の友達はトラストへ最も加入するような人々であり、そして評議会は、すべての会員が彼らの友達を加入させるだろうと期待した。

　「ナショナル・トラストについて」という1枚の新しいリーフレットは、カラーの絵入りで、かつ会員の申込書が入れてあり、このリーフレットを送付したい人は誰でも、「広報部門」に問い合わせるように要請されていた。⁽⁷⁾

第7節　ナショナル・トラストと若い会員たち

　1970年の早秋、1,000番目のジュニア会員がクリーブデンのジュニア部門の事務所で登録された。この間ずっと議論されていたが、評議会は1970年12月に21歳以下の個人会員に対する会費を1ポンドに固定し、そしてジュニアの団体会員の会費は据え置くことを決定した。これはトラストの会員を若い人々により広く開放し、かつ評議会が若い人々が多く会員になってくれるように奨励し

第1章　ナショナル・トラストの公害反対運動【1970年】

ているからである。1970年には435名のボランティアが26のエイコーン・キャンプに参加したので、1971年には500名のボランティアが27のキャンプに参加するだろうと期待された。1970年には、エイコーン・キャンプの仕事はコーンウォールのトラストのフォイ川の入江のトラストの資産で歩道や橋、そしてフェンスをつくることであった。トラストはこれらのキャンプに要する費用を最小限に縮小したが、毎年参加予約は満杯だった。

　冬の間スタッフは、地方の教育機関に若者がトラストの会員になるように奨励し、かつ学校や若者のグループには講演をするようにキャンペーンを張ることに集中した。

　1970年の秋に匿名による500ポンドの贈与金はキャンプがしばしば行なわれるところに基礎的な設備を支給するのに使われた。[8]

第8節　センター

　前年にセンターに加入したナショナル・トラストの会員数は、着実に増加し、かつトラストの増加した会員数に比例してセンター数も増加した。そのうち10％の会員がこの年にセンターに属した。

　前年の年次報告書の刊行以来、次のセンターが初めてのミーティングを持った。エプソム、エーエル・アンド・ディストリクト、ノース・ウィルトシァ、ノッティンガム、セント・オルバンズ、ウィンチェスター、そしてヨーク。同様のミーティングがカーディフでも計画された。

　他の地域に住んでいる会員たちはローカル・センターに興味を示した。そしてセンターが1971年中にホーシャム、ワーシング、マルバーン、ウースターシァ、トーントン、コルチェスター、チェルムズフォード、プレストン、シェフィールド、ピーク・ディストリクト、ユニバーシティ・カレッジ・オブ・ウェールズ、アベルストリスにも組織されることが期待された。

　センターはナショナル・トラストの支持者たちのためのクラブで、会員たちによって創設され、そして自ら独立して運営した。そしてセンターは自らの運営費をカバーするために、少額の会費を課した。

　センターは2つの目的を有する。第1番目は、地元のナショナル・トラストを支えるために、新規会員を集め、広告し、基金を集めること。第2番目は、

委員会によって決定された講演会や会合に参加することによって、トラストの仕事をより楽しみ、かつ個人を高めながらナショナル・トラストをより身近なものにすること。

評議会は、ほとんど40のセンターから、委員会の指導の下に2万人のセンターのメンバーによって与えられた支援に感謝している。彼らはトラストを支援する以上のことを行なっている。[9]

第9節　地域委員会

多くの地域委員会の活動のうち、参考になると思われる2つの委員会の活動報告を紹介しておこう。

* ノーサンバーランドとダラム州委員会は、ファーン諸島のナチュラリストである管理人1名を任用したこと、および船が贈られたことを報告した。シーハウジズの埠頭にあるインフォメーション・センターがファーン諸島を訪れる人々の役に立つサービスを与え、そしてこれを契機に1970年のシーズン中に474名の新規会員を会員名簿に載せた。私たち夫婦もシーハウジズの埠頭からファーン諸島に渡ったことがあるが、このことについては後述するはずである。

* 湖水地方委員会は、丘陵の牧羊家が農業では生活できないことに不安を感じた。委員会はいくつかの会議やミーティングで、そして報道関係者たちに農場が荒れるに任せ、かつ羊が丘陵地からいなくなるままにしておくならば、社会やアメニティのために悲劇となるだろうということをわかりやすく説明した。[10]

第10節　会計および会員数

評議会は、明晰かつ節約を旨として、1969年のように2つの会計報告ではなくて、一組の会計報告を報告書のなかに組み入れられるべきだと考えた。その結果、1970年の会計報告書は前年の会計報告書と同じ形式のものとなった。評議会はその結果、会員もこの新しい会計報告書はわかりやすいものだと考えるだろうと期待した。これはもちろん、法律の要求にも合致するものだった。

第1章　ナショナル・トラストの公害反対運動【1970年】

　会員たちはこの年度中の一般基金の処理の仕方に関して、3,000ポンドだけだが、剰余金が再度生まれたことを喜んだに違いない。少額だったけれども、この剰余金は収入を増やし、そして出費を含む注意深い節約によって、トラストの努力が実ったことを表わしていた。

　収入の増加のなかで注目すべきは、贈与金と遺産金が極めて多いことであった。32万7,000ポンドという多くの金額が、過去5年間のうち1年間に月平均25万ポンドであったのと比較して、トラストの一般目的のために与えられたか、または遺贈されたのである。

　会費収入もまた1969年の29万7,000ポンドから1970年には40万ポンドへと増加して、トラストの大いなる努力に応えてくれたのである。トラストは寛大にもお金と時間を与えてくれた多くの仲間に深い恩義を感じたことは間違いない。

　一般基金は、また1969年早くに優良株や普通株の保有から銀行預金へと替えて利益を得た。結果的にトラストは資本の損失に苦しむことはなかったし、また高利子率によって利益を得た。同様に、確定目的基金と資本基本基金によって保有された投資資金のかなりの部分は預金に向けられて、株価の一般的低下のクッションの役割を果たした。

　他方では、1970年中に向けられた出費の抑制はまだ続いていた。より多くの資産が、維持、改良、そして管理の費用を増加させたことは当然である。そしてより多くの資産と増えていく会員が、広告、そして募集、会費サービス、そして管理のための費用を増やしたことも当然のことである。

　トラストの会員の総数は、1969年末の17万6,900人から1970年末には22万6,200人へ増加した。1970年における純増は1969年の2倍を優に超えた。そして1969年末の会員数の約28%の増加に相当する。

　会費はこれまでに2回だけ引き上げられた。過去にはこのような引き上げは新規会員だけに限られた。在来の会員は彼らが会員になった時の金額を支払い続けた。評議会が受け入れたベンソン委員会の勧告の1つは、当時の会員はその時の最低会費と同じだけの料金を支払えばよかった。したがって2ポンド以下を支払うすべての普通会員および1ポンド以下を支払う家族会員は、引き上げられた額に従うように要求された。要求に応じてくれる会員は、引き上げられた会費に応じてくれるようにとの議長からの訴えに賛同してくれた人々であ

る。そして評議会は、彼らの寛大な支持に対して心から感謝した。評議会は、この会費の引き上げに応える余裕を持ちえていないと感じたいくらかの会員を失ったことを深く残念に思っていた。[11]

おわりに

1970年において公共団体、報道機関および数万人の個人が、色々な点でこの国の歴史上の遺跡および建築物、自然美および野生生物の保存について深い関心を示し、そして彼らは進んでそのために働き、そのために寄金を与え、そしてそれを公衆の名の下に支えてくれた。環境問題に対する一般的な関心は、カントリィサイドおよび歴史的に由緒ある都市への脅威に対する公然たる喧騒に反映されてきた。これまでほんの少し前までは少数の人々だけを立ち上がらせた問題であったが、今では国民を立ち上がらせている。自然保護のロビー活動は効率性と自信という点では成長してきた。政府および地方自治体はこの運動の強さとこの運動に関する重要性について理解を示しつつあった。環境省の創設を導いた論理は健全であり、かつトラストが関心を持っている真意に対して決定を下すには、適切な注意が払われることが望まれる。

自然保護運動全体のなかで、トラストの仕事はトラストが持っている多くの資産を、これまで最高の水準に保ちながら持っていたのと同じように維持し、そして脅威の下に置かれている資産の場合、それらを国民のために確保し、かつ守ることである。もしこのことを成功裡に行ない続けることができるならば、トラストは会員数を増加させ、そしてよりしっかりした基礎の下に、トラストの財政を安定化させることによって、トラストの強さを打ち立てていくに違いない。1970年の経験は、評議会にこれらの目的は成し遂げられうるのだという自信を持たせた。[12]

資料 1970年 新しく獲得された資産と約款

【コーンウォール】
　＊Cadsonbury. 33.6ha.の丘陵地、1970年贈与金によって購入。
　＊Erth Barton & Erth Island. 138.8ha.、1970年約款、贈与。

第1章　ナショナル・トラストの公害反対運動【1970年】

* Lanhydrock. ボドミンの南西部4km、1970年、39.2ha.の森林地の付加、贈与。
* Rospletha Cliff、St Levan. 3.2ha.、1970年贈与。同時に0.4ha.がコーンウォール集会による贈与。
* Sandymouth. ビュードの北方3.2kmの海岸に沿っている。1970年にはすでにHoundapit Cliffsの46.8ha.の農場が約款によって購入され、Stowe Cliffsの138ha.も約款によって購入された。両海岸地とも1970年にエンタプライズ・ネプチューン基金によって獲得された。私自身、この海岸を一度も訪ねたことはないが、この海岸の北方と南方には何度か訪ねたことがある。そういうこともあり、この地域を訪ねようという計画があるにもかかわらず、まだ実現していないままである。トラストのエンタプライズ・ネプチューンの実績を知るためにも、この地域を歩くことが何としても必要である。この地域のフィールド・ワークが得られた時には、その結果をいつの日か報告したいと考えている。

【デヴォン】
* Huntland Wood. ティヴァトンの西方4.8km、森林地、10.8ha.、1970年贈与。
* Little Dartmouth. ダートマスの南方2.4km、1970年、66ha.の崖地と農場、一部エンタプライズ・ネプチューン基金、一部地元のアピールで購入。68.8ha.の農場に対しては約款で獲得。
* Morte Point. ウラクームの東方、6.8ha.、1970年、エンタプライズ・ネプチューン・キャンペーンで購入。
* Nethercleave、Withleigh. ティヴァトンの西方4.8km、1971年、贈与金で12ha.の急峻な放牧地を購入。
* Weston Estate. 1967年から1969年までにエンタプライズ・ネプチューン基金で72.8ha.の崖地と狭い谷あいを購入。58ha.は約款。

【エセックス】
* Ray Island. 約40ha.、海岸線4km、1970年、エンタプライズ・ネプチューン基金で購入。

【グロスターシァ】
* Chipping Campden：Red Lion Flats. 1970年、16世紀の伝統ある建物に対して約款で贈与。
* Wotton-under-Edge. 約款で保護された土地に隣接する11.4ha.を1970年、約款で贈与。

【ハートフォードシァ】
* Ashridge. 約2.8ha.の森林地、1970年贈与。

【ワイト島】
* St Catherine's Down. 1970年エンタプライズ・ネプチューン基金で購入。

【ケント】

* Lake & Lake Field、Sissinghurst. 2.4ha.の野原と湖（全部で4ha.）、1970年贈与。

* Scotney Castle Garden. 1970年、遺言により366ha.の土地が基本基金と一緒に獲得された。

【湖水地方】

* Buttermere with Burtness & Horse Close Woods. 川がこの湖から流れ出る1.2ha.の原野、1970年、湖水地方基金で購入。

* Matterdale. 38.8ha.の土地、1969年約款で贈与。

* Sykeside、Patterdale. 6 ha.以上の土地、1970年匿名で贈与。

【スタッフォードシァ】

* Kinver Edge. 7.6ha.が付加された。1970年グッデン基金および地元の寄付金で購入。

【サリー】

* Abinger Roughs：Piney Copse. 1.8ha.の森林地、1970年遺言で贈与。

* Frensham Common. 80.8ha.と3.6ha.のフレンシャム・グレート・ポンド。1970年贈与。

【サセックス】

* Barkhale Camp、Slindon. 0.8ha.、1970年、ツアーの収益金で購入。

【ウェールズ】

（カーナヴォンシァ）

* Porth Colmon. 28.8ha.の海岸地と約3.2kmの海岸線、1970年エンタプライズ・ネプチューン基金で購入。

（カーディガンシァ）

* Closygraig Farm、The Mwnt. 12ha.、1970年エンタプライズ・ネプチューン基金で購入。

【北アイルランド】

* Ballymacormick Point、Co Down. 1.6ha.の付加地、1969年贈与。

第1章　注 —————————————————————————————

（1）*Annual Report 1970*（The National Trust, 1970）p.5.

（2）*Ibid.*, pp.5-7.

（3）*Ibid.*, pp.8-9.

（4）*Ibid.*, pp.9-10.

（5）*Ibid.*, pp.10-11. カントリィ・パークは国立公園（National Parks UK）で

はなく、各州が有している自然美豊かな土地や歴史的に由緒ある土地を有する
公園である。

（6） *Ibid.*, pp.11-12.

（7） *Ibid.*, pp.13-14.

（8） *Ibid.*, p.14.

（9） *Ibid.*, pp.14-15.

（10） *Ibid.*, pp.16-17.

（11） *Ibid.*, pp.17-18、pp.12-13.

（12） *Ibid.*, p.20.

第 2 章　ナショナル・トラストの自然保護問題に対する態度【1971年】

はじめに

1971年において、新しく登録された会員の人数および資産への訪問者の数は大いに増加した。初めて300万人以上の人々がトラストの資産に入場料を払って訪ねてくれた。前年の20％増である。もちろんこれ以上の何百万人という人々が入場料を払う必要のないオープン・スペースや他の資産を訪ねた。

この当時から自然保護が人々の間で問題となったことにより、より多くの人々がトラストの特別の役割を認めてくれたと言ってよい。永久に保存するための土地や資産を所有しているのは、トラストとスコットランド・ナショナル・トラストだけである。このトラストは他の自然保護団体には適用されない法律によって守られている特別の権限を持っている。すなわち売ることも、抵当に入れることもできない譲渡不能の資産を受け入れ、そして保全する。それこそ最も高度な水準を有するこの上ない重要な役割を果たすものである。評議会はこれらを全力を尽くして維持する決意である。

評議会自体、この年度にさまざまな変化を経験した。1971年ナショナル・トラスト法によって定められた新しい選挙手続きは、トラストの会員に評議員を年次総会の時に個人投票によってか、あるいは前もって郵送によって選ぶことができるようになった。これにより投票率は高くなり、そして評議会でかれらの代表者を選択することによって、トラストの活動に参加する機会を増やした。11月の年次総会で選出された新しい評議員は 4 名であった。

評議会は、トラストがこの間歴史的建築物評議会およびカントリィサイド委員会から受けてきた特別の多大な援助について報告した。トラストは社会事業団体としてトラストの会員および支持者の援助にほぼすべてを依拠し、それらの団体はトラストの仕事に特別の役割を演じている。歴史的建築物評議会は、政府によって環境大臣にアドバイスするように任命され、私的にあるいは公的

第 2 章　ナショナル・トラストの自然保護問題に対する態度【1971年】

に所有されていても、十分な価値を持つあらゆる建築物の修復や復元をサポートしている。それらはトラストへ補助金を与えてきた。もしこの補助金がなければ、トラストが所有する主要な資産を高い水準で維持することは不可能であっただろう。カントリィサイド委員会もまた、特に多くの人々が訪れるオープン・カントリィサイドの資産の多くを管理する費用に対して貢献してくれた。これらの援助がなければ、塵、浸食および破壊行為によって、丘陵地、私園、崖地、そして自然保存地の美しさは容易に破壊されたことであろう。[1]

第1節　国際的協力関係

　トラストは「我らのヨーロッパ（Europa Nostra）」と密接な関係を有している。すなわち歴史的建築物および土地に関心を持つヨーロッパのアメニティ協会と協力を維持している。1971年には「我らのヨーロッパ」の年1回の会合がブリュッセルで開催された。その結果、ブリュッセルの中心部にあるグラン・プラスから試みとして一定の期間、自動車の通行を禁止することが決定された。この試みが永続することが望まれる。

　近年、トラストの二人の議長―クロフォード卿およびアントリム卿がギリシァを訪問した。それは、この国の海岸線が破壊される恐れがあったので、これを機会にギリシァ・ナショナル・トラストの設立が望まれ、この年に大変望ましい援助を受けて実現された。

　イコモス（ICOMOS、International Committee for Sites and Monuments）のイギリス支部の議長は、トラストの執行委員会の一人がその責任を負っている。このイコモスはユネスコと連携している。アントリム卿が1972年のブタペストでのイコモス会議にトラストを代表して出席することになった。[2]

第2節　トラストの一般的な自然保護問題に対する態度

　トラストの資産は1週間もたたないうちに破壊される恐れが生じることもある。例えば道路、貯水池または海浜での石油基地建設によってだ。トラストの資産を守るために費やされる時間と金額は相当なものである。

　トラストの協力団体には、イギリス農村保護会議、ウェールズ農村保護会議、古代建築物（中世を含む）保護協会、ジョージアン協会、ビクトリアン協会およ

35

び地方のアメニティ協会などがある。これらの団体は重要である。ただしトラストは主な土地所有者として、トラスト自体の資産を死守しなければならない。

それにもかかわらずトラストはこの一般的教義を柔軟に解釈している。以下の例がこの点を示している。湖水地方国立公園には、約2万9,200ha.のトラストの土地があるが、ここにA66号線の道路拡幅が計画されている。トラストの資産はいずれも直接には影響を受けないが、トラストは管理官が公正に調査を行なうように、その意思を表明した。[3]

第3節　新しく獲得された資産

1971年にトラストによって獲得された新しい資産と約款の全リストは章末資料に示されている。この年に獲得された代表的な資産は次のとおりである。

* ノーフォークのフェルブリッグ・ホールについては、前年度と前々年度の年次報告書に記述されている。1971年7月、この邸宅は指定遺言執行者からの譲渡がまだ完了していないのだが、トラストの管理の下に一般の人々に公開された。この17世紀の邸宅は、グランド・ツアーの記念品とともに、すでに大変人気が高く、開館されて16週間のうちに1万7,700人の訪問があった。
* 1971年にはまたサリーのクランドン・パークが再開された。クランドンの壮観さと家具、刺繍および陶磁器のコレクション故に、会員たちや一般の人々の入場者が多く押し寄せた。[4]
* ダービシァのサドベリィ・ホールは9月に公開された。
* 北デヴォンの素晴らしい風景を有するカウンティスベリィ・ヒルとフォアランドの280ha.が贈与された。4kmの海岸線を持つウォータースミートが相当な広がりを見せ、かつここに属する崖地、森林地、荒野そして農地は、1965年に開始されたネプチューン・キャンペーン以来の最も重要で、かつ最も美しい獲得物の1つである。いつだったか、ここをバスで通過した時、ここがかつて私が歩いたウォータースミートを含むカウンティスベリィ・ヒルとフォアランドであることに気付いたとき、突然座席から立ち上がって、広大な自然のままのブリストル海峡に再び魅せられたのを覚え

第 2 章　ナショナル・トラストの自然保護問題に対する態度【1971年】

カウンティスベリィ・ヒル：その突端がフォアランド岬（1996.8）

ている。その後ここを何回も眺めている。
*湖水地方のコニストン・ホール農場について記述しておこう。コニストン村のちょうど南のほうにあるこの216.8ha.の土地には、興味深いホールとこの土地特有の建物が立ち並んでいる。湖水地方のトラストの広大な所有地に加わった重要な土地は、カントリィサイド委員会からの実質的な援助金と、湖水地方で利用するためにトラストへ与えられた特別の基金によって獲得されたのである。
*湖水地方ではまた、ブリー・ターン農場が贈与された。ここにはこの有名な小さな湖沼ばかりでなく、ワーズワースによって「小さく、しとやかな谷 'the little lowly vale'」として謳われた108.8ha.の周囲を取り巻く土地がある。これはグレート・ラングデイルとリトル・ラングデイルの先端部分をトラストの所有地にして、そこを一体化して実質的にトラストの所有地として完成させている。

前方にイギリス海峡が広がるボルト・テイル（2014.9）

　私自身、何回かにわたって、両者の大地を含めていわゆる地方が貴重であることを十分に理解するために、湖水地方を歩いたことがある。2018年6月には、トラストから"Visits, Tours and Lectures 2018"と銘打った学習の機会を与えられている。今回もこれに参加して湖水地方のソニースウェイトを訪ねて、地方や地域がなぜ大切であるかを再び問い直そうと考えている。

第4節　エンタプライズ・ネプチューン

　1971年に175万ポンドのアピール目標額を達成して、カウンティスベリィ・ヒルとフォアランドの海岸地が獲得できたことは忘れがたい。
　すでにトラストの管理下にある海浜地を、重要な前進基地として一つずつまとめていくことが1971年中のトラストのネプチューン運動の目標であった。南デヴォンでは、第2のスタート湾の足場が、リトル・ダートマス農場（1970年獲得）からこの湾に沿って南西へ9.6kmを占めるビーサンズ・クリフで獲得された。数年前のことだが、サルクームに滞在して、長年の思いに駆られていた

第2章　ナショナル・トラストの自然保護問題に対する態度【1971年】

ボルト・ヘッドからボルト・テイルの沿岸を踏破したのち、キングズ・ブリッジからバスに乗り換えてトア・コロスで一時停車して、ビーサンズ・クリフをこの眼で楽しんだ。ここからダートマスまでのバス旅行を十二分にエンジョイすることができたことは特筆に値しよう。

　ワイト島では、ブルックでより広い海岸地が、西ワイトのトラストの保有地をさらに広げた。ノーフォークシャでは、地元の助言を借りて、ウェスト・ラントンにある120ha.以上の土地と2.4kmの海岸線がほとんどすべて手つかずのままの状態で、制限約款の下に保護されることになった。獲得された土地を併合する方針は、コーンウォールとペンブロークシャのトラストの海浜地の保護を強化し、そしてドーセットシャのゴールデン・キャップ・エステートの中心部にあるトラストの所有地のうちトラストの所有下にない海浜地を埋めるために、1971年におけるネプチューン基金の割り当てを増やした。

　エンタプライズ・ネプチューンは最も美しい海岸の景色を約9,600ha.、206.4kmの海岸線と崖地を獲得し、発進し続けられるアピールに対して会員たちと一般の人々の心からの反応があった。加えるにネプチューン基金はおよそ80kmの海岸線へと広がる3,200ha.以上を手に入れるために指定され、そして交渉が進んでいった。評議会はこれまでの間、すべての州の自治体によってなされたネプチューン・アピールへの寛大な貢献に対して感謝の気持ちを何度も表明してきた。ネプチューン計画以来、自治体が毎年寄金を与えてきた支持は、キャンペーンの成功の主な要素の１つである。[6]

第5節　会　員

（1）会員数

　会員はトラストの仕事に実質的に貢献するためにトラストに加入するのである。毎年、多くの新規会員が加入する。1968年には１万7,000人が応募した。1969年には２万5,000人、1970年には６万人が応募した。1971年には７万5,000人で、ちょうどトラストが目標としていた数に達した。これは素晴らしい成長率であって、1971年末には会員数の総計は27万8,000人となった。この年は340万人の人々が入場有料の資産を訪れた。そして新規会員の大多数（53%）が集まったのはこれらの資産であった。会員の最も重要な源は、個人のふれあいと

推薦であった。

　センターは会員数を減少させないための重要な要素であり、トラストの事業を推進する機会を会員に与える要素でもある。会員はトラストを助けるために加入するのであって、直接利益を求めるためではない。

（2）21歳以下の会員数

　1971年初めに、21歳以下のすべての会員に対して会費を１ポンド引き上げたにもかかわらず、人数は2,211人と２倍に増加し、若い人々がいよいよ多くトラストの事業に関わってくれた。

　エイコーン・キャンプは宣伝することもなく満員となった。約500名のボランティアが20のそれぞれ異なる資産で27週間のキャンプを行ない、そしてとても有効な仕事をそこで行なってくれた。1972年には600人のボランティアが31の資産で40週間のキャンプを必要とした。

　多くのセンターおよび個々の会員がエイコーン・キャンプへ大いに貢献してくれた。そして評議会はまた教育省に対して、過去３年間にわたるこの政府の援助に感謝の念を表した。年当たり4,000ポンドの補助金はトラストに21歳以下のプロジェクトを開始することを可能にした。補助金の更新に対する申し込みは、この年度も政府によって考慮されていた。[7]

第6節　北アイルランド

　評議会は、北アイルランドの委員会やスタッフに感謝の念を表わした。種々の困難があるにもかかわらず、北アイルランドのトラストは強力に歩を進めていったからだ。会員の運動は続行され、不安定な状態のために新規会員募集のための会議が中止されたにもかかわらず、1,097人の新規会員が1971年に実現された。また資産への訪問者が1970年の６万7,400人に比べて、６万300人に減ったということは注意すべきである。

　北アイルランド委員会は政府の都市および農村改良キャンペーンの発表を歓迎した。このキャンペーンの下に、高い失業率の地域における改善計画のための労賃と材料費の100％が公的資金から支出され、30の計画が推進された。そして、それらの計画のうち９つで事業が開始された。

第2章　ナショナル・トラストの自然保護問題に対する態度【1971年】

エンタプライズ・ネプチューン・キャンペーンの結果として、36.8kmの海岸では歩道がつくられ一般の人々のアクセスが可能となった。しかし海岸を有する州と農村地域評議会が協力して、トラストはこの事業を北アイルランドの未だ手がつけられていない残りの海岸にまで広げようと計画した。2つの新しいインフォメーション・センターがこの年のうちに開設された。1つはカースル・ウォードで、もう1つはベルファーストで開かれ、2つのエイコーン・キャンプが7月と8月にカースル・ウォードで挙行された。この時ボランティアたちが森林地の下草の多くを取り払ってくれた。

委員会と職員にとって、この年は忙しい年であった。そして彼らの仕事は、トラストの事務所がマロン・ハウスへ移ったことによって増加した。この邸宅はミノウバーンにあるトラストの資産を見下ろすベルファーストのはずれにある美しい建物である。大広間、職務用の部屋、そして委員会室はベルファースト当局との同意を条件に一般の人々に開放されることになった。⁽⁸⁾

おわりに

クランドンやサドベリィのような大邸宅の保全、ウェストベリィ・コートの庭園の復元やレイコックのような村落地の維持は、十分に宣伝されて、一般の人々が大勢訪ねるはずのものであった。しかしそれらは決してすべてのことを説明しうるものではなかった。

トラストの邸宅や庭園に大挙して訪れる人々は、必ずしもトラストの土地所有者および山林管理人としての役割を本当に理解しているわけではなかった。もしイギリスのカントリィサイドが回復できないほどに悪い方向へと変化しないためには、垣根、垣根の木々が維持され、そして新しい農場家屋は注意深く設計され、かつ正しいところに位置されねばならなかった。ウェールズや湖水地方では、トラストはこれらの地域がその特性を完全に失わないように小さな丘陵地にある農場を近代化し、そして保護するように絶えず努力してきた。

トラストの活動の範囲を理解していない人々がたくさんいる。これらは鉄器時代の古墳から産業革命の遺物や遺跡の保護、そして希少な植物の保存から野生生物のための適当な生育地の維持まで広がり、現在ではカントリィサイドに対する圧迫によって、ますます自然の生息地を失っているのである。これらの

仕事はすべて政府、地方自治体、国家組織および地方組織、そしてその他少なからずあるが、トラストの場合、トラストの借地農たちとの継続的な話し合いを背景に続けられているのである。

　同時にトラストは、まず第１に自然保護団体であるが、一般の人々のアクセスを保証する義務がある。農業と自然保護とが一致するときはいつでも、トラストはその土地にアクセスすることを許すばかりでなく、しばしばもっぱらアクセスを容易にするようなサービスを行なっている。トラストは駐車場をつくり、そして適当なところにキャンプ用地を提供し、インフォメーション・センターを開設し、そして自然の歩道をつくり、魚釣りやボートのための湖を浚渫し、また遠隔地では数ダースのホリデー・コテッジを備えてきた。このようにして都市生活でストレスが増大しつつある時には、トラストは人々と村落地との間につながりが生まれるように努めてきた。当該年度以降もトラストの資産は何百万という人々に慰めと癒しの場を提供し続けていくのである。[9]

資料　1971年　新しく獲得された資産と約款

【バークシァ】
　＊39, 41&43 The Causeway、Steventon. 14世紀のよく保存された小家屋、約款、贈与。
【バッキンガムシァ】
　＊The Hyde、Hambleden. 18ha.、約款、贈与。
【コーンウォール】
　＊Antony House：The Bath Pond House. 贈与。
　＊Chapel Carn Brea. ランズ・エンドの北東へ4.8km、21.2ha.、地元のアピールおよび寄付金、遺贈金による購入、基本基金も。
　＊Fowey：Covington Wood. 3.4ha.の森林地、贈与。
　＊Fowey Estuary：Pont Pill. 6.8ha.の森林地、贈与、0.4ha.付きのロンバード・ミルに対する約款とともに。
　＊Helford River：Pengwedhen. 13.6ha.の農場と森林地、贈与。
　2004年8月、私たち夫婦はコーンウォールのヘルフォード川を下流へ下ってファルマス湾に出た。それからローズマリオン岬を経て、ファルマス湾を北へと歩き続けたが、雨に打たれたのは幸か不幸か、途中でヒッチ・ハイクに恵まれ、

第2章　ナショナル・トラストの自然保護問題に対する態度【1971年】

ようやく私たちのB&Bに帰り着くことができた。

＊Lantivet Bay. ポルーアンの東へ4.8km、10ha.、遺贈金で購入。

＊Valency Valley、Boscastle. ティンタジェルから東方へ5km、10ha.の森林地、一部は遺贈金で購入、一部は贈与、1.6ha.の野原は約款で獲得。

＊Welcombe Mouth. 自然保存地促進協会によって9.2ha.を約款で獲得。

【ダービシァ】

＊Edale：Hardenclough. 90.8ha.、ホール基金で購入。

【デヴォン】

＊Beesands Cliff. ビーサンズ・ビーチの北端にある6.4ha.。地元で集められた基金で購入。

＊Branscombe. ウッタンズおよびリトル・ウッタンズとして知られる家屋に対する約款で贈与。

＊Foreland Point & Countisbury Hill. タウン農場とともに海岸線4kmを含む282.ha.、贈与。この土地はすべてエクスムア国立公園の中にあり、海岸から内部にあるトラストの200ha.のウォータースミートと境を接している。

私自身、リンマスからウォータースミートを経て、フォアランド・ポイントへ行き着き、リンマスへ帰り着くことができたのは貴重な体験であった。

＊Heddon Valley. 16ha.の急峻な樫林、遺贈金で購入。2015年9月、リントンからクーム・マーティンまで車で走行中、ヘッドン・バレーも眼にした。ここから1kmほど歩くとヘッドン・マウスに行き着くのだが、残念ながらヘッドン・マナーを目にしたことで満足しなければならなかった。

【ドーセット】

＊Golden Gap Estate：Ship Farm、Morcombelake. 16ha.の草地、ガン基金で購入。

【ダラム】

＊Washington Old Hall. 匿名の寄付金による小面積の庭園、贈与。

【エセックス】

＊The Old House、Clavering. 古代建築物保護協会による約款での贈与。

【ワイト島】

＊Mottistone、Pitt Place Farm. 58.8ha.の農場と森林地（森林地委員会へリースされた）に対する約款、贈与。

＊Newtown、Walter's Copse. 19.2ha.の森林地、農漁食糧省から購入。

＊West Wight：Brook. エンタプライズ・ネプチューンによる8ha.の購入、約款で得られた隣地の8ha.と一緒に。

43

【湖水地方】
- Blea Tarn Farm. グレートおよびリトル・ラングデイルの先頭にあるトラストの土地に連なる土地およびブリー・ターン自体を含む116.8ha.、遺贈金と贈与金で獲得。
- Coniston Hall. 17世紀のホール。コニストン・ホール農場、パーク・コピスおよびブリースウェイト放牧地、そしてコニストン湖の西方のほぼ1.6kmを含む216.8ha.。カントリィサイド委員会からの実質的援助を受けて、ハートリィおよびストリンガー基金で購入。
- Dale End. グラスミアの南西部の岸の側にある8ha.、ハートリィおよびウォームズリィ・カーター基金から購入。
- Rampholme Island、Windermere. 0.4ha.の小さな森の島、贈与。
- Riddings Plantation. 58.4ha.の丘陵地、贈与。

【ノーフォーク】
- The Manor Farm House、Pulham St Mary Magdalene. 16世紀の木材でつくられたコテッジ、約款、贈与。
- Martham Broad. 51.2ha.の土地、贈与、ノーフォーク・ナチュラリスト・トラストによって自然保存地として管理される。
- West Runton：Beestom Regis Heath. 14.8ha.の土地、一般の人々の寄付金によって獲得。
- West Runton. 129.6ha.の主として農地、約款、贈与、この約款によって約4.8km の海岸線を保護。

【シュロップシァ】
- Wilderhope Farm. 84ha.の農地、贈与。

【サマセット】
- Cadbury Camp. 鉄器時代の丘の要塞のある22.8ha.の土地、国民的土地基金による購入。
- Exmoor：South Hill、Dulverton. 37.2ha.の荒野、遺産金とカントリィサイド委員会の補助金で購入。
- Martock：The Treasurer's House. 遺言で獲得。
- Nailsea Court. 16〜17世紀の石造りのマナー・ハウスのある10.8ha.の土地、約款、贈与。
- Wellington Farm、Cheddar. この土地の大部分は自然保存地としてサマセット・ナチュラリスト・トラストによって管理される。

【スタッフォードシァ】
- Kinver Edge. 16.4ha.、ピーター・ペリィ氏からの援助を得て、ゴッデン基金、

第2章　ナショナル・トラストの自然保護問題に対する態度【1971年】

ウィークス基金および地元の寄付金で購入、1970年。

【サフォーク】

＊Flatford Mill：Judas Gap Marsh. 22ha.の土地、遺贈金で購入。

【サリー】

＊Holmwood Corner Common、near Dorking. トラストの所有するホームウッドに隣接する0.8ha.の入会地、贈与。ずいぶん前にホームウッドを歩いてドーキング駅に着いたことがあるが、このコモンを歩いたかどうか記憶にない。

【サセックス】

＊Drovers Estate、Singleton near Chichester. 3.6ha.の鉄道廃線、ペンフォールド基金から購入。

【ヨークシァ】

＊Brimham Moor & Rocks. リポンの南西部14.4km、遺言により獲得。

【ウェールズ】

（アングルシィ）

＊Teilia、Cemaes. 岩山の丘とハリエニシダとワラビがはえている18.2ha.の放牧地。約款、贈与。

（カーナヴォンシァ）

＊Plas-yn-Rhiw. ミス・ローナ・キーティングとミス・ホナラ・キーティングによって贈与された小面積の付加地。

（モントゴメリシァ）

＊Montgomery：Arthur Street Cottages. 約款、贈与。

【北アイルランド】

＊Cushenden、Co Antrim. 2 ha.の土地に対する約款、贈与。

＊Wellbrook Beetling Mill、Co Tyrone. ティローン州特別基金から1970年に購入された 2 ha.の付加地。

第2章　注

（ 1 ）*Annual Report 1971*（The National Trust, 1971）pp.5-6.

（ 2 ）*Ibid.*, p.6.

（ 3 ）*Ibid.*, pp.6-7.

（ 4 ）クランドン・パークは1956年にトラストの資産となった。ロンドン・ウォータールー駅からクランドン駅まで 1 時間弱で到着するが、この駅を左に折れ1.6kmほど歩くと、このカントリィ・ハウスに着く。私がここを初めて訪ねたのは1985年の秋が深まった頃だった。

（ 5 ）*Annual Report 1971*, op.cit., p.9.

（6） *Ibid.*, pp.10-12.

（7） *Ibid.*, pp.12-13.

（8） *Ibid.*, pp.14-15.

（9） *Ibid.*, p.17.

第3章　ナショナル・トラストの国土保全を中心 とした国民経済的意義【1972年】

はじめに

　1972年はトラストにとって幸運な年であった。貴重な援助が、1972年の財政法でもたらされ、地域の管理がますます効率的となり、それに8万人の新規会員が集まり、およそ35万人の会員数となった貴重な年でもあった。評議会はこの国中に広がりつつあるトラストの強力な基礎ができ上がりつつあるのを大層喜んでいる。ただしトラストの資産への訪問者の数が多すぎることが、一つの問題を呈した。すなわち休暇期間には、訪れる人々と車の数がいくつかの資産では深刻な問題が発生し、また他のところでは乗馬が大きな問題となった。

　評議会はこれらの問題に対処する方法を考慮中である。一つの例を挙げると評議会は、湖水地方のターン・ハウズで、3月から11月の間にほぼ15万台の車と50万人の人々がここに及ぼしたダメージを最も効果的に制限する方法を実験するために、カントリィサイド委員会と協力している。ピーク時に特に傷つきやすい資産を訪ねる訪問者の数は制限されねばならないし、同時にトラストの資産を保護することと訪問者の楽しみとの間にバランスを見出さねばならないことは当然のことである。[1]

第1節　『村落地』

　1972年の秋に始まって、トラストの資産とそこで生活してきた家族の特徴を描いたテムズ・テレビによる一連の13のプログラムが、400万人を超える視聴者を確実に引きつけた。それに引き続いて*A Place in the Country*『村落地』と題する本がWeidenfeld & Nicolsonによって刊行されたが、今では廉価版が出ている。

　このシリーズの意図は、村落地の家屋がトラストの所有下に入る以前に生活を送っていた家族生活の様子を記録しておくことであったが、その当時の生活

47

様式を記憶していた家族がいた。これらのプログラムは今後、価値のある資料となるはずだ。評議会はテムズ・テレビに感謝するとともに、その他のすべての人々、特にこれらの番組に関係した家族の人々に感謝の意を表明した。[2]

第2節　新しく獲得された資産

　1972年に新しく獲得された資産と約款は章末資料にあげておく。最も素晴らしい資産はエンタプライズ・ネプチューンの下に次節で記述されている貴重な広がりを持つ海浜地である。内陸ではトラストの着実な進展が、村落地を中心にこの国中に広がっている。

　ヨークシァでは、土地基金を通じて大蔵省によって720ha.以上のブランズデイル・エステートが贈与された。この地はこの世紀の開発にもかかわらず、ほとんど変わらないままに残されている一面の広がりを持つ原野と建物を持つ極めて美しい約5.6kmの距離の渓谷である。ヨークシァでは、アピールの成功に続いて、リーヴォウ・テラスを購入した。

　ノーサンバーランドでは、カントリィサイド委員会からの寛大な援助で約84ha.のハイシィールド農場が獲得された。ランカシァでは、ゴーソープ・ホールが獲得された。

　M・E・レサビィ夫人が次節でも記述されているとおり、彼女の夫を記念して、トラストのコンプトン・カースルの向かい側の丘の中腹にあるデヴォンのカースル・バートン（20.4ha.）を与えてくれた。G・M・S・シミィ夫人が投資物件としてジャージィの価値ある資産を与えてくれた。

　1970年の年次総会でなされた示唆に従って、トラストはトマス・ハーディの記念として保有されるのにふさわしい未だ耕作されていない丘陵地をドーセットで探していた。しかしこれまで購入できた広大な土地はそれほどふさわしくなかった。それでもこれらの土地を探す努力は依然として続けられていた。トラストは自らの力で永久に保護していけるような良質な20ha.の土地、あるいはそれ以上の土地を分け与える準備のある人がドーセットにいるならば、その人から話を聞きたいと考えていた。

　この年、特に湖水地方、ピーク・ディストリクトおよび南西部地方で、土地や邸宅の価値が特に高くなっていたことをトラストは厳しい気持ちで感じてき

第3章　ナショナル・トラストの国土保全を中心とした国民経済的意義【1972年】

クーム・マーティン：ここからブリストル海峡を望むことができる（2015.9）

た。会員や一般の人々は獲得するためのお金を気前よく提供してくれた。しかしトラストがどうしても獲得したいと考え、そしてそれらのために資金が充てられるだけのいくつかの拡がりのあるカントリィサイドは、予想をはるかに超える価格で競売にかけられるので手が出なかった。(3)

第3節　エンタプライズ・ネプチューン

　評議会は、海岸地のトラストの所有地が再び増大したことを報告できたことを喜んだ。
　1972年に購入できた新しい海岸のうち、北デヴォンの広大な面積を持つ2つの海岸は素晴らしい。K・M・リーチ夫妻によって与えられた資金で購入されたクローヴェリィの西側にあるトラストの資産の近くにあるファタコット農場と崖地、そしてグレート・ハングマン、クーム・マーティン、これは北デヴォンの海岸の主要な特徴をなす海岸で、レサビィ夫人の寛大さから購入できた物件であった。クーム・マーティンの海岸以外は私自身歩いていない。クローヴ

ェリィをはじめ、他の海岸線や農場を歩きたいと、かねがね考えているのだが、未だに実現していない。

　カンバーランドがネプチューン獲得で第21番目の州となった。19.2kmのソルウェイの海岸線に広がる約720ha.は、ロンズデイル卿によるリースの贈与に続いてトラストが管理している。ネプチューン資金はアピールが1965年に発せられて以来、面積がこの年、1万400ha.以上で、長さ230.4kmの海岸線となった。これはイングランド、ウェールズおよび北アイルランドの依然として美しく、かつ未だ手つかずの全海岸のおよそ3分の1を占める480kmよりむしろ長い距離、すなわちトラストにとって保護されてきた海岸線の合計した長さに達した。さらにこのところ57.6kmの海岸線を含む交渉が行なわれていた。

　ネプチューンの寄付金はついに192万ポンドになった。もしこのアピールがこれまでの比率で支持を引き付け続けるとすれば、このアピールで当初の200万ポンドという目標額は1973年中に達するものと考えられる。これが達成できるとすれば、非公式のネプチューンあるいは新たな目標が計画される可能性があった。というのはこれはトラストの事業の永久の一要素となっているからであった。美しい広がりを持つ海岸線を守る努力は、これからも必ず続いていくはずだ。多くの海岸線が依然として危機的状況にあった。ゆくゆくはこれ以上の海岸が脅かされることになるのではないか。それ故にネプチューン基金は、寄付金と遺贈金の贈与に対して依然として開かれており、また美しい広がりのある海岸の提供にも変わることなく道が開かれている。[4]

第4節　1972年財政法

　トラストの特殊な地位は1972年財政法によって議会によって認められた。この財政法は、トラスト（そしてまたスコットランド・ナショナル・トラスト）へのすべての遺産は、すべてたとえ大規模であったにしても、遺産税および全相続財産の合算税がすべて免除されることになった。そしてまたこれはトラストへのすべての贈与から資本稼得税が免除された。これらの免除は、トラストが高度に依拠している贈与や遺産の価値を増加させるからたいへん歓迎される。トラストへの遺産は金銭上の遺産であれ、物的な財産であれ、これらの資産に対する税率を全体として減じることになる。それ故に遺言者が遺言状を作成す

50

る際には、トラストを意中に置くように強く希望しているのである。

　1972年財政法はまた付加価値税（VAT）を1973年に実施することとした。そしてこれは不幸にもトラストの活動の多くに悪影響を与えるものと考えられる。入館料に対する税金、売店の商品の販売や会費からのある一定収入に対して税金を納めなければならないのと同じように、トラストは自らが使用する商品やサービスの多くに対しても、もっと多くの税金を支払わねばならない。これらのいくつかに対する税金は、トラストが納めなければならない税金に対して分割されうるのであるが、確実なことは言えないにしても、VATの影響が不利益なものであることは疑いない。⁽⁵⁾

第5節　地　域

　トラストが成長するにつれて、資産を毎日管理する責任を地域の委員会に委託するための方針が正当化されるようになった。既述したように、地域委員会は数を増してきたが、トラストとしては将来を見据えて、政府が州の境界を再調整するのを参考にしながら、トラスト自体の地域の境界地を再調整し、かつ合理的に変化させてきた。そこでこの年に地域からのニュースのうち興味があると思われるものを2点紹介しておこう。

*　湖水地方で、キャンパーたちにカントリィサイドに合った色のテントを使うように説得してみた。適度に地味な色合いのテントを張るように提案してみたが、これは成功を収めたようだ。
*　チェシァにおいて、評議会は特にカントリィサイド委員会、チェシァ州議会およびウィルムスロウ・アーバン地区に特に感謝してきた。彼らは相互に協力して、トラストへマンチェスター近くのスタイルに所在するカントリィ・パークを設立・管理するための補助金を与えてくれた。これは大切なオープン・スペースを維持し、守るために適切に行なわれるための共同事業である。評議会としては、他の地方自治体もこの先例にならってくれるように希望している。⁽⁶⁾

ワデスドン・マナー：売店を通り過ぎるとレストランがある。写真は学生のボランティアたち（1995.8）

第6節　売　店

　ナショナル・トラストの総売上高は、1972年度はほとんど2倍となり、トラストの収入に相当な貢献をしてくれた。この年の成功の1つはストアヘッドで売店とインフォメーション・センターを一緒に開いたことだった。このことが4,000人以上の新しい会員を集めて、その結果賞品を取得し、そして1万5,000ポンドの総売上高をあげたのである。1972年には他にも新しい店が6件ほど開設された。売店で販売する商品を選ぶにあたって、評議会は2つのことに注意を向けた。①商品は通常トラストの仕事に関係している商品であること。②それらはなるべくトラストのためにデザインされること。

　さまざまな安い土産品を売って儲けを得ることは易しいことだが、トラストが販売するものは何でも最高の質と水準に向けてデザインされなければならない。なおトラストがこれまで営利を目的とする資産であるという批判を受けたことを私自身聞いたことはない。最初に挙げたストアヘッドについては、1985

第 3 章　ナショナル・トラストの国土保全を中心とした国民経済的意義【1972年】

ストアヘッド：この湖を一周し、その美しさに圧倒された（2013.8）

年にここを訪れた忘れ難い思い出があるので、簡単ながら特筆しておきたい。
　あの日は10月19日の秋たけなわの頃であった。ギリンガム駅に着いた私は、駅前のタクシーを拾い、ストアヘッドへ向かった。タクシーを降りた私は、早速入口を経てストアヘッドに入っていった。胸を躍らせながら世界的に有名と言われている景観を有する庭園と湖畔に沿って、気持ちを癒しながら歩いて行った。イギリスの黄葉は本当に美しいが、日本の紅葉もまた美しく、日本の風景もまだイギリスの素晴らしい風景に劣っていないと考えた。そのように考えながら歩いていたのだが、実はイギリスのナショナル・トラスト研究を志したのは、私の故郷の志布志湾が石油基地を中心とする公共事業により、あの美しかった16kmの海岸線が壊されるという懸念も手伝って渡英していたのであった。
　美しい風景に囲まれながら湖畔を歩き終えた私は、今度はギリンガムへ帰るためのバスに乗るために、売店にいたここで働いていた婦人を見つけ、バス停とバスの発着時間を尋ねた。彼女は親切にも私を店に置いたまま、バス停へ向

キングズウェアからブリクサムまで16kmの海岸線を踏破（1991.8）

かった。しばらくして戻ってきた彼女はバス停と発着時間を教えてくれた。バスが来るにはもう少し時間があった。お礼を言って、まずストアヘッドの邸宅（カントリィ・ハウス）の前にある広大な麦畑をしばらく歩き、まだ歩きたい気持ちを抑えながら、カントリィ・ハウスの門前に立ったが、入るのを諦めてバス停へ向かった。ストアヘッドの秋色の美しさと売店の婦人の親切さ、そして広大な農場と邸宅を後にしてギリンガムに着いた時はもう暗くなっていた。

　翌年、1986年1月14日、私はデヴォンシァのブリクサムへ向かった。そしてここにあるサニーブルックというB&Bに宿をとった。この日がここの夫妻がこの宿を開業した日で、私が最初の客であったとのことだった。1991年8月22日に、私は再びここの宿泊客となった。実は私が1985年にストアヘッドを訪れたことをこの夫妻はすでに知っていた。私がストアヘッドを訪れた時、バス停とギリンガムのバスの時刻を教えてくれた婦人が、私のことを噂にのせてくれたらしかった。しかも両者はすでに親しい仲だった。その後も私たち親子3人がここに宿泊し、キングズウェアからブリクサムまで16kmほどの海岸線を歩

第3章　ナショナル・トラストの国土保全を中心とした国民経済的意義【1972年】

いたこともある。とても懐かしいイギリスの旅を実現させてくれた宿だったが、夫のデイヴィ氏はその後亡くなったことをブリクサムからの手紙で知ってから、もう10年も経ってしまっている(7)。

第7節　会員数

　トラストにとって、トラストの会員たちが長期にわたり会員であり続け、かつ熱心な支持者であることは絶対に必要だ。会員の脱退年平均率は6％以下で、低い水準を保っていると言ってよい。このこと自体、トラストの自覚と努力によるものだ。評議会は、会員たちが彼らの支持している仕事の重要性を認識し、かつトラストがその支持に頼っているのだと信じている。この報告書の最初で記述されているように、会員数はこの年度に、3年前の数字よりも2倍以上の約35万人となった。トラストが会員に要する経費に対するインフレーションの影響に関しては、すでにこの報告書で言及されてきた。評議会は前年度に、応募数の増加を1973年の秋までに果たすことを公表した。会員たちはこの増加に対する必要性について理解してくれているはずだ(8)。

第8節　エイコーン・キャンプと青年会員たち

　評議会は、エイコーン・キャンプが成功したことに励まされた。1972年には600人のボランティアが31の資産で1週間あるいはそれ以上の間、働いてくれた。1973年には1,000人のボランティアが集まるものと期待された。トラストの若い男女のボランティア仕事は、極めて安い経費で行なわれている。その代わりにボランティアたちはエンジョイしながら、実利的な体験を得つつ、そして活動しているナショナル・トラストの仕事を実際に見て、かつ行なっている。トラストの若い会員たちは、この年は大多数がジュニア部門に加わった。会員数は3,391名であった。評議会は貢献してくれたすべての若者たちに謝意を表し、そして若い人々はトラストの仕事で果たしている彼らの役割を認識しているのである(9)。

おわりに

　トラストは多数の個々人に依拠している。会員たちはトラストを援助するた

めに加入し、トラストの委員のメンバーたちは彼らの時間を喜んで与え、寄付者と賛助会員は信じられないほどに寛大であり、寛容である。このことはすべて周知のところである。恐らくあまり知られていないことは、支持の範疇と種類であろう。1972年も、毎年のように語るべき物語があった。聖木曜日＝足洗木曜日（Maundy Thursday）に書記の机の上に届いた５万ポンドの匿名の小切手。「樹木年」のためのアピールへの素晴らしい出発。すなわちサリーの森林地のためのグローサーズ商会（the Grocers' Company）からの３年間にわたる年5,000ポンドの提供。ボランティアであるエイコーンおよび他のボランティアたちであるキャンパーたちのための適切な宿泊施設として提供するためにハードウィック・ホールの当時使われていなかった農場家屋をCadbury Schweppes Ltd.が改築してくれた。

　ミス・ローナとミス・ホノラ・キーティングのおかげによるものだが、このような不撓不屈ともいうべき婦人たちによって、1950年以来、保全するために確保された16世紀の資産である北ウェールズのティクロイス・マウルに対する約款が確保された。

　ロイヤル・フェスティバル・ホールでのトラストの日のための予約を取るのに少なくとも１年に１ヵ月を、チームを組んでやってくれる評議員。ボランタリィの監視員の役を務めるセンターやその他のメンバーたち。彼らはトラストのバン（van）から新規会員を募集し、トラストの邸宅にある収蔵品の莫大な財産目録をつくり、ある時には年次大会の前には本部事務所に来て、１万人の委任投票を記録するのに視力と忍耐力を使う。このリストはまだまだ続く。トラストはこのような人々がいなければ、トラストのなさねばならない仕事を今日まで続けてはこれなかった。[10]

　次に記す「収支明細書に関する評議会報告」は、1972年度の会計報告に基づいて、評議会の責任において、トラストが当年度のナショナル・トラスト運動を執行した状況について報告したものである。

　トラストは1895年成立以降今日まで、毎年欠かすことなく*Annual Report and Accounts*を報告している。本書においては、これまでの拙著『ナショナル・トラストの軌跡Ⅰ、Ⅱ』を含めて、専ら*Annual Reports*に集中しつつ、

第3章　ナショナル・トラストの国土保全を中心とした国民経済的意義【1972年】

ナショナル・トラスト運動の軌跡を追って、トラストがイギリスの国土および
われわれ人間を含め、生きとし生ける動植物をいかに永久に守り育てるべく努
力してきたかを明らかにしてきた。ただし*Accounts*については、紙幅の都合
もあり、会計報告全体を分析し、報告することをせず、必要な限りトラストの
会計報告を直接に紹介するにとどめざるをえない。

　しかし1972年度のトラストの評議会の収支明細書に関する報告は、極めて明
確に、かつ要領よく紹介されているので、ここにその報告書を紹介することに
したい。

収支明細書に関する評議会報告

　トラストの全経費は1972年度には420万ポンド以上であるので、1972年にお
いて経費が1971年度のレベルよりも約50万ポンド上回ったことになる。これは
歴史的建築物評議会からの修理、維持および改良のための補助金と、48万4,000
ポンドの他の出資金を含む。それ故に会員たちは、一般基金に対する赤字が1
万7,000ポンドを超えていないのを知って驚いたことであろう。

　収入がほとんど支出に釣り合う程度のものであるということは、主として大
小いずれにしてもトラストにとっては極めて多額の金額を与えてくれたか、あ
るいは遺贈してくれた多数の人々の長期にわたる極めてありがたい寛大さのお
陰によるものであった。この援助がなければ、極めて少額のお金しか使われた
に過ぎないであろうし、あるいはまずまずの水準さえもえられなかったに違い
ない。トラストの一般目的のために1972年に寄付され、そして遺贈された総額
は記録的な52万2,000ポンドであった。そのうえに47万6,000ポンドが限定的な
目的のために与えられたか、あるいは贈与された。

　収入のうち他の項目も着実に増加し続けている。会費は1971年の52万2,000
ポンドから1972年の62万7,000ポンドへ、地代は86万5,000ポンドから99万6,000
ポンドへ、そして訪問者からの収入は59万1,000ポンドから63万8,000ポンドへ
と増加した。トラストの店舗からおよびクリスマス・メールの注文からの拠出
金もまた貴重なものになりつつある。

　最高の支出は、もちろん資産の維持と展示に関するものであった。ほとんど
40万ポンドの増加部分のうちいくらか少額部分は必須の修理のやり残し部分を

減らすために使われ、いくらかは新資産に向けて使われた。しかし不運にも大部分は、継続的に増加する費用に見合うために必要とされた。トラストの支出に対するインフレーションの影響は警戒を要するものだし、かつ評議会の大きな心配の種であり続けている。

　会員たちは、会員数が増加するにつれて、新規会員とサービスのための費用は増すものだということをわかってくれるであろう。しかし本部の管理費と各地域の資産の管理費は、インフレーションと増加する訪問者、そして気をつけなければならない資産が多くなっているけれども、1972年にはわずかばかり増加したにすぎなかった。しかしながらトラストはトラストの増大する責任を果たすためのスタッフをもっと多く必要とするし、またこれにはもっと多くの経費がかかる。⁽¹¹⁾

資料　1972年　新しく獲得された資産と約款

【バッキンガムシァ】
* ＊Hughenden Manor. 以前の牧師館（vicarage）とそこの0.4ha.の庭園、約款、贈与。
* ＊West Wycombe Village：No.50a High Street. 家屋と庭園、18世紀後半の建物、かつてはイン、特別基金から購入。

【コーンウォール】
* ＊Boscastle Harbour. 生石灰の窯と一緒に古い炉がトラストの資産に加えられた。購入価格はイギリス・ツーリスト委員会と地元の基金によって提供された。
* ＊Cubert：The Kelseys. ホリウェル・ビーチの南端にある4.4ha.の土地、エンタプライズ・ネプチューン基金で購入。
* ＊Godolphin Hill. 56ha.の丘陵地、約款、贈与。
* ＊Gunwalloe Towans. ポルホーモン農場（一部トレウーン農場を含む）、35.6ha.、約款、贈与。
* ＊Morwenstow：Tidna Shute. 12ha.の農地と崖地、購入。

【カンバーランド】
* ＊Solway Commons. 722.4ha.の入会地、長期リース（名ばかりの地代）による贈与。

【ダービシァ】
* ＊Smallclough Farm. 28ha.、ホール基金で購入。

第3章　ナショナル・トラストの国土保全を中心とした国民経済的意義【1972年】

【デヴォン】

* Clovelly：Fatacott Cliff.　61.2ha.の崖地と農地、バイドファド湾とモート・ポイントの眺望が得られる。隣りの1.6ha.に対する約款、購入。

* Compton Castle：Castle Barton.　コンプトン・カースルのすぐ裏にある20.4ha.の土地、贈与金で購入。

* The Great Hangman.　クーム・マーティンとヘドンズ・マウス間にある104.4ha.の崖地と荒野、贈与金で購入。2015年9月に、この両岸の間を車で通過。北部デヴォンの海岸の大部分がトラストの海岸地であることを確認した。ほとんどが自然のままの海岸地である。

* Lynmouth：Countisbury.　カウンティスベリィ教会の西方にある2ha.、トラストのこの村の管理を拡大するために匿名で与えられた寄金で購入。この教会を横に西方へ向かい、フォアランド・ポイントをはるか下に眺めて西方へ向かい、ようやくリンマスに辿り着く。リンマスの港からはるか遠くに見えるカウンティスベリィの丘陵は絶景である。

【ドーセット】

* Golden Cap Estate：Filcombe＆Norchard Farms.　91.2ha.の農業用地および森林地、ガンおよびマックナブ基金およびエンタプライズ・ネプチューン基金で購入。

【グロスターシァ】

* Campden Properties.　3軒の住宅用家屋、キャムデン・トラストの要請により約款、贈与。

【ワイト島】

* St Catherine's Down.　トラストの資産に加えられた4ha.の丘陵地の尾根。

【湖水地方】

* Woodland at Buttermere Vally.　2ha.、贈与。

* Land at Elterwater.　0.8ha.のラングデイルズのハイ・クローズの土地、湖水地方基金で購入。

* Loweswater：High Nook Farm.　ウォーターゲート農場に隣接する146ha.の農場、約款、贈与。

【ランカシァ】

* Gawthorpe Hall.　11.6ha.の土地と一緒に贈与。

【ノーフォーク】

* West Runton.　さらに2.2ha.の土地、約款、ノーフォーク考古学トラストによって贈与。

59

【ノーサンバーランド】

＊The Allen Banks. 1.8ha.の土地、遺贈。

＊Dunstanburgh Castle：Newton Pool. 自然保存地として保護されている6.6ha.の淡水プール、世界野生生物基金およびデイキン基金からの補助金で購入。

＊Hadrian's Wall：Highshield Farm & Crag Lough. 96ha.の土地、デイキン基金およびカントリィサイド委員会からの補助金によって購入。

＊Scots Gap. ウォリントン・エステートに加えられた19.2ha.の鉄道の廃線。

＊Wallington：Codger Fort. 0.8ha.、贈与。

【サマセット】

＊Broomfield Hill. 44ha.、遺言で獲得。

【サリー】

＊Limpsfield Common. 地元のアピールで7万2,000ポンドの基本基金を集めた後で、140ha.の入会地をトラストに獲得させることができた。

＊Little Kings Wood. 24ha.の雑木林、贈与。

【ヨークシァ】

＊Bransdale. 737.6ha.の農業用地、相続税の代わりに大蔵省によって受け取られ、トラストに譲渡。

＊Rievaulx Terrace & Temples. 24ha.、ポートウェイ基金から、そして部分的にはアピールからの寄金で購入。

【ウェールズ】

（ブレコンシァ）

＊Llangattock Court、Crickhowell. 邸宅と8.8ha.、約款、贈与。

＊Brecon Beacons：Cwmoergwm. 36.8ha.の農業用地、匿名の寄付者によって贈与。

（カーナヴォンシァ）

＊Parciau Rhiw. 8ha.の耕作地、約款、贈与。

（デンビシァ）

＊Bodnant Garden. さらに4.2ha.を付加、贈与。

【北アイルランド】

＊Rowallane、Co Down. 特別基金から1ha.を購入。

＊Glenoe、Co Antrim. 特別基金から0.8ha.を購入。

＊Wellbrook Beetling Mill、Co Tyrone. バリンデリィ川の南岸に沿って2,300ヤードの歩行権を獲得。

第3章　ナショナル・トラストの国土保全を中心とした国民経済的意義【1972年】

第3章　注

（1）*Annual Report 1972*（The National Trust, 1972）p.5.

（2）*Ibid.*, p.6.

（3）*Ibid.*, pp.6-7.

（4）*Ibid.*, p.7.

（5）*Ibid.*, p.8.

（6）*Ibid.*, pp.8-9.

（7）*Ibid.*, pp.10-11.

（8）*Ibid.*, p.11.

（9）*Ibid.*, pp.11-12.

（10）*Ibid.*, p.13.

（11）*Ibid.*, p.15.

第4章　イギリス経済とナショナル・トラスト
【1973年】

はじめに

　イギリスにとっては、困難が増加しつつあったにもかかわらず、1973年はトラストにとって非常に順調にいった年であった。会員数は再びかなり増加した。同時に多くの重要な資産も獲得され、エンタプライズ・ネプチューンによって海岸地帯も相当に増加した。そしてトラストの財政も安定して推移した。トラストの目標もますます認識を深め、そして社会の広範な階層によって支えられた。前年は400万人以上の人々がトラストの邸宅や庭園を入場料を払って訪ねてくれたし、またもっと多くの人々がトラストのオープン・カントリィサイドをエンジョイした。オープン・カントリィサイドへのアクセスは無料なのである。

　評議会は、トラストの組織が大きくなっていくにつれて責任が重くなってきたが、その責任にうまく対処することができるように努めている。評議会はまた社会経済的状況のなかで、傾向や変化から生じる新しい問題に時宜にかなった効率的な行動をとりながら、それらの新しい問題を正しく判断することの重要性を認識してきた。一例を挙げれば、ある資産に多くの人々が訪ねてくることである。このことは評議会に多くの懸念を生み出し続けてきた。しかし対処の仕方はある。たとえばトラストの考古学上重要な場所や記念物の管理は、トラストが要領を得て管理している他の資産と同じ熟練をもって保護が加えられるように特別に注意が払われねばならないのである。[1]

第1節　譲渡不能 inalienability

　予想される不安は財政上の問題ばかりではない。譲渡不能の原則とそれを議会が特別に守らねばならないということは、トラストの存在にとって必須の問題である。そして、ここに評議会が特別の懸念を有する動機があったのである。

第4章　イギリス経済とナショナル・トラスト【1973年】

　評議会がかつて会員に報告して以来、ペットワース・パークを横切るバイパスの提案について重大な問題が生じたのである。ナショナル・トラストのこの提案への反対は明白であった。同時に評議会もペットワースにおける交通問題を解決する必要があることを認めた。そしてサー・コリン・ブキャナンと同僚たちは選択の方法を調査するように委任された。路線をペットワース・パークの東のほうにとるようにという彼らの勧告は、ナショナル・トラストにも、他の土地を所有しているレコンフィールド・エステートにも受け入れられた。ところが地元で強力な反対があり、ウェスト・サセックス州議会は他に対案があるなら、あらゆる可能性を探ろうと決定した。

　それらのうちの一つが、部分的にバイパスをトンネル化しようというものであった。そうするとバイパスはペットワース・ハウスの前面の私園の下をくぐることになる。そうすればこれがペットワース・パークにダメージを与えないのではないかどうかが注意深く試みられることになった。それ故にナショナル・トラストはこの可能性を詳細に調査するように州議会に通告すべきだと考えた。調査が完了した後に、この工事をトラストが受け入れうるかどうかが決定されるはずであった。

　もっと心配されたのは、土地の強制購入に対する方策と手続きの意思を政府が次々と変えるのではないかということであった。ドランブーイ（Drumbuie）にあるスコットランド・ナショナル・トラストの資産を守ろうというスコットランド・ナショナル・トラストの努力が、連合王国（UK）ならどこでもそうだが、政府が沖合の油田およびガス田のためのプロジェクトのために必要とされる土地を早急に獲得することを可能にする法律を導入しようという提案を導くことになった。トラストは公の調査で譲渡不能の原則を守ることにトラストの姉妹組織を率先して支持しようとした。結局、この提案された法案は公表されなかった。そして新しい政府はこの法案を少なくともしばらくの間導入する意思がないと通告してきた。この年次報告書を書いている時に、この脅威は直ちに生じることはないと思われたが、特に政府がこの国に絶対に必要な目的のために、どんな地域であれ、土地を確保するための一般的な権限を行使することには反対しないということが述べられてからも、この懸念はずっと残っている。

63

心配されたバイパスが走っていないペットワース（1997.7）

　トラストが国民の必要を阻むような望みを持っていないことは確実であり、また議会もアメニティ、社会的および経済的考察を考えに入れながら、このような優先策を最終的に判断しなければならなかった—譲渡不能の原則の価値を含めて。評議会は、その原則とトラストがこの時享受していた特別の保護を守るために、トラストの持っているあらゆる力を行使することを決心していた。[2]

　私自身、単身でペットワースを訪ねたのは確か2度ほどであるが、2013年8月には私たち夫婦はウェスト・サセックスのチチェスターからバスでペットワースへ行った。果たしてバイパスがペットワース・パークを通過しているかどうかを確かめるためであった。幸いにバイパスがペットワース・ハウスもパークも走っていないことを確認できた。

第2節　新しい資産

　トラストの支配下にある新しい資産と約款の数と種類は、この年度中に満足できるほど増加した。完全なリストは章末資料に記載されている。

第4章　イギリス経済とナショナル・トラスト【1973年】

　素晴らしいいくつかの獲得物がエンタプライズ・ネプチューンを通じて獲得
された。

　前年のトラストの最も顕著な獲得物は北ウェールズのクルーイド（以前はデ
ンヴィシァ）のレクシャム近くのエルディグであった。ここは基本財産の土地
を含む約776ha.を有し、フィリップ・ヨーク氏によって与えられたものである。
この邸宅は17世紀末に建てられ、1733年以降連続してヨーク家によって占有さ
れてきた。最初の植林を正確に残したオリジナルな庭園の跡があり、トラスト
はこれを復元したいと望んでいた。一般の人々に開放される前に、詳細で長期
にわたる作業がこの資産に必要であった。復元作業は極端に高価なものとなる
はずだったが、ヨーク氏がトラストへ与えた偉大な贈与のおかげでこの作業は
実現された。

　ウェスト・サセックスでは、イースト・グリンステッドから4kmのところ
がスタンデンで、そこにはウィリアム・モリスによるいくつかのオリジナルな
デザインと付属物があるが、それらはフィリップ・ウェッブによって19世紀後
半に建てられた邸宅の中にある。その邸宅は4ha.の庭園と基本財産が備えら
れていた。そして64ha.の農地については約款が与えられていた。

　湖水地方では、グラスミアのイーズデイルの80ha.のブリマー・ヘッド農場
が獲得された。この農場は建物を取り囲むイーズデイルのほとんどの土地を含
んでおり、またその土地の共有放牧権がある丘によって取り囲まれている。こ
れらはグレート・ラングデイルおよび隣接するラングストラスとサールミア渓
谷を見下ろしているハイ・ホワイト・ストーンズのところまで広がっている。
ブリマー・ヘッド農場はそこの美しさだけでなく、そこが今後もそこの伝統的
な方法で管理され、また他のところのように壊されないが故に特別に重要であ
る。エナーデイルのクラッグ・フェルでは、93.6ha.のオープン・フェルが森
林委員会および地元の土地所有者から、さらに24ha.を加えて獲得された。こ
の資産はアングラーズ（あるいはアングリング）・クラッグを含み、その湖岸か
ら頂上まで広がっている。

　トラストはこの年にこの湖の南側に沿って、すべての土地を所有することに
なった。これらの2つの重要な獲得は、湖水地方でのトラストの保護を約3万
6,000ha.まで、およそこの国立公園の全域の5分の1まで広げたことになる。

65

もう一つの湖水地方の獲得物はスタイバロウ・クラッグ・ウッド、すなわち
ここはカントリィサイド委員会と匿名の寄付者の寛大な援助で購入されたグレ
ンコインとグレンリディングの間のアルスウォーターの西側に沿った細長い森
林地である。

　この年末にトラストはナイツヘイズ・ガーデン・トラストの唯一の受託者に
指定された。ティヴァトンから遠くないこの美しいウェスト・カントリィの庭
園は、バージスのそばのヴィクトリア朝風の邸宅を取り囲んでおり、その邸宅
は豊富な宝飾類を含み、それに104.8ha.の私園（parkland）とともにトラスト
の所有地となった。庭園はその邸宅とともに1975年に開放されることになった。

　ヘリフォード州とウースター州にあるホーフォードの鳩舎は、フランク・フ
ァウラー氏によって与えられた。この16世紀の木造建造物は、歴史的建築物評
議会によって大規模な修復が行なわれたところである。クルーイドのクライグ
タウン近くのダイザースでは、クライグ・バウルと呼ばれる24.6ha.の石灰石
の丘がトラストへ遺贈された。ここは高度の植物学的および科学的関心を抱か
せる地域である。[3]

第3節　エンタプライズ・ネプチューン

　評議会はエンタプライズ・ネプチューンのそもそもの目標であった200万ポン
ドの募集額に達したことを11月に報告することができた。新しい目標が即座
に据えられた——160kmの海岸線の獲得がそれである。

　野心的な目標へ向かうこの新しい推進力は、1973年末にそれぞれの地域でい
くつかの重要な資産を獲得することによって実現することができた。ペナルベ
ニス農場。この農場はスリン半島の一部を形成し、プラス・イン・リォのトラ
ストの資産に隣接しており、97.6ha.の農場からなり、およそ1.6kmの海岸線を
有している。いつも寛大なキーティング3姉妹がここを買い取るのに5,000ポ
ンドを与えてくれた。

　プラス・イン・リォと言えば、1938年に、当時放置されたままになっていた
この邸宅を買い取り、復元してくれたのが、この3姉妹であった。この邸宅が
一般国民に開放されたのは1952年であったが、それはともかくこの頃はカント
リィ・ハウス保存計画も開始されており、筆者にはたいへん興味深い邸宅であ

66

第4章　イギリス経済とナショナル・トラスト【1973年】

った。幸いにトラストから2007年に2日間にわたり「北ウェールズのスリン半島をめぐるイベント」に招待された。私たち夫婦は喜んで参加した。

　北デヴォンシャでは、ブル・ポイントの80.4ha.の農場と崖地が獲得された。この土地は岩が露出し、そしてハリエニシダに覆われた急勾配の藪になっており、そのために特にここを魅力あるものにしていた。

　ドーセットシャでは、1.6kmの海岸線と12ha.の土地が、大部分はバートン・ブラッドストックで、遺産金を含めて、イギリス農村保護会議（CPRE）からの補助金で購入された。この新しい購入地はバートン・クリフにあるトラストの所有する資産に隣接している。

　ノーフォーク州の北海岸では、ブランカスターとソルトハウスの間に40kmも伸びている海岸線の数箇所の土地が、自然保護団体のうちのどれか一つの団体によって所有されていたが、モーストン湿地にある222.4ha.がトラストによって購入されて、すべてトラストの土地となった。

　管理するために、この素晴らしい新しい獲得地は、440ha.のブレイクニィ・ポイントの大地と統合されることになった。購入価格に間に合わせるために、またこの人気の高い資産にある諸設備を改良するために実行されたブレイクニィ・アンド・モーストン・アピールは、地元の人々によって計画された。北デヴォンのイースト・シャラクーム農場の東の部分を形成しているほぼ3.2ha.が購入されて、グレート・ハングマンに繋がった。

　この年度は何らかのアピールを始めるには良い時機とはいえなかった。しかしエンタプライズ・ネプチューンは特に重要であり、かつ良好となるはずの進展が1974年には新しい目標に向かって展開されることになっていた。すでに他の可能な重要な獲得の件についても取引が進みつつあった。

　評議会はこの年の年次報告において、特別のアピールのために集められた資金の詳細を検討した。1973年における唯一の特別のアピールは、上記のとおりエンタプライズ・ネプチューンのためのものであった。[(4)]

第4節　ヨーロッパ建築物遺産年 1975

　1975年は、ヨーロッパの建築物遺産年とされた。トラストは連合王国評議会（United Kingdom Council）と協力して、トラストが求める水準と一致するの

67

ならば、建築学上重要な建物に対して約款を提供する用意があると公表した。たいていの場合、それらの建築物は環境省によって第2等級（Grade 2）としてリストに挙げられる必要があった。ある場合には管理を行なうための基本財産が必要であった。

トラストはまた、すでにウィルトシァのレイコックで実行したように、空中を張っている電線を除去するのにとても関心を持っていた。このようなトラストの実践は他のところでも行なわれたとおりだ。たとえばトラストはグロスターシァのブレイズ・ハムレット、ノーサンバーランドのカンボやチェシァのスタイルで同様なことを実行することを提案した。事実、私の経験からこれらはすでに実行されていることを確認している。なお私のフィールド・ワークを含めても、これらの実例は十指に余ると言ってよい。

ヨーロッパ建築物遺産年の目的は、トラストの仕事において明らかなとおりであり、またトラストの永続する目的の一部をなすものである。[5]

第5節　考古学

イギリスの世論は、考古学における主要な、そして先例のない危機として描かれてきたものを、ますます意識するようになってきた。20世紀末には特に守られたそれらの原野の記念物だけが道路や駐車場を含めて、あらゆる種類の新しい建物や近代農法から生き延びることができるだろうと考えられた。トラストは旧石器時代の洞窟から旧ローマ人の農場に至るまで、あらゆるタイプとあらゆる時代の、そしてあらゆる次元の多くの考古学上の場所の所有者である。それらはエイヴベリィの巨石群のサークルのような、とても重要な記念物ばかりでなく、古代記念物法の下に予定されている偉大な多くの小さな原野の記念物をも含んでいる。

最も重要な遺跡は通常保全の意図をもって獲得されたが、多くの他の遺跡は、もっと早い時期にあるいは他の原因によって壊されていた。これらのうちいくつかの遺跡が保護されてきたということは、たまたま幸運に恵まれたのだと言ってよい。少数の重要な遺跡は環境省に保護されており、また自然管理委員会によって監視されてきた。他方もっと多くのものは、地方自治体や他の団体からの補助金によって支えられてきた。残りのものはいつものようにボランティ

第 4 章　イギリス経済とナショナル・トラスト【1973年】

ダーウェントウォーターの北東部にあるカースル・リグ・ストーン・サークル
（1987.9）

アの援助によって救われつつ、トラストの責任の対象となってきた。考古学上の遺跡は系統だった注意を必要とするものである。地面にあるものは、こすり取られるか、刈り取られた。さもなければ草や低木は大きくなって一面にはびこることになる。森林地の中にある他のものは、とげのある低木や下草を刈り取る必要がある。借地農に貸し出された農場に遺跡があるところでは、それらを管理するために話し合いが行なわれた。たとえばリース地では、考古学上の場所を含む地域では、深耕は行なわれなかった。

　評議会は、トラストの資産の発掘は慎重に考え、かつ協議した後に許可されるものと信じた。トラストはこの方法こそが、トラストが信託されて保有しているものを適正に保存することによって、考古学のために最良の形で貢献しうるものだと考えている。[6]

第6節　樹木年

　政府がスポンサーになった樹木年の間に多くのことが達成された。トラスト

自体の会員へのアピールは、2万ポンド以上を生み出した。他方では、貴重な寄付金が各種の団体から寄贈された。これらの反応があったおかげで、初めに考えられたより多くの計画が、全国各地で実施されてきた。それらは個々の木から大きな木立や樹帯へと広がっている。この熱意の故に、連続する基金募集の努力として（むしろエンタプライズ・ネプチューンのように）、ツリー・アピールを広げていこうというのが評議会の意志である。[7]

第7節　会員数

　ナショナル・トラストを支える会員数の増加は極めて満足すべき方法で続いた。1973年12月には全会員数は前年末の34万6,000人に比べて42万8,000人となった。評議会はこの結果は、会費の引き上げがインフレーションの結果に対抗するために、渋々認められてきた結果だと理解した。普通会員の会費は最低2ポンドから3ポンドへ引き上げられた。そして家族会員は1ポンドから1.5ポンドへと引き上げられた。恐らく部分的には一つの結果として、辞退を含めて会員の非更新の全パーセンテージが前年よりも大きかった。そしてこの結果は1974年にも同じような結果が生じるのではないかと考えられた。評議会としては、これらの大切な支持者たちを失うことは悲しいけれども、多くの新しい会員が増加したことで慰められた。

　トラストのイングランド、ウェールズおよび北アイルランドの土地や建物のうち良質のものを保全し保護する事業は、ますます広くかつ深く認識されつつあった。資産の数と種類、そしてトラストへの信頼がますます重要性を増していくのだということを肝に銘じつつ、会員数をさらに増加させねばならないと覚悟するには、それなりに十分な理由があった。それだけにインフレーションが続いているなかでトラストの資産を正しく修復し、健全なものに保つことが絶対に必要なのだ。

　評議会は、若者—21歳以下の若い人々—が活動的な会員になるように特別に奨励されることが必要だと考えてきた。それ故に21歳以下のグループが40％以上増加して、ほぼ5,000人に達したことは大きな喜びであった。これは将来に向けて嬉しい兆しを示すものだ。評議会はまた、資産で熱心に働いている若い会員やスタッフを見て、多くの人々が新規会員になってくれたことに深く感謝した。[8]

70

第4章　イギリス経済とナショナル・トラスト【1973年】

第8節　センター

　1973年は、マンチェスターで最初のナショナル・トラスト・センターが創立されてから25年目を記念する年だった。以来進歩は速く、トラストの大きな強みとなってきた。すでに記したように、トラストの会員数が多くいる地域では、新しいセンターが次々とつくられつつあった。

　評議会はセンターに積極的に入っている人々のエネルギー、献身および熱意を喜んで迎え、そして彼らの成し遂げたことに感謝してきた。センターは1万9,000ポンド以上の資金を集めた。これは前年に集められた金額のほとんど3倍だった。

　さらに彼らは4,664人の新しい会員を登録するのに直接責任を負っていた。またあるセンターに属していたトラストの全会員は約3万5,000人であった。

　加えて資金や会員数を集めるのに多くの他の方法があった。それらの方法を用いてセンターはトラストを助けたのである。ヨーク・センターはヨークでこの年に開催された年次総会の世話をしてくれた。他方ではハンター・センターは再びフェスティバル・ホールでのトラストの年次総会で、切符売り場を責任を持って管理してくれた。エイコーン・キャンプやツリー・アピールのようなプロジェクトのための資金を集めるのに加えて、センターでは、春に訪問者たちが野生のスイセンを摘み取るのを止めさせたり、オープン・スペースやゴミが散乱した海岸を掃除したり、また他の方法で手伝いをしてくれる管理人を仲間に入れることができた。評議会の26人の選挙で選ばれたメンバーのうちの10人が、センターのメンバーであったことも意義深かった。[9]

おわりに

　年末の見通しは、年初よりも相当に不安定で心配が多かった。そのためにトラストの国内および国際的環境から見て、相当に影響を受けざるをえなかった。この年は石油ショックが起きた年であり、もし十分な量の石油があり、適正な価格であったならば、資産への訪問者が維持されたかもしれない。恐らくさまざまな種類の旅行が抑制されたならば、資産への訪問者数が減ったかもしれない。それでもより多くの人々が彼らの休日を、外国よりもむしろこの国で過ご

71

すことに決めるとも考えられた。新規会員の募集に対する影響はどうだっただ
ろうか。政府はトラストに影響を及ぼす新しい道路、あるいは他の資本プロジ
ェクトを減らしたり、または遅らせたりしただろうか。とりわけトラストの資
産に相当に大きな悪影響を及ぼすインフレーションは、どの程度その悪影響を
抑えられただろうか。

　不安定な状況は多かった。しかしトラストの資産を、将来世代のために守り、
そして管理する義務は明白であった。評議会はその義務を果たす努力をし続け
なければならないという信念を変えることはなかった。[10]

資料　1973年　新しく獲得された資産と約款

【エイヴォン】
* Nos.2&2a Abbey Green、Bath. バース保存トラストによって約款が贈与された。
* Dyrham Park. ダラム・パークの守衛所が1973年、ベントン・フレッチァ、ハ
リソン、ケネディ・ウィークス基金で購入。

【バッキンガムシァ】
* Hogback Wood、Beaconfield. 4 ha.の森林地、贈与。この年に合計9.2ha.とな
った。

【チェシァ】
* Edge House Farm、Alderley Edge. 0.8ha.、贈与。
* The Old Coach House、Styal. チェシァ州議会、ウィルムスロウ・アーバン
地区評議会およびカントリィサイド委員会の援助によって購入。

【コーンウォール】
* Bedruthan Steps. 崖地に近い15.2ha.を付加。匿名者およびファーバンク・チ
ャリティ・トラスト、ネプチューン基金、そして遺産金で購入。
* Coombe Valley. ビュードの北方4.8km、35.6ha.の美しい渓谷。贈与。
* Fal Estuary：Pill Creek. 1.6ha.に対する約款、贈与。
* Fowey：St Saviour's Point. フォイ湾の東方ポルーアンに所在、0.6ha.、贈与。
* Lower Halwyn Farm. 25.2ha.、約款、贈与、1970年。
* Pentireglaze Farm. 1.6ha.、コーンウォール海岸基金によって購入。
* Trewince Farm. 74.8ha.、約款、贈与、1972年。

【カンブリア】
* Brimmer Head Farm、Easedale. 80ha.、地元の寄付者たちの援助で獲得。

第4章　イギリス経済とナショナル・トラスト【1973年】

＊Buttermere Valley：Loweswater & Holme Wood. 146ha.のハイ・ヌック農場。約款、贈与。

＊Crag Fell、Ennerdale. 93.6ha.に広がる高原地帯、森林委員会から獲得。隣接地の所有者から24ha.をさらに与えられ、この湖の南岸沿いのトラストの所有を完成。

＊Hollin Bank、Coniston. トラストの所有地に0.2ha.の森林地を付加。贈与。

＊Silverthwaite、Loughrigg. 家屋と3.2ha.，遺贈、譲渡。

＊Ullswater Vally：Glencoyne Wood & Stybarrow Crag. 1.6ha.の森林地、贈与とカントリィサイド委員会からの補助金で獲得。

【ダービシァ】

＊Stanton Moor Edge. ベイクウェル南東部6.4km、2 ha.の森林地、遺贈。

＊Haywood：Land at Nether Padley. ロングショウにつながる68.4ha.の放牧地、荒野そして森林地、限定目的基金とカントリィサイド委員会の補助金で獲得。

【デヴォン】

＊Bull Point. イルフラクームの東方5.6km、72.8ha.のこの岬は「200万ポンド」のネプチューン・アピールの最初の目標額を記すために購入。エンタプライズ・ネプチューン基金で購入された海岸地。

＊Compton：Old Forge House. トーキィの西方6.4km、寄付金で購入。

＊The Great Hangman. クーム・マーティンとヘドンズ・マウスの間にある。さらに10.4ha.が買い足された。

＊Holdstone Down. クーム・マーティンとヘドンズ・マウスの間にある。小区画に分けられている。この地帯を獲得するために取っておかれた基金で購入。2015年9月、私たち夫婦はこの地帯を左に見ながら通り過ぎた。ここを知っている地元の農民に会いたかったのだが、残念ながら会えなかった。

＊Knightshayes Garden. ティヴァトンの北方3.2km、104.8ha.の森林地と大きな庭園。ナショナル・トラストがナイツヘイズ・ガーデン・トラストの代わりにこの資産の単独の受託者に指定された。

＊Lower Dunscombe Cliff. シドマスの東方3.2km、4.8ha.の崖地、トラストがこの続きの海岸地の所有を完成するために、エンタプライズ・ネプチューン基金で購入。

＊Lydford Gorge. ロールセストンへの鉄道線路の廃線2.8ha.をフォル基金から買い足した。

＊Margell's Close、Branscombe. 0.8ha.のフィールド、地元の寄付金からの援助も受けて、エンタプライズ・ネプチューン基金で購入。

＊Morte Bay：Baggy Point. クロイド・ビーチの北側にある4.8ha.、贈与。

＊Thurlestone. キングズブリッジの西方6.4km、34ha.の農場、約款、贈与。

＊St Thomas Cleave Wood. モアトンハムステッドの北東4.8km、24ha.の森林地、購入。

＊Yealm Estuary. プリマス9km、10.8ha.の森林地、地元のアピールにより基本基金も与えられた。

【ドーセット】

＊Black Venn. 二人の姉妹の遺言で、さらに2ha.の副崖が獲得された。

＊Burton Bradstock：Burton Cliff. 17.2ha.の海岸地と崖地、エンタプライズ・ネプチューン基金で、イギリス農村保護会議を通じて譲渡された。

【イースト・サセックス】

＊Standen. 4.2ha.、邸宅と庭園、遺贈、67.6ha.の農業用地と森林地には約款、贈与。

【ヘリフォード＆ウースター】

＊Hawford Dovecote、Hawford Grange. 1スクウェアの16世紀の木骨造りのダヴコート、贈与。

【ノーフォーク】

＊Felbrigg Hall. クローマーの南東3.2km。ノーフォークで17世紀の最も見事な邸宅の1つ、フェルブリッグは遺言の下に80ha.とともに残された。

＊Morton Marshes. 222.4ha.の満潮時に海水が入り込む湿地、エンタプライズ・ネプチューン基金と地元のアピールで購入。

【サリー】

＊Clandon Park. 2.8ha.、駐車場用に購入。

＊Whitmore Vale. ハインドヘッドの北西1.2km、20ha.の森林地、ヒース地および放牧場、贈与。

【ウェスト・サセックス】

＊Bailiffscourt Estate. 385.2ha.、約款、贈与。

【ウェールズ】

（クルーイド州）

＊Erddig. レクサムに近い、17世紀後半の邸宅、785.6ha.、贈与。

＊Craig Fawr：Dyserth. 24.6ha.、遺言の下に残された。

（グウィネス州）

＊Cymryd、Conwy. 15世紀の石とスレートの邸宅、18.8ha.の農地と農場家屋が付属、贈与。

＊Penarfynydd、Rhiw. 97.6ha.の農業用地と崖地は牧草地、これらのうちの76ha.

はアクセス自由、寄付金およびエンタプライズ・ネプチューン基金、その他の基金で購入。

（ポウィス州）

＊Cwm Sere、Brecon Beacons. 16.8ha.、ガーセドプライス基金より購入。

【北アイルランド】

＊Layde、Co Antrim. クッセンダン‐クッセンドール海岸歩道、エンタプライズ・ネプチューン基金で購入、アクセスは常時自由。

第4章　注

（1）*Annual Report 1973*（The National Trust, 1973）p.5.

（2）*Ibid.*, pp.5-6.

（3）*Ibid.*, pp.6-7.

（4）*Ibid.*, p.8.

（5）*Ibid.*, pp.9-10.

（6）*Ibid.*, pp.9-10.

（7）*Ibid.*, p.10.

（8）*Ibid.*, p.11.

（9）*Ibid.*, pp.11-12.

（10）*Ibid.*, pp.16-17.

第5章　ナショナル・トラストの着実な進展を目指して【1974年】

第1節　財政上の展望と会員数

　ナショナル・トラストにおける1974年は、依然として続く経済的な不況にもかかわらず多くの闘いの局面で良好な前進を遂げつつあった。多くの大切な資産がエンタプライズ・ネプチューンによる海岸地であれ、その他のところであれ、トラストの保護下に入った。他方では会員数もより緩いペースであったが、増加し続けた。

　評議会は、トラストの邸宅や庭園がたいへん素晴らしい状態で維持・管理され、そこをもっとエンジョイできる状態にするために多くの便宜を整えてきた。ベース・キャンプと売店が新設され、あるいは計画された。それにインフォメーション・センターも設けられた。評議会の努力は主として邸宅や庭園に興味を持つ会員たちに向けられてきたばかりでなく、ウォーキング、キャンプや登山などがオープン・カントリィサイドでエンジョイできるように、もっと多くの人々のために努めてきた。これらの方針を実行するには、トラストの会員や一般の人々のためにかなり多くの投資が必要とされた。

　評議会は1973年当時と同じく、1974年も再び経済的緊張が続くに違いないと考えていた。したがってイギリスの経済状況の悪化に備えて計画や方針を立てた。トラストは多くの点で当時の財政状態によっては、悪影響を受けることを避けられそうもなかった。あらゆるコストが高騰し続けた。贈与と遺贈の価値が低下した。多くの賛助会員の能力が、彼らの意志は寛大であったけれども、高まるインフレーションや課税、証券市場の価値の厳しい下落、そしてある場合においては、衰えていく個人の資産により大きく依存したことによって限界が生じた。経済活動から収入が減り、また政府の経済状態の悪化が氷結したままであることが、諸要素をさらに不利な状況に置いたままであった。それ故にトラストの収入と支出間のギャップが開き始めた。それにもかかわらず年末の

赤字は、大部分訪問者からの収入が増加したおかげで、前年の報告書で恐れていたほどではなかった。材木の販売高もまたトラストの森林地の高い費用から予想されたよりも大きな貢献をしてくれた。

　評議会は、トラストの管理および財政的な取り決めを健全な状態に置くばかりでなく、むしろ厳しい経済状況を乗り越えて、望むらくは一刻も早く拡大へ向かうことができることを可能にするために、管理および財政的事情を綿密に調査した。トラストの活動の全体像をつくり、または計画を立ててみた。そして急速なインフレーションとその結果生じるリセッションによって1975年を超えてゆくならば、さらにそれらの計画を改める必要があるかもしれないとも考えた。

　評議会は、経済の状態と1973年中に影響を及ぼした会費の引き上げにもかかわらず、トラストの会員数がよりゆっくりとした率ではあったが、成長を続けたことを知って喜んだ。1974年12月には、会員総数は46万4,000人となり、前年より3万5,000人増えた。会員数の募集を増やすために、あらゆる努力がなされた。そして評議会は1975年中に50万人目の会員を登録するのを期待した。すべての会員が仲間1人を加入させるように奨励されていた。もしすべての会員がこれをやり遂げたならば、その結果はトラストの財政状態を変化させ、そして大いにその影響を高めたに違いなかった。[1]

第2節　新しい租税法

　トラストが直面する問題は、インフレーションやリセッションから生じる問題ばかりでなく、政府によって提議された厳しい租税計画であった。それらが公表される前に、議長が大蔵大臣に陳情したし、また大蔵省との議論と労働党の芸術およびアメニティ委員会との議論も行なわれた。その時にトラストとスコットランド・ナショナル・トラストが、彼らに直面しうる厳しい問題を説明した。

　トラストは他の社会事業団体とともに、富裕税を課税されないことが保証された。トラストへの贈与および遺産に対する相続税を完全に免除されること、また資本承継税にも適合すること、そして国民的に重要な動産は富裕税の代わ

りに受領されることも保証された。

　それにもかかわらずこれらの提議された新しい税金は、トラストにも適用され、また私的所有者には確実に適用され、また法令全書に記載されているならば、国民的遺産にも適用されるという危険は否定できなかった。農地が遺産税から享受する特別の45%の減額および森林地に与えられている優遇措置を廃止するか、あるいは減らすことを止める政府の意図が実現すれば、それらは歴史的邸宅およびそこに置かれている宝飾類の散逸、農場の細分化を急がせ、かつイギリスの農村およびその美しさの相貌をより醜い方向へと変えていくのは確実と思われた。

　それでもナショナル・トラストはこれまでに劣らず、着実にかつ注意深く成長していかなければならない。それ故にナショナル・トラストは、政府が1975年財政法のなかでつくられる多数の譲歩を歓迎した。それによって国民的遺産は、死亡した時、ある条件に基づいて資本承継税を免除されることになった。しかし国民的遺産の維持に絶対に必要な多くの関連のある問題は、国民的遺産およびそれを維持するための資産が資本承継税および富裕税から免除される程度を含めて、特別委員会に付託された。ナショナル・トラストは、国民的遺産のそれぞれの局面に関心を持つ他の多くの団体と一緒に、トラストの見解をその委員会に明らかにした。その結果いかなる勧告が持ち上がり、かつさらにいかなる法律を政府が提案するかが明らかになるはずだった。⁽²⁾

第3節　農場地代

　トラストは自らの農地から公正な収入を得ようと努めている。そして時代的に農業が不振で厳しいにもかかわらず、トラストの農場の地代は控えめながら上昇してきた。しかし政府の地代凍結のために、地代上昇の半分だけを徴収することができた。幸いにもこれはそれ以降、1975年には終わるので、収入のいくらかを増加することが期待されるようになった。他方では、農場の修理や改良の費用が上昇して、この収入は不相応に低下した。

　トラストの農場の多くは、投資としてよりもむしろこの風景の価値故に、あるいは大邸宅を囲む環境を良好なものにするために獲得されたのである。半分以上は丘陵地にある農地であり、そしてしばしば人々はその農場のある地域

第5章　ナショナル・トラストの着実な進展を目指して【1974年】

にアクセスする権利を持っている。だから地代は減らされ、加えてトラストは
アメニティを理由に、ある建物を農業目的のみによって保証されているよりも
大きな費用で維持しなければならない。[3]

第4節　譲渡不能

　譲渡不能の原則は、これによってトラストおよびスコットランド・ナショナ
ル・トラストの力量と成功を確固として基礎づけてきた。しかし、沖合の油田
を早急に開発する必要性があったので、この原則は脅威にさらされることにな
った。1974年早々に、当時の政府は連合王国全体に適用して、法律を導入する
ことを計画した。油田が国民の利益に資することを合法化できた場合、法律の
導入をより早めに実現できそうだった。

　2月に議会が解散されたことを含めて、この法案は譲渡不能の問題を抱えて、
なかなか議決に至らなかった。しかし1974年遅くに、政府は沖合石油開発（ス
コットランド）法案の詳細を公表した。これは計画の進行に影響を与えること
はなかったが、内務大臣に計画の許可が与えられた後に、ある石油関係の目的
のための土地を強制的に獲得することを可能にするものだった。当然これはト
ラストの譲渡不能の土地にも適用できた。残念ながらナショナル・トラストに
もスコットランド・ナショナル・トラストにも、反対する時間がほとんど与え
られなかった。

　スコットランドだけに適合し、ただある沖合の油田事業と関連するだけだっ
たが、この法律は、連合王国の他の土地もカバーするために、もっと広く適用
することが可能になるのではないかと懸念された。両ナショナル・トラストは、
譲渡不能の土地のユニークな地位を守るために、この法案を修正させるために
熱心に闘った。しかし政府は改正を受け入れることを拒否した。それ故に上院
の特別委員会のこのようなすべての強制的な獲得を維持させるもう一つの改正
を受け入れるものであった。評議会は政府の決定を残念に思った。しかし次の
ような条件で大臣が声明を発したことで再びいくらか保証されると感じた。
「私は政府がこの条項を他の法律のなかの相似した条項のための先例として使
用することはないということを記録に留めておきたい。事実、私は我々がそれ
を他の何らかの法律のための先例として使用することはないということを私が

引き受けることができるということを、私と会見した両ナショナル・トラストの代表者に語った[4]」。

スコットランド・ナショナル・トラストが沖合の油田問題に巻き込まれている間にも、ペットワース・パークの中を通過する恐れのあるバイパスの交通問題もまだ解決されず脅かされたままであった。前述のようにトンネルがペットワース・パークおよび邸宅あるいはパークを全部避けるルートを押し通そうとするトラストの決定が実現できるかどうかは1975年中に明らかになるはずだった。

上述のとおり、譲渡不能の資産を守るには、両ナショナル・トラストに厳しい財政負担を強いることになった。スコットランド・ナショナル・トラストはドランビィのスコットランド・ナショナル・トラストの島を保全するための訴訟に勝利したけれども、相当な費用を負担しなければならなかった。同様に、トラストのペットワースのパーク（私園）を通るルートに代わるべき選択肢を調査するためのナショナル・トラストの必要を賄うには、資産とスタッフの点で相当な金額を擁することが判明しつつあった[5]。

第5節　新しい資産

1974年中にコーンウォール、ノーサンバーランドおよび北アイルランドのような遠隔地でトラストの資産がさらに増えた。完全なリストは章末資料に記載されている。エンタプライズ・ネプチューンによって獲得された資産については、それぞれ次節で扱うことにする。

極めて秀でて、かつ最も素晴らしい創作物の一つに挙げられているカースル・ドロゴが、240ha.の土地とともに贈与され、さらに60ha.の土地が約款の下に保護されることになった。このカースル・ドロゴの大邸宅こそ、エクセターの西方にある極めて壮大な規模で、イングランドで建てられた最後のカントリィ・ハウスであったと言ってもよいであろう。

トレヴェリアン家のメンバーからの非常に寛大な条件に基づいた申し出によって、ノーサンバーランドのハウスステッズ農場126.4ha.が、ハドリアンズ・ウォールの近くに所在するトラストの所有地に加えられて、さらに広大な大地となったことは喜ばしいことだった。

80

第 5 章　ナショナル・トラストの着実な進展を目指して【1974 年】

　湖水地方では 4 つの資産が獲得された。カースルリグ・フェルはダーウェントウォーターの東側からスカイラインを目指して登りながら広がっていく 378.8 ha.の土地からなり、そしてロビンソン・プレイスが加わる。ずいぶん前のことになるが、ここは、今は亡きバトリック夫人に連れてきてもらったところでもあるし、このことを思い浮かべるためにも後年になって私たち夫婦が再び訪ねたところでもある。

　グラスミアのアンダーヘルム農場とエスクデイルのフィールド・ヘッド農場は相続税の代わりに国民的土地基金を通じて大蔵省によってトラストへ譲渡された。これは故コマンダー・E・C・レイの遺言でトラストに残された広大な大地であり、彼は湖水地方をたいへん愛していた男性であった。グレート・ラングデイルのロビンソン・プレイス農場は 52ha.あり、そして 1,200 頭の羊のためのラングデイルとグラスミア・コモンズの広大な高原地帯の権利を含む。

　ダービシャでは、イーデイル地域の 50.4ha.の放牧地と牧草地からなるハイアー・フルウッド農場とホワイト・エッジ・ムーアの 49.6ha.を擁したホワイト・エッジ・ロッジが獲得された。これらの主な獲得地に加えて、トラストはつねに小面積の資産を、それに有利な形で境界線を調整し、その結果広大な大地が形成されるように、慎重に考慮しつつトラストの所有地を獲得してきた。これがこの後も実現していくことは、何よりも寄贈者の寛大さによるものであることは自ずと理解できよう。⁽⁶⁾

第 6 節　エンタプライズ・ネプチューン

　1974 年はエンタプライズ・ネプチューンにとって偉大な進歩を示す年であった。この年はトラストによってすでに保護されている 596.6km の手つかずの海岸線に、「次の 100 マイル（160km）」の新たな標的を定めた年ともなった。

　この年の終わりまでに受け入れられたり、あるいは約束された寄金はおよそ 50 万ポンドになった。評議会は 5 年にわたり 10 万ポンドを約束してくれたカントリィサイド委員会の寛大さと、このアピールへ献呈してくれてきたトラストのセンターに対して、このうえない感謝の念を禁じえなかった。特にトラストのセンターについて言えば、44 のセンターから 1 万 1,000 ポンド以上の寄金が寄せられた。規模と壮大さの点では、特に 2 つの獲得物がトラストの想像力を

81

近年、このホワイト・クリフも獲得された（2014.9）

絶した。108ha.のボックヒル農場の購入とともに、トラストは初めてドーバーのホワイト・クリフスに実質的な足場を得た。ボックヒルは、セント・マーガレット湾とディールの間にある。

　ボックヒルと言えば、私自身、1986年1月にフランスを経て日本へ帰る途中にドーバーに寄って、その足でボックヒル農場を訪ねたことがある。この時運良くトラストの借地農に会った。この時はお昼頃で農業労働者数名の人たちが食事をしていたのを覚えている。後年2度ここを歩いたが、このことについては、あとで述べるつもりだ。

　再びエンタプライズ・ネプチューンに戻ろう。海岸を獲得するための運動はさらに続く。25万ポンドのためのアピールが、再びここの地域委員会によって開始された。コーンウォールのルー・プールとガンワロウのチャーチ・コーヴは、コマンダー・J・P・ロジャーズによる素晴らしい寛大な贈り物であった。ルーの周囲にはトラストに与えられた616ha.に1ダースの農場がある。この素晴らしい資産に対する私の記憶では、ルーの港を出た観光用の小さな船に乗っ

第5章 ナショナル・トラストの着実な進展を目指して【1974年】

ボックヒル農場：帰国するためにパリに向かう途中、初めて訪ねたトラストの農場（2014.9）

て、イギリス海峡に乗り出した時の光景が忘れられない。海からスカイラインを天空にまでのばし、トラストの海岸線のその美しさとヒーリングを存分に味あわせてくれたあの時の感動は未だに忘れてはいない。しかしそれだけでは満足できず、再びルーの船寄せ場に戻った私は、今度は海岸線に沿ってフットパースをどこまでも歩いて行った。立ち止まったのはランサロ辺りだったと思う。ここから再びルーに着いた時の歩行距離は約7kmであった。

　プリマスの東方にあるデヴォン海岸で獲得された他の大地も特に重要である。トラストは1973年に美しいエルムの入江の東側に足場を得ていた。1974年の間にトラストは、ほとんど残りのすべての大地、すなわちこの入江の河口にある3.2kmの海岸を含み、そして開かれた海に面している176ha.を購入することができた。この価格へのアピールは広く支持された。南西部にある他の獲得物は、ドーセットのザ・スピトルズ、ライム・リージスおよびコーンウォールのセント・モーズのニュートン・クリフを含み、各々およそ0.8kmの海岸を抱え、さらにトレウォダー・クリフ、リザードおよびダートの河口には約0.5kmの海岸

83

がのびている。

　ウェールズのトラストの所有地は、ウェールズ大学からの寛大な援助で、セント・デイヴィズ岬にある土地を加えて広大となった。そして一つの結果として、この風にさらされる岬の大地の輝きとそこの鉄器時代との関連が、将来のために保全されている。もう一つのトラストによって購入された重要な資産は471.6ha.を超える制限付き約款とともに、28.4ha.のローレニィ、ミルフォード・ヘイブンであった。トラストの議長は6月にロンドンのマンション・ハウスで開催されたエンタプライズ・ネプチューンのレセプションの席で、568kmの海岸、すなわちイングランド、ウェールズおよび北アイルランドの周囲の全海岸線の9分の1以上がトラストの保護下に入ったことを発表することができた。同時に彼は見事な800kmの海岸線が危険な状態に置かれており、そしてそれらはトラストによって保護される価値があるのだと強調した。したがってエンタプライズ・ネプチューンを将来とも過去と同じ精神力でもって進捗し続けさせることのできるゆるぎない強固な迫力が必要とされていたのだ。トラストが熱心に保護したいと思っていたたくさんの重要な資産が他にもあった。そして評議会、本部事務所、地域および地方委員会、センターそして多くの個々人がすべて、基金を集めるのに活躍した。英国石油、バーマ・オイル、そしてシェル石油がネプチューンに熱心に貢献してくれた。⁽⁷⁾

第7節　織物の保存

　多くのトラストの資産、特にカントリィ・ハウスには、繊細なタペストリーや備品が備えられており、それらのいくつかは17世紀に遡る。それらの状態はデリケートであり、光と埃の影響でだんだん劣化しつつある。ロンドン近郊にあるノウルでは、有名な金・銀のベッドや王室の他の備品を組織的に復元する計画を始める準備がなされていた。その仕事はトラストが自由に使える時間と技術を気前よく使わせてくれた多くの地元の刺繍技術者たちによって行なわれ、また彼らは熟練の監督者の下で働いた。仕事場はロンドン・センターやロンドンの美術商や骨とう品商からの財政上の支援を受けて整備された。トラストが彼らすべての人々に大いに感謝していたのは当然のことである。⁽⁸⁾その他これに類する保存の仕事は数多くある。

第5章　ナショナル・トラストの着実な進展を目指して【1974年】

第8節　アメリカ合衆国のトラスト

　基金を集め、そしてアメリカ合衆国でのトラストに好意を寄せる人々の興味と協力を得るためのトラストの組織は、ニューヨーク州のロイヤル・オーク財団の法人化によって設立された。

　ロイヤル・オーク財団を形成するにあたって、慎重に考えねばならなかったことは、常にイギリス国内でトラストのために基金を集めることであったが、この財団の将来の収入のいくらかをアッティンガム・サマー・スクールに出席するために、または環境教育に乗り出すために、あるいは美術の研究を始めるために、イギリスへアメリカの学生を訪問させるための補助金を与えるために使うことが計画された。この目的のために奨学資金を提供することが慎重に考慮された。

　評議会はこの財団がそのうちにトラストの資源や活動に大いに貢献するだろうし、またトラストへアメリカ人によって伝統的に広げられてきた好意に応じたいというトラストの感謝の気持ちが示されるだろうと希望して勇気づけられた。[9]

おわりに

　1974年末の経済状況は石油ショックのあおりで極めて不安定で、かつその後も不透明な状態であったので、同じ一つの解答を得られるような状況にはなかった。石油の割当量が安定的に配給されるだろうか。富裕税および資本承継税は大きなダメージを受けるのであろうか。開発土地法案はトラストにいかなる影響を及ぼすのだろうか。

　それにもかかわらず、あちこちに明るい兆しが見えないわけではなかった。エンタプライズ・ネプチューンは有利に続いていたし、多くの素敵な海岸資産がトラストへもたらされた。

　評議会はあくまでも希望を捨てずに、最悪の場合に備えながら、トラスト自体ができるところでは自らを慰めることにしてきた。とりわけそれなりに自ら管理している偉大な国民的遺産が嵐を乗り越えるのを確かなものにすることが最良のやり方であって、それこそトラストが独立を保ち、そして活気を持ち続

85

けるのだということを決意させたのだ。

　このようにしながら評議会は、特にできるだけ多くの新しい会員を登録し、トラストとトラストの永続する仕事が危険な状態に陥らないようにすることを保証して、トラストの支持者たちの熱意と善意を信じながら将来へ期待を込めた。
⁽¹⁰⁾

資料　1974年　新しく獲得された資産と約款

【コーンウォール】

* Gunwalloe Church Cove. コーンウォールの南方にあるヘルストンの南方6.4kmのところにあるウィニアントン農場、50.4ha.、贈与。
* Lanhydrock. さらに80.4ha.を付加した広大な森林地、フォイ川での釣り場、牧場、25.2ha.、約款、贈与、同時にニュートン・ハウスと1.2ha.、約款、贈与。
* Lizard Peninsula：Carleon & Treworder Cliffs. それぞれ11.6ha.と4ha.、贈与、7ha.はトレワーダー農場に隣接、贈与。カーレオン・ハウス、さらに0.6ha.を付加、遺贈金で購入、不足分はリザード・アピール基金で。
* The Loe. ヘルストンの南方3.2km、601.6ha.の森林地と農地、その他に基本基金も贈与。
* Newton Cliff. 11.6ha.。3.6ha.の牧場、遺贈金で購入。同時に波打ち際の2.8ha.とともに5.2ha.を付加。セント・モーズ基金で購入。

【カンブリア】

* Buttermere Valley：Ghyll Wood. 2ha.の森林地、1972年、贈与。
* Derwentwater：Castlerigg Fell. 378.8ha.の高原地帯、湖水地方基金で購入、ダーウェントウォーターの東岸に位置する。
* Duddon Valley：Wallowbarrow Crag. 152.4ha.（ハイ・ウァロウバロウ農場）湖水地方基金で購入。
* Eskdale：Field Head Farm. 47.6ha. 内国税収入による租税の代わりに受け入れられてトラストへ譲渡。
* Grasmere：Underhelm Farm. 内国税収入による租税の代わりに受け入れられてトラストへ譲渡、220頭の羊の群れとともに32ha.。
* Langdales：Robinson Place Farm、Great Langdale. 湖水地方基金からの寄金で4.4ha.を購入。
* Wasdale：Nether Wasdale. 5.6ha.の農地、湖水地方基金で購入。
* Windermere：Fell Foot. 760平方ヤード、ランカシァ・カウンティ評議会から

86

1973年に購入。

* Windermere：Moorhow. 湖を見下ろし、そして高原地帯を眺めることができる。17.2ha.、ワトソンおよびヒース遺贈金による購入。

* Windermere：Queen Adelaide's Hill. 湖岸の4ha.に対して約款、贈与。

【ダービシァ】

* Dovedale：Church Farm、Alsop-en-le-Dale. 6ha.、購入。

* Dovedale：Cold Eaton Bridge. 小面積の土地、購入。

* Edale：Upper Fulwood Farm. 50ha.の農地、各種の基金で購入。

* Longshaw Estate：Greens House Cottage. コテッジと1.6ha.からなる資産、約款、贈与。

* Longshaw Estate：White Edge Moor. 49.6ha.の荒野、ロイス基金およびカントリィサイド委員会からの基金で獲得。

【デヴォン】

* Castle Drogo. 244.4ha.の農地と森林地を基本財産と一緒に贈与。さらに62.8ha.は約款。

* Dartmouth：Dyers Hill. キングズウェアの裏手にある3.6ha.の森林地、サウス・ハムズ・ディストリクト評議会による贈与。

* Kingswear. キングズウェア・コート・ロッジの庭園および0.4ha.の森林地に対する約款、贈与。

* Plym Bridge Woods. プリマスの北東8km、5.2ha.の以前のプリマス＆ダートムア鉄道線路の跡地。

【ドーセット】

* Golden Cap Estate：The Spittles. 50.4ha.（崖地の37.6ha.を含む）、エンタプライズ・ネプチューン基金で購入。自然保存地としてドーセット・ナチュラリスト・トラストにリースされた。

* Golden Cap Estate：Seatown. 10ha.、エンタプライズ・ネプチューンおよび特別基金で購入。

【ヘリフォード＆ウースター】

* Finstall. フィンストール・パークの12.8ha.、約款、贈与。

* Hill Farm、Walford. 12.4ha.、遺贈。

【ケント】

* Bockhill Farm. 108ha.、ホワイト・クリフスの1.6kmを含む。エンタプライズ・ネプチューン基金で購入。

* Oldbury Hill、Ightham. 0.8ha.、ケント州評議会による道路拡幅工事のために譲渡した土地の補償分として獲得。

【ランカシァ】
* Silverdale：Bank House Farm. 22.4ha.の農地、約款、贈与。
* Silverdale：Hawthorn Bank. 0.6ha.の農地、約款、贈与。
【ノーフォーク】
* West Runton. シェリンガムとクローマーの間に所在、2.2ha.、ノーフォーク考古学トラストによる約款の贈与。
【ノーサンバーランド】
* Hadrian's Wall：Housesteads Farm. 126.4ha.、地元のアピール、タインデイル地区評議会およびカントリィサイド委員会とノーサンバーランド州議会、国立公園委員会からの補助金で購入。
【ノース・ヨークシァ】
* Rievaulx Terrace & Temples. 管理人のコテッジのための用地として購入。0.2ha.。
【オックスフォードシァ】
* Watlington Hill. トラストの所在地に付加された。1.4ha.、贈与。
【サフォーク】
* Bury St Edmunds：The Theatre Royal. 999年間のリースを与えられた。
【サリー】
* Frensham Little Pond. 15.2ha.、コテッジ、ボート・ハウスおよびカフェを含む、遺贈。
【ウィルトシァ】
* Stonehenge Down. さらに0.119ha.の古墳、贈与。
【ウェールズ】
（ダベッド州）
* Lawrenny. 28.4ha.の自由保有権、エンタプライズ・ネプチューン基金で購入および川に隣接する471.6ha.に対しては約款を確保。
* St Bride's Bay：Penycwn Farm. 1.6ha.の崖地および33.6ha.に対して約款を確保。
* St David's Head. 208ha.の入会地（セント・デイヴィド岬を含む）をエンタプライズ・ネプチューン基金で購入。またセント・デイヴィドのTreleidr近くの0.2ha.はペンブローク海岸基金から購入。
（グウィネス州）
* Harlech：Coed Llechwedd. 0.1ha.、贈与。
* Pen-y-Cil、Aberdaron. トラストの所有地に隣接する崖地の入会地である10ha.、約款。

第5章　ナショナル・トラストの着実な進展を目指して【1974年】

【北アイルランド】

＊Dundrum：Murlough Nature Reserve、Co Down. 自然保存地を拡張するために獲得された90ha.、エンタプライズ・ネプチューン基金で購入。

＊Springhill、Co Londonderry. この土地に加えられ、かつ地域基金を通じて獲得された。2.2ha.。

第5章　注

（1）*Annual Report 1974*（The National Trust, 1974）p.5. p.12.

（2）*Ibid.*, pp.5-6.

（3）*Ibid.*, pp.6-7.

（4）*Ibid.*, pp.7-8.

（5）*Ibid.*, p.9.

（6）*Ibid.*, pp.9-10.

（7）*Ibid.*, pp.9-10.

（8）*Ibid.*, pp.10-11.

（9）*Ibid.*, p.11.

（10）*Ibid.*, p.16.

第6章　不況に抗して
　　　　【1975年】

第1節　不　況

　1975年は、ナショナル・トラスト80周年の年であった。この年も成功した年だったが、多くの点で困難な年でもあった。会員数は50万人に達し、重要な新しい資産も獲得された。しかし1975年はまた財政上の問題の多い年だった。これらの問題はもっぱらインフレーションによるものであった。

　この年度に提案された法律はまた、歴史的に重要な意味を持つ建築物、そこにある宝飾品および庭園、そして森林地および農場へ重大な脅威を及ぼすとの深い懸念を生み、したがって深刻な問題を引き起こした。諸委員会も職員も予想される法案に多くの時間と色々な考えをめぐらした。それだけにトラストが慎重に考慮した見解には、政府もそれ相応の思索を重ねてトラストの要請に応じてくれた。[1]

第2節　ナショナル・トラストと経済

　25％を超えるインフレーション（特に賃金や建築費の急速な上昇）は、トラストの財政状況に悪影響を及ぼした。トラストの事業はますます広く理解され、そしてトラストの支持もますます高まってきたと言ってもよいが、そうとも言えず、トラストの将来の発展および恐らくはトラストが存続するためにトラスト自らのイニシアティブに十分に頼れるというわけにもいかず、政府がインフレーションを抑制する能力に頼るしかないように思われた。出費をどのように厳しく切り詰めようとも、また収入の新しい資源がどんなに熱心に開拓されようとも、高いレベルのインフレーションは、トラストの会員にしても一般の人々にしても、自然保護の水準を高めることはできそうもなかった。

　もちろん節約すれば多くのことができる。職員の欠員の多くは補充されないままにされてきたし、また特に地代、会費、訪問者および売店からの収入を増

第6章　不況に抗して【1975年】

やすために、特別な努力も講じられた。しかし支出の増加は止まず、収入―寛大な贈与金および賛助会員や会員の寄付金を含めて―はトラストの財政上の義務と歩を一にすることはできなかった。1965年の支出は200万ポンド以下であったのが、1975年には700万ポンドへと増加した。インフレーションとトラストの責任の増大と性質、これらからいかにしても逃れることはできなかった。1975年には9万ポンドという一般基金の赤字が生じた。たとえ政府の財政政策が成功したにしても、インフレーションは1976年も解決しそうもなかった。そしてたとえ一般基金の赤字が解消されたにしても、評議会はトラストの苦境を乗り越えるべく努力していった。⁽²⁾

第3節　寄付金と入場料

　1975年に13万人以上が新たに会員となり、そして生涯会員は倍増し2万8,000人以上になったけれども、もし収入が増加しなければ、インフレーションの観点からいって、トラストが次年度に1975年よりもトラストの資産に対する事業を約30%減らすしかできなかった。トラストの状態は危機的状況にあったのである。

　このような状況下において、評議会が会費を増加させる以外に選択の道はなかった。普通会員の会費は3ポンドから5ポンドへ引き上げられ、そして家族会員については、1.50ポンドから2.50ポンドへ引き上げざるをえなかった。生涯会員の会費も75ポンドへ引き上げられたし、法人会員は7.50ポンドへ引き上げられた。そして21歳以下の年会費も2ポンドへ引き上げられることになった。会員たちにとってこれらの会費の引き上げは1976年1月1日に実施されたが、このこと自体、他の社会事業団体と同じ事情にあった。

　トラストの資産の入場料もまた1976年に引き上げられることになった。会員たちはトラストが依然として新しい資産を受け入れているという事実から慰みを得たであろうし、またますます増加する数の歴史的建築物や庭園へ無料で入場できる特権を持っていることで、ある程度会費の引き上げを認めてくれたと思う。

　評議会は、トラストの問題を承知している会員たちは、会費が引き上げられることは避けられないし、また重大な財政的困難の時期に、彼らがトラストを

支援したいと考えていることも承知していた。それにもかかわらずそれほど豊かな会員ではない人もいくらかはいたはずである。そこで彼らトラストのサポーターの会費は 1 ポンドのままであった。サポーターたちは無料で入場する権利を失ったし、そしてまた投票する権利も失った。しかし彼らはナショナル・トラスト・マガジン、開放されている資産のブックレットと年次報告書を含めて、トラストの郵便物を受け取ることができた。これらは彼らをトラストの事業を知らしめるのに役立った。[3]

第 4 節　80周年記念行事

　トラストは1975年 7 月 1 日にモンタキュートの庭園パーティに、エリザベス皇太后が出席してくれたので一層の名誉を得ることになった。この日は幸いにも2,000名以上の会員が参加してくれた。再び装飾が施され、そしてナショナル・ポートレート・ギャラリィから借りた絵画を含めてモンタキュートは最高の見栄えで、皇太后も出席したので、すべての出席者がたいへん喜んでくれた。

　約 4 週間後に50万人目の会員がデヴォンのカースル・ドロゴで登録されることになった。両大戦間期に建設された新たに獲得された歴史的邸宅で、50万人目の会員が募集されたことは、象徴的な意味を持ったに違いない。このことはトラストが時代とともに進み、そしてトラスト80周年にもかかわらず、依然として若さを保っているということを示唆するものである。[4]

第 5 節　法律制定

　資本承継税白書および資産税グリーン・ペーパーの公表以来、トラストは大蔵大臣および議会へしばしば陳情を行ない、そしてトラストの見解を報道機関に公開した。トラストはまた国民的遺産の保全に関心を有する他の団体との会合にも参加したし、また議会へのこれらの団体の証言を支持した。

　種々の陳情の結果、国民的遺産を守るために意図された多くの修正が財政法案のなかの資本承継の条項につくられ、そしてトラストへの贈与は現在十分に免除されている。不幸にも、個人の手にある歴史的資産は依然として危険な状態にあり、また議会は慈善的な贈与をカバーする一般的課税免除から利益を得ることができる場合を除いて、それらの贈与を支えるのに必要な資金も、所有

第6章　不況に抗して【1975年】

者が生涯の間にそれを支えるのに必要な資金からも税金を免除する規定をもうけていない。

　資産税に関する限り、トラストが証拠を提供した特別委員会の報告は発表されたのだが、政府はまだ個人的に所有されている国民的に重要な邸宅、それらの邸宅の宝飾品、そしてそれらの周囲の土地に対して優先的に取り扱う決定を発表していないし、また眺望に優れた土地や歴史的あるいは科学的関心を有する土地に対しても、優先的な取り扱いを行なっていない。私的な所有者はこれらの資産を最も有利な形で管理し、また最も低い費用で管理してきたと信じて、トラストは危険を抱えているこれらの問題が十分に理解されるように努力を続けていくし、またこのことを可能にする各種の方針を押し進めていく。

　共同体土地法および未だ公表されていない開発土地税法案に関して、トラストは自らの利益と他の社会事業団体の利益を保護するために、多くの時間と考えを割いてきた。評議会は、社会事業団体の合法的な関心に部分的に応じようという政府の意図が報告されたことを知って喜んだ。それでもなお、これらの法案がトラストの事業に有利に作用すると考えるにはまだ早すぎた。[5]

第6節　ペットワース

　ナショナル・トラストの土地の譲渡不能の原則が再び挑戦を受けることになった。11月28日にウェスト・サセックス州議会は、1947年にトラストにペットワース・ハウスと一緒に与えられた私園（パーク）を通過するバイパスを建設することによって、ペットワースの町の緊急を要する交通問題を救うという決定を確信するに至った。この決定がもし実行されていたならば、ケイパビリティ・ブラウンの無傷のままの私園は壊されていたことであろう。

　州議会の当初の計画は、この素晴らしい18世紀の風景美の中央を走る道路を建設することであった。この計画はトラストによって激しく反対された。そしてトラストはコーリン・ブキャナン会社にどちらの道を取るべきかを調査するように委任した。しかしこの町の東側に道を建設する勧告は、地元の強い反対にあった。コンサルタントは結果としてスピード氏、すなわち地元の住民によって推挙された計画を含めて、さらに考えられる可能性を探査した。スピード・プランは2つの単線道路、すなわち1つはここの私園の西側に、そして他の道

93

はこの町の東側につくることであった。邸宅と私園を残しておき、そして環境の害を少なくするバイパスのためのこのルートは、トラストのコンサルタントたちによって勧告された。ウェスト・サセックス州議会はこの私園内を通る多くのルートのうち最も短い道を採用することに決めた。この方法はある点で邸宅の33ヤード以内を通過することになった。この道は部分的には「掘削して、それから塞ぐ」というトンネルということになる。しかしそうすれば遊園地の一部を壊すと同時に、木を切り倒すことになる。騒音と視覚の衝撃が近在に住んでいる人々の多くと同じく、ペットワース・ハウスと私園を訪ねてくる人々に影響を与えることになる。

　この提案は州の初めての開発プランであったから、環境大臣に付託し、そして1976年夏の後半あるいは秋に、恐らく公開尋問に伏せられることになるはずだった。トラストは州議会の提案に激しく抵抗する覚悟であった。この提案こそはトラストの譲渡不能の土地を脅かし、そして国内的にも国際的にも価値を持つこの邸宅の素晴らしい環境と遊園地と私園の性格を破壊することになる。トラストは地元および国内の自然保護団体およびアメニティ団体から受けた支援によって励まされた。そして素晴らしいこの資産に対する脅威に抵抗するに際して、トラストは自らの会員たちからの援助に、自信をもって依拠することができると考えた。[(6)]

第7節　新しい資産

　この年度内に、特異かつ多彩な性格を持つ資産がトラストの所有下に入った。完全なリストは章末資料に記載されている。

> ＊1974年のノーサンバーランドのハウステッド農場の獲得に続いて、トラストはミリタリィ・ロードとハドリアンズ・ウォールの間の丘陵地に隣接する88ha.のブラドリィ農場を購入した。かくしてトラストはハドリアンズ・ウォールの西側に長く伸びている地域を守ることができるようになった。

> ＊カンブリアでは、トラストはワズデイルの先端にあるバーンズウェイト農場（255.8ha.）を獲得した。ここは湖水地方で最も奥地にあるウォーストウォーターに隣接した広大な山岳地帯である。ここにはかつて私は故バトリック夫人の車で来たことがある。この報告書にあるように、この辺りは

第6章 不況に抗して【1975年】

農場も含めて東西にどこまでも伸びているハドリアンズ・ウォール（1985.9）

　ウォーストウォーターの北東部にある大地で、登山者や高原地帯をトレッキングする人たちにはよく知られた風景的には恐らく最も重要な丘陵地の農場である。購入資金はアピールおよび各種の湖水地方の基金から成っていた。
* ウィンチェルシーのウィッカム・マナー農場が一部は大蔵省と国民的土地基金を通じて、また一部は故アンソニィ・フリーマンの指定遺言執行者を通じて獲得された。159.2ha.の大地でライの近隣地にある。
* サフォークのベリィ・セント・エドマンズの18世紀後半のシアター・ロイヤルの999年のリースを獲得。この国で2番目に古いシアターである。イックワースを訪ねた時、このシアター・ロイヤルが近くにあることを知りながら、このシアターを訪ねなかったのは残念であった。[7]

第8節　エンタプライズ・ネプチューン

　エンタプライズ・ネプチューン。これこそは、基金と海岸地の寛大な贈与を

わが国でも有名なワイト島のニードレス・ヘッドランド：そのうちにこの島は海中に沈むと言われている（1997.8）

引きつけ続けてきた。1975年までに、さらに27万5,000ポンドが集められたが、10年前のキャンペーンの開始以降集められた基金は総計285万ポンドとなった。エンタプライズ・ネプチューンは、それ以前にトラストの保護下にあった海岸線に280kmの素晴らしい海岸線がプラスされたのである。トラストはこの年までに579.2kmを保護してきた。

　1974年に2つの重要な海岸地を獲得するのに基金が必要であったが、1975年になっても必要な基金全部が集まっていなかった。ただし1975年には他にいくつかの優れた海岸地がトラストの保護下に入った。これらのうち最も傑出した海岸地はワイト島のザ・ニードレス・ヘッドランドであった。ここは匿名の寄付金で購入された。私がポーツマス港からワイト島へ渡ったのは1997年8月のことであった。この岬について強い印象を受けたのは当然だが、このあたりで難破した船についてはもちろん、ここにある小さな島が海面上昇でそのうちになくなるであろうということを知って、とても驚いたことを覚えている。

　ポルーアンとポルペロの間にある南コーンウォールのランサロズの50ha.のハ

第6章　不況に抗して【1975年】

ランサロズ：左側にイギリス海峡を見ながら、右側を登っていくと、広大な農場が目に入る（1991.7）

　イアータウン農場を購入したことによって、トラストはランティック湾とランティベット湾を見下ろすすべての崖地と農場の獲得を完了した。この事業はずいぶん前の1936年に開始された企画だったという。コーンウォールではまた6.4ha.の土地がポルテスコで3番目に贈与されて、この小さな湾の保護は完了した[8]。
　コーンウォールについては、エンタプライズ・ネプチューン運動を含めて記すことはあまりにも多いが、これらについては私のフィールド・ワークとともに、他稿でできるだけ詳細に紹介するはずである。

第9節　基金募集アピール

　多くのアピールがトラストの地域委員会によって開始されてきており、これらの地域委員会のエネルギーと着想力はこの困難な時期に貴重なものである。ドーバーのホワイト・クリフスのアピールは、あの素晴らしい海岸が次々と市場に出されていた時に、ここの資産をもっと増やすために行なわれたのである。

ここについても、あとで詳細に記すはずである。

　6月に始められたダービシァおよびピーク・ディストリクト・アピールは、イーデイルのアッパー・フルウッド農場とドゥヴ川の西側にあるロード・ミルの上の14ha.を購入することができた。

　ウィルトシァのレイコック・アベイは、かつては写真機のパイオニアの一人であるフォックス・タルボットの家であったが、見事な石の納屋がコダック、イルフォドおよびその他の多くの支持者たちからの援助でカメラ・ミュージアムに変えられた。

　ウェスト・ミッドランズのキンバー・エッジでは、さらに17.6ha.を購入するためのアピールが発せられた。

　ハドリアンズ・ウォールに沿ったより広大な大地を獲得するためのアピールが進んでいた。力強いアピールがエルムの入江の海岸の獲得のためにデヴォンとコーンウォールで発せられた。湖水地方でもアピールが発せられていた。

　サセックス産業考古学協会からの基金、その他のアピールによって、サセックスのベイトマンのキプリング・ミルが復元された。ブレイクニィ・ポイントおよびモーストン・マッシュのためのアピール、コルチェスターのボーン・ミルの機械を復元するためのアピール、そしてストーク・ポージズにあるグレイズ・フィールドの枯死したエルムの木を植え替えるためのアピール。次々とアピールが発せられた。[9]

第10節　ロイヤル・オーク財団

　アメリカ独立革命200年祭を記念するために、理事長のアントリム卿はアメリカ独立革命200年記念行事議長にタイン＆ウィアにあるワシントン・オールド・ホールを21年間貸し出すこととした。この邸宅は1183年から1613年までワシントン家の邸宅であり、かつ彼らの直系の子孫の邸宅でもあった。トラストは合衆国からここへますます訪問者が増えてくれるのを期待した。[10]

第11節　モンタキュートとナショナル・ポートレート・ギャラリィ

　トラストとナショナル・ポートレート・ギャラリィの間の協力によって、モンタキュートで新たに復元された長い画廊において、このギャラリィのチュー

第 6 章　不況に抗して【1975年】

ダー朝とスチュワート朝の肖像画のコレクションを常設することになった。この想像力に富み、かつ成功裡に行なわれた展示は、ロングフォード夫人によって6月に公開され、ヘンリー8世からチャールズ1世までの期間にわたっており、特にエリザベス女王の治世が申し分なく描かれている。トラストはナショナル・ポートレート・ギャラリィのおかげを大いに受けており、評議会はその謝意を表している。[11]

第12節　センター

1975年にセンターの数は4カ所増えて合計76カ所となった。新設されたセンターは、チェルムズファド＆ディストリクト、ベケナム＆ブロムリィ、湖水地方とサマセットのウェルズである。目下、センターの会員数は4万2,000人となっており、増加しているトラスト全体の会員数の約9％を表わしている。

評議会は、それらセンターの有形無形の業績に対してこのうえなく感謝した。これらのなかには多くのトラストのアピール、そして特にエンタプライズ・ネプチューンによる3万4,000ポンドの徴収と、5,000人以上の新規会員数を登録したこと、農業見本市とその他の展示会に多くの人々が集まったこと、そして資産を世話しかつ見張りを続けてくれたこともある。この援助は、トラストの職員にかぶさる大きな負担を大いに和らげてくれた。トラストはこれらの献身的な会員たちのエネルギーと奉仕に多大の恩恵を受けているのである。隔年のセンターの会議は、レスター・センターを主催者として4月にレスターで行なわれた。これはトラストの年間行事のなかで、有益なイベントとなっている。[12]

おわりに

トラストは力を落とさずに困難な年を乗り越え、また1976年の挑戦にも挑む覚悟を固めた。経費を厳しく抑制し、かつ極めて望ましい事業も延期されねばならないことを認めつつも、評議会は、トラストの収入を増加させることに全力を尽くしていくことにした。この点においては、トラストはその仲間や会員たちの志操堅固によって励まされ、支えられ、そしてとりわけ政府の各部門、地方自治体および法人団体の寛大な援助によって同時に励まされ、支えられてきたと言ってよい。評議会は、カントリィサイド委員会とイングランドおよび

ウェールズ歴史的建築物評議会の会員と職員へ深い感謝の念を記録に留めておくことにした。彼らはトラストの仕事へ注目すべき貢献をしてくれており、そして彼らの理解と支持がなかったならば、自然風景と建築物の国民的遺産は、より乏しいものとなったことであろう。[13]

資料　1975年　新しく獲得された資産と約款

【ベドフォードシァ】

＊Willington Dovecote & Stables. 厩舎に隣接する約0.1ha.、贈与。

【バークシァ】

＊Badgers、Hunts Green、Newbury. 以前庭園と一緒に建っていた3つのコテッジと小さな藁葺きの家を遺言によって獲得。

【コーンウォール】

＊Lansallos (S coast). フォイの東方4.8km、3.6ha.の放牧地、購入、同時にハィァタウン農場、50ha.の購入、これらの獲得によって、ランサロズ・クリフを購入するために開始された計画が完了。

＊Lizard Peninsula：Poltesco & Carleon Cove. 6.4ha.、贈与。

＊The Loe. ヘルストンの南方3.2km、さらに12.8ha.がこの資産に加えられた。贈与。

＊Maer Cliff、Bude. 46ha.（波打ち際を含む）、エンタプライズ・ネプチューン基金で購入。

＊Newton Cliff, St Mawes. 30ha.の水際の牧場および112.8ha.の波打ち際がトラストの所有地に加えられた。贈与。

【カンブリア】

＊Grasmere：Brackenfell & Chapel Green. 11.2ha.、遺言。

＊Duddon Valley：Low Hollin House. シースウェイトの北東部1.6km、遺言。

＊Wasdale：Burnthwaite Farm. 252.8ha.、湖水地方特別基金で購入。

＊Wasdale：land near Wastwater Hotel. トラストの土地に隣接している4.6ha.の牧場、湖水地方特別基金で購入。

【ダービシァ】

＊High Peak：Outseats、near Hathersage. 46.4ha.の農地、またグリーンズ・ハウス農場家屋および約0.2ha.に約款、贈与。

【デヴォン】

＊Morte Bay. モートホウのタウン農場の境界線をはっきりさせるために1ha.を購入。

第 6 章　不況に抗して【1975年】

＊Yealm Estuary. プリマスの南東部 8 kmの崖地、農地および森林地からなる
156.8ha.。エルム・エスチュアリィ・アピール、ネプチューン基金およびカント
リィサイド委員会の補助金で購入。

【ドーセット】

＊Coneys Castle. ランバーツ・カースルに隣接する34.4ha、鉄器時代の丘陵地
の要塞地、遺産金で購入。

【イースト・サセックス】

＊Sheffield Park. 0.2ha.、庭園を守るためにペンフォード基金で購入。

＊Wickham Manor Farm、Winchelsea. 158.8ha.の農地、遺産税の代わりに大
蔵省に受け入れられ、トラストに譲渡、残余の部分は贈与。

【ハンプシァ】

＊Bishop's Waltham：The Palace House. 2.4ha.の土地と18世紀の建物に約款、
贈与、（パレスは環境省が管理）。

【ヘリフォード＆ウースター】

＊Middle Littleton Tithe Barn. イーヴシャムの北東部4.8km、13世紀あるいは
14世紀の納屋、贈与。

【ワイト島】

＊The Needles Headland. 15.4ha.の丘陵地とこの島の西端部を形成しているチ
ョーク質の崖地、ニードレス・ロックスを見下ろせる。全域は鳥のサンクチュ
アリィ、匿名の寄付者およびエンタプライズ・ネプチューン基金で購入。

【ケント】

＊Outridge Farm. ブラステッド・チャートの南方1.6km、トイズ・ヒルの北東
部のスロープにある森林地および農業用地、37.4ha.、相続税の代わりに大蔵省
に受け入れられてトラストへ譲渡。

＊Sandwich Bay. サンドウィッチの北東3.2km、77.2ha.の潮間陸地、砂丘およ
び波打ち際からなる。1968年と1975年にエンタプライズ・ネプチューン基金で
購入、自然保護のためのケント・トラストによって自然保存地として管理。

【ランカシァ】

＊Rufford Old Hall：Bank Cottage. 遺産として獲得。

【ロンドン】

＊Hawkwood. チャッスルハーストおよびオーピントン間に所在、6 ha.、贈与。

【マージィサイド】

＊The Wirral：Thurstaston Common. 5.2ha.の入会地、贈与。

【ノーサンバーランド】

＊Berwick-upon-Tweed. No.12, 13&20 Quay Wallsの 3 つの石造りのジョージ

101

アン様式の建物、約款、ベリック・アポン・トウィード・タウン保存トラストによって贈与。

2004年9月、エジンバラにあるスコットランド・ナショナル・トラスト本部を訪問した後、これらの建物を捜し歩いている途中、この町の受付の老婦人に会い、彼女が『枕草子』に詳しいのに驚いたことを思い出す。

* Bradley Farm、Bardon Mill. ハドリアンズ・ウォールに隣接する88.4ha.、アピールおよびカントリィサイド委員会からの補助金で購入。
* Heather Cottage、Newton-by-the-Sea. 広場（the Square）にあるコテッジ、ウェッブ遺産金、ナショナル・トラストのハンター・センターからの寄付金および地元の基金で購入。

【ノース・ヨークシァ】
* Bransdale：Barker Plantation. 14.7ha.の土地、キトソン基金で購入。

【オックスフォードシァ】
* Pindars、Rotherfield Greys. 2.2ha.、約款、贈与。

【スタッフォードシァ】
* Gibridding Wood、Cheadle. 15.6ha.、ホークスムア・ローカル委員会基金で購入。

【サリー】
* Hindhead：Nutcombe Down. ウェスト・ダウンにある4ha.、地元の寄付者の援助で購入。
* Hindhead：Windy Gap. 4.8ha.のヒース地、地元の寄付者によって購入。

【タイン＆ウィア】
* Northampton House、Washington. デイキン基金および他の贈与金で購入。

【ウォリックシァ】
* Charlecote Park：Place Meadow. 10ha.、贈与。

【ウェールズ】
（ダベッド州）
* Little Milford. 3つの家屋のある2.8ha.の森林地、贈与。

（グウィネス州）
* Plas-yn-Rhiw：Penarfynydd Rhiw. エンタプライズ・ネプチューン基金で0.4ha.をさらに購入し、そして17.2ha.の農地に対しては約款贈与される。
* Rhyd. 45.6ha.の山林地、商業用の山林地からこの地域を守るために贈与。

【北アイルランド：ダウン州】
* Ballymacormick Point：Cockle Island. 約0.2ha.、贈与。
* Mourne Coastal Path. この歩道を4kmまで所有するために、エンタプライズ・ネプチューン基金で約1,100ヤードを購入。2014年9月、私たち夫婦はこの

第 6 章　不況に抗して【1975年】

歩道（Bloody Bridge）を往復した。
＊Strangford Lough Wildlife Scheme. 野生生物を観察・撮影するための場所と駐車場のための土地を 4 名の有志によって贈与された。

ナショナル・トラストへの遺産提供

貴殿の遺言のなかにトラストへ遺産を残すことを考えてほしい。トラストの財政とトラストの資産維持の水準は、トラストの仲間と賛助会員の寛大さに依存しています。資産を維持し、管理し、そして一般の人々へ開放する経費は、過去数年のうちに急増しました。収入が増加しなければ、トラストが行なうことにドラスティックな減少が生じなければなりません。遺産こそが本当の援助になるに違いありません。

以下のことが貴殿の遺言のなかに含まれるか、あるいは遺言補足条項として加えられる要請とともに貴殿の事務弁護士に送る言葉の形式です。彼は残余のことを行なうでしょう。貴殿は、トラストは社会事業団体であり、かつトラストへの贈与はすべて資本稼得税を免除されることを事務弁護士に伝えることができます。

「私は○ポンドの金額を、ナショナル・トラストへ遺贈します」あるいは「私はナショナル・トラストへ私の残余財産を遺贈します」。

事務弁護士は、ナショナル・トラストへ特殊な場合はいつも進んで将来の賛助会員および賛助会員の専門の助言者に忠告をし、そして上記以外の場合には、いかなる時にも適切な助言をするでしょう。

第 6 章　注

（ 1 ）*Annual Report 1975*（The National Trust, 1975）p.5.
（ 2 ）*Ibid.*, p.5.
（ 3 ）*Ibid.*, pp.5-6.
（ 4 ）*Ibid.*, p.6.
（ 5 ）*Ibid.*, pp.6-7.
（ 6 ）*Ibid.*, pp.7-8.
（ 7 ）*Ibid.*, p.8.
（ 8 ）*Ibid.*, pp.8-9.
（ 9 ）*Ibid.*, p.9.
（10）*Ibid.*, pp.9-10.
（11）*Ibid.*, p.11.
（12）*Ibid.*, pp.11-12.
（13）*Ibid.*, pp.14-15.

第7章　再び経済危機に抗して
　　　　　【1976年】

はじめに

　ナショナル・トラストは、経済的危機にもかかわらず、活動分野を広げ活発に前進した。トラストの邸宅と庭園の訪問者数は、この夏は暑さが厳しかったこともあり減少したが、全体としては他の年よりも多かった。会員数は会費の引き上げにもかかわらず増加し、トラストの財政的立場は当初心配されていたほどではなかった。

　30年にわたる素晴らしい奉仕の後に、ロッシ卿は70歳に達したのを機に副議長および資産委員会の議長から退任した。幸いにも彼は評議会および執行委員会の一員として残ってくれた。[1]

第1節　財政および会員数

　会費および訪問者からの収入が増加したにもかかわらず、インフレは極めて重大な問題を残していた。収入はトラストの必要を満たすほど十分ではなかった。それ故に職員の雇用数が抑えられたし、コスト一般もそうであった。しなければならない事業が延期され、そして当時まだ明らかではなかったが、自然保護の水準が低下しつつあるという懸念が生まれつつあった。

　1976年は、贈与金と遺産金は賛助会員が少なかったがためではなく、金額が少なかったが故に、過去3年間の平均を下回った。一般基金は3万8,000ポンドという少額の剰余金を示しただけであり、これは937万6,000ポンドという76年度の支出全体に比べると極めて少額であった。

会員数

　1972年以来2倍になったトラストの会員数は1976年12月末までに55万人以上に達した。このように会員数は増加したけれども、トラストの資産を維持し続

けるためには、収入の増加がそれ以上に必要であったために、会費を引き上げざるをえなかった。それでも収入が増加したことは大きな励みとなった。しかし評議会としては、この会費の引き上げがトラストの誠実な会員や、特に年金受給者たちに負担をかけるのではないかと心配した。事実、何人かは会員を辞退した。そこで評議会は会費の引き上げ率をある程度低くする可能性があるかどうかを入念に調べた。その結果、評議会は、年金受給者の負担を軽くするために３ポンドの特別会費を導入することに決めた。これらの年金受給者たちは５年間あるいはそれ以上の間、会費を払い続けてきたので、このように年金受給者の負担を軽くしたことは歓迎されたはずだ。

これからも急激に会員数が増加し続けることを期待することはできないが、資産への訪問者の数が増加すること自体、新規会員が増加することを意味する。あれやこれやと評議会はトラストの会員数を増加させるさまざまな方法を探り出すことに努めてきたが、トラストは会員たちの支持にますます依拠していくのだということを承知していた。[2]

第２節　ペットワース

評議会は、ペットワース・パークと遊園地を通って、バイパスを建設しようとする案が依然として存在していることについて深く憂慮してきた。この年度の間に、トラストの歴史的建築物への訪問者が、この案に反対する環境大臣への陳情書に署名をしてくれた。この時までに35万人以上の署名が集まった。ペットワースでは、パークと遊園地を通るルート案をすべての訪問者がはっきりと見て、多くの人々が初めてこの州の計画の無謀さを十分に認識してくれた。州議会はトラストに、公開尋問は少なくとも１年間は行なわれないし、そしてペットワースのバイパスの建設は1983年までは開始されることはないだろうと語った。このバイパス建設の遅れは、この州にこの町の交通問題を解決する他の方法を探す機会を与えることになった。その間トラストは、トラストの支持者たちにこの問題について安心しないように、またペットワース・ハウス・パークおよび遊園地の美しさと完全な状態が保たれるように、常に留意してくれるように注意を呼びかけた。[3]

マウント・スチュワート・ハウス：邸内の宝飾品はともかく、コミュニティを進めるための家庭菜園の準備が進められていた（2015.9）

第3節　新しい資産

　多くの新しい資産が、しかも優れた資産がこの年、トラストによって獲得された。完全なリストは章末資料に記されている。

　サマセットのマインヘッド近くのノルマン時代に起源を有するダンスター・カースルは、12ha.のパークランドとともに獲得された。

　メナイ海峡を見下ろすプラス・ヌイドは、18世紀末に始まったジェイムズ・ウォットのゴシック様式の模範となるものである。そしてこの邸宅は67.6ha.と基本財産と一緒にトラストに贈与された。この見事な邸宅には、ワーテルローの戦い（1815年）で片足を失ったアングルシィ卿の多くの遺品、そして有名な壁画もある。

　マイリィ・ベリィ夫人が、母であるロンドンデリィ夫人と一緒にダウン州のスチュワート・ガーデンズを1955年にトラストへ提供したが、今度は寛大にもマウント・スチュワート・ハウスを寄贈した。私たち夫婦が2015年9月にこの

第 7 章　再び経済危機に抗して【1976年】

キングストン・レーシィの家庭菜園の一シーン（2015.8）

　邸宅を訪ねた時には、家庭菜園の準備が始まっていたが、まだ実際には始まっていなかった。家庭菜園がどのように、かついかなる目的で行なわれているかを見たかったのだが、かなわなかった。北アイルランドでは、その他、ミノウバーンで家庭菜園を実際に見たのだが、不運にも管理人が留守であった。
　トラストとすでに約款の関係にある約792ha.からなる7つの農場とボローデイル、エナーデイル、エスクデイル、ネザー・ワズデイルとパターデイルの近くにあるハートソプにいる2,273頭の'heafed' sheepが湖水地方農地会社によって贈与された。評議会は、過去30年間において湖水地方におけるトラストによる非常に重要な獲得物であるこの優れた贈与物に対して、深い感謝の念を表わしている。この会社がトラストとの間で制限約款を交わしたことについては、『ナショナル・トラストの軌跡　1895〜1945年』にやや詳しく記載されている。
　評議会はまた、105.2ha.のパークランドが環境省によって購入され、それをバースの北方11.2kmのところにあるダラム・パークのカントリィ・ハウスと土地がトラストへ贈与されたことを大きな喜びでもって記録している。この建

107

ハッチランズ・パーク:トラストの家庭菜園を応援する会社もある(2015.8)

物の近くにはニレの木が植樹されていたが、病気のために、ここの美しい風景が損なわれてきたのである。トラストはこのパーク(私園)の大規模な植樹計画に取り掛かっており、このパークは1977年に訪問者に公開されることになった。

　ノーサンバーランドのホールトホイッスルで、トラストは荒廃したペレ・タワーとベリスター・カースルを含め448.8ha.を贈与された。この資産はハドリアンズ・ウォールとアレン・バンクスに近い。トラストが守らねばならない他の資産は、タイン川の渓谷に位置しているステップス・ブリッジを含む19.2ha.の森林地、遺贈されたボベイ・トレイシィのパーク・エステートの100ha.以上、そしてここに隣接して故G・H・ファーガソン氏によって残された1.6ha.、スタッフォードシァのキンバー・エッジにある16.4ha.、そして湖水地方のニア・ソーリィのタワー・バンク・アームズ。ここはビアトリクス・ポターの家であったヒル・トップに隣接している。

　トラストは国民にとって重要な2つの資産—ウェスト・サセックスのアルン

第7章　再び経済危機に抗して【1976年】

スタックポール：子供たちの自然保護教育のための施設（2016.12）

デル・カースルとチェシァのタブレイ・ホールを辞退しなければならなかった。何故ならば、それらを永久に維持するだけの資金が不足していたからである。評議会は、トラストが資産を保存するためには、十分な基本資金で新しい責任を受け入れなければならないということを再認識したのである。

第4節　エンタプライズ・ネプチューン

「次の100マイル（160km）」へ幸先の良い前進が再開された。この年度末までに126万ポンドがエンタプライズ・ネプチューンの第2の目標へ向けて進められた。そしてさらに67.2kmの海岸線が保護されることになった。

遺産、賛助会員、慈善トラストおよびセンターからの寛大な寄付に加えて、地方自治体がこのキャンペーンの主要な貢献者であり続けた。地方自治体こそ海岸を守るに際して、トラストの役割をますます認識するようになってきた。評議会の自治体への謝意の表明は当然である。

1976年度の目覚ましい獲得はウェールズ南西部のスタックポールであった。

109

ここでは12.8kmの崖地を含む800ha.の農場と自然のままの土地が、故カウドル卿の死去に際して遺産税の代わりに受け取った大蔵省を通じてトラストへもたらされた。そして彼の後継者を通じて後背地の2,114ha.以上が制限的約款として安値で獲得された。トラストは自然美を有するこの地域を一般の人々がエンジョイするために大きな機会を与えようと考えて、自然保存評議会およびペンブロークシァ海岸国立公園と密接に協力している。グウィネス州ではプラス・ヌイドを獲得したことによって2.4km以上の海岸線が加えられた。

　他の獲得物はノーフォークの北海岸にあるモーストン・マーシュに隣接するスティフキィの194.8ha.の湿地、北デヴォンのトレンティスホウ・ダウンとグレート・ハングマンの間のホールドストーン・ダウンにある22.4ha.の崖地。この大地を確認するために私たち夫婦がリントンからクーム・マーティンまで車で走ったのは、2015年9月のことである。同じく北デヴォンのハートランドのベックランド・クリフスにある56ha.の海岸地の農場、両者ともコーンウォールにあるモーウェンストウのレクトリィ農場とトレヴィーグ農場で、あわせるとセント・ゲニィズにある68.4ha.の農場となる、ガランツ・バウァー、デヴォンのダート・エスチュアリィの地先にある11.2ha.の森林地、ゴールデン・キャップ・エステートに加えられた一筋の12.4ha.のケアンズ・フォリィ、そしてコーンウォールのネア・ヘッドの35.6ha.の海岸地、そしてこの土地のうちの20ha.にはパラドゥ入江と崖地が含まれる。ザ・キャラバン・クラブがトラストにリザード半島にあるチャーチ入江のうち10.8ha.を買い足すのをサポートしてくれた。リザード半島をフィールド・ワークで歩いたのはこの年だけではない。リザード半島での有益な体験については、別冊に譲りたい。

　トラストはまたハーストンのベル・ヴュー農場の20.8ha.の農場とともにパーベック島にトラストの最初の足場を得た。ネプチューンのためのもう一つの最初の足場はヨークシァの海岸にあった。そこではロビン・フッド湾の北側の4.4ha.が獲得された。[5]

第5節　センター

　ナショナル・トラストの会員の協会は、通常「センター」として知られているが、資金の募集や新規会員の募集においてばかりでなく、同様に多くの他の

第7章 再び経済危機に抗して【1976年】

方法で、トラストのために寛大かつ想像に富む支持を提供し続けてきた。そして評議会は彼らの熱意と成果に対して、このうえなく感謝の意を表明してきた。

「センター」という言葉の使用は、時々誤解を招いてきた。そしていくつかのセンターはそれらのタイトルに「ナショナル・トラスト会員のボランタリィ協会」という名称を加えている。最近つくられたいくつかのグループは、「ナショナル・トラスト会員協会」という名称を採用している。

3つの新しいグループが1976年に創設された。それらはレクサムおよび北部境界地方（The Wrexham & Northern Marches）およびナショナル・トラスト会員メナイ協会（The Menai Association of National Trust Members）、そして東デヴォン・センター（The East Devon Centre）である。

センターの会員数は、当時トラストの会員数の約9％を占めていた。1976年末までに4万3,750ポンド以上がトラストのアピールに応えて集められ、そして2,300名の新規会員が登録された。11月にロンドン・センターは25周年を迎えた。2番目のセンターも25周年である。なお最初のマンチェスター・センターは1948年に創設された。[(6)]

第6節 ジュニア部門

この年末までに21歳以下の会員数はほぼ9,000人に増えた。そして約1,100の学校が加入希望校となった。学校にしても、21歳以下の会員数にしても、1975年以降予測通りに増加した。エイコーン・キャンプもまた成功した。約1,400人のボランティアが、1975年の1,200人と比較して、41のそれぞれの資産に分かれて81のキャンプ場のうちの一つで働きながら1週間を過ごした。いくつかのキャンプ場では満員であったために、申し込みを断らねばならなかった。

新しいベース・キャンプが、フィリップ・ヘイマン氏と亡くなった妻のおかげで、近くのトラストの資産で16名定員のボランタリーの労働者のパーティのための簡単なアコモデーション（宿泊の準備）を提供するために、サリーのリース・ヒル近くのティリングボーンのポンド・コテッジで準備された。その結果として十分に設備の整ったベース・キャンプが5つ増加した。そして翌年には6番目のベース・キャンプがストアヘッドで開設されることになった。ウィットリィ・コモンでは、ウィットリィ・コモン・インフォメーション・センタ

ーが1976年の夏に開設された。この新しいベンチャー的事業は、特にカントリィサイド委員会、自然保存評議会、カーネギー連合王国トラストおよび匿名の寄付者からの寄付金によって可能となったものだ。それは展示、視聴覚教材による展示およびウィットリィ・コモンでのフィールド・ワークおよびそこの歴史的背景を示し、そしてトラストの永久の自然保護のためのオープン・カントリィサイドを管理する場合の経験と同時に一般の人々のアクセスを奨励した。

　2002年4月の頃だったと記憶している。私はロンドンを出発し、ウィットリィ駅で降りて方角も決まらないままに歩き出した。不案内な道ゆえに、ずいぶん歩いたところに建設中のトラストの建物があった。相当に大きな建物だったようだが、今考えるとウィットリィ・コモン・インフォメーション・センターであった。

　この日は休日で誰もいなかったので、確かめようもなかった。しばらくすると自転車に乗った2人の青年に出会った。彼らがこの頃の若者たちの不品行の話を私にしてくれたのを覚えている。私自身もこの頃の若者の不品行に出会ったことがあるが、このことについては他の拙著で紹介したことがある。こういうこともあってか、評議会はトラストの教育上の役割に対して財政上の制限があることを意識しているが、その範囲のなかで若者の間にトラストを理解し、かつトラストへの信託の気持ちを高めようと熟慮している。[8]

おわりに

　トラストは、この国の経済状態にもかかわらず、活気に満ち、かつ着実に成長し続けてきた。評議会はこの1年間、トラストの仕事を維持し、かつ推進してきてくれた以下のようなすべての人々に深い感謝の気持ちを忘れることなく、胸の中に収めている。歴史的建築物評議会、カントリィサイド委員会および他の政府機関、地方自治体、そしてこれらの部局の構成員諸氏へ厚い感謝の気持ちを抱いている。だからこそこのような激励と善意に励まされて、トラストはトラストに与えられた義務を成し遂げるのだという決意を抱いて、将来襲ってくるかもしれない多くの問題に、勇気をもって立ち向かいつつあるのである。[9]

第7章　再び経済危機に抗して【1976年】

> ## 資料　1976年　新しく獲得された資産と約款

【エイヴォン】

* Dyrham Park. この邸宅の東方にある105.2ha.の私園（parkland）、環境省から譲渡された。

【バッキンガムシァ】

* West Wycombe Village. 18世紀のエステイト・オフィス、約款、贈与。

【コーンウォール】

* Helford River：Gillan Creek. 1.2ha.の森林地の贈与とさらに14.8ha.の森林地と農地に対して約款、贈与。

* The Lizard Peninsula：Parn Voose Cove & the Balk. 10.8ha.、購入。

* Morwenstow. 10ha.のレクトリィ農場、遺贈金で購入。

* Paradoe Cove & Cliffs. 20ha.の崖地、贈与。15.6ha.の農地、遺贈金で購入。

* Trevigue. 農場家屋のある68.4ha.の農場、遺贈金、エンタプライズ・ネプチューンおよびコーンウォール海岸基金で購入。

* Willapark. ティンタジェルの北方1.6km、24.4ha.の岬。「ホワーズ・ギャング」と自らを呼ぶ賛助会員たちのティンタジェル基金およびコーンウォール基金による購入。

【カンブリア】

* Derwentwater & Borrowdale：Yew Tree & Longthwaite Farms. 232.8ha.の原野と高原地帯の放牧地、914頭の羊を飼育。湖水地方農地会社による贈与。

* Easedale：Kitty Crag Wood. 0.6ha.の森林地、贈与。

* Ennerdale、Mireside Farm. エナーデイルの北岸、178.8ha.の農地、147.2ha.の放牧地と203頭の羊を含む。湖水地方農地会社による贈与。

* Eskdale：Gill Bank Farm. 34.8ha.、229頭の羊を飼育。湖水地方農地会社による贈与。

* Grasmere：White Moss. 130平方ヤード、湖水地方の友の援助を得て、カンブリア州評議会から獲得。

* Sawrey：Ash Landing. ファー・ソーリーにある合計2.6ha.の２つの原野、贈与。

* Sawrey：Tower Bank Arms. ヒル・トップに隣接。湖水地方特別基金で購入。パブおよびインとして経営。

* Ullswater Valley：Howe Green Farm. パターデイルのロウ・ハートソプにある220頭の羊を飼育する203.6ha.の農場、そのうち71.2ha.は高原地帯にある放牧地、湖水地方農地会社による贈与。

113

＊Wasdale：Gill、Broadgap & Buckbarrow Farms. 102ha.の農地、507頭の羊を飼育、湖水地方農地会社による贈与。

＊Wasdale：Harrowhead Farm. 34.4ha.の農場、200頭の羊を飼育。放牧権を持つネザー・ワズデイル・コモン。湖水地方農地会社による贈与。

【ダービシァ】

＊Dovedale：Greenlow Corner. 13.2ha.の農地、購入。16.4ha.に対しては約款。

＊Edale：Dale Head Farm. 69.6ha.の丘陵地の農場、ダービシァ＆ピーク・ディストリクト・アピール基金とカントリィサイド委員会からの補助金で購入。

＊Stainsby Mill. 14世紀の水力コーンミル、以前ハードウィック・ホール・エステートの一部であった。贈与。

【デヴォン】

＊Beckland Cliffs. クロヴェリィの北西部4km、56ha.の崖地および農地。カントリィサイド委員会からの補助金、遺贈金およびエンタプライズ・ネプチューン基金で購入。

＊Branscombe. リトル・メドウ。0.3ha.、約款、贈与。

＊Dart Estuary：Hamblyn's Coombe. 1軒のコテッジと0.44ha.の森林地渓谷、約款、贈与。

＊Dartmouth：Gallants Bower. 11.4ha.のダートマス・カースルの上の森林地、贈与。

＊Dartmouth：Kingswear. 0.8ha.の森林地、贈与。

＊Holdstone Down. クーム・マーティンとヘドンズ・マウスの間に所在、22.4ha.の崖地、遺産金で購入。

＊Lydford Gorge：Bridge House. 4.8ha.の森林地、カントリィサイド委員会からの補助金と遺産金によって購入。

＊Parke、Bovey Tracey. 82ha.の森林からなる渓谷と、ボヴェイ・トレイシィの北方13.6ha.の森林地、両森林地とも遺贈金によって獲得、パーク・ウッドに隣接する1.6ha.のカスリーンの森林地、遺言。

＊St Thomas Cleave Wood. さらに19.2ha.の森林地、カントリィサイド委員会、ダートムア国立公園委員会、ティンブリッジ地域評議会および遺贈金によって与えられた資金で購入。

＊Woody Bay. リントンとヘドンズ・マウスの間に所在、さらに1ha.の森林地、ウッディ・ベイ基金で購入。

【ドーセット】

＊Belle Vue Farm. スウォニッジの南西約3.2km、20.4ha.の放牧地、エンタプライズ・ネプチューン基金で購入。

第 7 章　再び経済危機に抗して【1976年】

* Golden Cap Estate：Cain's Folly．12.4ha.のスタントン・セント・ガブリエルにある副崖と放牧地、エンタプライズ・ネプチューン基金で購入。
* Golden Cap Estate：Croft-an-Righ、Eype．荒廃した農家の土地を購入し、次いでゴールデン・キャップ・エステートの管理を進めるために壊され、そして自然風景およびこの地域のアメニティを改良。
* Whitecliff Farm、Ballard Down．スウォニッジの東海岸へ落下していく88.8ha.の農地、プール・ハーバー、ワイト島およびドーセットの西部の眺望は絶景、エンタプライズ・ネプチューン基金で購入。

【エセックス】
* Danbury & Lingwood Commons：The Old Armoury．トラストの地区委員会によって購入。

【ヘリフォード＆ウースター】
* Croft Castle：Cockgate Field．4 ha.、地元の寄付金と遺贈金で獲得。

【ワイト島】
* The Needles Headland．パーカー司令官の記念基金でさらに0.2ha.を購入。

【ランカシァ】
* Silverdale：Eaves Wood．1.4ha.の雑木林、シルバーデイル委員会の集めた資金で獲得。

【マージィサイド】
* Formby．0.8ha.、贈与。

【ノーフォーク】
* Stiffkey Saltmarshes．194.8ha.の塩湿地、エンタプライズ・ネプチューン基金、カントリィサイド委員会からの補助金および匿名の寄付金で購入。

【ノーサンバーランド】
* Annstead Dunes．14.4ha.に対する約款、贈与。
* Bellister、Haltwhistle．ベリスター・カースルおよびペレ・タワー、パーク村にあるコテッジズ、3つの農場、サウス・タイン川の部分を含む448.8ha.、遺贈。
* Berwich-upon-Tweed：The Lions．約款、譲渡。

【ノース・ヨークシァ】
* Bransdale．25ha.、遺産金から購入。
* Malham：High Trenhouse Farm．180.4ha.、遺贈金、匿名の贈与金およびカントリィサイド委員会からの補助金で購入。
* Robin Hood's Bay：Rocket Post Field．4.8ha.の海岸地および崖地、ナショナル・トラストのヨーク・センターからの寄付金、贈与金と一緒にエンタプライズ・ネプチューン基金で購入。

【サマセット】

＊Dunster Castle. 19.6ha.とともに贈与。2008年8月28日、ハニコト・エステートからの帰りにダンスター村に宿泊した時、この城を訪ねた。修復中であった。周囲がトラストに所属した広大な土地であったことに今更に驚いた。

【スタッフォードシァ】

＊Beeston Tor. 石灰岩からなる崖地を含む26.6ha.、10.4ha.の崖地とヒルサイドは自然保存地、購入。

＊Kinver Edge. 17.6ha.、地元の寄付金、遺贈金、カントリィサイド委員会からの補助金で購入。

【サリー】

＊Box Hill：Mickleham Downs. 丘の麓にある12ha.をさらに遺贈。

【ウェスト・サセックス】

＊Bognor Regis：Culver Cottage. 遺贈。

＊Standen. 小面積の土地、贈与。境界線を明らかにし、かつ庭園のレイアウトをより鮮明にするためにこの土地が贈与された。

【ウィルトシァ】

＊Land south of Fargo Road. 約0.2ha.、農場家屋を立てるために獲得された。

【ウェールズ】

（ダベッド州）

＊Stackpole. スタックポール・コートの土地、淡水湖、森林地、12.8ha.の崖地、2つの渚、農地および砂丘を含む777ha.、国民的土地基金の手続きの下にトラストに譲渡。隣接する2,114ha.の約款はエンタプライズ・ネプチューン基金で購入。スタックポール・アウトドア・ラーニング・センターについては、フィールド・ワークを含めて別冊で論ずる予定である。

（グウィネス州）

＊Plas Newydd、Isle of Anglesey. メナイ橋から4km。この邸宅はスノードニアの絶景を眺めながらメナイ海峡の一角に建っている。67.6ha.は贈与され、さらに隣接する森林地29.2ha.は約款、贈与。

【北アイルランド】

＊Cushendun：Craigagh Woods. 約29.6ha.の森林地、約款、贈与。

＊Mount Stewart House. ストラングファド・ラクの東岸、アルスター土地基金とメイリィ・バリィ夫人による基本基金によって贈与。

＊Strangford Lough Wildlife Scheme：Glastry Ponds. 教育上必要な自然保存地として管理されるためにコウリスランド・ブリック＆パイプ・カンパニーによって贈与された約16ha.の未利用の粘土の採掘地と隣接する土地。

第7章　再び経済危機に抗して【1976年】

第7章　注

（1）*Annual Report 1976*（The National Trust, 1976）p.5.

（2）*Ibid.*, p.5.

（3）*Ibid.*, p.6.

（4）*Ibid.*, pp.6-7.

（5）*Ibid.*, pp.7-8.　筆者稿「ナショナル・トラスト：イギリスの大地を守る—オープン・カントリィサイドを歩く」『日本の科学者』Vol.49 No.3, 2014年3月号、pp.52-53。

（6）*Ibid.*, p.10.

（7）筆者著『ナショナル・トラストへの招待』（緑風出版、2007年）、ロンドン近郊南部地帯を歩く pp.246-254。

（8）*Annual Report 1976* op.cit., pp.10-11.

（9）*Ibid.*, p.15.

第8章 トラストのさらなる発展を目指して 【1977年】

第1節 ナショナル・トラスト議長アントリム卿の死去

1977年9月に、評議会の議長であったアントリム卿が亡くなった。彼はまた北アイルランド委員会の前議長で、1956年以来評議会のメンバーであり、また1948年以来執行委員会のメンバーで、1965年には議長としてクロフォード卿を継ぐように指名を受けた。

彼のトラストへの奉仕は、トラストの事業のすべての面に人間として心から関わり、そしてトラストの理想に着実に貢献した。彼は全国のナショナル・トラストのイベントに出席し、そして地域を熱心に訪ね歩いた。

彼がその職にある期間は、周知のごとくトラストの歴史の最も重要かつ困難な変化の時期と重なっていた。資産および会員数の急速な増加、エンタプライズ・ネプチューンの顕著な成功、1971年ナショナル・トラスト法に続いて生じたトラストの構造上の変化およびセンターを通じて会員たちが彼にそれぞれより深くかかわるようになったこと、その他多くのことが発展したことは、彼一人だけの貢献に依拠したわけではないにしても、彼の忍耐強さと強力な統率力がなかったとしたならば、実現しなかったであろう。

アントリム卿の辞意に次いで、ギブソン卿が彼の後を引き継ぐように要請され、進んで引き受けてくれた。トラストが創立以来長期にわたって、トラストの指導者を求めることができたことは幸運であったと言えよう。ギブソン卿は1963年から1972年まで執行委員会で奉仕し、1966年からは評議員の一員であった。彼はまた1971年ナショナル・トラスト法への道を準備したベンソン委員会の一員でもあった。彼の業務上の知識とトラストの目的に関する理解力の深さは、それ故に広範囲に及び、トラスト自体、彼のリーダーシップの下に、さらに長い期間にわたって進歩を遂げることができた。[1]

第8章　トラストのさらなる発展を目指して【1977年】

第2節　皇太后、トラスト総裁就任25周年

　トラストはエリザベス皇太后がトラスト総裁になって25周年を迎えたのを記念して、さまざまなイベントを催した。これらのイベントとともに記念品が、トラストの売店で販売するためにデザインされた。ボーディアム城とヨークのトレジャラーズ・ハウスなどでのコンサートを含めて、2日間のフェスティバルが開催された。

　その他「木と森林地アピール（The Trees and Woods Lands Appeal）」が進められた。これらのイベントが成功裡に催されたことは、皇太后がトラストの仕事にたいへん深い興味を示してくれたことを示すものである。[(2)]

第3節　新しい資産

　1977年の完全なリストは章末資料に記載されている。この年に獲得された特筆すべき資産は次のとおりである。

　ローズウォーターのハイ・ヌック農場、これは湖水地方農地会社がトラストに与えた7つの農場のうちの最後の農場である。他の農場はウォーストウォーターの西岸にあるネザー・ワズデイル、ここは今は亡きバトリック夫人が私をウォーストウォーターに連れて行ってくれる途中で車窓から眺めた懐かしい大地で自然そのものだ。エスクデイル、ここはこの時に休憩のために立ち寄った集落地だ。エナーデイル、ここはトラストが自然の再生のために植樹に努めているところでもある。その他の農場はハートソプおよびボローデイルにある。いずれの大地も私が幸運にも訪ねることができた貴重な大地だ。計884.8ha.および2,449頭の羊の贈与は、1944年のビアトリクス・ポターの遺贈以来、湖水地方では最も大きかった。これらのことによってナショナル・トラストは自然のアメニティと同じく、地方の伝統的な生活方法を守ることができたし、特に地域の再生および農業の再生のための貴重な契機を得ることができたといってよいであろう。

　国民的土地基金による重要な獲得は、ノーサンバーランドのロスベリィにある364ha.のクラッグサイド・エステートであった。遺産税の代わりに国税庁によって受領され、そして大蔵省によってトラストへ譲渡された。この邸宅は

119

ダーナム・マッシィにはシカのサンクチュアリもある（2014.9）

　1870年から1884年の間に建てられたヴィクトリア朝様式のカントリィ・ハウスで、この邸宅の宝飾物などを含めて完全な形で残されている。なお現在、トラストはこの邸宅を含めて周囲にある素晴らしい樹木と湖のある土地に恵まれている。私たち夫婦は2013年8月にここの素晴らしく、かつ珍しい建物を含めて周囲の地域をバスと徒歩で十分にエンジョイした。(3)

　この年の後半にダーナム・マッシィ・エステートがスタンフォード伯爵から遺贈不動産として受領された。この資産はマンチェスターに近いオルトリンガムにあり、寛大な基本財産とともにトラストへ寄贈された。そしてこれは邸宅を含め主として18世紀のものであり、多くの宝飾品を蔵している。土地の面積は1,200ha.である。

　私たち夫婦がここを訪ねたのは2014年9月16日のことだった。実は私自身、単身でこれより前、マンチェスターで長い間走っていなかった路面電車が営業を再開した年に、これを機会にダーナム・マッシィを訪ねることを思い立ち、市中心部からこの電車に乗り、Altrinchamに着いた。幸いにこの近くにインフォメー

ション・センターがあり、まずここを訪ねた。開口一番、私が発した言葉はオルトリンチャムだった。相手から即座に発せられた発音はオルトリンガムであった。この発音に驚いた私は、すっかり勇気と元気を失ったようだ。疲れてもいた。何を思ったのかダーナム・マッシィを訪ねるのを諦め、再びマンチェスターへ引き返したのだった。そういうわけでこのカントリィ・ハウスを訪ねることができたのは、それからずいぶん経った2014年9月のことだったのである。

　1914年は、周知のとおり第1次世界大戦が勃発した年である。このダーナム・マッシィは大戦中、陸軍病院として使用されていた。私たちが訪ねた2014年は、第1次世界大戦100周年に当たっていた。だからトラストはこれを記念して"the Stamford Hospital"として再現していたのである。[(4)]

第4節　エンタプライズ・ネプチューン

　1977年はトラストにとって、ワイト島は注目すべき年であった。2つの素晴らしいエンタプライズ・ネプチューン資産が獲得された―ヒードン・ワレンとラクーム農場。ヒードン・ワレン、ウェスト・ハイ・ダウンそしてワレン農場は、ザ・ソレントとこの島の南岸のほぼ4.8kmの海岸線とともに、174.8ha.の丘陵地、農地およびヒース地からなっている。このトラストの土地はカントリィサイド委員会からの補助金の援助で購入され、今ではニードレス岬とテニソン・ダウンで得られた土地とが一緒になって、トラストがワイト島の西端の地を保護している。ラクーム農場の牧場、崖地および丘陵地は92.4ha.で、ネプチューン基金で購入された。

　この農場はトラストのボンチャーチ・ダウンとラクーム・ダウンとが一緒になって、それにシャンクリンとベントノア間の0.8kmに伸びている砂浜が含まれている。その結果、200ha.以上のトラストの広大な土地が海岸へと繋がっており、ここは南東部のワイト島の海岸の歩道と交差している。この浜の西端は、1810年に起きた地滑りで巨大な岩石と破片が落下したところと接続している。この地域は地理学上興味をそそるところであり、そして伝統的に密輸活動の中心地でもあった。これらの獲得資産は、ほぼ32kmの海岸線を含む1,880ha.以上がトラストによって所有、そして保護され、これらを含めてワイト島のトラストの資産のすべてを構成することになった。

レイブンスカーからのロビン・フッド湾を望む。「次の100マイル（160km）に向けて」（2013.7）

　私がこの島に渡ったのは1997年8月のことだ。ここを訪れたのは私の恩人ともいうべきヒッグズ氏の勧めによるものであったが、想像以上に素晴らしい大地であったことは、言うまでもない。この島でのトラストの活動については、後にも記すことがあろう。

　この年度に獲得されたもう一つの注目すべき海岸地は、北ヨークシァのレイブンスカーの1.6kmの壮観をなす崖地であった。私たち夫婦がここを訪ね歩いたのは2013年と2014年のことであり、その壮観さは私自身のペンでは十分に描けぬほど素晴らしかったと言っても言い過ぎではない。(5)

　他の地域でトラストがこの時、所有していた海岸をさらに補強したものは、北コーンウォールのディザードにある隣接地の購入と、北デヴォンのカウンティスベリィの購入によって成就された。ネプチューンの第2段階の間に獲得された76.8kmの海岸をもって、ネプチューンは「次の100マイル（160km）」の目標へ向かっての道のりのほぼ半分に達していた。キャンペーンが12年前に開始されて以来、救われた海岸線の合計は318.4kmであった。そしてアピールによ

って集められ、そして役立てられた資金は1977年には350万ポンドを超えていた。⁽⁶⁾

第5節　財政・会員数

　この１年間は合計124万ポンドに達した自由な贈与金と自由な遺産金が得られた記録的な年であった。この収入の重要性については、いくら強調しても強調しすぎることはない。というのは、これがなければトラストの財政は極めて違ったものになるであろう。トラストに加入していなかった多くの人々が遺言状を残す時に、トラストを意中に置いてくれたことは非常にありがたいことだった。トラストはトラストの事業が生み出す利益が、トラストの会員数から生み出されるすべての会費をはるかに超えており、したがって全体としてこの利益がこの国全体に与えられるのだと広く考えることができる。この年、トラストの全資産に要する経費は833万ポンドで1976年より25％増えた。しかし、インフレーションがこれまでと同じく高水準であったために、これは資産の維持に対して行なわれた仕事の実際の条件からするとわずかな増加に過ぎなかった。この年、一般基金は１万2,000ポンドの剰余金をあげただけだった。⁽⁷⁾

　1977年は会員の募集に恵まれた良い年であった。1976年初めの３ポンドから５ポンドへの普通会員の会費の引き上げは、前年と同じ収入を得られるのにしばらく時間を要した。しかし1977年の初めになると応募者数はトラストの予想を越えた。評議会が年金受給者、家族会員および若年会員に対して調整を行なった結果、新規会員の登録を促すことによって、当初の期待を実現した。評議会は、特に会費が引き上げられた時、辞退せざるを得なかった年金受給者の多くが再び会員となって戻ってくれたことを喜んだ。これらの誠実な会員たちの支持こそ、特にトラストによって尊重されるのだ。10ポンドの会費を支払う新しい家族グループの会員は好評で、１万世帯の家族がこの年度中にこの計画の下に加入してくれた。そして23歳以下の会員の8,000名が２ポンドで登録された。

　1977年末のトラストの全体の会員数は61万3,128名となった。各資産での新規会員の応募こそ最も効果的であった。議長からのすべての会員への郵便はがきは、トラストの会員へ会員に加入してくれそうな人の名前を紹介してくれるように依頼したものだった。そして4,000名の応募のためのリーフレットが非

会員に送られた。以前行なわれたキャンペーンに次いで、13万3,000名の会員がこの年、銀行の口座引き落としにより会費を支払い、そして6万6,000名の会員が契約証書によって会費を支払ってくれた。これは会費の価値を高め、そしてトラストに会員手続きの費用をカットさせるのを可能にした。さまざまな宣伝や新規会員募集のための努力は、会員数の着実な増加に貢献した。これこそトラストにとって極めて重要な努力と深慮を必要とするものだった。[8]

第6節　遺産教育年によるトラストの成長

　評議会はここ数年の間、トラストの活動が若者に興味をもってもらえるように努めてきた。ジュニアおよびジュニア法人会員計画、エイコーン・キャンプ、ウィットレイ・インフォメーション・センターおよび約50のナショナル・トラストの資産でのウォーキング大会が若者を励ました。すなわち彼らの祖国の遺産を尊重し、そしてトラストの自然保護運動に積極的に参加するよう促した。

　1977年を遺産教育年として選定したことは、これまたエイコーン・キャンプの開始の10周年記念行事と一致し、それだけにトラストの仕事を広めるチャンスを与えた。歴史的建築物はしばしば歴史、建築および芸術そして過去の技術の学習のための分野を広げるのに十分な設備を持っていた。そして遺産教育年は、主としてカントリィ・ハウスや自然＝大地を保護するための教育的な利用を促進することを意図したが、そのうえトラストはオープン・スペースや自然保存地と同じく歴史的建築物のその他のカテゴリーをも包括しつつ、ナショナル・トラスト運動の概念を拡大していった。評議会は資産自体の保全のための財政の必要性に応じながら、トラストの資産にある教材の質をも高めるように奨励し続けることに着手したのである。

　この遺産教育年の間、トラストはトラスト自体の活動に率先して専念するとともに、多くの国民的なイベントにも参加した。最初のイベントは「教育と歴史的建築物」に関するもので、チェアリング・クロス駅からテムズ川を渡ってすぐのところにあるロイヤル・フェスティバル・ホールでサンフォド卿によって講義が持たれた。そして4月30日にはトラストは、教員には無料で60のトラストの資産を開放して歴史的建築物協会によって組織されたナショナル・オープン・デイに参加してもらった。これにはさまざまな反応があったが、いくつ

第8章　トラストのさらなる発展を目指して【1977年】

かの有益な反応もあり、また教育当局のグループと教員グループによる訪問がさらに計画された。ボーイ・スカウト発祥の地ブラウンシィ・アイランド、モンタキュート、オクスバラ・ホール、ヒューエンデン、ソルトラム・ハウスおよびマーラー自然保存地への特別な訪問がアレンジされた。ソルトラム・ハウスとブラウンシィ・アイランドへの訪問は特に成功した。

　フィリプス・ハウスとディントン・パークでは、「我らのヨーロッパ（Europa Nostra）」がスポンサーとなって、トラストが7月に「若者と自然保護」に関する国際的なセミナーのためのホスト役を務めた。これにはフランス、オランダ、ドイツ、オーストリア、イタリア、ギリシャ、スカンジナビアおよびイギリスの代表者たちが出席した。レイコックでは、7歳から11歳までの子供たち500人の聴衆にレイコックの歴史上の背景をモチーフにしたドラマに参加する機会を与えた。評議会は遺産教育年の間になされたさまざまな努力が、ナショナル・トラストの資産へ将来訪問する際に、それらをもっとエンジョイできるように、そしてより教育的な体験になるように役立つことを期待した。[9]

第7節　雇用創出プログラム

　トラストは、失業者がナショナル・トラストの資産の保護と復元作業に従事する多くの計画を、「雇用促進委員会」と協力することを開始した。参加した人々の多くは学校または大学を終了していなかったし、また少数の経験のある人々だけが、彼らを訓練し監督することができた。この計画の目標は、参加した人々が自分に正規の仕事に就くために必要なキャリアを得るか、またはいくつかの場合にはトラストが永続的な雇用の場を提供できる場合もあるということであった。1976年4月1日から最初の15ヵ月間において168の計画のすべてが認められ、それらのうちの80がその目的を果たした。賃金は政府が負担した。しかしトラスト自体は材料、運搬そして機械、しばしば管理するための費用に責任を負った。

　非常に広範な種類の計画が実行されたが、より重要な仕事は復元、修復、それに建物と壁の維持、樹木の伐採、植林、特にエルムの木の植え替え、造園計画、遺跡発掘、海岸の浸食の防止および風景美の向上、そして管理の計画を含めて、一般的な環境の改善作業に従事した。[10]

第8節　合衆国とのつながり

　カーター米国大統領が、ワシントン・オールド・ホール、初代大統領ジョージ・ワシントンの先祖たちの邸宅を見るために、5月6日に北東部へ訪問する機会をつくってくれたことを、トラストはたいへん喜んだ。首相に同伴されカーター氏は地域委員会の会長の歓迎を受け、生涯会員の銀のメダルとロイヤル・オーク財団の名誉生涯会員証が贈呈された。それに対し大統領は、トラストにワシントン・オールド・ホールにかけるためのヴァージニアのジョージ・ワシントンの家であるマウント・ヴァーノンの署名入りの写真を寄贈してくれた。大統領の訪問は米国で広く報道され、そしてテレビでも米国内で放送された。そして大統領の訪問は米国の視聴者からワシントン・オールド・ホール基本基金アピールに対する即座の財政的援助をもたらし、そしてこの資産への訪問者の数の増加をも実現した。

　ロイヤル・オーク・財団の会員数はこの年の間に1,734人へと70％ほど増えた。評議会は、財団からワシントン・オールド・ホール、ハドリアンズ・ウォール、そしてドーバーのホワイト・クリフスのための補助金も受けた。[11]

第9節　業　　務

　トラストの商取引に対する評議会の目的は、トラストの自然保護活動のために使える収入を増やすことである。ナショナル・トラストの売店の人気は比較的良好である。1977年には100カ所以上になり、この年の増加した総売上高からの利潤は、トラストの収入に極めて実質的な貢献をした。

　この年の間に開かれた新しい売店は、シッシング・ハースト、アルフリストンの牧師館、ウィンクワース・アボレタムおよびスコトニィ・カースルを含んだ。デヴォンのウェンベリィの海岸の店舗は改装され、そしてトレリシックおよびコートヒールの店舗は植物の販売のために拡張された。それらの売店への反応は良かった。トラストはこの年にエイヴベリィおよびハム・ハウスで売店を開いた。タットン・パークの売店はこの年にチェシァ州議会によって運営され、この州議会はタットン・パーク全部をリースしていた。ただし、たいていはトラストの直接的な管理の下で運営されている。[12]

第8章　トラストのさらなる発展を目指して【1977年】

おわりに

　周知のようにトラストは、トラストの会員、賛助会員、そして多くの支持者から多大な恩義を受けてきた。彼らこそ、すべてトラストを財政的に、かつ多方面で活動できるようにサポートしてきたのだ。カントリィサイド委員会、歴史的建築物評議会、自然保存評議会、その他の政府機関および地方自治体とも、ナショナル・トラストとパートナーシップを組みながら協力してきた。1997年度には、例えばトラストは自らの雇用創出計画を「雇用創出委員会」の援助を受けながら、成功裡にその事業を成し遂げることができた。また各種の民間団体からの援助と協力をも得ることができたのだ。その他トラストが行なっているものには、一般的に人々の賛意を得ながら、サポートを受けていることも評議会が周知しているところであり、ナショナル・トラストの最終的な責任を負っている評議会が、これらの恩義に感謝の気持ちを表明していることは、私たちもすでに理解しているところである。

　ナショナル・トラストの仕事はそれ自体特殊なものだ。　譲渡不能の法律上の効力によって、資産を永久に保有することのできる任意の組織は他にはない。そして同時にその資産を国民のために、積極的に、かつ長期の展望を得つつ管理し、かつ改良することのできる組織は他にはない。それ故にトラストは、他の組織によってすでに保護されている分野を侵害するものではないし、またこのことはトラストが非常に多方面から多くの協力を受けていることを表わしている。トラストの仕事は決して容易なものではない。そして財政上の問題も多々ある。しかし大いに前向きで、かつ寛大な支持を得ながら、ナショナル・トラストは将来にわたって進展と進歩を遂げうるのだということを、自信をもって期待してよいのだと評議会は確信している。[13]

資料　1977年　新しく獲得された資産と約款

【ケンブリッジシァ】

* Wicken Fen. 小区画の土地、ローカル委員会からの基金およびカントリィサイド委員会からの補助金で購入。

【コーンウォール】

* Cotehele. 0.8ha.、購入。
* Courlands Cottage. 2件、贈与。
* The Dizzard. 1968年コーンウォール公領20.4ha.を贈与し、29.6ha.の崖地を折半して贈与、他の折半地とさらに5.6ha.の放牧地はエンタプライズ・ネプチューン基金で購入。
* Fowey：Carne Farm. 20ha.の農地、トラスト所有の資産に付加。
* The Gannel Estuary. ニューキーの西方、約0.2ha.、クラントック・ビーチを見下ろす2つの小区画地、地元の資金で購入。
* Godolphin. ヘルストンの北西8km、166ha.の農場と森林地、約款。
* Higher Hendra. 34.4ha.の農場と18世紀の農場家屋、遺贈。
* Treligga：New Delabole. 0.9ha.、贈与。
* St Just-in-Roseland. 10ha.、エンタプライズ・ネプチューン基金と遺贈金で購入。
* Zennor. トレヴィール・コテッジと0.4ha.、約款、贈与。

【カンブリア】

* Buttermere Valley：High Nook Farm、Loweswater. 146ha.の丘陵地の農場、湖水地方農地会社により購入。
* Coniston Water：Hoathwaite Farm. 44.8ha.、カントリィサイド委員会からの援助を得て、湖水地方アピール基金で購入。
* Sawrey：Moss Eccles Tarn. 3.8ha.の小さな湖沼、この湖沼の一部は、すでにトラストの資産であった（2.4ha.）、パーサル・メモリアル基金と湖水地方基金で購入。

【デヴォン】

* Lynmouth：Hills View Cottage. 遺産金で購入、さらにこの残りの遺産金で20.8ha.の荒野と崖地を購入、隣の0.8ha.、約款。
* Teign Valley Woods：Bridford Wood. 0.4ha.、地元の寄金で購入、また以前のガソリン・スタンドはカントリィサイド委員会とダートムア国立公園委員会から贈与。

【ドーセット】

* Fontmell Down. 59.6ha.、アピールによる基金と遺贈金で購入。
* Ringmoor：Turnworth Down. 53.6ha.、遺産金、カントリィサイド委員会からの補助金、セント・ポールズ、ダンクーム・アンド・フォントメル基金で購入。

【グロースターシァ】

* Snowshill：Forge Farm. 17.4ha.の農場と森林地、一般基金から購入。

第8章　トラストのさらなる発展を目指して【1977年】

＊Stroud：Haresfield Beacon．2.4ha.、一般基金から購入。

【グレーター・マンチェスター】

＊Medlock Vale．0.2ha.、遺産金で購入。

【ハンプシァ】

＊The Chase、Woolton Hill．さらに2.4ha.の森林地を遺言により獲得。

【ヘリフォード＆ウースター】

＊Walford：Teague's Point、Ross-on-Wye．コテッジと1.6ha.、贈与。

【ワイト島】

＊Headon Warren and West High Down．西ワイトの74.8ha.の丘陵地、ヒー
　ス地および農業用地、カントリィサイド委員会からの補助金とともに、エンタ
　プライズ・ネプチューン基金で購入。

＊Luccombe Farm．92ha.の丘陵地と牧場、エンタプライズ・ネプチューン基金
　で購入。

＊Mottistone、Brook．さらに4.8ha.の農業用地、遺贈。

【ケント】

＊Land near Sevenoaks．基本基金としての土地、184ha.。

【ランカシァ】

＊Gawthorpe Hall．ホールの厩舎の1区画、贈与。

＊Silverdale：Eaves & Waterslack Woods．22ha.の雑木林、シルバーデイル・
　ローカル委員会の集めた資金で購入。

【マージーサイド】

＊Formby．8 ha.、イギリス・ニコチン株式会社による贈与。

【ノーサンバーランド】

＊Allen Banks．0.4ha.、ローカル基金で購入。

＊Bellister Castle、Haltwhistle．440ha.、4つの借地（農場）、森林地および高
　原地を含む。

＊Cragside、Rothbury．360ha.の森林地、邸宅は世界で初めて水力電気を使用し
　た。このエステートには基本財産用のロウ・トレフィット農場（352.4ha.）とウ
　ォートン農場（218.8ha.）が含まれ、すべての資産は国民的土地基金によってト
　ラストへ渡された。部分的な基本基金はアームストロング卿によって与えられ、
　維持および復元用の補助金は歴史的建築物評議会、イングリッシュ・ツーリス
　ト委員会、ノーサンバーランド州評議会によって譲渡された。

【ノース・ヨークシァ】

＊Malham．12ha.の農業用地、匿名の篤志家による寄付金、カントリィサイド委
　員会からの補助金および遺贈金で購入。

＊Robin Hood's Bay、Ravenscar. 1.6kmの海岸線および壮大な崖地の風景を含む80ha.、エンタプライズ・ネプチューン基金で獲得。

【サマセット】

＊Exmoor：Holnicote Estate. 5.6ha.のストーク・ペロ・グリーブ・ランド、遺贈金から購入。

＊Grabbist Hill. ダンスター村の西方1.6km、22ha.のオープン・スペース、贈与。

【ウェスト・サセックス】

＊Wakehurst Place. 1.2ha.、ベンサム‐モクスン・トラストから贈与。

【ウィルトシァ】

＊Stonehenge Down：White Barrow. 0.6ha.、地元の寄付金で購入。

【ウェールズ】

（ダベッド州）

＊Pointz Castle. 0.1ha.、ウェールズ大学による贈与。

（グウィネス州）

＊Bryn Offa、Llanddona. 0.3ha.の原野、遺贈。

＊Teilia、Cemaes：Bryn-y-Neuadd. 1 ha.、約款、贈与。

【北アイルランド】

（アントリム州）

＊Larrybane. 23.2ha.の海岸線、エンタプライズ・ネプチューン基金とフォア・ウィンズ・トラストからの補助金で獲得。

（ダウン州）

＊Castle Ward. Strangford Bay Path. ストラングファド湾の東岸に沿ってストラングファド村へ通じるカースル・ウォードからの海岸歩道、3.2km、贈与。

＊Murlough Nature Reserve. 駐車場のために獲得されたこの保存地に隣接する3.6ha.、エンタプライズ・ネプチューン基金で獲得。

（ロンドンデリィ州）

＊Bar Mouth. 観察のための隠れ場所を有する野生生物のサンクチュアリィ、7.6ha.に特別アピールによる基金で購入され、8.8ha.に対しては約款を同基金で獲得した。

第8章　注

（1）*Annual Report 1977* (The National Trust, 1977) p.5.

（2）*Ibid.*, pp.5-6.

（3）詳しくは筆者稿「ナショナル・トラスト：イギリスの大地を守る―オープン・カントリィサイドを歩く」『日本の科学者』Vol.49 No.3，2014年3月号、pp.52-

第8章　トラストのさらなる発展を目指して【1977年】

　　53.を参照されたい。

（4）*Annual Report 1977* op.cit., p.6.

（5）筆者前掲稿、52頁。

（6）*Annual Report 1977* op.cit., p.7.

（7）*Ibid.*, p.8.

（8）*Ibid.*, p.8.

（9）*Ibid.*, pp.8-9.

（10）*Ibid.*, p.10.

（11）*Ibid.*, pp.10-11.

（12）*Ibid.*, pp.11-12.

（13）*Ibid.*, p.17.

第9章 記録的なナショナル・トラストの成長と 会員数の増加【1978年】

第1節 会員数

1978年の新規会員数は前年のすべての記録を破って、評議会の予想をはるかに超えて、1978年末には会員数は78万人となった。

この歓迎すべき会員数の拡大には多くの要因があった。1978年の間に強化された広告、特に「生き残りのための闘い 'Battle for Survival'」という映画がテムズ・テレビで放映され、次いでタイムズ・テレビが、トラストをより多くの人々に知らせることに大きな役割を演じたことは疑いがない。しかし評議会は、この国中のすべてのところで、センターや個人、トラストの支持者や仲間、そして多くのスタッフの人たちの熱心な努力を見落としてはいなかった。そしてこの満足すべき結果をもたらすために働いたすべての人々に深く感謝した。

会員数のこの例外的な高まりにもかかわらず、評議会が年々の会費を引き上げざるをえなかったということは、インフレーションの結果が示唆しているとおりである。例えば普通会員の会費を1979年初めから5ポンドから7ポンドへ引き上げざるをえなかった。会費が前回引き上げられた1976年以降に、インフレーションは40%以上上昇した。したがってトラストの仕事は、もしトラストが財政上の措置を取らなければ、必ずや危機にさらされたことであろう。評議会は、この歓迎できない決定に従わなければならなかったし、そして会員たちがこれまでと同じようにこの決定を受け入れてくれたことに謝意を表した。[1]

第2節 財 政

1978年のトラストの財政における最も重要な要素は、前述の増加した会員数から生じる会費収入を実質的に上回るものであった。それに地代、訪問者および補助金からの収入の増加もあった。そして自由な贈与金および遺産金が大幅に増え続け、励みを与えてくれた。しかしトラストの活動が常に広まりつつあ

第9章　記録的なナショナル・トラストの成長と会員数の増加【1978年】

るとともに、支出に対するインフレーションの引き続く影響は、一般基金に対して17万5,000ポンドの赤字を生じさせた。

　トラストは支出を抑えるべく熱心に努力を傾けてきたし、スタッフを置く水準も辛うじて適切にとどまってきた。そしてより複雑になった経理処理のためにコンピューター・システムが導入された。トラストの会員および賛助会員、そして人々の連続的な支持に助けられて、1979年のトラストの財政は1978年のそれと五分五分になるものと期待された。⁽²⁾

第3節　宣　伝

　会員数を増やして新しい会員をトラストの仕事に導き、そして訪問者の数を資産へ導くための大切な努力がトラストによって行なわれてきた。このキャンペーンはマスコミの宣伝、訪問者がトラストの資産を訪ねる時の彼らの反応と期待への調査、その他マスコミによる一連の記事が載った。あるテレビの番組では、ある模範的な村が「エイコーン・マグナ *'Acorn Magna'*」と名付けられ、そしてデイリィ・メールでもナショナル・トラストが紹介された。1908年のイングランドの自然に囲まれた田舎の生活が描写され、そして農村生活の音がバックグラウンド・ミュージックを提供した。この展示はまたマンチェスターとリーズでも行なわれた。

　ナショナル・トラストに関する映画「生き残りのための闘い」は3月にテムズ・テレビで放映され、そして8月にも再放送され500万人の視聴者数を記録した。彼らの多くはトラストとトラストの事業についてほとんど知らないか、あるいは何も知らなかったであろう。このプログラムの目的は、トラストの歴史について語るのではなく、トラストの事業、トラストが直面している問題、そしてトラストが社会で演じている役割を示すことであった。これはデリケートで、かつ役に立つ演出であって、トラストについての多くの誤った考えを訂正するのに役立った。⁽³⁾

第4節　新しい資産

　1978年において獲得された資産の全リストは章末資料で見ることができ、そして重要なエンタプライズ・ネプチューンで獲得された資産は、次節で取り上

ウィンポール・ホールの農場にて（2013.8）

げる。

　ウィンポール・ホールの獲得は1976年に公に発表されたのだが、交渉が長引き、ついに1978年まで結論が出なかった。評議会は当年度に至って、ついにこのすぐれたケンブリッジシァの邸宅とエステートの獲得を記録することができた。遺産は大邸宅（マンション）、約960ha.のパーク（私園）、農地および森林などを含んでいる。2013年8月に私たち夫婦はここを訪ねてみた。私自身は2度目の訪問であったが、この時も農場や庭園、森林などに興味を持って訪ねたのだが、ここにある家庭菜園（productive walled garden）をつぶさに見ることができなかったのは残念である。

　ベイシルドン・パークを訪ねるために、レディング駅近くのバス・ステーションから古典的なジョージアン風の邸宅の前で下車、登り坂をのぼっていくと、漸くこのカントリィ・ハウスに着いた。1991年7月のことであった。しばらく邸内を見学し、外に出て麦畑に入り、麦畑から森林地を歩いていくと、ところどころに住宅を見つけるうちに、この村の広場に行き着いた。そこにバス停が

あった。そこで遊んでいた数名の子供たちに聞くと、すぐにバスが来ると言う。運良く来たバスに乗り、レディング駅に帰り着いた。

　もう一つ、北アイルランドにあるパブを紹介しておく。ここはベルファーストの46 Great Victoria Streetにあるクラウン・バーであるが、私が北アイルランドに渡りベルファーストのホテルに宿泊した時、近くにあったこともあり、数回入り、内部をやや詳しく見たことがある。このクラウン・リカー・サロンは、外側は色彩豊かなタイルと壁柱と円柱で装飾されていた。内部はステンド・グラスと色彩を施したガラスで華やかに飾られており、入ってきた客たちはいわゆる居酒屋の個室である'snugs'で、ビターやラガーが楽しめるようになっている。なおこのバーの'snugs'はいつも満室で、私はここに座ったことがなく、2015年9月もこれらの部屋をただ眺めるだけであった。

第5節　エンタプライズ・ネプチューン

　ネプチューンの目標である「次の100マイル（160km）」へ向かって半分の道のりを通過したところで、この年に400万ポンドがアピールによって集められた。トラストはこの年に入って640kmを超える海岸線を守るに至った。そしてそれらの海岸線のうちの329.6kmが13年間のキャンペーンの間に獲得されたのである。1978年に8つの州で12の新しいネプチューンの獲得物のうち、ドーセットのゴールデン・キャップは頂上は狭いが、標高185.4mの丘で、イングランドの南部の海岸では最も高い地点であり、ここにはアントリム卿のトラストのための仕事を記念して、彼の記念碑が建てられていたのを覚えている。

　エセックスでは、トラストが適当な海岸の資産を獲得する機会がなかったので、この年にノージィ・アイランドとブラックウォーターの入江にあるサウス・ハウス農場をこの獲得のリストに加えることができるのは満足すべきことであった。

　またネプチューンにとって極めて稀な出来事は、マージィサイドのある海岸の資産が獲得されたことである。ウィロウ半島にあるヘズウォール近くのディー川の入江に面している16ha.の農地。この資産はリヴァプールの南のほうにある海岸線の一部をなし、それ故にリヴァプールの北のほうにあって自然のままの海岸線を保っているフォンビィでのネプチューンのより初期の獲得を補っている。

コーンウォールのランズ・エンド半島の野生味に富んだ、そして起伏の激しい北の海岸では、トラストのローズマージィに隣接するボシグランの1.6kmと200ha.の素晴らしい海岸線が獲得されることになった。そしてデヴォンのブリクサムのサウスダウン農場を形成する46ha.の購入は、0.75kmの海岸線を含んで、南デヴォンのこの地域における最初の足場をトラストへ与えた。この年の間に新しく獲得された他の地域は、ウェールズ南西部のダベッド州のミルフォード・ヘイヴンの上流、ノーサンバーランドのアルンマウスの砂浜の南部、北ノーフォークの海岸にあるモーストン・マーシュ、そしてキングズダウンにあるドーバーのホワイト・クリフス、そしてケントのセント・マーガレット湾。

　7月にはバーマのマウントバッテン伯爵が、ワイト島のすべての西端地のトラストの保護を確保するために援助した重要な獲得地を訪ねた。マウントバッテン卿は王室のナショナル・トラストにたいする興味について話し、そしてこの島におけるトラストの事業が成功していることに感謝の言葉を贈った。　彼はそれから公式的にヒードン・ワレンの譲渡証書をサウス・ミッドランズの地域の会長のミス・シルヴィア・グレイに手交した。[5]

第6節　新しい工業博物館

　新しい獲得物ではないが、スタイアル（チェシァ）のクウォリィ・バンク・ミルは、工業博物館としての新しい息吹を与えられた。そして6月の下検分の時、初めて一般の人々に開放された。この大きな綿工場と村落は、1939年にアレク・グレグ氏によってトラストへ与えられたものであるが、彼はサムエル・グレグの子孫で、サムエル・グレグがボーリン川の樹木の茂った流域にある工場の建物の周囲に住宅を配し、かつ十分に教育された労働者の近代的なコミュニティをつくりあげようという意図の下に、1784年にこの工場を建て始めたのである。アレク・グレグ氏はこの工場と村落を初期の頃の産業革命の記念物として保存されるのを望んだ。そしてこの頃に産業考古学にたいする興味が深まり始めたのを契機に、彼の希望も実現に向けて動き出し、クウォリィ・バンクでの工業博物館の設立へと結果したのである。

　私がここを訪ねたのは二度あるが、この計画はナショナル・トラストと近いつながりを持ったデイヴィド・セカーズ氏によって指揮された。そしてこの博

第9章　記録的なナショナル・トラストの成長と会員数の増加【1978年】

クウォリィ・バンク・ミル：ここは工業博物館としての新しい息吹を与えられている（1985.8）

物館は工場と村落の社会史と数世代にわたるグレグ家の役割を詳しく説明すると同時に、色々な紡績と織布工程を説明する展示物を見学することができる。2回だけの訪問では、ここをすべてまわれるはずもない。もう一度だけでも訪ねたいが、その時の感想については次の機会を見つけねばならない。この場所のモデルとここのそもそもの付属品と原簿を備えたマネジャーの事務所を見る機会もあったが、とにかく少なくとも満足のいく説明は次の機会を待つことにしよう。ただ次のことだけは言っておこう。徒弟たちの家と1820年代に建てられた労働者用住宅（back-to-back）の建物がスタイアル村をまわる途中に目に入るのだが、このことだけでも今もって忘れられない。(6)

おわりに

トラストが成長すればするほど、トラストは非常に多方面から受ける支持に感謝する機会を持つことになる―会員、賛助会員およびセンター、若い人々の熱意と興味、トラストが中央および地方の政府と享有する良好な関係、歴史的

建築物協議会、カントリィサイド委員会、自然保護評議会、雇用創出委員会（Manpower Services Commission）およびその他のアメニティ協会の共鳴—すべての機関がトラストの仕事を成就させてくれるのに貢献してくれる。その他のアメニティ協会との友好的な関係はイギリスだけには限らない。ロイヤル・オーク財団によって成就された米国との実質的なつながりは、すでに知られているとおりである。トラストが「我らのヨーロッパ」の執行委員会に代表を送ることができたことは、他のヨーロッパ諸国の自然保護団体との接触を確実にしてきた。イングランドを訪れたこれらの委員会のメンバーたちはロンドンのブルーコート・スクールでのパーティに出席し、またコーンウォールの海岸では、ネプチューンの資産を研究する機会を得た。トラストはまたオーストラリアのニュー・サウス・ウェールズ州のナショナル・トラストのメンバーの一行を喜んで歓迎し、そして彼らはブリテンでの３週間の長期旅行の間、ブルーコート・スクールのビュッフェ・ランチに招かれた。評議会はトラストの考えと狙いが、世界の多くの地域へ浸透してきていることを喜んだ。

　トラストは急速な、かつ前例のない成長の時期を経験してきた。そして依然として極めて多くのことが最も美しい建物や、手つかずの美しい自然の保護のために行なわれ、そして美観が損なわれていないこの国の地方を保護し続ける限り、成長することを止めないであろう。トラストは海岸に沿って、積極的に新たな獲得物を求めてきた。そして、そこではトラストのカントリィサイドの所有と管理が強化されてきた。その他のところでは、もし私的な所有者や慈善的な団体が彼らの資産を国民の利益のために保護することができるならば、このような所有権は歓迎されるべきである。

　自然＝大地を支えるとともに、イギリスの歴史的建築物を将来のために最高の形でトラストが所有し続けることが、評議会の最も希望しているところである。そして評議会は、政府が手遅れにならないうちに、私的な所有者が彼らの資産を永久に保全できるような手段を取ることに協力してくれることを何よりも希望している。トラストの機能は、他の方法が失敗した時にセイフティ・ネットとしての役割を演じ、そしてそれ故に保護の最高水準を常に維持しながら、そしてトラストの名声を高めながら、保護の分野においてトラストの役割を確実に演じることである。(7)

第 9 章　記録的なナショナル・トラストの成長と会員数の増加【1978年】

資料　1978年　新しく獲得された資産と約款

【バークシァ】
* Basildon Park.　テムズ川を見下ろす162.4ha.、基本財産基金を含めて贈与。
* Finchampstead Ridges.　11.2ha.の雑木林、遺贈。

【ケンブリッジシァ】
* Wimpole Hall.　977.2ha.、邸宅とともに1976年、遺贈。

【コーンウォール】
* Bosigran and Carn Galver.　ランズ・エンド半島に199.2ha.、エンタプライズ・ネプチューン基金と遺贈金で購入。
* Helford River：Tremayne Woods.　19.6ha.の森林地、遺贈。
* Port Quin.　入江の上にあるコテッジと 8 ha.、約款、贈与。
* St Just-in-Roseland.　さらに3.2ha.の農場、遺贈金とエンタプライズ・ネプチューン基金で購入。
* Sandymouth.　トラストの海岸の駐車場、エンタプライズ・ネプチューン基金で購入。

【カンブリア】
* Borrowdale：The Lordship of the Manor.　約2,880ha.の各種の領主権からなるボローデイル・マナーを購入。
* Borrowdale：Nook Cottage.　ロスウェイト村にあるヌック農場に隣接する小さな伝統的なコテッジ、遺言によって獲得。
* Levens：Savin Brow Quarry.　サイザー・エステートに隣接する1.4ha.を贈与で獲得。

【ダービシァ】
* Dore Clough Farm.　36ha.の土地、この農場はデイル・ヘッド農場に隣接する。ダービシァ・アンド・ピーク・ディストリクト基金およびカントリィサイド委員会からの補助金で購入。

【デヴォン】
* Dart Estuary：Compass Plantation.　ダートの入江を見下ろす0.9ha.の入江、贈与。
* Salcombe：Sharpitor.　遺産金で獲得された約0.4ha.のアクセス道路。
* Southdown Cliffs.　ブリクサムの南方800km、44ha.の崖地と農地、エンタプライズ・ネプチューン基金で購入、56ha.に対する約款とともに。
* Teign Valley Woods、Meadhaydown Wood.　3.4ha.の森林地、購入。

139

【ドーセット】

＊Eggardon Hill. カントリィサイド委員会、ドーセット・カウンティ評議会およびフォントメルおよびダンクーム基金で獲得された18.6ha.。

＊Golden Cap Estate：Golden Cap. 1965年から1977年までナショナル・トラストの議長であったアントリム卿を記念するためのアピールによって集められた基金で購入された10.4ha.のゴールデン・キャップの頂上、なおここにはアントリム伯を記念するための石碑が置かれている。

＊Golden Cap Estate：Stonebarrow Hill. 0.6ha.、地元の基金で獲得。

【エセックス】

＊Northey Island and South House Farm、Maldon. 120ha.の島、塩湿地の植物群と越冬する鳥類のためのグレード1に指定されている用地、エセックス・ナチュラリスト・トラストにリース、サウス・ハウス農場は80ha.。

【グロースターシァ】

＊Westbury Court Garden. チェルトナム＆グロースターシァおよびナショナル・トラストのミッド・ウェールズ・センター、それからH・P・Bulmer Ltd.からの寄付金で獲得、1.2ha.の野原。

【グレーター・マンチェスター】

＊Dunham Massey. オルトリンガム、1,298ha.、遺贈、（1976年）。

【ヘルフォード＆ウースター】

＊Bretforton：The Fleece Inn. 0.4ha.、遺言で獲得。

【ワイト島】

＊St Catherine's Down. 3ha.、エンタプライズ・ネプチューン基金で購入。

【ケント】

＊St Margaret's Bay：Kingsdown Leas. ボックヒル農場とキングズダウン・ゴルフ・クラブの間にある4.4ha.の崖地、贈与。

＊St Margaret's Bay：Lighthouse Down. ：サウス・フォアランドにある3.6ha.以上の崖地、贈与。

【マージィサイド】

＊The Wirral：Heswall. 15.8ha.の牧場と耕地、カントリィサイド委員会の補助金とエンタプライズ・ネプチューン基金で購入。

【ノーフォーク】

＊Morston Marshes：エンタプライズ・ネプチューン基金でさらに2ha.を購入、2ha.の原野に対する約款。

【ノーサンバーランド】

＊Buston Links. アルンマウスの南方7.3ha.の砂丘、ナショナル・トラストのハ

ンター協会によって購入。

＊Cambo：The Old Vicarage & Garden. 隣接するウォリントン・エステートの付加地として購入。

【オックスフォードシァ】

＊Rotherfield Greys：The Lordship of the Manor. グレイズ・グリーンとセパード・グリーンを含む10ha.の入会地、贈与。

＊Watlington Hill：0.1ha.以上、贈与。

【シュロプシァ】

＊Dudmaston. 928ha.、贈与、ダッドマストン・ホールを含む、200ha.の森林地、28ha.の私園、広大な庭園。

＊Long Mynd：The Batch Land. 10ha.の農地、ロング・マインド・アピールとカントリィサイド委員会からの補助金で購入。

【サマセット】

＊Holnicote Estate：Land at Sparkhayes、Porlock. ボシントン農場の境界地にある3.6ha.の耕作地、遺産金で購入。

【ウォリックシァ】

＊Upton House. 2.2ha.を加えられた。贈与。

【ウェールズ】

（ダベッド州）

＊Mwnt. 0.13ha.、贈与。

＊Williamston Park. 20.8ha.は所有地化、8.4ha.は約款、ペンブローク海岸国立公園からの寄付金、エンタプライズ・ネプチューン基金およびウェールズ基金で購入。

（グウェント州）

＊Clytha Park Estate. 148.6ha.、パークランド14にカントリィ・ハウス、2つの農場、そしてゴシック式の邸宅が、国民的土地基金を通じて政府により獲得されて、政府とハンベリィ・テニソン氏がその邸宅を修理して、この資産はナショナル・トラストへ譲渡された。

（グウィネス州）

＊Bodnant：庭園を拡張するために、0.6ha.、贈与。

＊Isle of Anglesey. 農場を含む606ha.と0.8kmの海岸線、エンタプライズ・ネプチューン基金とウェールズ基金で購入。

＊Gwenith-y-Nant：Llanfairynghornwy. 2.2ha.、約款、贈与。

【北アイルランド：アントリム州】

＊Ben Van. 0.1ha.付きの邸宅、地元の基金で購入。

＊Crown Liquor Saloon、Belfast. 装飾付きの木製品で豊かに飾られたヴィクト
リア朝風の高級パブ、バス・アイルランド氏の協力を得て獲得。

第9章　注

（1）*Annual Report 1978*（The National Trust, 1978）p.5.

（2）*Ibid.*, p.6.

（3）*Ibid.*, pp.7-8.

（4）*Ibid.*, pp.8-10.

（5）*Ibid.*, pp.10-11.

（6）*Ibid.*, pp.13-14.

（7）*Ibid.*, pp.22-23.

第10章　将来へ向けて：ナショナル・トラスト運動 【1979年】

はじめに

　評議会は、エリザベス皇太后が1979年7月9日にケンブリッジシァのウィンポール・ホールで行なわれる公開記念式典に出席してくれるようにとのトラストの招待を受け入れて、トラストの仕事に絶え間ない支持と興味を幾度となく示してくれたことに対して、温かい感謝の気持ちを表わした。

　皇太后は、出席者1,000人のガーデン・パーティに出席し、そしてそれらの多くの人々に話しかけながら、庭園ではマロニエの植樹と、トラストによって行なわれた作業の様子を見学した。まだまだ多くのことが邸宅でも、また私園でも行なわれることが残されており、数年はかかるはずであった。　王室の他の人々も1979年には記念式典で祝辞を述べながら、トラストの事業を賞賛してくれた。

　6月4日には、グロースター公がノーサンバーランドのクラッグサイドを公開した。1977年に国民的土地基金によってトラストへ与えられたこの輝かしいヴィクトリア朝風の建物と、クラッグサイド・カントリィ・パークは、ナショナル・トラストの一委員会とノーサンバーランド州議会とが共同して管理してきたものであった。

　ウィンポールでは、トラストは復元作業を広範囲にわたって行なってきたが、クラッグサイドでは、トラストは歴史的建築物評議会、カントリィサイド委員会、そしてツーリスト委員会の補助金によって大いに助けられた。

　10月には、グロースター公はまたチェシァのスタイアルを訪ね、この村と繊維工業の国民的な博物館ができつつあったクウォリィ・バンク・ミルを視察しながら、自らの訪問を記念して植樹した。[1]

ノーサンバーランドのクラッグサイド：ヴィクトリア朝風のユニークな建物（2012.5）

第1節　新しい資産

　1978年には多くの大邸宅を獲得できた。1979年にはいくつかの重要なオープン・スペースが獲得された。これらのうちで目立ったものは、レコンフィールド・コモンズで、湖水地方の西部においてトラストによってすでに所有されていた土地に隣接する1万2,800ha.であった。これはエグレモント卿の死去によって生じた相続税の代わりに大蔵省が受け取ったもので、国民的土地基金を通じてトラストへ譲渡されたものであった。そこにはダーウェント・フェルズ、エスクデイル・コモンズおよびスコーフェルの一部分、ネザー・ワズデイル・コモン、モニィサイド・コモン、そしてウォーストウォーターも含まれる。それは湖水地方でトラストによって獲得された最大の資産で、北西部でのトラストの所有地に加えられた非常に重要なもので、最も美しい景観を有する湖水地方でトラストによって獲得された最大の資産であった。

　この国の最も有名な陸標のうちの一つであるバークシャ・ダウンズ（現在の

第10章　将来へ向けて：ナショナル・トラスト運動【1979年】

オックスフォードシャ）のアッフィントンのホワイト・ホース・ヒルが、デイヴィッド・アスター氏からの贈与としてトラストへもたらされた。この贈与物はドラゴン・ヒルの鉄器時代の丘陵地の要塞であるアッフィントン・カースルを含み、そこではセント・ジョージがドラゴンを殺害したと言われており、そこに94ha.の周囲の土地がある。この丘も人々が自由にアクセスしており、そして寄付者が出てくることであった。しかしこの頃になって訪問者が多くなり、白亜質の土地をかなり侵食してきており、そのためにホワイト・ホース自体が切り取られ、ダメージを受けた芝生を元通りにして、さらに侵食されるのを避ける手段が取られねばならなかった。したがってトラストとしては援助を求め、そして一般の人々からの協力を求めた。1979年にトラストによって購入された資産は、ウィルトシャのシャーヒル丘陵地を含み、55.6ha.の重要な考古学上の特徴を持った未開発の丘陵地であった。そこは植物に富み、そして鉄器時代のオールドベリィ・カースルの丘の要塞の半分と他の外にある土塁を含んでいる。カーディング・ミル・バレーの獲得は、トラストの所有下に入り、多くの人々によってロング・マインドの焦点であると考えられている。トラストの1,812ha.のエステートの中にある飛び地である美しい100ha.、それは壮観なバーウェイとボドベリィ・ヒルズ、後者には鉄器時代の要塞がそびえている。この購入はカントリィサイド委員会からの補助金によって助けられ、そして不足分の金額は「シュロップシャ・ヒルズ・アピール」から集められることになっていた。このアピールはウェスト・ミッドランド地域委員会によってシュロップシャの素晴らしい丘陵地帯を購入するために始められたものである。再びカントリィサイド委員会によって助けられて、トラストはバードン・ミル（ノーサンバーランド）の80ha.のイースト・ボグ農場を獲得した。ここはある距離のハドリアンズ・ウォールを含み、そしてすでにトラストによって所有されている重要な伸びのあるウォールに隣接している。

　トラストは北アイルランドでも新しい資産を得た。これはアーマー州にあるジ・アーゴリィであり、ここはW・A・N・MacGeough　Bond氏と、基本基金と修復のための資金を与えてくれた北アイルランド財務局とともに、トラストへ与えられた資産である。この1820年に建てられたリージェンシー・ハウスはブラックウォーター川を見下ろしながら、極めて美しい土地である117.2ha.

の土地に囲まれて建っている。⁽²⁾

第2節　エンタプライズ・ネプチューン

　このアピールの人気はあせることがない。1965年以来、このアピールによって447万5,000ポンドが集まり、そしてトラストの会員、地方自治体、慈善的な団体およびその他の団体、そして特にセンターおよびアソシエーションによって支えられ続けてきた。特に後者は、彼らのみでこれまで「次の100マイル（160km）」の第2のネプチューンの目標が1974年に立てられて以来、12万3,000ポンドを集めてきた。さらにこのキャンペーンは多大な遺産から恩恵を受け続けてきた。この年に新しく獲得されたなかで目立ったものは、コーンウォールのヘルフォード・リヴァーの入江の北岸にある62ha.のボスロウの土地であった。これによって海のほうへ開いているヘルフォードの航路から外洋に伸びる入江の北岸のうちトラストによって保護されるべく残された最後のギャップに、遺産とカントリィサイド委員会からの補助金が当てられることになった。

　コーンウォールのもう一つの獲得物は、カッデン・ポイントのそれであった。すなわちここはセント・マイケルズ・マウントから東の方への眺めを塞ぐので、重要な岬である。ここは極めて寛大な賛助会員であるケネス・リーチ夫妻からの贈り物としてトラストへもたらされたものである。

　デヴォンの重要な獲得物は、ダートマス港から東のほうにあるハイアー・ブラウンストーン農場である。西側にはすでにネプチューンにより早い時期にリトル・ダートマスが購入されていて、確実に保護されていたので、トラストは今やとても美しいダートの入江に入っていく両側をしっかりと守っている。

　ピン・ミル・ウッドランズはオーウェル川の南岸に沿った0.8km以上も延びているカシとハンノキで覆われた6.4ha.の断崖からなっており、サフォークではネプチューンの2番目に獲得されたところで、M・ラウズ夫人が寄せてくれたお金で購入された。ドーバーでは、さらに26.8ha.のホワイト・クリフスが獲得されたが、この土地ではケントのグレート・ファージングロウ農場が購入された。ここはシェイクスピア・クリフとアボッツ・クリフの間で1.6kmの距離を有している。そして同時にここはドーバーの西側のトラストの最初の所有地となっていた。ここもまたカントリィサイド委員会からのサポートによるこ

第10章　将来へ向けて：ナショナル・トラスト運動【1979年】

とはトラストの認めるところである。さまざまな土地を獲得することは、それらのうちの多くはそのうちに統合するという理由ゆえに重要であり、これまで640km以上の海岸をトラストが守ってきたということは特筆に値する。第2段階が開始された1974年以来、94.4kmが加えられた。しかしエンタプライズ・ネプチューンによって最良の1,600kmの海岸を手つかずのままに守っていくというトラストの大義を成就していくためには、未だ長い道のりが残されている。だから支持を続けるための必要性は決してなくなってはいない。[3]

第3節　財　政

　トラストの財政は、寄付者が寄付の目的を指定することができるのでとても複雑なものになっている。そしてこのことが法令上の収支明細書を理解するのを難しくしている。次の表は自由な基金と指定されている基金を含んでいるので、1979年の収入と支出を大まかに表わしたものである。

収　入	（千ポンド）	支　出	（千ポンド）
贈与および遺産	6,960	資産経費	13,800
会　費	4,326	資産管理	1,883
地　代	3,206	一般管理費	978
投資収入	3,055	広告・募集	932
補助金	1,904	会員サービス	920
入場料	1,969		18,513
賃金（Manpower Services）	702	資産購入（保護）	1,297
事業収入	178	限定基金	3,507
その他	831	一般基金赤字	（186）
合　計	23,131	合　計	23,131

　これらの数字は保護のためにトラストへ与えられたり、あるいは遺贈された資産あるいは動産の価値を含まない。贈与金と遺贈金の690万ポンドはこれまでの収入額のうち最高の金額で、そして会員の会費の430万ポンドもそうであ

147

る。両者とも会員がより多くなったことおよび会費が増額したことによる。入場料はたぶんガソリンの価格と初夏の支出の不安定により悪影響を蒙り、所得税の変化と6月の予算のVATが約13万ポンドほど逆の影響を及ぼしたようだ。支出はあらゆるコストに対する大部分インフレーションの影響で1978年よりも約30%上昇したが、一般基金に18万6,000ポンドの赤字が生じた。トラストの重要な責任を果たすうえで財政的困難が次の数年のうちに改善されるという期待はそれほど多くない。

　評議会は、社会の各階層の人々がインフレの影響を感じている競争経済および混合経済において、自立こそが成功するための絶対の要素であるということを知っている。評議会は、常に保護を最高水準に保つというトラストの優先すべき義務を心に抱いて、トラストの資産の専門的な管理を通じて、また商取引およびその他の収入を生み出す計画を通して、トラストを強化するためのあらゆる機会を探り続けてきた。

　この報告書はこれらの事業のいくつかに対する進展についていくらか説明している。しかしこれらの事業だけでは、トラストを支えていくのに十分とはいえない。過去10年がそうであったように、このことはトラストの会員、仲間の絶え間ない支持を通じて、また賢明な人々の意見を通してのみ成就されるものだ。そして評議会が揺らぐことなく、そして自らの事業を前向きにやっていこうという熱意をもって1980年代へと入っていく姿勢を示してこそ、トラストがこれまでと同じく支持され続けるのだということを肝に銘じておくべきだ。[4]

第4節　会員数

　1979年は、1978年に見られた27%の会員数の前例のない成長を見なかったけれども、それにもかかわらず満足のいく年であった。トラストは15万人の新規会員の目標を設定した。そして実に15万5,000人も集めて、1979年末には合計数は85万5,000人（1978年末には78万人）に達し、会費も増加した。多くの要素がこの立派な結果に信頼すべき要因を与えている。会員の半分が口座引き落としによって支払い、そして多くの会員が契約証書によって支払いをなしてきているので、ほとんどの会員が彼らの会費を更新しないですんでいる。1977年に年金受給者、家族グループおよび23歳以下の会員資格を導入したことがうまくい

第10章　将来へ向けて：ナショナル・トラスト運動【1979年】

ったようだ。トラストはまた新規会員に応じる人々を注意深く導くことに多くの注意を払った。そして多くの地域会議が全国で開催された。

　恐らくこれらの数字は、トラストの事業がより広範な人々に届き、そしてより多くの人々が相続財産をトラストのために残しておいてくれたのだと評議会が期待していたことがまさに本物であったと考えてよいだろう。会員の会費からの収入が年収の重要な定期的な源泉であり、そしてもしトラストが今後も存続するためには、トラストがこの支持をとりつけ続けなければならない。契約証書にサインすることによって、会員がトラストへの彼らの会費の価値を43％だけ増加させ、口座引き落としにサインすることによって、管理費も減った。もしインフレーションがこの時のペースで続けば、会費はもっと頻繁に引き上げられることを覚悟しなければならない。評議会は、トラストの最も大きな資産はトラストの会員の素晴らしい帰属意識と寛大さであることを十分に承知しているのである。[5]

第5節　アピール

　トラストのアピールへの反応は、例えば1978年秋に会員へ送られたリーフレットに応えて、彼らは記録的ともいえる3万400ポンドを送ってくれた。当時のアピールのうち卓越したものを挙げれば、コニストン湖にあるヴィクトリア中期の蒸気船である「ゴンドラ号」のために16万5,000ポンドを集めるためのアピールであって、この年報が発行される時には、すでに7万5,000ポンド以上に達していた。そしてこの船は1980年7月に再び船出する予定であった。1979年の夏に始まったシュロップシャ・ヒルズ・アピールで、カーディング・ミル・バレーを購入するためにまず5万ポンドを集めようという目標額が、この年にはすでに3万ポンドが集められた。スタイルで水車を復元し、そして繊維工業の国民的博物館を創るためのクウォリィ・バンク・ミル・アピールが、目標額の70万ポンドに向かっていたのが、早くもこの頃には37万5,000ポンドに達しつつあった。他方では、ダービシャとピーク・ディストリクト・アピールは、最初の10万ポンドの目標額をすでに達成していた。このアピールは25万ポンドの目標額を求めて第2段階に入っていたのだが、これまでに13万ポンドが集められていた。

前年の150件のアピールに比べて、この頃にはすでに120件のアピールが各地域で追求されていたが、多くのアピールはセンターの寛大な援助を得て追求されているのである。[6]

おわりに

　1970年代は、トラストにとって大いなる変化を及ぼした10年間であった。

　ベンソン委員会の報告の発表に続いて、トラストを新しい構成体に導いた1971年議会法のなかに具体化された再組織化は、トラストを急速に成長させ、厳しいインフレを乗り越えさせることができた。

　トラストの地方分権的な行政機能を実現するとともに、評議会もトラストの資産の質を高め、かつ改良すべく努めてきた。多くの管理計画が実行されるとともに、会員数が急速に増加したという事実こそが、国民がトラストの仕事をますます意識し、かつ支持してきたということの表われである。

　1980年代になると、ナショナル・トラスト運動の持つ多くの困難を通じて、ナショナル・トラスト自体が成長していくのだと評議会は考えた。国民のアクセスの要求をトラストの邸宅（カントリィ・ハウス）、庭園およびオープン・スペースの保護の要求とをうまく調整すること。トラストがトラストの独立性を維持し続け、かつ社会のなかでトラストのアピールを広めること。インフレーションと諸費用の高騰から生じている財政上の要求に応えること。なぜならばトラストがある資産を受け取る時、トラストの責任は永久に続くのだから。所有している資産を危険にさらさないで、その資産を増やしていく必要性、すなわちトラストが注意しながら所有している国民の遺産を保護していくことは、トラストが最優先しなければならない義務である。

　以上のいずれも、トラストの仲間および賛助会員の永続する支持がなければ成し遂げられうるものではないし、またトラストの偉業は、彼らの寛容さの直接の結果である。多くの個人会員、センター、営利会社および慈善トラストのほかに、歴史的建築物評議会、カントリィサイド委員会、自然保護評議会、雇用創出委員会、イングランド、ウェールズおよび北アイルランド・ツーリスト委員会、森林保護委員会、農業省および土地基金のような非常に多くの公共団体がある。それらは特殊な目的のために補助金や贈与金をトラストへ与えてく

第10章　将来へ向けて：ナショナル・トラスト運動【1979年】

れた。評議会はトラストのすべての仲間に、深く感謝している。それらの仲間は、一緒になって支持と善意の広いネットワークを構成してきた。そしてこのことこそトラストの仕事が継続し、そして拡大すべきものならば、絶対に必要欠くべからざるものである。[7]

> ### 資料　1979年　新しく獲得された資産と約款
>
> 【チェシァ】
> ＊Styal：The Norcliffe Chapel.　サミュエル・グレグによって1822年に建立されたユニタリアン・チャペルの修理のための基金の贈与。
> 【コーンウォール】
> ＊Cudden Point、Rosudgeon.　ペンザンスに近い、6 ha.の岩石の崖地、購入。
> ＊Gunwalloe Fishing Beach.　1.6ha.、贈与、1979年。
> ＊Morwenstow.　ビュードの北方9.6km、18ha.、レクトリィ農場、遺贈金、エンタプライズ・ネプチューンおよびコーンウォール土地基金で。
> ＊St John's Well.　遺産金で購入された教区の昔の聖なる泉。
> ＊Orchard、Mousehole.　小さな石造りのコテッジ、遺贈金で購入、売却可能。
> ＊Sandymouth.　駐車場およびカフェ、エンタプライズ・ネプチューンとカントリィサイド委員会からの補助金で購入。
> ＊Zennor.　ウィッカ・クロフト。13.2ha.、約款、贈与。
> 【カンブリア】
> ＊Birdhouse.　アンブルサイドの南方800m、ボランス・ローマン要塞に隣接する2つの原野をなす2.4ha.、湖水地方基金で購入。
> ＊Cringlemere.　4 ha.の農地、ヒース基金から購入。
> ＊Grasmere：Dunnabeck Paddock.　0.6ha.、匿名で贈与。
> ＊Grasmere：Low Fold、Easedade Road、Grasmere.　0.1ha.の庭園を持つ家屋、贈与。
> ＊Langdales：Robin Ghyll.　家屋と0.4ha.の庭園、湖水地方基金で購入。
> ＊Leconfield Commons.　1万2,200ha.の入会地と286ha.のウォーストウォーター、第2次世界大戦で死亡した人々を慰霊して、国民的土地基金を通じてトラストへ譲渡。
> ＊Troutbeck：Townfoot.　1.8ha.の原野、湖水地方基金で購入。
> 【デヴォン】
> ＊Thurlestone Sands.　4 ha.、トラストの農場に隣接、約款、贈与。

151

【ドーセット】

＊Labour-in-Vain Farm、Pucknowle. 90ha.、第2次世界大戦で死亡した人々を慰霊して国民的土地基金で譲渡。

＊Pilsdon Pen. 14.4ha.の荒れた放牧地、ハード・カースルおよびコンプトン基金で獲得。

【エセックス】

＊Sherman's Hall、Dedham. 初期ジョージ王時代の邸宅、遺言で獲得。

【グロースターシァ】

＊Stroud：Haresfield Beacon. 136ha.、約款。

【ハンプシァ】

＊Bramshaw Commons：Half Moon Common. 184ha.、コンプトン遺贈金および一般の人々へのアピールで購入。

＊Bramshaw Commons：Penn Common. 0.4ha.、約款。

＊King Henry's Hunting Lodge. 0.6ha.の庭園、遺言による獲得。

＊Selborne Hill：Coneycroft Bottom. 0.8ha.の谷底、ドナルド・マクラクラン・メモリアル基金で購入。

＊Selborne Hill：The Long and Short Lythes. 1.2ha.のキンバーズ・フィールド、贈与。

＊Selborne Hill：The Scrubbs. 1ha.、ライ・ウィル・トラストによる購入。

【ケント】

＊Bockhill Farm. ボックヒル農場の境界線を明らかにするために4ha.の土地を農場内の他の土地と交換、約款。

＊Chartwell Cottage. チャートウェル内に取り囲まれているウェストラムに隣接する0.14ha.の庭園にあるコテッジ、チャートウェルの収入で購入。

＊Great Farthingloe. ドーバーとキャペル・リ・ファーン間の中間に存在し、距離は1.6km以上に延びている26.8ha.の農場と崖地、ドーバー・ホワイト・クリフス・アピール基金とカントリィサイド委員会からの補助金で購入。

【ノーサンプトンシァ】

＊Lyveden New Bield. トラストの資産に隣接する2つの小区画の土地、贈与。

【ノーサンバーランド】

＊Alnmouth Dunes. アルンウィックの近辺、50年のリースで獲得された88ha.、ほとんどが砂丘地で渚。

＊Hadrian's Wall：East Bog Farm. バードン・ミル近辺、ハドリアンズ・ウォールに隣接する80.2ha.と2つのコテッジ、ハドリアンズ・ウォール・アピール基金とカントリィサイド委員会からの補助金で購入。

第10章　将来へ向けて：ナショナル・トラスト運動【1979年】

＊Lindisfarne Castle. 小面積の土地、贈与。

【ノース・ヨークシァ】

＊Bransdale：Old Methodist Chapel. ヨークシァ地域基金から購入。

＊Ravenscar：Low Peak Farm. エンタプライズ・ネプチューン基金で獲得され
たロビン・フッド湾の南端にある250ヤードの海岸の崖地を持つ14.4ha.。

【オックスフォードシァ】

＊White Horse Hill、Uffington. 94ha.の農地と丘陵地、考古学上の記念物（環
境省の管轄下にある）を持つ。記念物はホワイト・ホース・ヒル、アフィント
ン・カースルおよびドラゴン・ヒルで基本基金とともに贈与。

【シュロップシァ】

＊Hillcrest：Lee Brockhurst. 16ha.の放牧地と森林地、ダンカン基金で購入。

＊Long Mynd：Carding Mill Valley、Church Stretton. 100ha.、コンプトン
基金、シュロップシァ・ヒルズ・アピール基金、そしてカントリィサイド委員
会からの補助金で購入。

【サマセット】

＊Brent Knoll. 頂上、森林地および2つの牧場を含む13.2ha.、ウェセックス基
金とカントリィサイド委員会からの補助金およびサマセット・カウンティ評議
会からの援助金で購入。

【サフォーク】

＊Pin Mill：Cliff Plantation. 6.8ha.の自然林、贈与金で購入。

【サリー】

＊Tanners Wood. 1.6ha.の森林地、各種の贈与金で購入。

【ウェスト・サセックス】

＊Donnington：Taylors Cottage. 1966年にトラストに約款で与えられた338.4ha.
に加えられたコテッジ。

【ウェスト・ヨークシァ】

＊Hardcastle Crags：Hollin Hall Farm. トラストの所有する資産に隣接する約
12.8ha.、カントリィサイド委員会からの補助金とコンプトン遺贈金で購入。

【ウィルトシァ】

＊Avebury. 駐車場のための0.8ha.、エイヴベリィ基金で購入。

＊Cherhill Down and Oldbury Castle. 55.4ha.、ダンクーム基金、ウェセック
ス基金およびカントリィサイド委員会からの補助金で購入。

【ウェールズ】

（クルーイド州）

＊Erddig：Felin Puleston. カントリィサイド委員会からの補助金、そして地元

153

の基金で隣接するエルディッグ・カントリィ・パークを広げるために購入された4.2ha.の放牧場と森林地。

【北アイルランド】

（アントリム州）

＊North Antrim Cliff Path. バリントイとパーク湾とつながって獲得された歩道。

（アーマー州）

＊The Argory、Moy. この邸宅はブラックウォーター川を見下ろすところに建っており、117.2ha.のまだ手つかずのカントリィサイドのままで、トラストに帰属、北アイルランド財務省が基本基金と最初の修復費は提供。

（ダウン州）

＊Mourne Coastal Path. トラストに獲得された歩道に2つの歩道が付加、1つの歩道は14ha.からなり、エンタプライズ・ネプチューン基金で購入された。

＊Strangford Lough：Gibb's Island. 5.2ha.の島、北アイルランド消耗物資基金の資金で獲得され、ストラングファド・ラク・ワイルドライフ・スキームの下に管理、1つのコテッジと0.4ha.に対して約款を贈与。

＊Strangford Lough：Horse Island、Kirkcubbin. ストラングファド・ラクの東岸にある0.8ha.とともにホース・アイランドを形成する1ha.の農地、この島は歩道によって内陸につながっており、重要な自然保存地。エンタプライズ・ネプチューン基金とプラエガー基金で購入。

＊Strangford Lough：Quoile. 22.3ha.の森林地、ストラングファド・ラク・ワイルドライフ・スキームの一部として贈与。

第10章　注

（1）*Annual Report 1979*（The National Trust, 1979）pp.5-6.

（2）*Ibid.*, p.6.

（3）*Ibid.*, pp.6-7.

（4）*Ibid.*, pp.10-11.

（5）*Ibid.*, pp.9-10.

（6）*Ibid.*, p.15.

（7）*Ibid.*, pp.20-21.

第11章　トラストの活動領域の拡大
【1980年】

第1節　国民遺産記念基金

　1980年は、国民遺産記念基金（National Heritage Memorial Fund）が創設された年として特筆される。この基金は1980年4月1日、政府により1946年に設けられ大蔵省によって管理されてきた土地基金の代わりに発効されることになったものである。なお1946年法については、拙著『ナショナル・トラストの軌跡Ⅱ　1945〜1970年』の30〜31頁を参照されたい。

　国民遺産記念基金は、首相によって任命された独立した受託者によって管理される。その主たる目的は、国民的遺産として重要な資産と芸術作品の保全・維持そして獲得に助力を与えようというものであった。この基金は議会から一定の資本金額および年々の助成金によって資金を供与され、そして受託者が資格を有する個人あるいは組織に補助金（基本財産のための補助金を含めて）あるいはローンを施すことができる。資本承継税の代わりに優れた重要性を持つ資産を受け入れることも、またこの法律の下に与えられる。しかしこのための取決めは大臣の手にあって、それゆえに受託者側の責任とはなっていない。

　国民遺産記念基金の設定は、カントリィサイド、歴史的建造物および芸術品の保護・管理を受け持つ者のすべてにとって極めて重要な出来事である。現在のところ受託者に利用できる資産は多くはないが、トラストの遺産について造詣が深い人々が独立して慎重に使用できる基金があるということは、イギリスの歴史的風景や建物、そして宝飾物の多くを保護するのに未だ危機感を与えている財政上の負担をいくらかでも軽減しようという議会の決意を示すものである。

　それ故に評議会は国民遺産記念基金の創設を歓迎しているのである。限られた基金に対する多方面からの要求は、利用できる金額をはるかに超えているように思われる。したがって受託者たちが彼らの優先順位を決めるのは容易な仕事ではない。もし基金が本当に効率的に利用されるべきであるならば、受託者

は彼らの責任の範囲内にある重要なものは何であれ、それらを保護するには相当な資金が不足しているということを、前もって知らされておくことが必要である。

　トラストがこの基金を依託する場合、トラストはそれ故に相当な広がりのあるカントリィサイドあるいは歴史的建築物、あるいは国民的に重要な庭園が危機的状況に置かれていることを、前もって知らせておかねばならない。

　トラストが初めてこの基金を依託されたのは、ウィンポールの南側の並木道を復元するための補助金を与えられた時であった。(1)

第 2 節　新しい資産

　1980年に再びオープン・スペースが獲得されたことを強調しておこう。同時に 2 つの注目に値する邸宅も獲得された。ウォリックシァのバデスリィ・クリントンとイースト・サセックスのモンクス・ハウスである。

　オープン・スペースのうちで最高のものは、ミス・メイスンの遺言によって獲得された348ha.のコルビィ・エステートであった。それはペンブロークシァ海岸国立公園の東側の境界のごく近くにあり、 8 つの農場、森林庭園、いくつかの森林と魅力的な歩道がある崖地を含んでいた。この地所を永久に保存することは国立公園の開発の圧迫を制限するのに役立つはずだ。

　ところでトラストの国民遺産記念基金の新しい手続きの下に最初に得られた資産は、ケントのシッシングハーストにあり、66.8ha.の原野と森林地からなる。トラストはすでにこの地域に対して約款を保有していた。そしてここはシッシングハースト・カースルとガーデンによって、風景と景観の大切な部分を形成している。私たち夫婦がこの庭園を訪ねたのは2005年 8 月14日（日）のことであった。この当時は火曜日と日曜日にトラストのバスがステープルハースト駅から庭園まで走っていた。私たちはこのバスを利用してこの庭園を訪ねたのだが、ここの塔から見る周囲の風景は素晴らしかったし、またここにはB&Bを経営しているトラストの借地農の相当大きな建物もあった。

　リヴァプールの近くにあるサーストストン・コモンのテレグラフ・ロードにある4.2ha.の土地がクロード・モレル夫妻を記念してトラストへもたらされた。ここからはディー・エスチュアリィを越えて素晴らしい眺めを眼にすることが

156

第11章　トラストの活動領域の拡大【1980年】

シッシング・ハースト・カースル：この塔からみたケント州の風景は素晴らしい（2005.8）

できる。カンブリアでは、46.4ha.の土地であるバタミアのラナーデイル農場の購入が完了した。ダービシャでは、トラストはこの頃ダブデイルにあるムア・バーン農場、シャープロウ・デイル農場、そしてソープ・クラウド（全部で147.6ha.）を買ったばかりだ。それにそこにはトラストはすでに1,012ha.の土地を所有している。この最も新しい獲得地はリヴァー・デイルの東岸のほぼ1.6kmを含み、そしてピーク国立公園の中にある。

この年に実現した他の注目すべき獲得物にはワレン・ファーム、ミックルハム、サリーのボックス・ヒルに隣接している45.2ha.、ヒードリィ・ヒース、そしてミックルハム・ダウンなど多くのオープン・スペースがある[2]。これらはシッシング・ハーストと異なり、国民遺産記念基金の恩恵を受けているわけではない。

第3節　エンタプライズ・ネプチューン

1980年においても、ネプチューン活動は活力に富み、かつ広範囲にわたった。1980年が進むにつれて、51万4,000ポンドがキャンペーンの資金として集めら

れつつある一方、12の州において17.6kmの海岸線を有する21の新しい獲得物が得られ、そして11の州に広がる36.8kmの海岸線を含む35のプロジェクトがさらに割り当てられた。

　南コーンウォールのタランド湾を見下ろす1.6kmを超えるまったく手つかずの海岸線を含む67.2ha.の土地の購入が、ルーの往来の激しい港から西のほうへと広がっていく危険のある開発に対抗するための強力な砦として役立っている。ルーからフォイの海岸線を往復した体験については、後ほどやや詳しく述べるはずである。南デヴォンでは、ホープ・コウヴの農地の24.8ha.の獲得が、さらに30.8ha.については約款を加えてサルクーム港の西のほうへ向かってトラストの海岸が広がっていって、さらに望ましい保護を実現させている。サルクームと言えば、西のほうにあるボルト・テイルに立って、晴天下、プリマスに向かって存分に海岸線を眺めたことは忘れられない。

　デヴォンでも、トラストはJ・フィスク夫人によって、アクスマスの4.8km以上の海岸に対しては約款を、そして88ha.の土地が贈与された。アクスマスには、アクスミンスターからバスで着いて、そこから日程を変えて東方にはゴールデン・キャップやウェイマスへ、そして西方へはエクスマスへバスと徒歩で見てまわることができたことは何とも素晴らしい体験であった。

　1961年にトラストへ与えられたエンブルトン・リンクスの砂浜と渚に隣接するロウ・ニュートン・バイ・ザ・シィの村を保護するためのノーサンバーランドで長期間続いている計画があった。ここでは、渚に面している魅力的なグループをなすコテッジからなるヴィレッジ・スクウェアの購入が大部分実現し、その計画が完了した。トラストがロビン・フッド湾の周囲の素晴らしい海岸の保護を増大することを希望している北ヨークシャでは、レイブンスカーの一資産、すなわちロウ・ピーク農場を購入する機会が得られた。そして夏の間に、4つのエイコーン・キャンプのボランティアたちが清掃し、そして農場の建物を修繕した。トラストはまた北ヨークシャ・ムアズ国立公園と協力して、レイブンスカーの駐車場近くの野生生物センターを購入した。そしてこれはショップとして再開され、そしてトラストが地元でも国民に向けても、その地域の訪問者や住民たちにもっと広く知られるようなトラストの活動の必要性に合わせるために、インフォメーション・センターとして開かれたのである。この資産

158

第11章　トラストの活動領域の拡大【1980年】

の費用と将来続いていく費用のための援助は北ヨークシァ・ムアズ国立公園によって与えられており、また北ヨークシァ州議会の議長がレイブンスカーで開催された式典で、このセンターを開設することを発表した。私たち夫婦にとって、この海岸線を歩き続けたことも忘れられない思い出である。

　別の重要な長い距離を持つスリン半島の海岸が北ウェールズのアバダロンの近くで獲得された。この半島の体験についても後で記述することにしよう。他方バーマスで、トラストが創立後、初めて獲得した1.8ha.の崖地からなるディナス・オライが、85年という長い年月の後に、カイ・バドックとして知られる5 ha.の隣接する土地を購入できたことも特筆できよう。

　アントリム卿記念アピールのうち残された寄金によって、アントリム州の西側半分をすでに所有しているトラストが、残余の約72ha.の土地を買うチャンスを与えられた。ここはブリテン諸島でも最も美しい海岸の１つで、８月にアントリム夫人が記念碑の序幕を行なった。その当時から、この長い海岸線に沿って、油田と天然ガスの探査が行なわれるだろうということが発表されていた。トラストは直ちにこの海岸線が壊されないままであるべきだという「環境影響評価」の準備を行なった。しかしそれにもかかわらず、社会は利益が得られるものならば、何にでも手を付けようとする。

　エンタプライズ・ネプチューンの成功は、羨望の的になるほどに他の国々の注目を引いている。そして近年に至ってフランスが、特にこの国の手つかずの海岸線を保護するという観点に立ち、トラストの経験から学ぼうとしている。イギリス海峡を挟んで行なわれたフランスとトラストとの間の多くの協議の結果、いくつかの価値の高い業績をあげることができたことは注目すべきである。

　ネプチューンの最初の目標であった200万ポンドは1973年末に達成された。ある日危険にさらされるかもしれない美しい海岸がまだ800kmほどある。そしてトラスト自体、７年前に第２の目標である「次の100マイル（160km）」を設定した。これまでにそれらの160kmのうち112kmが確保された。そしてこのアピールは依然として褪せることのない力強さをもって続けられている。⁽³⁾

第４節　資金の調達

　過去10年間、トラストの資金調達の活動は、国民的レベルにしても、地域的

レベルにしても増加した。1980年までに100以上のアピールが地域で行なわれ
てきたが、これらの増加しつつあるアピールはアドバイスと調整を本部に頼っ
ている。トラストはどんな時でも、合計200万ポンドを優に超える金額を寄付
あるいはスポンサーによって、特別のプロジェクトのための資金として求めて
いる。これらのことを考慮し、かつますます競合的になっている市場のなかで、
資金調達のためには、より専門的なアプローチをする必要があるとの観点から、
小委員会がさまざまな方法で役立つことを考えるために設立された。商工業界
と連繋することによって、また主要なアピールの進展を規則的に再考すること
によって、そして慈善的なトラスト、会社および他の有力な寄付者へより有効
にアプローチすることによって。マーク・ノーマン氏は、前年度までトラスト
の副議長、そして財政委員会の議長であったが、新しいアピール委員会の議長
になることにも同意してくれた。

　4万7,972ポンドという記録的な金額が14のアピール・プロジェクト（ネプチ
ューンを除く）に応じてくれた会員や仲間たちによって集められた。結果とし
て多くのプロジェクトが成功裡にそれらの目標額に達した。

　他のプロジェクトに応じてくれた会員たちによる貢献もありがたかったし、
また他の筋からの贈与も加わって、トラストは本文に記された仕事に着手する
ことができた。'Wales in Trust' として知られる新しいアピールが、7月21
日にカーディフのシティ・ホールで発せられた。同時に同じ名称のフィルムが
初めて紹介された。13の資金調達のための委員会がこの時ウェールズ中で指名
され、各々の目標の総額は50万ポンドであった。これまでに52万5,000ポンド
が集められた。バークレイズ銀行の地方執行理事のグウィン・クレイヴン氏が、
この銀行によってウェールズ基金および特別プロジェクトの理事となるように
推された。

　他の主なアピールのうちザ・ダート・アンド・スタート・ベイ・アピールが、
トーベイとサルクーム間の南デヴォンの海岸を守るために10万ポンドの目標額
を掲げて、5月17日にダートマスで開始された。11万ポンドが集められ、そし
てダート・エスチュアリィの東側の1.6kmの海岸が獲得されて、スタート湾の
全体を通じる素晴らしい景観を眺望することができた。そこはハイァー・ブラ
ウンストーン農場を含み、そしてザ・デイ・マーク・タワーから見下ろすこと

ができる。

スタイアル・ミルが、繊維工場と博物館をつくり、そして基本基金を集める
ために75万ポンドの目標額に向かって、この年に36万5,000ポンドを集めた。
ザ・シュロップシァ・ヒルズ・アピールは、その最初の目標額に向かって順調
に進んでいった。カーディング・ミル・バレーの獲得のための５万ポンドが目
標額であったが、この年、４万3,000ポンドが集められた。

もう一方では、ザ・ダービシァ・アンド・ピーク・ディストリクト・アピー
ルが最初の25万ポンドを成就し、そしてさらに25万ポンドの次の目標額を発表
した。その額の一部分が、ザ・スネイク・パースとトラストがまだ所有してい
ないダブデイルの残りの部分の購入を完了するのに必要とされていた。バデス
レィ・クリントンのためのアピールは、この年までに５万8,000ポンドを集め、
そして1980年中に成就されたものは、「ゴンドラ号」を復元し、一新するため
の10万ポンドのアピールを達成したが、これは７月にコニストン湖で再び定期
的に運航することができた。この年に各地域では50以上のアピールが行なわれ
ており、1980年12月末までに４万2,000ポンドの募金があった。各々のセンタ
ーはアピールの目標額を達成するために相当な役割を演じ、基金徴収でトラス
トに計り知れないほどの貢献をしてくれた。[4]

イギリスと日本との自然保護のための運動の歴史は違ってはいても、資金調
達のための達成度が、日英間にどれほどの差があるのであろうか。トラストの
成立のための運動については、『ナショナル・トラストの軌跡　1895～1945年』
において詳細に説明したし、それが間違っていたとはとうてい考えられない。
しかし自然保護運動が順調に、かつこれほどまでに成功裡に達成されているの
は、これだけの努力によって達成されつつあるとは、とうてい考えられない。
もう一度、不十分であるにしても考える必要があるに違いない。もう一度深く
考えることにしようと思っているところだ。

第５節　オープン・スペース

約17万8,000ha.のトラストのオープン・スペースの資産の規模とその種類は、
それらが有する広大な面積の荒野、ダービシァとヨークシァにあるホープ森林
地とダーウェント・ムーア（８万4,704ha.）ばかりでなく、ノーサンバーランド

のファーン諸島のような自然保存地（32ha.）、サリーのボックス・ヒルのような伝統的な景観地（336.4ha.）および囲い込まれている農地や私園（parkland）のように、それらを分類することは難しい。より大きな面積を持つ庭園のいくつかさえ、管理上の観点からオープン・スペースの特徴をそれぞれ担っている。ほとんど果てしなく続く山脈や荒野、森林地や原野、湖および川、崖地、そして砂丘がトラストの責任の領域を示している。

　初期に獲得されたオープン・スペースは大部分が計画的に獲得されたわけではなく、あちこちに散在していた。第2次世界大戦後になって、実質的に農業用地である土地を贈与されたこと（例えば1942年のブリックリング、1944年のキラトンとハニコト）は、結果的にトラストとしてはオープン・スペースをそのままの状態にしておくことは、最早考えられなかったので、この国の森林と農業資源を再びしっかりしたものにすべきだという国民の強い希望があった。

　トラストは増大していく人々の利用とともに、適切な農業または製材用樹木の成長を含めて、それらの積極的な管理をバランスよく進めることを学ばねばならなかった。そして過去20年が経過していくうちに、トラストはこれらの技術を発展させることに際して、エンタプライズ・ネプチューンの成功から多くのことを学んだ。

　1950年代以前に一連の地方委員会によって引き受けられた管理は、この年には、常に専門職の職員の手にほとんど握られていた。訪問者に対応する能力と同様に、道具の扱いや資産の物理的維持に実質的な能力を持った138人の管理人がトラストの資産で働いていた。そして、そのことがさまざまな利害関係の間である種のバランスをつくり上げるために役立った。例えば人々のアクセスの場合、入場者の増加はあらゆる種類の圧迫を導いた。そして特別の状況のなかでは、動植物の生態系への侵食あるいはダメージ故に、これを抑えることが必要であった。風景という条件においては、トラストはレッセ・フェールと過度の活動との間にバランスを遂げることを学ばねばならなかった。トラストはまたこの年になると、トラストの資産の自然保護の価値をより以上に考慮することができたし、またトラストのオープン・スペースの資産の生物学上の調査が1979年に始まった。同様にトラストの何百という考古学上の場所の所有は、職員がそれらの場所の重要性を理解し、そしてそれらはいかにして保全される

べきかを知る必要性を認識することを導いてきた。トラストの土地の境界線を確認することが、あらゆる入口の地点を明示することが不可能であるか、または訪問者を出口のほうへ連れていくのが不可能であるのと同じように、もう一つの難しい問題であった。

　1980年におけるオープン・スペースの資産に要する経費は、トラストの全資産の経費の10.6％である約143万6,000ポンドであった。31万ポンドと評価されたトラストのオープン・スペースからの収入額は、駐車場、フィッシングおよびボートのような特別の権利のためのライセンスなどが主な収入源となった。カントリィサイド委員会は1968年にできて以来、管理上の計画の一部として、また国立公園に隣接する土地の獲得に援助を行なう補助金という形で、かなりの財政上の援助を与えてきた。ところがこれまでのリセッションの結果、補助金のレベルが激減した。

　トラストのオープン・カントリィサイドへのアクセスが自由であることがトラストの基本的な方針である限り、これらの資産に規則的に訪れる何百万という人々のより大きな貢献が緊急に必要とされていることが、この年次報告書によって表明されている。というのは彼らのうちから、できるだけ多くの人々が新しい会員になってもらいたいからである。

　評議会は、将来オープン・スペースに、より多くの資源を用いることは可能であり、そしてこのトラストの事業の価値が訪問者、地元の人々、そして資産自体の管理を熱心に行なっている職員の存在によって、トラスト自体の価値が訪問者へよりうまく伝えられるのだということを希望していた。

　この報告書を書いている時に、「野生生物およびカントリィサイド法案」がちょうど上院へ提出された。これはいくつかの重要な点において野生生物の保護を強めるのだということで歓迎されるものであった。政府・行政がナショナル・トラストをはじめ他の組織の活動に理解を示し、財政的支援を行なおうとしていることは歓迎すべきことだが、景気後退期で苦しんでいるとき、この法案が当面実現しそうでなかったのは残念だと言わざるをえない。[5]

第6節　庭　園

　1980年における傑出した偉業は、サリーのエシャ駅近くのクレアモントの風

景式庭園（landscape garden）の 5 年間にわたる復元作業が完了したことである。トラストはこの作業をスレイター財団からの 7 万ポンドの贈与およびエルムブリッジ・バラ評議会を含む多くの種類の出所からの寛大な財政上の支援の結果として、この事業を実行することができた。この庭園は1978年までこの評議会が管理した。

　数年前、私も 2 度ほどそこを訪ねたことがあるが、この庭園を訪ねる人々は誰でも、この壮観な1.2ha.もの芝生の半円形ひな壇式観覧席が復元された様相に間違いなく感銘を受けたに違いない。この庭園はおそらくヨーロッパでは、この種の庭園では唯一残っているものであろう。

　エルディッグは、1973年にはほとんどすべてが放置された状態になっていたのだが、この年になって18世紀の正式な庭園の復元が完了した。このほか多くの庭園の修復が行なわれ、成功しつつある状況が報告された。

　ただ次のことだけは紹介しておこう。トラストの庭園には無数の種類の樹木や植物が植えられている。これらのものを取り替えることは現在でもますます難しくなっている。それでも植物園が弱体化するのを直し、そして色々な種類の特殊な苗床を再生してきた。しかし植物の収集が体系的な基準に基づいて更新される前に、正確な記録が必要とされる。このことを考慮に入れて、トラストは自らの庭園と風景式私園（landscape park）のより広い知識を得ることを決意し、そして政府の雇用計画の下で、トラストの庭師のチームが庭園の残存している特徴と存在している樹木を正確に調査した。そして将来の植樹と管理の計画を記録した。加えるにキュー・ガーデンとのパートナーシップと、トーマス・フィリップス・プライス・トラストからの財政支援を得て、草木の分類が編集された。この作業はこの年まで記録された 1 万5,000件の記入事項とともに進行中であった。 9 つの庭園の樹木が広範囲にわたって分類された。

　繰り返し出てきた問題は、正しい庭師を見出すために、トラストの将来の方針は、一定の割合の庭師を養成することであった。政府の訓練機会計画は20名の実習生に対して、トラストがスポンサーの役を務めることであった。そして彼らが資格を得ると、トラストは彼らを引き抜いて熟練した多くの庭師を養成することであった。

第11章　トラストの活動領域の拡大【1980年】

第7節　ロイヤル・オーク財団

　トラストはアメリカから恩恵を受け続けてきた。またロイヤル・オーク財団は
5つのトラストのプロジェクトに助力を与えるために、基金を授与してくれた。

　1980年にはニューヨークのロイヤル・オーク財団の受託者たちは、ロイヤル・
オークに残された遺贈金からロードメル（サセックス）のモンク・ハウスをト
ラストに獲得させるために6万3,500ドルを授与した。

　カリフォルニアのロイヤル・オーク財団は、1979年にロスアンゼルスでの基
金収集のイベントに成功し、1980年にはシューバラ（スタッフォードシャ）、ノ
ウル（ケント）での繊維保全講習会およびワシントン・オールド・ホール（タ
イン・アンド・ウェア）での作業のために合計2万ドルを授与してくれた。

　6月にはロンドンで、議長とロイヤル・オーク財団の受託者たちとナショナ
ル・トラストの議長と上級役員たちの間で、ロイヤル・オークの寄金を集める
能力を高めるための合同の会合も開かれた。イギリスに住んでいる著名なアメ
リカ人からなるロイヤル・オーク財団のロンドン委員会の会員たちもまた出席
していた。アメリカの学生たちは合衆国でのトラストの仕事につながるセミナ
ーに出席し続けており、また他の活動もトラストの仕事について知識を深めて
おり、ロイヤル・オーク財団のための支持をもっと大きなものにしていた。[7]

第8節　ヤング・ナショナル・トラスト・グループ

　最初のヤング・ナショナル・トラスト・グループができて12年が経ち、1980
年には21グループになり、グループのメンバーの大部分が20代か30代初めである。彼らは有能で、しばしば高度の技術を持ち、そして熱心な働き手で、「エ
イコーン・キャンプ」タイプの仕事をするばかりでなく、ナショナル・トラス
トの資産で世話役をしたり、学校の生徒や若者の組織に話しかけたり、屋内の
保護の仕事を手伝ったり、またいろいろな特殊な専門技術を提供している。
1980年4月にはパネル・フォー・ユース（The Panel for Youth）の議長であ
るレン・クラーク氏の統轄の下に、ノーフォークで開催された最初のヤング・
ナショナル・トラスト会議に17のグループが出席した。この年にはワイト島か
らシェフィールドおよび北デヴォンからノーフォークへと広がっていたこれら

165

のグループは、各々が幾人かの代表者を送り、そして生き生きとしたそして建設的な議論がたたかわされ、それぞれのグループがお互いに知り合いになり、またさまざまな考えを交換したりしあった。第2回目の会議は1981年9月に計画されることになった。

この年の間、広い範囲にわたる活動をカバーした102週間のエイコーン・キャンプが行なわれた。伝統的なキャンプでの保護の仕事は2つの新しく獲得された海岸で行なわれた。コーンウォールのボシグランとヨークシァのロビン・フッド湾のロウ・ピーク農場で行なわれたのがそれらである。1981年のキャンプも計画され、ケントのトイズ・ヒルで週末の集まりを開催するために色々な調整が行なわれていた。

ヤング・ナショナル・トラスト・シアターは、年下の子供たちの間にトラストに深い興味を持たせるための極めて重要な役割を持っているが、いわゆる'Theatre in Education' プロジェクトは、学童たちにある時代と特別の邸宅の歴史について学ぶチャンスを与えるものである。このシアターは教員、両親、子供たち、そして地元の教育当局の紛れもない熱意と賛同を受けてきたものである。これは全部で約2万5,000人の子供たちのために18の邸宅で、合計31週間にわたって演じられた。このシアターを続けるためには、言うまでもなく費用がかかる。もしこの例外的と言える素晴らしいエンタプライズが資金不足のために閉じられるようなことがあったならば、悲劇というほかはない。

多くの学校が子供の教育のためにトラストの資産を利用してきたが、こうした学校は増えつつある。教員用として、トラストは2種のブックレットである'Advice to Teachers' と 'A List of Educational Resources' を作成した。これらこそトラストが提供できる豊かで、多種類の教材である。同時にトラストとして教育当局との協力は急速に両者の利益となって広がりつつある。このような事実を基礎にして、トラストの資産の教育のための利用は将来の投資であるという信念のもとに、トラストの資産管理者と教員用のコースを運営してきている。⁽⁸⁾

第9節　スコットランド・ナショナル・トラストの50周年記念行事

1981年はトラストの姉妹組織であるスコットランド・ナショナル・トラスト

第11章　トラストの活動領域の拡大【1980年】

の50周年記念行事である。そこで評議会はスコットランドの評議会、会員および職員に心からの祝意と成功が続行することを切望した。スコットランド・ナショナル・トラストは城からファイフの「リトル・ハウジズ」、この国の最も素晴らしい庭園のいくつか、そしてスコットランドの最も素晴らしい景勝地のうち3万2,000ha.を守ってきた。

　50周年記念行事はエディンバラ城の大広間の政府のレセプションおよび6月のフォークランド・パレスのガーデン・パーティを含めて、この年にわたってイベントのプログラムがぎっしり詰まっていた。1980年11月にはロンドンのスピンクとサンでボロディック・カースルからベックフォードおよびハミルトン・シルバーの展示会があった。そして1981年4月にはヨーク・シティ・アート・ギャラリィで同じ展示会が繰り返し行なわれた。スコットランドのトラストの資産からの宝飾品の主要な展示会は1981年4月から9月まで、エディンバラのロイヤル・スコティッシュ博物館で開催された。それに加えて郵政省がスコットランド・ナショナル・トラストの50周年記念行事とナショナル・トラストの仕事を祝うために、1981年半ばに一揃いの特別の切手を発行することを決定した。5枚の切手はダーウェントウォーター、ストックポール、ジャイアンツ・コーズウェイ、そして2箇所のスコットランドの資産、すなわちセント・ギルダとグレンフィナンの特徴を描いた切手であった。両ナショナル・トラストの間の関係は良好で、かつ報いのある関係であり、そして会員たちはこの友情あるメッセージを共にすることを望み続けてきた。⁽⁹⁾

第10節　ピルグリム・トラストの50周年記念行事

　トラストはピルグリム・トラストから毎年恩恵を受けてきた。1980年にピルグリム・トラストは50周年記念行事を迎えた。アメリカの博愛主義者のエドワード・ハークネスによって創立されたピルグリム・トラストの目的は、国民的遺産を保護し、そして国民の将来の福祉を推進することだ。ピルグリム・トラストは、全国に援助を広めてきた。ピルグリム・トラストは、ナショナル・トラストのためにペンブロークシァのリドステップ岬、アントリム州のホワイト・パーク湾、サー・アイザック・ニュートンの誕生の地であるウールズソープ・マナー、エイヴベリィ、マルバーン・ヒルズの諸地域およびドーセットのブラ

ウンシー・アイランドを獲得するのをサポートしてきた。また1979年にはトラストの前議長のアントリム卿を記念するためのアピールに応えて6,750ポンドを寄付した。

評議会は、ピルグリム・トラストから受けたあらゆる恩義に対して、トラストの感謝の念を記録し、そしてピルグリム・トラストの50周年記念行事に際して、この受託者に温かな善意を送った。[10]

おわりに

この年次報告書のなかで概説されている論題は、トラストの事業の多くの、かつ常に拡大しつつある局面のうちのいくつかだけを述べている。トラストの活動の範囲は拡大し続け、そしてある領域ではトラストはこの国においてだけでなく、世界においても、歴史的邸宅、それらの宝飾類、庭園、そしてオープン・スペースに関連する知識と実践の場を提供している。これらはいかなる組織に対しても、特に社会事業団体に対して重い責任を負うものである。そして現在の経済事情の下では背負うには容易ではない。続く不況の影響によってトラストの支出をますます縮小していかねばならないようだし、そして多くの望ましい事業は延期されなければならないという避けられない状況に至っている。

資産の維持に要する費用は事実上低下しつつあった。このような状況下にあって、評議会は大きな懸念を抱いていた。次にくる会費の引き上げは、会費の収入を増加させるが、これはある程度、入場料を支払う訪問者の数の減少を生じさせる。それでも収入を維持するのに役立つはずだ。しかし公共機関から与えられる補助金は削減されるので、トラストが引き受ける仕事の量は影響を受けるはずだ。したがってどの事業を優先して行なうべきかを判断することは難しい。

トラストはこれまでは、トラストの仲間から預かってきた善意の偉大な資金と支援のおかげで、困難な時期を乗り越えてきた。そしてこの不安定な時代におけるこの報告書にふさわしい唯一の結論は、これらの困難な状況のなかで寛大にもトラストをサポートしてくれたすべての人々に感謝の気持ちを込めて、トラストの謝意を表わさなければならないということである。これこそがトラストの真意である。[11]このトラストの謝意は単なる謝意であるよりも、この困難

第11章　トラストの活動領域の拡大【1980年】

な状況のなかで、今まで以上に努力を重ねていくのだというトラストの真意を
汲み取らなければならない。

資料　1980年　新しく獲得された資産と約款

【エイヴォン】
* Dyrham Park. 小面積の付加地、贈与。

【バッキンガムシァ】
* Boarstall Duck Decoy. 5.2ha.の森林地、遺贈金および地域アピールからの寄金で購入。
* West Wycombe Village：Pavilion Restaurant. パビリオン・レストラン、約款、贈与。

【チェシァ】
* Styal. 0.4ha.、遺言で獲得、6 ha.の森林地、遺贈金で購入。

【コーンウォール】
* The Birdcage、Port Isaac. 小規模なコテッジ、遺言で獲得。
* Chapel Porth. セント・アグネスの南西へ2.4km、トーワン・クロスの1.6ha.、コーンウォール海岸基金で購入、付加地。
* Helford River：Bosloe. モーナン・スミス村の南西に位置する66.4ha.、付加地、カントリィサイド委員会とヘルフォード・リヴァー基金からの援助金と遺贈金で獲得。
* Hore Point. ルーの南西へ2.4km、ヘンダーシック農場とすぐ北の42.8ha.に対する約款とともに、67.2ha.の農場と崖地、遺贈金で購入。
* Newdowns Head、St Agnes. 4.8ha.の崖地、ナショナル・トラストのコーンウォール・アソシエーションからの贈与、さらに同時に4 ha.を遺贈金で購入。
* Penpoll Creek、Fowey Estuary. 13.6ha.と2.8ha.、約款、贈与。
* Zennor. 崖地と農場からなる33.6ha.、贈与、また隣地の7.2ha.は約款、贈与。

【カンブリア】
* Ambleside：Martins Plantation. 4 ha.、農地、遺贈金で購入、植樹を実施。
* Arnside：The Knott. 42ha.、農地、特殊基金、カントリィサイド委員会からの補助金および地元の基金で購入。
* Buttermere Valley：Rannerdale Farm. クラモック・ウォーターの東岸に所在、46.4ha.、湖水地方基金で購入。
* Coniston Water：Nibthwaite. 0.6ha.、遺言で獲得。

＊Grasmere. グラスミア西岸地、0.0336ha.、贈与。

【ダービシァ】

＊Dovedale：Thorpe Cloud and Moor Barn Farm. 匿名者の寄付金で購入、147.6 ha.、ダービシァ・アンド・ピーク・ディストリクト・アピール基金および遺贈金で購入。

＊Hope Woodlands. 4つの丘陵地の農場、182.4ha.、ダービシァ・アンド・ピーク・ディストリクト・アピール基金および遺贈金で購入。

＊Sudbury Hall. ホールを囲む66ha.、約款、贈与。

【デヴォン】

＊Axmouth. 88ha.、約款、贈与。

＊Broadclyst. 60平方フォートの土地、キラトン基金で購入。

＊Clovelly：East Fatacott. 4.8ha.の崖地と農地、エンタプライズ・ネプチューン基金で獲得。

＊Clovelly：Gawlish. 11.4ha.の崖地、遺産金で購入。

＊Holdstone Down. 0.4ha.、贈与。

＊Salcombe：Hope Barton. 24.8ha.、遺贈金で購入、30.8ha.、約款で獲得。

＊Sidmouth：Pitlands. 3 ha.、約款、贈与。

＊Southdown Cliffs. ブリクサムの南方0.8km、サウスダウン農場、1.6ha.、約款、贈与。

＊Thurlestone Sands. 2.2ha.、エンタプライズ・ネプチューン基金とカントリィサイド委員会からの補助金と2名の匿名者からの寄付金で獲得。

【イースト・サセックス】

＊Rodmell：Monk's House. サセックス大学、環境省、ロイヤル・オーク財団の援助により、この資産の獲得と基本基金の獲得。

【グロースターシァ】

＊Snowshill. コテッジ、遺贈金で獲得。

【ハンプシァ】

＊Bramshaw Commons：Half Moon Common. ハーフ・ムーン・コモンとバラック・ヒルおよびカドナムとファーズリィ・コモンズの部分からなる184ha.、遺産金と人々のアピールで購入。

＊West Wellow, nr Romsey. 1.6ha.の土地、遺贈金の一部で獲得。

【ヘリフォード＆ウースター】

＊Brilley：Little Penlan Farm. 28ha.、付加地、遺贈金で購入。

【ワイト島】

＊Headon Warren and West High Down. 8.8ha.、エンタプライズ・ネプチュ

第11章　トラストの活動領域の拡大【1980年】

ーン基金で購入。

* Mottistone：The Old Rectory. モティストン・マナーのこの部分は教会委員
との間で交わされた契約の下にトラストへ復帰された。

【ケント】

* The Chiding Stone. 0.2ha.の土地、贈与。

* St Margaret's Bay：St Margaret's Freedown. ボックヒル農場の中央にあ
る3ha.の入会地、贈与。

* Sissinghurst Castle. 66.8ha.の森林地と農地、国民遺産記念基金を通じてトラ
ストへ譲渡。

* Stone-in-Oxney：Glebe Field. 1.2ha.のグリーブ・フィールド、贈与金とケン
トおよびイースト・サセックス地域基金で購入。

【マージィサイド】

* Thurstaston Common. 4.2ha.、贈与。

【ノーフォーク】

* Salthouse Marshes. 丸い小石、塩湿地、牧草地からなる27.2ha.の1.06kmの海
岸地、カントリィサイド委員会からの補助金、ノーフォーク州評議会、ノーフ
ォーク・ナチュラリスト・トラスト、世界野生生物基金およびエンタプライズ・
ネプチューン基金で購入。

【ノーサンバーランド】

* Cragside. 6.4ha.、ノーサンブリアで使用するための資金およびカントリィサ
イド委員会からの補助金で購入。

* Dunstanburgh Castle and Embleton Links：Low Newton-by-the-Sea. 12の
コテッジ、広場（the Square）、海岸および隣接するその他の土地や建物、エン
タプライズ・ネプチューン基金、ナショナル・トラストのハンター・アソシエ
ーションからの寄付金で購入。

* Elm House、Marygate、Holy Island. インフォメーション・センターおよび
売店として使用するために獲得された村のコテッジ。

* George Stephenson's Cottage、Wylam-on-Tyne. 庭園を広げるために購入さ
れた小面積の土地。

【ノース・ヨークシャ】

* Hayburn Wyke. 26ha.の自然保存地を含む崖地と森林地の渓谷、遺贈金で購
入。

* Ravenscar：Wildlife Centre. ナショナル・トラストのインフォメーション・
センターおよび店へ替えるために獲得された建物。ヨークシャ地域基金および
遺贈金などで獲得。私たち夫婦はこのインフォメーション・センターで、ロビ

171

ン・フッド湾へ行くルートを３通りぐらい教えられたが、結局最も標高の高い
歩道をとってこの湾に到着した。

＊Tennant Gill. 323.6ha.、トラストのマラムに隣接する壮大な山あいの平地、
２人の匿名者からの寄付金とカントリィサイド委員会からの補助金で購入。

【シュロップシァ】

＊Dudmaston：Mose Farmhouse. ダッドマストンに加えられた農家と0.4ha.の
土地、贈与。

＊Dudmaston：Quatt Glebe Land、Quatt、nr Bridgnorth. ダッドマストン・
エステートの残りに囲まれた約1.6ha.の農地、ダッドマストン基金からの資金で
獲得。

【スタッフォードシァ】

＊Downs Banks. 1.2ha.、トラストの資産に付加、贈与。

＊Moseley Old Hall. 納屋、ウィギン・トラストによる贈与。

【サリー】

＊Box Hill：Warren Farm、Mickleham. 45.2ha.、遺贈金で購入。

＊Headley Heath：Oyster Hill Wood. 10ha.、地元の贈与金と遺贈金で購入。

＊Hindhead：Windy Gap. 0.3ha.、ローカル委員会の基金で購入。

＊Leith Hill：Cockshot Wood. 2.4ha.の森林地、贈与金、カントリィサイド委
員会からの補助金、地元のアピールからの資金で購入。
ロンドン・ヴィクトリア駅からホームウッド駅で下車し、リース・ヒルを目指
したが、なかなかたどり着けず苦労したが、ようやく見つけ、リース・ヒル・
タワーに登ることができた。少し曇り空だったが、ノース・ダウンズもサウス・
ダウンズも、それ以上に周囲全体を眺望できたのは幸運であった。イギリスの
グリーン・ベルト政策の偉業を見る思いがしたのも幸運であった。

【ウォリックシァ】

＊Buddesley Clinton. 48ha.の中世の堀で囲まれたマナー・ハウス、国民土地基
金を通じてトラストへ譲渡。

【ウェスト・サセックス】

＊Drovers Estate. 15.6ha.の付加地、グッドウッド・エステート会社から獲得。

【ウィルトシァ】

＊Great Chalfield. エンジン・ハウス、贈与。

【ウェールズ】

（ダベッド州）

＊The Colby Estate. 美しい森林地を守っている7.6ha.のエステート、遺言で獲得。

＊Colby Lodge. 19世紀初期の邸宅、7.6ha.の庭園と地所、贈与。

第11章　トラストの活動領域の拡大【1980年】

＊St David's Head：Carn Llidi. 0.4ha.、前の軍事用建物、ウェールズ基金で購入。
（グウィネス州）

＊Cae Glan-y-Mor. 1.6ha.の付加地、贈与。

＊Clegir Mawr：1 ha.の約款、贈与。

＊Dinas Oleu：Cae Fadog. 5 ha.の崖地、ウェールズ基金で購入、1.2ha.、約款。

＊Dolobran and Braich Melyn：Tŷ Du. ドロブランに隣接している38ha.、ウェールズ基金で購入。

＊Porth Llanllawen. 約款の15.2ha.と一緒に16.4ha.、エンタプライズ・ネプチューン基金で購入。

＊Y Llethr. シェサルの山頂を含む100ha.、ウェールズ基金で購入。

【北アイルランド】
（アントリム州）

＊Benvan. マーラフ湾の72.4ha.の海岸線、アントリム卿記念アピール基金で購入。
（アーマー州）

＊Coney Island、Lough Neagh. 埋葬地、贈与。
（ダウン州）

＊Castle Ward：Mallard Plantation. 0.8ha.の池と沼沢地、北アイルランド基金で購入。

＊Mourne Coastal Path. 0.6ha.、海岸地、エンタプライズ・ネプチューン基金で購入。

＊Lisnabreeny. 2 ha.の谷あいとカントリィサイド、北アイルランド基金から購入。

＊Strangford Lough：Ballyhenry Island. 2 ha.の島、アントリム卿記念アピール基金で獲得。

＊Strangford Lough：Salt Island and Green Island. 20.8ha.と6.4ha.の2つの島、北アイルランド基金で購入。
（ロンドンデリィ州）

＊Downhill Castle. ダウンヒル・カースルの廃墟、0.8ha.、北アイルランド基金で獲得。

＊Springhill、Moneymore. 4 ha.の農地、北アイルランド基金で獲得。

第11章　注

（1）*Annual Report 1980*（The National Trust, 1980）p.5.

（2）*Ibid.*, pp.6-7.

（3）*Ibid.*, pp.7-8.

（4）*Ibid.*, pp.9-10.

（5）*Ibid.*, pp.10-12.
（6）*Ibid.*, pp.12-13.
（7）*Ibid.*, p.17.
（8）*Ibid.*, pp.18-19.
（9）*Ibid.*, pp.19-20.
（10）*Ibid.*, p.20.
（11）*Ibid.*, pp.22-23.

支出の推移　　　　　　　　　　（単位：1,000ポンド）

	1971	1972	1973	1974	1975	1976	1977	1978	1979	1980
資産の維持および改良	2,825	3,257	4,031	5,500	5,758	6,679	8,330	10,587	13,800	14,625
資産の管理	395	409	526	670	754	887	1,052	1,447	1,883	2,289
一般管理費	169	183	226	260	392	456	700	826	978	1,263
会員サービス	156	204	270	323	437	449	502	626	920	1,200
広告・募集	133	175	211	262	285	362	498	704	932	1,260
	3,678	4,228	5,264	7,015	7,626	8,833	11,082	14,190	18,513	20,637
資産の購入	188	196	433	674	397	543	370	526	1,297	1,926
支出総額	3,866	4,424	5,697	7,689	8,023	9,376	11,452	14,716	19,810	22,563

The National Trust, *Accounts 1980*, p.18

第12章　100万人目の会員―さらなる前進へ
　　　　【1981年】

はじめに

　1981年5月1日にトラストは、ナショナル・トラストの総裁であるエリザベス皇太后の出席を得て、ブルーコート・スクールでトラストの100万人目のメンバーを祝した。

　大きく伸びている会員数は、トラストにとって必要不可欠であり、そしてトラストの狙いと事業が広く認識されていることを示すものである。会費からの収入は、この当時のトラストの年収のほとんど3分の1を占めている。もしこ

ロンドンの中心街にあり、現在は売店になっているブルーコート・スクール（2016.12）

れがなければトラストはこれまでの10年間を乗り切ることができなかったに違いない。もちろん評議会が会員の支持に深い感謝の気持ちを表わしたことは言うまでもない。100万人目を記録したことは、トラストが歴史的な事業を成し遂げたことを意味する。しかしそうであるからと言っても、なおトラストがなさねばならないことは残っているし、このことを成就するためには、会員の援助と支援が必須であることはもとよりである。[(1)]

第1節　新しい資産

1981年には重要な3つの資産がトラストへもたらされた。ノーサンプトンシァのキャノンズ・アシュビィ、ケンブリッジシァのウィンポールにあるブリッジマンのサウス・アベニューの主要部分、そして南ウェールズのニースに近い産業考古学上重要な場所であるアベルディライス・フォールズ。ここの自然の美しさは、都市環境の近くにあるので、特に高い癒しの価値を与えていると言えよう。[(2)]

第2節　エンタプライズ・ネプチューン

ウィットビィとスカーバラの間の北ヨークシァの海岸で1981年に購入された新しい資産のうち注目すべきものは、ベイ・ネス農場でロビン・フッド湾の北側にある要塞であった。

デヴォンで重要な獲得物はハイアー・ブラウンストーン農場であって、ダートマス港が東に控えている。リトル・ダートマスを初期のネプチューンで購入できたので、すでに西のほうへも近づいていけるので、トラストはこの時にはダートの入江への入口の両側を完全に保護していた。2014年9月8日、私たち夫婦はサルクームからバスでキングズ・ブリッジを経てスタート湾へ出て、ダートマスへ向かった。上記の事情については、すでに知っていたが、この地を訪ねるのは初めてだった。ダートマスに止宿したのは、この日が初めてだった。9月11日には、アガサ・クリスティのホリデー・ホームであったグリーンウェイを訪ね、その足で懐かしいブリクサムへ向かった。

1981年には19.2kmの海岸線が獲得されたので、トラストのネプチューン第2弾目である「次の100マイル（160km）」の目標は、余すところ28.8kmとなっ

第12章　100万人目の会員―さらなる前進へ【1981年】

アガサ・クリスティのホリデー・ホームであったグリーンウェイ（2014.9）

た。トラストの保護下にある計672kmのうち378.2kmの海岸をもたらしたネプチューンの偉業と、地方自治体、諸会社、慈善的な財団や、とりわけトラストの会員や賛助会員たちからの絶えまない支援は、慎重な管理を必要とする非常に多くの海岸がまだ依然としてあるのだという事実と相まって、評議会はこのすばらしい冒険をもう一段階開始しようという偉業に成功したのである。(3)

第3節　ランズ・エンド（地の果て）

　ランズ・エンド（地の果て）が1981年秋の間に、訪問者のための諸設備を含めて42ha.の土地（そして建物）に対して、売り手から175万ポンドの販売価格が要求されてきた。

　トラストの見解によれば、ランズ・エンドはある程度商業上の開発によって近年価値を損なっているが、実質的にはまだ海岸の美しい部分を残している。したがってトラストへの各団体の協力が得られるならば、国民のために永久に保護する価値がある。もしトラストがランズ・エンドを獲得できるならば、浸

177

ランズ・エンド：開発によって価値を損なっているが、海岸の美しい部分が残っている（2009.7）

食された崖地を元に戻し、駐車場の位置を変え、そして訪問者のための設備を風景とうまく調整するために建物を改善しようというのが、トラストの意図であった。

　必要な資金を値踏みした後で、トラストは実質的な援助がカントリィサイド委員会を通して、環境省から特別の購入の補助金を提供されるのを期待したうえで、ちょうどクリスマスの前に購入する申し出をする準備をしたのだった。結局、政府は最後になって援助することはできないと決定するに至った。このことはトラストを難しい立場に置くことになったが、翌年には75万ポンドを提供するという簡単な知らせを政府から受けて、支援するという十分な保証を受けることが可能となった。トラストはこの金額では、この資産を確保できるにはかなり低い額であると考えた。その後、寛厚な賛助会員の医師から財政上の援助の約束を受けた後で、トラストは125万ポンドへとトラストの入札金を増やすことができた。この報告書を準備している時に、トラストは売主が応答してくれるのを待っていた。

第12章　100万人目の会員―さらなる前進へ【1981年】

　もしこの申し込みが受け入れられるならば、そしてこの理性的な総資本額が最初から約束されるならば、トラストはエンタプライズ・ネプチューン・キャンペーンの一部としてランズ・エンドでの保護のため一般の人々へアピールを開始する予定であった。評議会は会員たちが、ランズ・エンドがトラストへもたらされることを広く希望していることを十分に承知していた。

　私自身、1985年に初めて、その後2回、このランズ・エンドを訪ねている。この辺りは、ほとんどがトラストが取得した土地だ。毎度のことながらこの「地の果て」にも多くの人々が押し寄せている。しかしこの地が売りに出ても、トラストが取得権を得られるかどうか不確かである。[4]

第4節　自然保護

　1977年の*The Nature Conservancy Council's Conservation Review*の公刊は、一般の人々の注目をナショナル・トラストの資源の生物学上の重要性に対して焦点を当てた。この公刊書は、トラストの合計8万1,200ha.の面積をカバーする117のGrade I の特別科学研究対象地域（Grade I , Sites of Special Scientific Interest）、42のGrade II の地域および183のその他の特別科学研究対象地域を所有していることを示しており、トラストが自然保護のための最大の私的土地所有団体であることを示していた。トラストは管理上の責任の重要性を意識して、資産の管理上のプランに必要な基礎的な生態学上の情報を提供することを意図して、1979年にトラストのすべてのオープン・スペースの資産の調査を開始した。1981年末までにこの調査はコーンウォール、デヴォンおよびウェールズの南西部地域へと資産の範囲を広げた。

　この調査に最も重要な必要条件は、指名されていない場所と同様に、指名された場所に関する生物学的関心を持つ位置を示し、そして記録することであった。トラストの資産の多くは不利な変化から長年の間保護されることによって、それらの自然誌の価値を獲得してきた。たいていの場合に、それらは特別の要求がいったん確認されると、慎重に保護されるのである。介入が必要なところでは、その仕事はしばしばエイコーン・キャンプ、ヤング・ナショナル・トラスト・グループおよび他のボランティアの能力に依拠している。そして彼らがその仕事を通して成長していくことを、トラストは望んでいた。トラストの借

地農の協力もまた同じである。

　いくつかの資産が人々に開放されている場合、特に砂丘は脆弱であり、破壊されやすいのだが、たいていの場合アクセスには弾力性があるので、一般の人々のアクセスが注意深く抑制されるならば、訪問者の圧迫のレベルに耐えることはできる。

　トラストは野生生物の多様性を守らねばならない。それだけトラストの資産をさらに多くかつ広くしなければならない。法律は色々な補助金を提供するが、国民のための費用は、事実上これらの資金では十分でなかった。1981年野生生物およびカントリィサイド法は、野生生物の保護をより有効に促進することを謳っているが、それだけでは十分ではないので、これまで長年の間、大切な保護の事業を抑制せざるをえなかった。[5]

第5節　雇用促進委員会 (Manpower Services Commission、MSC)

　MSCは1974年に設立された。これは組織のスポンサーになることによって、多くの雇用の計画を施し、またこのような計画の資金提供のために貢献することによって、失業を軽減することを狙いとする。ナショナル・トラストのMSCとの関わりは続いており、そして1981年には増加している。トラストはこの計画のスポンサーとしての役割が、失業者と同じく、学校を出ても仕事のない若者をも援助していることを嬉しく思っている。

　トラストとMSCとの間の関係は良好である。この委員会は、トラストが材料と運賃のコストを調達しうる限り、雇用されている人々の賃金を支払うことによって、この計画を促進し、かつ貢献してきた。仕事のタイプはかなり変化するが、各々のプロジェクトはトラストの資産でそれぞれ異なる。それらの目的は、職業訓練の機会を提供し、そして訓練生が将来仕事を見つけることをサポートするために新しいキャリアを提供することである。計画の総数は1979年の82件から101件へ増加し、雇用された総数は387名から600名へと増加した。北アイルランドでは、別の組織が活動して182名が25のプロジェクトで雇用された。計画は6ヵ月から12ヵ月間続き、そしてそれらが終身雇用の職員のための訓練としては意図されないけれども、欠員が生じると、トラストはいつでも見込みのある訓練生を引き受けてきた。[6]

第12章　100万人目の会員─さらなる前進へ【1981年】

第6節　資金調達とアピール

　前年に設立されたアピール委員会は、トラストが将来にわたってアピールを計画すべき方法を決定するための資金調達のための実践について見直しを行なった。トラストの一般基金に実質的に毎年貢献してくれるように、地域社会の新たなセクションから指示を仰ぐように、またより大規模な企業にも援助を求めつつ、旨い具合に親交を深めることに、特別の注意が払われた。

　トラストの基金徴収のためのアピール委員会の実質上の結果は、1982年末までにははっきりした効果が表われないだろうが、1981年には成功裡に軌道に乗り始めたようだし、いくつかの場合には、多くの国民的アピールが成就された。

　1300年頃建てられた堀のあるマナー・ハウスで、16世紀以降はフェラーズ家の住宅であるバデスリィ・クリントンを復元するための地域へのアピールは、追加の費用がその後生じたが、成功裡にその最初の目標を達成した。初期の繊維工業の国民的博物館として発達してきたチェシァのスタイアルのクウォリィ・バンク・ミルのためのアピールは、この年に50万ポンドの目標額を達成して、そのために改められた80万ポンドの目標額に近づきつつある。ダービシァおよびピーク・ディストリクトの土地を獲得するための資金を集めるために続いているアピールは29万ポンドを集めて、予定されていた25万ポンドの目標額をクリアした。

　この年に樹立されたシュロップシァ・ヒルズ・アピールは、当初の目標額5万ポンドとともに、ロング・マインドの中心部のカーディング・ミル・バレーの購入費用をカバーするための十分な資金を集めた。そして8万ポンドの費用がかかる数マイルのウェンロック・エッジを獲得するための新たなプロジェクトおよびthe 'Wales in Trust' アピールは、ウェールズでの諸プロジェクトのための26万4,000ポンドを集めた。ドライデン家族の邸宅を救うためのキャノンズ・アシュビィ・アピール委員会の寄付金は10万ポンドの目標額のうち8万ポンドを集めた。そしてウィンポール・アヴェニュー・アピール委員会は、ブリッジマンの有名なアヴェニューを完全に復元するための目標額5万ポンドのうち2万5,000ポンドを集めた。[7]

第7節 センター、アソシエーション、そしてヤング・ナショナル・トラスト・グループ

　この年の年末までには、合計131のセンターが設立され、1982年の初めに予想された数を上回った。4月に、2年に1度開かれる第10回のセンターの会議がヨークで開催された。73のセンターと協会（アソシエーション）が代表を送った。相互に興味のある広範な課題が議論され、そして同意の程度が将来に対して最も希望の持てる前兆であった。

　この頃になってトラストをサポートしようという20代および30代のより若い人々の数が目立って増えてきた。ニュー・ヤング・ナショナル・トラスト・グループが規則的につくられつつあり、この年には27となった。彼らが行なう仕事には、‘Farm Open Days’ を組織するのを手伝い、トラストのことを学校で話し、建物の正しい図面を調査し、つくることから、植樹や石壁の再建・修復など、いろいろな仕事がある。トラストはヤング・ナショナル・トラスト・グループが提供できるそれぞれの才能や専門的な技術をより有効に利用してきた。グループは、彼ら自身の会議を持ち、たいていのグループは代表者をチェルトナムで開かれた第2回会議へ送った。

　トラストの地域委員会の議長と会員は、所属するナショナル・トラストのサポーター・グループと密接なつながりを築いた。過去数年を通じて、センターによってトラストのために集められた資金が格段に増大してきた。1980年には、1979年の金額の2倍以上の金額が集められた。そして1981年には18万2,000ポンドが集められた。評議会が、若者たちが上記のごとくトラストへ積極的に貢献してくれたことに謝意を表していたことは当然のことだ。[8]

第8節 ボランティアの役割

　ボランティア・グループは、普通は若い人々であるが、特に夏季の間は、戸外の自然保護活動ではほとんどありふれた光景となっている。ヤング・ナショナル・トラスト・グループ、エイコーン・キャンプのボランティアたち、そして他の若者たちのパーティは、オープン・スペースをいかに効率的に維持し、そして改良しつつあるかを証明してきた。

第12章　100万人目の会員―さらなる前進へ【1981年】

　ヤング・ナショナル・トラスト・グループの活動はますます活発になってきた。特にいくつかのグループは彼らの領域のなかに地元の森、あるいはオープン・スペースを取り入れて、管理人の指図の下に自然保護の継続的なプログラムに乗り出してきた。他の分野でも、ボランティアは色々な彼らが持っているキャリアを提供してきた。特に言っておかねばならないことは、どんな天候の下でもトラストとトラストの事業について、あらゆる領域の人々や社会に話をするために出かけるボランティアの講師がいた。評議会は、進んで自らの時間を使ってくれたこれらの人々の熱意に対して、感謝の意を表明してきたことは当然のことだ。[9]

第9節　若者と教育

　トラストのエイコーン・キャンプは、1981年にはもう一つのシーズンを成功裡に完了した。これまで試みられていたよりも多くの種類のタイプのプロジェクトが考え出されて、54のそれぞれの場所で108週のキャンプが実施された。16歳半あるいはそれ以上の若者のためのこれらの人気の高いワーキング・ホリデイは、主として低木の剪定、歩道の草刈りのような戸外の自然保護の仕事に取り組み、そしてこれらの仕事は年明け早々から予定が一杯であった。'A Job to be Done' という映画がつくられ、1981年に初上映された。そして若い人々が援助することができるトラストの仕事やその実際のやり方のいくつかを若い人々に示した。

　経済的問題があるにもかかわらず、トラストの資産への学校からの訪問に陰りがみられることはなかった。「ナショナル・トラストの資産にある芸術品を通じての教育」は、創作的教育のための可能性の概要を記している。多くの子供たちがトラストの仕事に関する情報を求めて、トラストへ手紙を書いてよこした。これに応えて学校で使用するための情報誌が初めて出版された。すでに子供たちのために、彼らを刺激し、そして指導するために刊行した出版物が増えた。

　ヤング・ナショナル・トラスト・シアターがこの年には5つの資産を訪れ、満員の観客に向かって演劇をした。[10]

　ずいぶん以前のことになるが、バリントン・コートのレセプションでタクシ

ーを待っているときに、トラストの各種の出版物が数多く並べられていたこと、またトラストのヤング・シアターについては、相当昔のことになるが、ロンドンのハックニィにあるサットン・ハウスで子供たちが劇のおさらいをしていたのを思い出す。

おわりに

「国民遺産記念基金」の設立は、前年の報告書のなかで極めて重要な事柄として報告された。この組織の創立が生み出した希望は十分に果たされた。この組織ができて1年半が経って、さもなければ可能ではなかった多くの主要なプロジェクトが可能となった。受託者はトラストのアピールに熱心に耳を傾けてくれた。そして、その必要を理解し応じてくれた。トラストは最も重要と思われる場合に援助を求めることにしていた。

他の政府機関は、特殊なプロジェクトを持ったトラストを援助するために補助金でトラストの事業を援助した。これらのうちで先頭に立ったものは、「歴史的建築物評議会」「カントリィサイド委員会」「雇用促進委員会」「環境および自然管理委員会」である。例えばヴィクトリア・アンド・アルバート・ミュージアムは、トラストに特に重要な宝飾物を獲得するための補助金を与えてくれた。その他には賛助会員、会員、慈善的なトラスト、センター、そしてヤング・ナショナル・トラスト・グループなどである。これらはトラストの頼みの綱であり続けている個人である。それらはトラストにトラストの収入の主要部分をなし、そしてトラストが新たに挑戦する時には、率先して積極的に協力してくれた。

トラストは過去86年にわたって発展してきており、少なくとも過去10年の間の発展は目覚ましかった。会員たちは、トラストがこれまで最大の遺贈不動産を授与されたことを知っているに違いない。それらは歴史的、考古学的、風景および自然史的観点から素晴らしい価値を持つ6,000ha.以上の大地や他の土地を有する偉大なドーセットの邸宅（キングストン・レーシィ）を含む。トラストが所有できる資産である場合には、これらは歓迎されるのだが、時々確保できない場合がある。そこで評議会は、極めて例外的に高い質を有する資産の場合には、トラストがそれを獲得できない場合、トラストが設立された目的をトラ

第12章　100万人目の会員―さらなる前進へ【1981年】

ストの側で達成できなかったのだ。成功そのものが時々トラストの力量を超えていることがあるかもしれないが、再度試みることをしなければならない。

　それ故に評議会は、満足すべき選択肢を持たず、そしてトラストのとるべき責任がトラストの活動領域のなかにある場合には、いつでも新しい責任を引き受ける用意ができていなければならない。しかしこれはトラストの持てる資産を犠牲にするものであってはならない。このバランスを達成するために、トラストは自らの仲間と会員の帰属意識と共鳴を共有していなければならない。そして新しい仲間や会員をトラストの大義に引きつけねばならない。経済の見通しは依然として暗い。これはトラストの基盤をより不安定なものにし、かつ継続する援助の必要性をより差し迫ったものにしている。評議会は、トラストが財政上の問題を切り抜け、そしてこれまでに感謝の気持ちを抱き続けてきたトラストへの広い支持を持っているように、将来も持ちこたえることができるようになるものと確信している。(12)

資料　1981年　新しく獲得された資産と約款

【バッキンガムシァ】
　＊Little Hampden. さらに16ha.に対して約款、贈与。
　＊West Wycombe Village：The Limes. 約款、贈与。

【ケンブリッジシァ】
　＊Wimpole Hall：The South Avenue. 残りの3.2kmのブリッジマンのサウス・アヴェニュー、国民遺産記念基金からの補助金で購入。

【チェシァ】
　＊Alderley Edge：Mottram Road Sand Quarry. 2.2ha.、遺贈金およびカントリィサイド委員会からの補助金で購入。
　＊Hare Hill. 110.6ha.の私園（park）と森林のある農地と小さな庭園、遺言のもとに基本財産を添えて獲得。
　＊Styal：Oversley Ford. 0.6ha.の原野、遺贈金およびカントリィサイド委員会からの援助で購入。

【コーンウォール】
　＊Gunwalloe Fishing Cove. 17.6ha.の農場、贈与金で獲得。
　＊Lanhydrock. 19.2ha.、コーンウォール基金で購入、さらに13.2ha.遺贈金で購入。

* The Lizard Peninsula：Kildown Point and Enys Head．9.6ha.の崖地と9.6 ha.の農地、遺贈金および自然保存評議会からの補助金で購入。
* Lundy Bay．0.13ha.、コーンウォール海岸基金で購入。
* Nare Head．1ha.の飛び地、遺贈金で購入、トラスト所有の土地に囲まれている。
* Northcott Mouth．11ha.の草地と波打ち際、遺贈金およびカントリィサイド委員会からの補助金で購入。
* St Gennys Cleave、Crackington Haven．26ha.、崖地、贈与金で購入。さらに12.8ha.の農地、コーンウォール海岸基金とカントリィサイド委員会からの補助金で購入。

【カンブリア】
* Grasmere：Broadgate Field．さらに0.8ha.の原野、遺言で獲得。
* Grasmere：Town Head Farm．88ha.、350頭の羊とともに、遺贈金と寄付金で購入。
* North Stainmore：Longcrag House．家屋に隣接の土地、23.2ha.、贈与。

【ダービシァ】
* Edale：Lord's Seat．0.4ha.、ダービシァおよびピーク・ディストリクト・アピール基金で購入。
* Edale：Upper Booth Farm．49.6ha.の丘陵地の農場、ダービシァおよびピーク・ディストリクト・アピール基金とカントリィサイド委員会からの補助金で購入。
* Longshaw：Little Moor、Hathersage．10.2ha.、贈与。

【デヴォン】
* Baggy Point：Bloodhill and Ransoms Cliff．16.6ha.、遺贈金で購入。
* Dart Estuary：Long Wood．40.8ha.の樫林、ダートおよびスタート湾アピール基金およびカントリィサイド委員会からの補助金で購入。
* Buckland Abbey．113.6ha.、国民遺産記念基金および遺贈金で購入、それにまた53.6ha.と6.4ha.に対して約款を獲得。
* Dumpdon Hill、Luppitt．24.8ha.の入会地、カントリィサイド委員会、ナショナル・トラスト・センターによる寄付金、そして地元のアピールからの基金で獲得。
* Kingswear、Higher Brownstone Farm：118ha.、ダートおよびスタート湾アピール基金、遺贈金、カントリィサイド委員会からの補助金およびアレン・レイン財団からの助成金によって獲得。
* Morte Point：Mortehoe．0.6ha.、贈与。

第12章　100万人目の会員―さらなる前進へ【1981年】

【ドーセット】

＊Poole Harbour. 0.2ha.、タウン埠頭の修繕と関連して購入。

＊Stonebarrow Hill and Westhay Farm. さらに23.8ha.、カウスリップ基金、エンタプライズ・ネプチューン基金、ウェセックス基金、遺贈金、カントリィサイド委員会からの補助金および地元のアピールで購入。

【エセックス】

＊Bourne Mill House. 小さな家屋と0.4ha.の庭園、遺贈金で購入。

【ワイト島】

＊Luccombe. ラクーム農場に隣接する5.2ha.の崖地、遺贈金で購入。

＊Newtown：Hollis Cottage and The Clammeries. 石のコテッジと木製のバンガロー、ニュータウン・トラストによる贈与。

【ケント】

＊Sandwich Bay：Pegwell Bay. サンドウィッチ湾の北方4.4km、142.8ha.の海岸線、塩湿地および干潟、サンドウィッチ湾のナショナル・トラストの土地に隣接、自然保全のためのケント・トラストによって管理されるためにSSSIに指定、自然保存のためのケント・トラストおよび世界野生生物基金からの補助金で購入。

＊Toys Hill：Octavia Hill Woodlands. 41.2ha.の森林地、セヴェノークス・ディストリクト評議会によって贈与、森林地の将来の管理のための基本財産はアピールによる。

＊Trottiscliffe. 30ヤード×10ヤードの小面積、贈与。

【リンカーンシァ】

＊Gunby Hall. トラストのガンビィ・エステートの中を走っていた鉄道の廃線、3.6ha.をカントリィサイド委員会からの補助金および遺贈金で購入。

【ノーサンプトンシァ】

＊Canons Ashby. 26ha.、約款、贈与、復元および基本財産の実現のために国民遺産記念基金の受託者からの補助金と一緒に２名の男性によって贈与。

【ノーサンバーランド】

＊St Cuthbert's Cave. 5.2ha.の森林地、４名の慈善家によって贈与。

【ノース・ヨークシァ】

＊Bridestones：Crosscliff. 132.8ha.、ほとんど森林によって囲まれている荒野、遺贈金、北ヨーク・ムアズ国立公園からの援助とカントリィサイド委員会からの補助金で購入。

＊Brimham Moor and Rocks. 4.3ha.の放牧地と5.6ha.のドルーイズ・ケイヴ農場、さらに2.8ha.の断崖に対しては約款、遺贈金およびスポーツ評議会、カント

リィサイド委員会からの援助で購入。

* Rigg Hall Farm、Staintondale. レイブンスカーに近い27.8ha.の農場、エンタプライズ・ネプチューン基金およびカントリィサイド委員会からの補助金で購入。

* Robin Hood's Bay：Bay Ness Farm. 16ha.の崖地、隣接地の54.8ha.に対する約款とともに獲得。エンタプライズ・ネプチューン基金、ナショナル・トラストのケンジントン＆チェルシー・アソシエーションによる寄付金によって獲得。

* Robin Hood's Bay：Peakside Farm、Ravenscar. 8.8ha.、エンタプライズ・ネプチューン基金およびカントリィサイド委員会からの補助金によって獲得。

* Robin Hood's Bay：Ravenscar Brickyards. 6.4ha.、旧石切り場、エンタプライズ・ネプチューン基金で購入。

【シュロップシァ】

* Harley Bank Wood. 28.8ha.、シュロップシァ・ヒルズ・アピール基金とカントリィサイド委員会からの補助金で購入。

* Wilderhope Manor：Stanway Coppice. 6.6ha.、シュロップシァ・ヒルズ・アピールからの資金とカントリィサイド委員会からの補助金で購入。

【サマセット】

* Cheddar Cliffs：Black Rock Drove. 22.8ha.の険しい傾斜地、遺贈金、メンディプ・トラストからの資金とカントリィサイド委員会からの補助金で購入。

【スタフォードシァ】

* Kinver Edge. 0.8ha.、地方委員会からの基金で購入。

* Shugborough：Great Haywood Bank. 21.2ha.の森林地と私園、遺贈金で購入。

【サリー】

* Holmwood Common. 小面積の森林地、約0.13ha.、贈与。

【ウェスト・サセックス】

* Standen Farm and Hollybush Wood. 13.2ha.の農地、そして6ha.のホリブッシュ森林地、遺贈金およびカントリィサイド委員会からの補助金で購入。

【ウェールズ】

（クルーイド州）

* Chirk Castle. 192.4ha.、土地基金で購入、145.2ha.に対する約款、贈与。

（ダベッド州）

* Marloes Peninsula：The Deerpark and Midland and Gateholm Islands. 29.4ha.の海岸地、エンタプライズ・ネプチューン基金およびカントリィサイド委員会からの補助金で購入。

第12章　100万人目の会員—さらなる前進へ【1981年】

（グウィネス州）

* Cae Glan-y-Mor. 1.6ha.、贈与。
* Cymryd、Comwy. さらに1ha.に対する約款、贈与。
* Dinas Fawr and Dinas Bach. 16.4ha.、エンタプライズ・ネプチューン基金で購入。
* Mynydd Bychestyn. 6.8ha.、エンタプライズ・ネプチューン基金、the Wales in Trust Appeal基金および匿名の寄付金による購入。
* Moel Dyniewyd. 122ha.、アバーグラスリン・エステートに隣接する入会地、the Wales in Trust Appeal基金による購入。
* Mynydd Anelog、Aberdaron. 8.8ha.、ムヌス・アネログ・コモンの一部分、贈与。
* Tal-y-Braich Uchaf. 430ha.、500人以上の人々およびorganizations through the Wales in Trust Tal-y-Braich Uchaf Appealからの基金、カントリィサイド委員会からの補助金、遺贈金で購入。

（ウェスト・グラモーガン州）

* Aberdulais Falls、Neath. 有名な滝のある重要な歴史的工業地域、産業革命に先立つ金属工業地域、6ha.、贈与。
* Rhossili：3 Coastguard Cottages. 3つの海岸警備コテッジ、遺贈金および贈与金、そしてカントリィサイド委員会からの補助金で獲得、ガワー半島のためのインフォメーション・センターをつくるために。

【北アイルランド】

（アントリム州）

* Fair Head、Murlough Bay：Benvan. 海岸線と森林地をさらに加えて72ha.、アントリム卿を記念してアピールによって集められた基金で獲得。
* Portstewart Strand. 74ha.の砂丘、エンタプライズ・ネプチューン基金と環境省からの補助金で獲得。
* Upper Glen、Glenarm. 274ha.の森林地、約款、贈与。
* Torr Head to Coolranny Path. 3ha.、海岸の歩道のためにエンタプライズ・ネプチューン基金で購入。

（アーマー州）

* Coney Island、Lough Neagh. 埋葬地、譲渡。

（ダウン州）

* Mourne Coastal Path. 0.2ha.、海岸線の歩道のために、エンタプライズ・ネプチューン基金で購入。
* Strangford Lough：Darragh Island. リングバディ・サウンドの北方にある8.4

ha.の島、遺贈金で購入。

（ファーマナ州）

＊Tonregee Island. ベル・アイル・エステートの一部分を形成するほとんど 2 ha.
の島、環境省から補助金および北アイルランド基金からの資金で獲得。

第12章　注

（1）*Annual Report 1981*（The National Trust, 1981）p.5.

（2）*Ibid.*, pp.5-6.

（3）*Ibid.*, pp.6-7.

（4）*Ibid.*, pp.7-8.

（5）*Ibid.*, pp.8-9.

（6）*Ibid.*, pp.11-12.

（7）*Ibid.*, pp.12-13.

（8）*Ibid.*, pp.13-14.

（9）*Ibid.*, pp.14-15.

（10）*Ibid.*, p.15.

（11）キングストン・レーシィについては、未刊行論文「ナショナル・トラスト運
動を考える」（2015年10月）および「王党派コーフ城とナショナル・トラスト」
（埼玉大学経済研究室『社会科学論集』第51号、昭和58年（1983年）3 月）を参
照されたい。

（12）*Annual Report 1981,* op. cit., pp.20-22.

第13章　困難を乗り越えて：500マイル（800km）へ【1982年】

理事長の本年度に対する評価

サー・ジャック・ボールズ

　1982年の年次報告書を見る限り、本年度の活動は控えめに報告されているようだ。もちろん評議会は会員に報告書を提出してきた。しかし評議会は、理事長に序文を書くように要求した。

　この秋は臨時大会と年次大会の議論に関する批判について生じた動議によってトラストが不安に巻き込まれるところであった。通常トラストには内部対立はなく、また自らの資産を守ること以外に議論に巻き込まれるようなことはめったになかった。しかしバッキンガムシァのブラデナム・エステートの端にある4.8ha.に隣接しているハイ・ウィカムのイギリス空軍の敷地を国防省に貸し出す認可如何は、さすがに論争を引き起こした。著者がブラデナム・エステートでのフィールド・ワークを試みるためにここを訪ねたのは2回だが、広大なこの大地を歩き進むうちに、イギリス空軍基地に行き着いたことをはっきりと覚えている。ブラデナム・エステートの記憶については後ほど書くことにして、次に進むことにしよう。

　論題が書面で、そして前年の11月の会合で提示された。臨時大会の前に出されたこの問題に関する決議は、年次大会の前の批判的な動議が144,264対18,794であったように、169,924対26,619で否決された。11月半ばの評議会の特別会議で小委員会が設立され、そして譲渡不能と会員との関係を含む問題に関して、1983年春に報告するように要請された。

　ブラデナムのリース問題に関する動揺にもかかわらず、反対への勢いが失われることもなかったし、あるいは支持を失うこともなかった。そのうえにトラストは多くの点で、1982年には素晴らしい進展を示した。新しい資産はドーセットシァのキングストン・レーシィとダービシァのキンダー・スカウトの獲得

の報告を含み、このことが以前から書き記したリセッションと上記の異常とも
いえる広大な資産が獲得されたことにより、トラスト内に異常な興奮を引き起
こすことになった。

　リセッション（景気後退）については、会員数は、新しい支持者が増加し、
そしてこの年の会員たちの熱意をも維持しながら、ボランティアとスタッフ共
々の献身的な働きに助けられて、このリセッションを乗り切り続けていた。売
店、レストラン、そしてメール・オーダーによる商行為が本格化したので、自
然保護のための収入を付け加えるものとして、資本に対する十分な収益を提供
してくれた。

　ブラデナム論争については、論争が大きくなり、批判もそれにつれて大きく
なったのだが、主な批判の１つが、トラストが会員に十分な情報を提供しなか
ったということであった。こうした非難を引き起こしたことは、このような複
雑な問題では、交渉が複雑になっていくのだということを理解するのに、トラ
スト側が不用意で、かつ不十分であった。そして評議会に受け入れられうる条
件が提示されたのは、1981年12月であった。しかし、このことが会員に知らさ
れたのはもっと後のことであった。それにもかかわらず評議会は上述された問
題を含めて、トラストと110万人の会員を背景に、かつ会員からの支持を信じ
てこの難局を乗り越えようとした。

　次年度からの展望、その他の重要なことに関して報告するのは、理事長とし
て次の後継者となるアンガス・スターリング氏であった。サー・ジャック・ボ
ールズ氏は理事長として８年以上務めた８月に、ナショナル・トラストの本部
であるクイナンズ・ゲイト（Queen Anne's Gate）でほぼ11年を過ごした後に
リタイアすることになった。

　周知のごとく、議会法によってトラストに課せられた責任を十分に果たすた
めに、ナショナル・トラストは５つの最優先の目標がある。

　第１に、トラストは国家から独立していなければならない。それ故にトラス
トはどんな形式のものであれ、補助金なしで一般の人々から与えられた基金に
よってトラストの経費を賄わなければならない。

　第２に、トラストは慈悲心の深い寛大な社会的位置を維持しなければならな

第13章　困難を乗り越えて：500マイル（800km）へ【1982年】

い。そしてこのことは商業的な努力でもって受け入れられる方向に舵を取ることができることを意味する。資本主義下、ナショナル・トラスト活動を行なう以上、これらの活動が商業的な効力でもって健全に行なわれねばならないことは当然である。

第3に、トラストは、議会がトラストの土地は譲渡不能であると宣言し、そして所有するために、トラストに与えられた特権と権限を守らなければならない。それ故にトラストはこの権限を責任をもって行使しなければならない。トラストはいかなる方向からであれ、あらゆる脅威に対して真の質を有する譲渡不能の資産を守る決然たる決意を示さなければならない。トラストはいかなる資産が譲渡不能であると宣言される価値があるか、そしてある公権力が譲渡不能の土地を使用するために提案するときにはいつでも、どの程度の抵抗を行使すべきであるかに関しては、注意深く判断をしなければならない。

第4に、トラストは国民のためにそれらを永久に守るためには、繊細に、かつ極めて高い水準でもって、トラストの極めて多様性に富み、かつ豊かな財産を管理しなければならない。そして新しい知識と新しい挑戦には、それらに反応する際には、柔軟に対処しなければならない。進むべき道をリードする場合には、トラストはできるだけ物議を醸すようなことをしないように、かつ分別のある世論は、できるだけ受け入れるように努めなければならない。

第5に、トラストはトラストの優良会員の好意を維持し、そして新たな、かつより広範な支持とトラストの事業および我々の国民的遺産の保全の大義に対する理解を引き付けるようにしなければならない。誰でもじっとしていることはできないのである。

トラストの精神は、どこまでも強力である。トラストはトラストの構成部分に委ね、そしてそこからバイタリティーと多様性を引き付けることを学んできた。トラストの1971年法は近代的な法律であり、そして特別に拡大するための基礎となった。トラストに対する一般の支持は成長し続けている。トラストの資産は永久に取り組まなければならない修復と改良を必要とするものが限りなくあるけれども、これらが注意深く管理される限り大きな喜びを与えるはずだ。何回にもわたって発展させられうると期待される力の源泉は、有益な目的に向かって自らの努力とキャリアを合わせて前へ進むことだ。多くの利益がすでに

193

こちらのほうへ向かっているが、その可能性はただ組織と管理が難しいことで限定されているが、大きなものである。

　しかしながら問題がある場合、それらすべてに言及することを排除するならば、それは間違っている。できるだけ多くの会員に情報公開をできるだけ十分に提供すべきである。困惑するもう一つの源泉は、周囲の庭園、離れ屋、そして私園の付属している大邸宅を保全する費用が莫大であることだ。このような場所を永久に維持するための費用の基本財産を寄付する（endow）ことができる人材はほとんどいない。それにもかかわらず基本財産を寄付してもらうことをトラストは常に求めなければならない。それが、トラストが私的な社会事業団体として、議会における非党派的な努力を首尾一貫して支持してきた理由である。多くのことが相次ぐ財政法で成就されてきた。そしてこのことをトラストは温かく歓迎しているのである。

　そうしている間に、トラストは、キンダー・スカウトとキャノンズ・アシュビィのような例外的な資産のために、「国民遺産記念基金」「歴史的建築物評議会」、そして「カントリィサイド委員会」から多額の補助金を求めなければならなかった。そしてその他の資産も準備中である。これらの組織およびその他の団体も寛大さと想像力でもって答えてくれた。しかしそれらの基金は不十分である。それ故にトラストはより多くの、そしてより大規模なアピールを発しなければならなかったのである。会員および一般の人々が偉大な遺跡資産を救うために、実質的な支持を与えてくれるように求められるべきは正しいのだが、人数、回数、そしてこれらを救済するために応じてくれる寄金はトラストが期待しているほど多くはない。したがって素晴らしい質を持っているいくつかの場所は放棄されるか、または無残にも危機的状態に置かれる可能性があるのである。

　私はこの報告書が公刊されて以降、理事長として数ヵ月の間を楽しみにしており、またその後もトラストにとって、いくぶん有利な機会を持つことができることを希望しているのだが、このことこそ私が最後に会員および職員、そして評議会、そして委員会にいる私のすべての同僚たちに 'thank you' という私のこれ以上にない言葉を発したい。⁽¹⁾

（サー・ジャック・ボールズ）

第13章　困難を乗り越えて：500マイル（800km）へ【1982年】

キンダー・スカウトの頂上を目指すクライマーたち（2002.4）

第1節　新しい資産

　1982年には最高の質を持った3つの資産がトラストへもたらされた。キングストン・レーシィ、そしてその土地、コーフ城、スタッドランド・ヒース、オールド・ハリィ・ロックスおよび6.4kmの海岸線、そしてバドベリィ・リングズを含む6,400ha.がラルフ・バンクス氏の遺言の下にトラストへ残された。これらは約40の農場、3つの大きな自然保存地、バドベリィ・リングズの鉄器時代の要塞、そしてコーフ城の遺跡を含む。

　トーベイの近くのさらに西のほうには、1920年代に建てられた邸宅と5.6kmの手つかずの海岸線を含むコールトン・フィッシュエーカー・エステートが、カントリィサイド委員会とダート＆スタート・ベイ・アピール基金からの補助金で、イギリス西部地方の資産の購入のための遺産金と一緒に獲得された。

　ダービシャでは、キンダー・スカウトおよびイーデイル・ムーア、アッシイズおよびサウス・ヘッド農場を含む1,240ha.以上のザ・ヘイフィールド・エス

テートが購入された。キンダー・スカウトの高原地帯の海抜2,000フィート以上の高いところでは、素晴らしい景色が得られる。この土地は国民遺産記念基金、カントリィサイド委員会、ザ・モーリス・フライ・レガシィおよび一部の貸付金で購入された。20万ポンドのためのアピールが発せられ、そこからの収入がこの貸付金を償還するために使われた。

　他の重要な獲得物はトレンドル・リングの鉄器時代の要塞を含むサマセットのクゥァントックの250.4ha.の荒野を含む。そしてさらには北ヨークシァ海岸のロビン・フッド湾の購入が、北部地方の岬のトラストの所有を完成させた。

　この年の獲得物の全リストは章末資料に記す。[(2)]

第2節　野外スポーツ

　1895年の創設以来、トラストは国民の善意に基づいて、寄贈者であれ、隣人であれ、借地農であれ、あるいは職員であれ、次のような野外スポーツの慣例を採用してきた。狩猟は地元の伝統に根付いており、以前の土地所有者の希望に反せず、また自然保護、人々のレクリエーション、あるいはトラストの借地農の権利または利害に反しない場合には、トラストは狩猟が継続されることを許してきた。いくつかの例では、土地がトラストの所有に先んじて十分な農業借地権が貸し出されたところでは、契約は、トラストがその問題に何であれ口を挟むことを排除するものである。

　野外スポーツによって生じた混乱が、希少な動物および鳥類、そして脆弱な生息地の保護と両立し得ないが故に、トラストが永久に、あるいは1年間のうち傷つきやすい時期にそれらのスポーツを禁じる場所がたくさんある。

　いくつかの資産に対しては、寄贈者が狩猟は許されるべきではないとの要望を記した。これは北デヴォンのアーリントン・コート・エステートの場合に当てはまる。アーリントン・コート・エステートについて言えば、2016年12月15日、ここを再び訪ねた時、幸運にもジェネラル・マネジャーのアナ・シャイラク女史に出会い、彼女の事務所に案内された。折角の機会にもかかわらず、ここの狩猟権について尋ねることをうっかり忘れていたのは残念であった。ただここの領主のミス・ティチェスターについては、私の著書『ナショナル・トラストの軌跡　1895～1945年』を参照されたい。

第13章　困難を乗り越えて：500マイル（800km）へ【1982年】

アーリントン・コート：休日にもかかわらず、マネジャーのシャイラク女史に出会えたのは幸運だった（2011.8）

　逆に寄贈者がハンティングは続行すべきだとの要望を表明している資産もあった。例えばエクスムアのハニコト・エステートがそれであった。ハニコト・エステートについては、同上書を参照されたい。これらは大きな所領である。しかし村落地には他のより小さな資産があちこちにあり、そこではトラストもまた自らを寄贈者の要望によって、さまざまな方法で制限されているものとみなしてきた。

　射撃もフィッシングの権利も、それらが寄贈者の要望、自然保護あるいは一般の人々のアクセスと矛盾する場合を除いて、トラストが貸し出す場合もあった。また作物や木に、ウサギや灰色リスおよびヤマバトによる食害などがある場合にも、それらを抑制する必要がある多くの場所がある。農場の借地農は法律によって、ウサギや野ウサギをハンティングする権利を持っている。

　評議会は一般に、コミュニティの間で持たれている考えの違いについて承知している。それ故にこれらのスポーツについては、トラストの伝統的な慣例を説明することを要望してきた。[3]

第3節　財政と会員数

トラストの収入源は1982年の評価について当初期待されたと同じ、あるいは
それ以上の成績であった。

結果として収入—保護するための資産の購入および限定された贈与、そして
遺贈に利用された寄金を除いて—は、前年度と比較して13％以上増加した。

会費収入は1981年以上の増加を示し、かつ会員数の増大を反映し、それに新
規会員の収入の急増も反映して、年収の最も重要な唯一の源泉であり続けた。
満足すべき年収の地位に貢献するもう一つの主要な要素は、政府が色々なタイ
プの補助金を通じて、特にMSC（Manpower Services Commission）によって
利用できる補助金がトラストの財政に大いに役立った。

収入の他の源泉は農業地代を含む。ここでは合計額で受領された金額は1981
年と1982年に交渉されて決定した地代の水準が、引き上げられた水準に応じて
適度なものであった。またトラストは、高い利子率によって得られた利子で、
有価証券に対する配当金が低下した分を相殺できた。

1982年に21万5,000人以上の新規会員がトラストに加入した。そしてこの年
末には会員数は113万7,000人となった。1982年10月までの訪問者数は、前年の
訪問者数より6.3％増えた。会員と入場料を支払った訪問者の総数は544万358
人であった。そのうちの44.5％が会員であった。

ナショナル・トラスト・ニュースレターの秋季号で報告したように、会費は
1983年1月から引き上げられた。[4]

第4節　アピール、そしてスポンサーシップ

アピールの成功は、しばしばより大きな資産の獲得に資金を供する際の必須的
な要因である。寛大な補助金は国民遺産記念基金、歴史的建造物評議会、カン
トリィサイド委員会、そしてその他の団体から受け入れられてきたけれども、今
日ではほとんど常に不足しており、これはトラストの所有する基金によってはカ
バーされることができない。1982年は連携した分野のアピールやスポンサーの活
動が成功したことで注目すべき年となった。そしてトラストはアピールをいかに

第13章　困難を乗り越えて：500マイル（800km）へ【1982年】

差し向け、そしてスポンサーをより効率的に引きつける方法は何かを学んできた。[5]

第5節　エンタプライズ・ネプチューン

　エンタプライズ・ネプチューン基金は1981年の59万5,897ポンドに対して、1982年には48万7,019ポンドの寄金を受領した。そして13の新しい海岸資産が購入、贈与、あるいは遺贈によってトラストへもたらされた。これらのうち目立つものは、スタッドランド湾を含む6.4kmのドーセットの海岸線およびコールトン・フィッシュエーカー・エステートの一部である南デヴォンの海岸の5.6kmであった。ヨークシァにおける4つの獲得はこの州の海岸の購入を統合整理するのに役立った。

　1965年のエンタプライズ・ネプチューンの開始までにトラストは112.2kmの海岸線を取得していた。1973年までに241.6km以上が加えられ、そして第2段階、「次の100マイル（160km）を」の間に、148kmが1982年末までにトラストへもたらされた。そしてこれで合計688.8kmとなった。エンタプライズ・ネプチューンの次の目標は、「500マイル（800km）へ向けて」である。そしてすべてのアピールのうち、この最も成功したアピールを再び活気づける努力は1983年中にもなされるはずだ。[6]

第6節　若　者

　トラストの仕事に興味を持っている子供たちや学校のパーティのための機会は急速に拡大しつつある。ヤング・ナショナル・トラスト・シアターは別として、小冊子や子供向けの案内書、そして教員用のパンフレットが多くの資産で提供され、またもっと多くのものが用意されてきた。その他、トラストと接触するための子供向けの資料を用意する努力もなされた。

　ヤング・ナショナル・トラスト・シアターを通じて、子供たちはある邸宅の歴史の学習に活発に組み込まれている。幸いにも、シアターは寛大なスポンサーを得て、トラストの事業を続けることができた。例えばロイズ銀行は1982年に1万5,000ポンドを寄付し、そして1983年のために2万5,000ポンドを約束してくれて、この後援を長期間続けてくれるという希望を与えてくれた。ロイズ銀行のような著名なスポンサーが支持してくれると、他の寄贈者を多く集める

ことができるのだが。⁽⁷⁾

おわりに

　この年は、イギリス空軍のための基地をトラストから借用するための認可に関する臨時大会が行なわれたが、ナショナル・トラスト活動の成果の状況をあいまいにするほどの状況を導くほどではなかったことは、幸いであったと言ってよいであろう。

　トラストの事業は、新聞の見出しになるような出来事あるいは獲得された有名な資産の魅力についてさえも測れない。それはあらゆる種類を占めるなかで、トラストの事業を前進させるほど目立たない個人の努力やチームワークのなかでむしろ見出されるべきである。第1の目的は、常にトラストの資産をトラストの資源が許す最高の水準まで保護することであり、かつそれらの資産がそこを利用し、そして訪問する何百万人という人々のための楽しみを与えることを保証することである。これらのゴールには近道はない。それらはトラストの規模や複雑さの故に、農業、森林、オープン・カントリィサイド、自然誌、考古学、庭園、芸術品、あるいは他のトラストの管理している何であれ、いずれにしても環境保護の目的を完遂するためのあらゆる経験に依拠する。財政および職員の管理、PRおよび法律、そして商取引、ケータリングおよびその他の収入を生み出す事業の管理は、トラストの資産で行なわれる毎日の、そして季節の仕事ほど大切ではないというわけではない。

　前述の事柄は、この年のより目立つイベントや問題に強烈な光を当てている。トラストの底に流れている回復力は、トラストが大きな経済的困難にある時、トラストの資産の管理に費やされた利用できる資金の割合がわずかに他の出費に対して増えるように出費を抑え、かつ収入を増やすべく再び何とかうまく切り抜けてきたという事実として反映されている。

　これは上述したようなトラストのキャリアと一団のボランタリィの援助者たちの価値ある協力をもってして、はじめて行なわれてきたのである。同時にトラストの方針の諸局面に十分な施策が論じられてきたが、このことはもしトラストが遺産を保全するのにトラストの持つ効率性を維持すべきだとするならば、不断に発展させられる必要があるのだ。これらの議論は、例えばその土地に特

第13章　困難を乗り越えて：500マイル（800km）へ【1982年】

有な建築物、産業考古学、オープン・スペースの資産の管理、そして一般の人々がトラストの資産へアクセスすることなどを含むものである。評議会は、臨時および通常の年次大会の前に提出された決議に関して、個人であれ、代理投票であれ、トラストの規制の下に、投票する会員の権限を行使してくれたすべての会員に謝意を表わしている。

　評議会は、当然トラストへの非難の動議を拒絶した強力な多数の会員の投票に対して当然喜びを感じた。そして、その結果によって示された支持と自信に対して感謝の意を表明している。同時に評議会、委員会、そしてスタッフは、会員とのつながりを強く主唱している多くの建設的な点に注意を向けてきた。

　この大会が終了してすぐに結論を出すのは早過ぎる。数ヵ月余裕をもって、評議会は挙げられた重要な問題を考えてみたいと思っている。そして特に会員とのコミュニケーションおよびトラストにおける彼らの役割の問題についても考えている。

　評議会は、1983年年次報告書でさらに彼らの考えているところを表明しようと考えている。[8]

資料　1982年　新しく獲得された資産と約款

【エイヴォン】
* Clevedon Court. 納屋のある1.2ha.の土地、国民遺産記念基金で購入、基本財産は個人からの寄付金。

【ケンブリッジシァ】
* Houghton Mill. ザ・ミラーズ・ハウスと0.8ha.の川に面する地所、主に贈与。

【コーンウォール】
* Boscastle Harbour and Valency Valley. 13.6ha.の崖地および道一つ隔てたところにある谷あいの山林地、贈与。
* Fowey：Coombe. 3.2ha.、贈与金、エンタプライズ・ネプチューン基金、地元のアピールからの収益金、コーンウォール海岸基金およびカントリィサイド委員会からの補助金で購入。
* Gurnard's Head. 12.8ha.、贈与。
* Higher Bosigran. コテッジとボシグラン農場の飛び地をなすコテッジと庭園、遺贈金で購入。

＊Pentire Head：Lundy Bay．8 ha.の農地、エンタプライズ・ネプチューン基金、遺贈金、コーンウォール海岸基金で購入、0.6ha.は約款。

＊Pentire Head：Pentireglaze．コーンウォール基金で購入。

【カンブリア】

＊Ambleside：Rothay Holme．ナショナル・トラストの北西部地域事務所として使用するために購入。

＊Ambleside：Scandale Fell．32.6ha.、遺贈金、カントリィサイド委員会からの補助金で購入。

＊Buttermere Valley：Rannerdale Farm．29.6ha.の土地、カントリィサイド委員会からの補助金および湖水地方基金から購入。

＊Derwentwater and Borrowdale：Seathwaite．レインゴージ・コテッジ、8.8 ha.、遺贈。

＊Derwentwater and Borrowdale：Watendlath．住居、遺贈された資金でこのハムレットのトラストの所有を完了するために購入。

＊Troutbeck：Townend．120.2ha.、SSSIを含む、遺贈金、カントリィサイド委員会からの補助金で購入。

【ダービシァ】

＊Alstonefield．0.3ha.、ダービシァおよびピーク・ディストリクト基金で獲得。

＊Hope Woodlands：Kinder Scout．キンダー・スカウトの断層塊と２つの丘陵地の農場からなる1,252.4ha.のこの山は、マンチェスターからシェフィールド間の鉄道、特にイーデイル駅から見ると優しい山であるが、別の方角から登ると大きな岩山であり、頂上に登りつめるには相当骨が折れる。しかし機会があればぜひ登ってほしい。頂上から見るピーク・ディストリクトの自然風景は素晴らしい。自然が破壊されつつあるなかで、人間社会の行き着く先は？　ナショナル・トラスト研究の必要性を痛感するのは、私だけではないはずだ。キンダー・スカウトは国民遺産記念基金とカントリィサイド委員会からの２つの補助金と遺贈金およびダービシァおよびピーク・ディストリクト・アピール基金から購入。

＊Ilam：The Gate Lodge．トラストの資産をさらに加えるものとして、ダービシァおよびピーク・ディストリクト基金から購入された。

【デヴォン】

＊Clovelly：Abbotsham．6.4ha.の農地、デヴォン基金から購入。

＊Hope Barton Farm．0.3ha.の土地、遺贈金で購入。

＊Kingswear：Coleton Fishacre、Coleton Barton Farm and Woodhuish Farm．388.4ha.と5.6kmの海岸を有するコールトン・フィッシュエーカーの住居、カントリィサイド委員会からの補助金とダート・アンド・スタート・ベイ・アピー

第13章　困難を乗り越えて：500マイル（800km）へ【1982年】

ル基金で獲得。

　＊Stoke Fleming：Sanders．3.3ha.、約款、贈与。

【ドーセット】

　＊Gourd's Farm、East Compton．53ha.の農地、地元のアピールとカントリィサイド委員会からの補助金で購入。

　＊Kingston Lacy：Corfe Castle Estate．コーフ・カースル村にあるコテッジ、コーフ・コモン、パーベック、石切り場およびシークーム海岸、自然保存地、農地、101.6ha.の森林地、6.4kmのスタッドランドの浜、計2,917.6ha.のオープン・カントリィサイド、遺言による贈与。

　＊Kingston Lacy Estate．ウィンボーンの北西へ4.8km、300年以上にわたるバンクス家の邸宅、14の農場、2つの村、自然保存地などからなる約3,518ha.のオープン・カントリィサイド、遺言による贈与。

　＊Motcombe、Shaftesbury．14.8ha.の農地、遺言による贈与。

【イースト・サセックス】

　＊Crowlink：Birling Gap．ザ・バーリング・ギャップ・ホテル、海岸警備ステーション、4つの海岸警備コテッジ、バンガローおよび駐車場（全体で約2.4ha.）、遺贈金で獲得。

　＊Sheffield Park．さらに21.6ha.の2つの森林地、遺贈金で購入。

【エセックス】

　＊Blakes Wood．10ha.、遺産金とカントリィサイド委員会からの補助金で購入、0.8ha.、約款、贈与。

【グロースターシァ】

　＊Chipping Campden：Dover's Hill．1ha.、W・A・カドベリィ・トラスト、オーク・デイル・トラストそしてロビンズ・ヒル・トラストからの贈与金による購入。

　＊Ebworth：Blackstable Wood．セイヨウ・ブナの木を含む26.2ha.、匿名者からの資金で購入。

　＊Snowshill Manor．駐車場用の0.4ha.、スノウズヒルの3ha.の土地の売却金で購入し、約款に従うためにカントリィサイド委員会からの補助金を得る。

【ハンプシァ】

　＊Selborne：Glebe Field．1.8ha.を購入し、さらに0.4ha.には約款、遺贈金で。

【ヘリフォード＆ウースター】

　＊Hanbury Hall．159.8ha.、私園と農地、借地農の死去でトラストへ。

【ワイト島】

　＊Newtown：Hart's Farm．14ha.の放牧地、ハーツ農場の一部を形成、遺贈金

およびカントリィサイド委員会からの補助金で購入。

  *St Helen's：Horestone Point、Priory Bay. 0.5ha.、贈与。

【ケント】

  *St Margaret's Bay：Lighthouse Down. 0.4ha.の農地、贈与。

【ランカシァ】

  *Gawthorpe Hall. 庭師のコテッジと壁に囲まれた庭園、1.3ha.、遺贈金、ゴーソープ・クラフト・ハウス基金で購入。

【リンカーンシァ】

  *Gunby Hall：Bratoft. 古い牧師館、1.6ha.、遺言で獲得。

【ロンドン】

  *George Inn、Southwark. 遺贈金によるローンで購入。

【ノーフォーク】

  *West Runton. 0.1ha.と0.2ha.、いずれも約款、贈与。

【ノーサンバーランド】

  *Hadrian's Wall：Causeway Farm、Bardon Mill. 11.4ha.の農地、ハドリアンズ・ウォール・アピール基金およびカントリィサイド委員会からの補助金で購入。

  *Low Newton-by-the-Sea. ザ・シップ・イン。エンタプライズ・ネプチューン基金で購入。

【ノース・ヨークシァ】

  *Brimham Moor. 2.8ha.、断崖に隣接する土地、約款。

  *Malham Tarn：Janet's Foss. 3 ha.、遺贈金およびカントリィサイド委員会からの補助金で購入。

  *Malham Tarn：Ewe Moor. 40ha.、遺贈金。

  *Rievaulx Terrace. リーヴォウ運河の0.4ha.、贈与。

  *Robin Hood's Bay：Bay Ness Farm. さらなる24.4ha.、エンタプライズ・ネプチューン基金およびカントリィサイド委員会からの補助金で購入。ロビン・フッド湾の北の岬をトラストの所有下に。

  *Robin Hood's Bay：Smails Moor. 6 ha.の崖地、エンタプライズ・ネプチューン基金およびカントリィサイド委員会からの補助金で購入。

  *Staintondale. 5.4ha.のプロスペクト・ハウス農場および3.4ha.のホワイト・ホール農場、両者ともエンタプライズ・ネプチューン基金およびカントリィサイド委員会からの補助金で購入。

【シュロップシァ】

  *Attingham：Atcham Church of England School. アッティンガム積立基金

第13章　困難を乗り越えて：500マイル（800km）へ【1982年】

で、アッティンガム・エステートを付加、購入。

　＊Wenlock Edge：Easthope Wood. 40.8ha.、シュロップシァ・ヒルズ・アピール基金とカントリィサイド委員会からの補助金で購入。

【サマセット】

　＊Pit Plain Farm、Odcombe. 44.2ha.の農地、贈与。

　＊The Quantocks：Beacon Hill and Bicknoller Hill. 250.6ha.の荒野、贈与。

　＊The Quantocks：Holford Fields. 2 ha.の放牧地、遺贈金および地元のアピールの収益金で購入。

【スタッフォードシァ】

　＊Moseley Old Hall. 2 ha.の農場、遺贈金および地元のアピールの収益金で購入。

【サリー】

　＊Claremont. ベルヴェデイア塔とその近辺に対する約款を獲得。

　＊Frensham Common. 0.44ha.

　＊Oxted Downs. 16.8ha.、ノース・ダウンズの急坂にある未開発の丘陵地、贈与された資金とカントリィサイド委員会からの補助金で獲得。

【タイン＆ウィア】

　＊Penshaw Monument. このモニュメントを囲む17.2ha.の土地、6.4ha.の丘と10.8ha.の森林地を含む、ペンショウ・モニュメント基金で購入。

【ウォリックシァ】

　＊Charlecote Park. 0.8ha.、エイヴォン川の2つの島、贈与。

【ウィルトシァ】

　＊Heywood House、Westbury. トラストの会計および商取引事務所として使用するために、8.8ha.、購入。

　＊Stourhead. 55.2ha.のホワイト・シィート・ダウン、贈与金、遺贈金、ウェセックス基金およびカントリィサイド委員会からの補助金で獲得。

【ウェールズ】

（クルーイド州）

　＊Erddig. 1 ha.、遺棄された汚水処理場。

（グウィネス州）

　＊Beddgelert：Cwm Bychan. パルクウェイ基金およびカントリィサイド委員会からの補助金で自由保有地になっている土地に対する放牧権を購入。

　＊Cae Glan-y-Mor、Anglesey：Ynys Welltog. 0.02ha.の島、メナイ海峡、遺言により獲得。

　＊Cemaes、Anglesey：Llanbadrig、Tyn Llan. 0.8ha.の2つの小さな海岸地、エンタプライズ・ネプチューン基金とカントリィサイド委員会からの補助金で

獲得。

* Conwy：Cymryd. さらに1ha.に対して約款、贈与。

* Felin Gafnan and Trwyn Pencarreg、Anglesey. 14.4ha.、エンタプライズ・ネプチューン基金およびカントリィサイド委員会からの補助金で購入。

* Llandanwg：Y Maes. 9.6ha.の砂丘および草地、地元の基金およびカントリィサイド委員会からの補助金で購入。

* Llanddona：Bryn Offa、Anglesey. 小さな崖地の頂にある原野、贈与（1977年）。

* Llanddona：Ffynnon Oer & Bryn Offa. 4.6ha.の入会地、ザ・ウェールズ・イン・トラスト・アピール基金とカントリィサイド委員会からの補助金で購入。

* Llangoed：Fedw Fawr、Anglesey. 18.2ha.の入会地、ザ・ウェールズ・イン・トラスト・アピール基金とカントリィサイド委員会からの補助金で購入。

* Mynydd Anelog、Lleyn. 37.6ha.、入会地、ウェールズ大学からの購入。

* Mynydd Rhiw、Lleyn. 58.4ha,の入会地、ウェールズ大学からの購入。

* Porth Gwylan、Lleyn. 21.6ha.の農場、エンタプライズ・ネプチューン基金とカントリィサイド委員会からの補助金と遺贈および匿名者による寄付金で購入。

【ウェスト・グラモーガン州】

* Aberdulais Falls. ジ・オールド・エイジ・ペンショナーズ・ホール、購入。

* Rhossili：No. 2 Coastguard Cottages. 匿名者による贈与。

【北アイルランド】

（ダウン州）

* Mourne Coastal Path. 0.4ha.の海岸地、エンタプライズ・ネプチューン基金で購入。

（ファーマナ州）

* Florence Court. 1ha.、北アイルランド消費基金で獲得。

第13章　注

（1）*Annual Report 1982*（The National Trust, 1982）pp.5-8.

（2）*Ibid.*, p.8.

（3）*Ibid.*, pp.8-9.

（4）*Ibid.*, p.9, p.13.

（5）*Ibid.*, p.12.

（6）*Ibid.*, p.12.

（7）*Ibid.*, pp.15-16.

（8）*Ibid.*, pp.17-18.

第13章　困難を乗り越えて：500マイル（800km）へ【1982年】

主　要　指　標

	1978	1979	1980	1981	1982
所有面積（ha.）	164,878	178,181	180,245	182,471	195,106
約款（ha.）	29,614	29,758	30,001	30,709	30,350
保護された海岸線（km）	632	635	653	672	686
有料資産への訪問者数	6,104,582	6,216,961	6,602,446	6,229,689	6,655,903
会員数	780,000	855,000	949,323	1,046,864	1,137,511
協会およびセンター	92	107	122	131	140
フルタイムの職員数	1,316	1,374	1,436	1,488	1,538

The National Trust, *Accounts 1982*, p.20

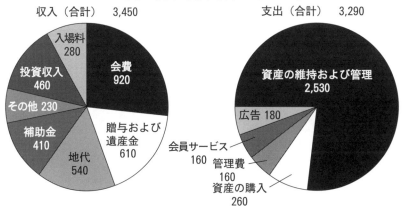

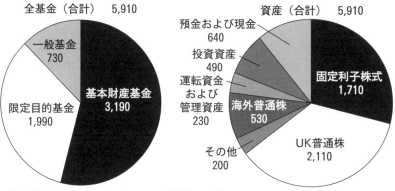

The National Trust, *Accounts 1982*, pp.8-9

第14章　学校教育へのアプローチ
　　　　【1983年】

アンガス・スターリング理事長からの挨拶
サー・ジャック・ボールズの引退
　私の前任者、サー・ジャック・ボールズへ感謝の念を表して、1983年のトラストの活動について私の考えを示したいと思う。彼は8月末に理事長を引退した。こうして半年以上の間、彼はすべてのいつもの献身を払いつつ私の仕事を惜しむことなく導いてくれた。ギブスン卿は、マガジンの1983年秋季号でサー・ジャックの長く見事なトラストへの奉仕、無類のトラストの事業についての知

アンガス・スターリング氏：ロンドン、クイナンズ・ゲイト本部の理事長室にて
（1991.9）

第14章　学校教育へのアプローチ【1983年】

識、彼の健全な判断力および明敏なアドバイス、そして友をつくる彼の才能について述べてきた。サー・ジャックは彼とともに仕事をする栄誉を持ったすべての人々から忠誠心と愛情を欲しいままにしてきた。彼は執務の間に、トラストの成長は、トラストの自然保護の必須的な目的と首尾一貫していたことを、常に保証してきた。トラストは彼の指導下にあって繁栄してきた。そして我々が、トラストがこのような良好な状態にあり、そして将来、自信とオプティミズムをもって前進していけることは、サー・ジャックのお蔭を被っているからである。(1)

1．新しい方向へ

　1983年はトラストにとって例外的に十全で、かつ実りある年であった。最も見事な、かつ歴史的に由緒ある資産が2件もトラストへもたらされたことが示しているように、トラストは内部的にも発展しつつ、そして自らを回顧するだけの期限を持ったことは何よりもありがたいことであった。北ヨークシャのフ

トラストのものではない歩道を通って修道院に着いた（1996.8）

209

遠隔地のファウンティンズ・アベイの遺跡（1996.8）

ファウンティンズ・アベイとリンカーンシャのベルトン・ハウス。著者自身、ベルトン・ハウスへは行っていないが、ファウンティンズ・アベイへは1985年夏の間、ロンドンのナショナル・トラスト本部に通っていた頃、ファウンティンズ・アベイの廃墟でかつ古い歴史を感じさせる大きな写真を見ていた。このことに強い印象を受けていたこともあり、遠隔の地にあるこの修道院の遺跡を訪ねたことがある。リポンから麦畑の中の歩道を歩いていった。この歩道はトラストの歩道ではなかった。この歩道がどうしてできたかを知ったのは、地元の男性に質問して知ることができた。リポンにはカテドラルがあり、イギリスで一番小さい市であることも知った。

この年は、ミス・ジェイン・ポートが9月に死去した時、遺言のなかで260万ポンドをトラストへ残してくれたおかげで、トラストにとって最大の遺産金を残してくれたことを忘れることができない年であることが記されている。

各種の発展を経験したことこそ、将来トラストが発展していくことに強い影響力を与えてくれるものである。かくしてこの年が、トラストを新しく、かつ

第14章　学校教育へのアプローチ【1983年】

重要な方向へ導いていった年だと考えることができる。⁽²⁾

2．アーケル報告：情報の公開

前年の年次報告書は、会員と評議会との関係およびトラストの管理・運営および譲渡不能の取り扱いのための手続きを考えるために、ジョン・アーケル氏の議長の下に、特別の小委員会が評議会によって設立されたことに言及した。この委員会の報告書は4月に公刊され、そしてそれは評議会によって徹底的に論じられた。この報告書に関する評議会の結論は前年の秋、すべての会員に郵送されていた。そして11月の年次大会で承認された。それ故に勧告を詳細に繰り返すよりも、ここでアーケル報告の底流にある哲学の根幹について熟考することが適切だと思われる。それは情報を公開し、地域委員会の基礎を固め、そして会員がトラストの仕事を理解し、議論し、そしてトラストの事業に参加する機会を容易にすることに関心が向けられた。

委員会は会員の広い階層から意見を受け入れた。圧倒的に強力なメッセージは、いくつかの変化は望ましいが、それらの変化はモデレートなものであるべきであって、トラストの自然保護のために保有されているトラストの限られた資源とエネルギーは効率的に利用されるべきである。また大多数の会員たちは1971年頃になるとトラストに十分に奉仕しうるほどに関心を高めてきているので、議会によって一方的に圧力を加えられてはならないという証言も多数もたらされた。⁽³⁾

委員会はそれ故に、こうした考えは、時代の要求と大部分の会員が必要であると考えていることと一致すると判断したので、変化と連続性との間に望むべきバランスを保つように努めた。評議会はこれらの結論を通じてこの幅広い意図に積極的に応じることにした。そして、このことこそ上述された年次報告書に概略述べられた改良のための変化へ導いたのである。そしてトラストの拡大ペースは、トラストがコンスタントに新しいイニシアティブに対する必要性に適応していくことを必要としている。評議会によって是認された変化は重要である。それらの変化のいくつかはアーケル報告が示すように、果実を得るには時間がかかるであろう。しかしトラストを通じて新しい手続きを導入するステップを踏むのに遅れるようなことはなかった。

211

これらのことは我々の各委員会に新鮮な考えをもたらし、次いで公開された計画と方針に近づいていって、評議会が良しと確信するような計画をつくり上げる。これこそはトラストと一般の人々の間で正しい関係が打ち立てられるのだという考え、そして評議会、諸委員会、そして一方ではスタッフ、また他方では我々の会員の間でのより良い理解が打ち立てられるのである。

アーケル委員会の提言に従って、5年後の経験に照らしてレポートに関するアーケル委員会の結論を再び考え直そうというのが評議会の意図であった。⁽⁴⁾

3. 管理・運営を成長に合わせて

この年の会員の応募率（前の2年間続いていた）が平均25％増加したから、評議会は1983年末には多かれ少なかれ総数約113万3,000人になると予測していた。初夏は寒くて雨が多く、募集はゆっくりとスタートした後に旨く進んだので、15万人の新規会員を迎えることができると期待できた。

他の点では、この報告書はトラストの引き続く会員の増加を、規模の点でもその活動の範囲でも示していた。この着実な拡大は、我々の持っている資源の範囲内でできるだけそれらに置かれた求めに十分に応じることができるように、管理術をコンスタントに高めるように要求している。これはアーケル委員会の我々のPRの局面への調査が、なぜタイムリーで、かつ貴重なものであるかを示す一つの理由であった。

この年に得たもう一つの教訓は、財政上の抑制と報告システムのそれであった。この頃になってトラストの会計システムは、各々の地域の資産の効率的な管理のために要求される財政上の取り扱いがますます複雑化するのを取り扱うのに徐々に発展してきた。この年末までに各地域はそれぞれでコンピューターを設置するはずだった。そしてそれらは本部の財政部門によって使用されるシステムとも両立するはずだった。これは地域も本部も、この年を通じて見積書に対するパフォーマンスを規則的に、かつより早くチェックすることを可能にした。最高の費用効率を得るために収入と支出に計画を立てる手続きもまた着実に改良された。これらの努力の結果は、一般基金の安定化に影響を与え、そしてこのことが1983年に損得なしになるか、あるいはほぼ損得なしになることを期待させた。⁽⁵⁾

第14章　学校教育へのアプローチ【1983年】

ウィンボーン・ミンスターにあるカントリィ・ハウスのキングストン・レーシィ
（2015.8）

4．雇用方針

　今日のトラストの活動のスケールと種類は、トラストのスタッフの専門的技術や知識により高い評価を与えられている。

　トラストの雇用方針は、一方では、最高の経済および経費の効率性を、そして他方では、必要とされる最高に利用可能な専門的技術と知識を考慮に入れることだ。この年に至って、一般的な管理費は支出の約6％に抑えられている。

　トラストの監査役であるPrice Waterhouse and Co.は、シニア・スタッフの全体の給料体系は全体的にみて他の同様な仕事に従事する人々と同様で、トラストが他の類似の賃金体系より以上に優遇されてはいない。実のところ検査の結果、逆の見方が可能でもあると報告している。[6]

5．カントリィ・ハウスの獲得とその意味するところについて

　トラストは、新しい所有者が必要な時には、方針としてすべての歴史的な資

産に対してトラストが唯一の、あるいは不可避的な解決者として自らを考えることはしない。トラストは常にトラストの広範囲な責任を邸宅と同様に、手つかずの海岸およびオープン・カントリィサイドの保護を念頭においておかねばならない。だから各々の場合、注意深くかつ道理にかなった形でその問題を考える必要がある。このことと関連して、イギリスのための歴史的建築物および記念物委員会は、正式には1984年4月1日に活動を開始するであろうが、それは重要な役割を高めることになるであろう。

　トラストは新委員会を温かく迎え、そしてトラストがこれまでの各種委員会との交渉において享受してきた公共の利益と協力していくという同じ精神をもって、実りあるパートナーシップが得られるのを期待している。[7]

6. 新本部

　1983年はトラストにとって例外的に十分かつ実り多い年であった。

　本部事務所はしばらく前に、1945年以来のトラストの建物であるクイナンズ・ゲイトの40、42および44番地では大いに喜ばしいことだが、制約の多い施設となっていた。それ故にロンドンのいくつかの場所で職員部門が別々に分かれていたことは、資金的にも時間的にも不経済で、かつ事務的にも困難な状況であった。クイナンズ・ゲイトにある古い事務所で働いている人々の多くは不便な状態のなかにあって、大きな不満をもって働いていたのである。

　本部の移転は、したがって1982年の年次報告で感じられていた。そしてトラストはクイナンズ・ゲイト36番地の建物をリースで手に入れたのである。これはオフィス用に設計されたエドワード朝様式の建物である。

　クイナンズ・ゲイト42番地の自由保有権を維持するのが評議会の意図であり、そしてこの建物を長期のリースで貸し出しするのが評議会の意図でもある。新事務所の一部はまたトラストによって又貸しされるであろう。

　財政および商業部門もまたウェストベリィのヘイウッド・ハウスのより適切で、かつ便利な設備に移った。そしてトラストはこの年にここの自由保有権を得た。メルクシャム事務所は売却された。

　これらの2つの部門は評議会、各委員会および同様に職員によって大いに歓迎され、そして我々もそれらはトラストの士気と能率を強化するのに多くのこ

第14章　学校教育へのアプローチ【1983年】

とを果たすだろうと信じている。[8]

7．将来に向けて

　以上に述べたイベントこそ、トラストが1984年に向けて前進することができるのだということを私は信じる。

　我々が本年度に我々の試算に使用しうる資源の比率を増加させることができたということは何より励みになることだ。そしてこの資源こそ我々が国民のために保有し、かつ管理する資産の維持に向けて費やされるものである。このことは我々が最優先にしなければならないことである。トラストは仕事とレジャーが変化していくなかで演じなければならない大きな役割を持っており、そしてそれが非常に多くの生活にすでに影響を与えつつあり、また今世紀の最後の20年間にもっと多くのことをするはずである。トラストの資産によって、トラストはしばしば癒しとインスピレーションを提供することができるだけではなく、また興味と才能を生み出すことができる。若者のための我々の仕事はこの観点から特に重要であり、かつ我々は我々の教育計画の下に打ち立てるべき方法と教育当局とのつながりを探し求めねばならない。

　1984年にトラストは、我々の仕事に関係する多くの国民的な催し物へ貢献し、またそれらから利益を得るであろう。イギリス庭園の祝典がイギリス・ツーリスト委員会の後援の下に組織されつつあり、またトラストの最も美しい庭園のいくつかを特色づけるであろう。我々はまた 'Festival of Architecture' にも参加するであろう。そしてこのフェスティバルは、王立イギリス建築家協会の150周年記念行事を特色づけるために開始されるのだ。

　最後に、私はトラストの感謝の気持ちを会員に表したいと考えている。もし彼らの長く続いている誠実な支持がなければ、われわれの事業のいずれも可能とはならなかったであろう。将来に対して最も強力な励ましを与えていることこそ、トラストの会員のトラストの目的に対する熱意と信頼なのである。[9]

（アンガス・スターリング）

第1節　海岸とカントリィサイド

　トラストは見事な広がりのある海岸とオープン・カントリィサイドを獲得し

215

続けており、1983年はかなりの程度の成長を果たした。このことについては、章末資料にあげたとおりである。

前年と同じように、エンタプライズ・ネプチューンは美しい海岸線の購入を確保するために極めて重要な役割を果たしたし、また我々は特に獲得の費用のための寛大な補助金に対して、カントリィサイド委員会のお陰をこうむってきた。これまでのところ、このための支援は他の筋からも容易に得られた。もちろんトラストは必ずしも海岸とオープン・カントリィサイドを購入しなければならないというわけではない。海岸にしろ、オープン・スペースにしろ、それらに必要な土地と資金の贈与は寛大に施されてきた。

最近の世論調査によれば、人々がアクセスのための機会を有する海岸とオープン・カントリィサイドの保護のためのトラストの事業は、世論調査の対象とされたほとんどの人々にとってはたいへん大切であると考えられていることは明らかである。以前よりも多くの人々が地方に対して関心が強く、また地域社会のより大きな区域の間で、カントリィサイド、風景およびその土地に固有な建物や野生生物の保護に関して、それらが大切であることがますます自覚されつつあることがわかる。

トラストは、その土地に固有な建物の風景とそれを見事に維持しておくための自然と自然保護のために管理・運営するための資源をもっと多く必要としている。同時に資産は、人々による利用がますます増えていることから生じる大きな圧力のもとに喘いでいる。それ故にトラストは、増大しつつある要求に応じるためのより大量の資源を得るために、村落地（countryside）に強い関心を抱いている人々がますます多くなることを強く望んでいるところである。

一つの例として、興味深い事業が湖水地方で進んでいる。すなわちそこでは古い駄馬の道が数年の間利用され続けられるような方法で、ずいぶん使い古された道を石でつくり直している。この事業は、良くするためにも、これらの高地の地域へダメージを及ぼすのを妨げ、そして多くの人々が使用するのに適当な道を用意するのにも是非とも大切なものである。

トラストが海岸と村落地を保護し、そして人々をアクセスさせるために管理しているトラストの仕事を、トラストが公表することがますます必要になっている。トラストはトラストのオープン・スペースの資産を提示するのに特別の注

第14章　学校教育へのアプローチ【1983年】

意を払うし、またそれらを使う人々に、なぜトラストがそれらを所有し、そして
それらを管理するのに何をしているのかを語りかけるのにも特別な注意を払う。⁽¹⁰⁾

第2節　自然保護

　自然保存評議会によってトラストのSSSI（特別科学研究対象地域）として分
類された自然保護の重要な国民的に認可された数は403カ所である。これらは
イングランドとウェールズにおけるトラストのすべての場所の13％からなる。
そして加えるにトラストは北アイルランドに10カ所の同様の場所（ASIs）を所
有している。キングストン・レーシィ・エステートは、この点で特に重要であ
った。というのはそこには9つのそれぞれのSSSIsと3つの国立自然保存地が
含まれているからだ。これらの3つの自然保存地は低地では見られないヒース
地と湿地を含んでいる。これらの3つの自然保存地は、自然保存評議会にリー
スに出され、そして管理されている。

　すべてのトラストのオープン・スペース資産の生物学上の調査は、3人の調
査員のチームで1979年に始められ着実な進展を示し、現在では約60％が完了し
ている。意図されているように、これらの調査報告は資産の管理計画の準備に
有益であり、かつ自然保護は農場の借地契約やそれと同じような契約を正しく
考察する際に役立てられている。⁽¹¹⁾

第3節　ナショナル・トラスト・エンタプライズ

　ショップ、ケータリング、ホリデー・コテッジ、そしてキャンプ・サイトか
ら得られる商業上の利益は、実質的に天候によって影響され、この年の初めの
極めて悪い天候状態が、この期間の利益にかなりの影響を及ぼした。幸いにシ
ョップとケータリングの成績はこの年の後半に回復した。商業およびケータリ
ングにおける購入と費用に関する条件の改善は、使われた資本に基づいてトラ
ストに対してより高い収入を生み出した。

　本部事務所の移動は、トラストにブルーコート・スクールの開放を永続的な
ショップとロンドンにおけるインフォメーション・センターとして計画される
ことを可能にした。1984年早々の改装の短い期間を除いて、年間を通じて開か
れるであろう。⁽¹²⁾

217

第4節　ボランティア

　トラストはすべての地域でボランティアの労働と経験から利益を受け続けている。会員やトラストの仕事を信じている多くの他の人々によって行なわれるこの奉仕は、評議会の認めるところである。それにアーケル報告が、この成長していくボランティアの活動に対して強い関心を示し、ボランティアをさらに進めるべきであるという結論を出している。

　会員と一般の人々はカントリィ・ハウスやオープン・スペースで、訪問中にボランティアによって演じられる役割を特に意識している。しかし実際にボランティアの増加は、現場の背後に隠れているのである。

　自然保護に関する詳細かつ骨の折れる仕事、必要な大地での肉体労働、そして会計士、調査員、そして教員の専門的なキャリアこそが、トラストが常勤のスタッフに新しい資産やPRに対して責任を集中させてきたのである。

　確かにトラストをサポートしてくれる人々の大多数は会員であり、またセンターの会員でもある。しかし多くの若い人々のなかには失業者や、あるいは定年退職した人々がいる。彼らは熱心に建設的なことをしたいと考えており、しかもトラストをこの目的を遂げる方法として見ているのである。彼らの力とキャリアは喜んで迎えられ、そしてもし彼らのトラストでの経験が建設的であり、その真価が認識されるものであれば、彼らの思いは叶えられることになるであろう。[13]

第5節　ナショナル・トラストと教育

　学校に対する経済的な圧迫にもかかわらず、トラストの教育関係の事業は拡大し続けている。というのは部分的には教室の環境の話題に対する関心が回復したばかりでなく、トラストが現在若者にトラストの目的と資産に意識を持たせるために多くのことを行なっているからだ。

　多くのカントリィ・ハウスには現在、教室や教員の教材を含めて、子供向けの手引きや特別の便宜品がある。教員のニュースレターが地元の教育当局を通じて配布されている。子供向けの最初の主要な本であるジョン・M・パリ著の"Discovering the National Trust"が10月に刊行され、これが人気を占める兆しがすでにある。このようにしてこのような奉仕活動があちこちに広がり、

第14章　学校教育へのアプローチ【1983年】

そして地域のボランティアのチームが増えてきた。ボランティアの教員の利用する案内用計画がすでに３つの地域（セヴァーン、サザーンおよびデヴォン）で行なわれており、ボランティアがこの国の他の地方でも教育プロジェクトを進めるために求められている。[14]

おわりに

　トラストはある程度の自信をもって、過去10年間を通じてトラスト自らの進展をしてきたと考えられる。トラストは110万人を超える会員によって支えられるイギリスで第一の社会事業団体となった。しかし恐らくトラストの最も重要な発展がなんであるかは、即座には明らかにできない。トラストが絶えず拡大しつつある大地を管理していることと、人々が必要としていることこそが、トラストが小さな組織から高い資質を持ったスタッフとともに大きな組織へと変化していくこと、そしてこのことを団結力を失わないで実現していきながら、目的の意味を失わず突き進んできたということこそ、トラストの持つ力である。トラストは現在、すべての部門に優秀なスタッフを配置し、クイナンズ・ゲイト36番地のトラストの新たな本部に集結している。だからこそトラストは自信を持つとともに、注意深く突き進んでいかねばならない。[15]

資料　1983年　新しく獲得された資産と約款

【エイヴォン】
* ＊Dolebury Warren、Churchill.　ブリストルの南東部19.2km、90ha.、丘の頂上はメンディップスの最高の景勝地の一つ。カントリィサイド委員会、古代記念物理事会、メンディップ・トラストからの補助金および遺贈金で購入。

【チェシァ】
* ＊Hare Hill.　3.2ha.の土地、1982年に約款、贈与。
* ＊Larkton Hill、nr Malpas.　64.8ha.のオープン・スペース、遺言。
* ＊Styal.　1.6ha.の森林地、カントリィサイド委員会からの補助金によって購入。それにOversley Fordにある小面積地、贈与。

【コーンウォール】
* ＊Boscastle（North Coast）.　Forrabury Commonへの入り口にある0.5ha.のグリーブ・フィールド、遺贈金で購入。

219

* Boscregan Farm and Hendra Cliff（North Coast）．セント・ガストの南西部3.2km、27.6ha.、エンタプライズ・ネプチューン基金およびナショナル・トラストのウェスト・ミドルセックス・センターおよびカントリィサイド委員会からの補助金によって購入。
* Chynhalls Cliff．コヴァラックの1.6km南方、2 ha.は贈与、残りの18.8ha.以上が約款、エンタプライズ・ネプチューン基金で購入。
* Cotehele．この地所の北側にあるデーンズクームの約7.6ha.の採鉱権の贈与。
* Lankelly Big Field．フォイの西方4.8km、11ha. 寄付金、遺贈金およびエンタプライズ・ネプチューン基金によって購入。
* Porthcurnick（South Coast）．ポーツカソの北方1.6km、25.6ha.、遺産金、カントリィサイド委員会からの補助金および匿名の贈与金で購入。
* Treluggan Cliff．35.6ha.、遺産金、コーンウォール・コーストおよびセント・モーズ基金、エンタプライズ・ネプチューン基金で購入。
* Traveal、Zennor．63.2ha.、贈与金、カントリィサイド委員会からの補助金および遺贈金で購入。
* Trevega Wartha．セント・アイヴズの西方3.2km、以前に約款を得られた7.2ha.の岬が贈与された。

【カンブリア】
* Buttermere Valley：Picket How、Lorton．81.2ha.、約款付きで贈与。
* Grasmere：Town Head Farm．約1.6ha.、湖水地方基金からの寄金で購入。
* Tongue House and Long House Farm．シースウェイトの北西1.6km、トラストの所有地に隣接する98ha.の農場と889頭の羊の群れを遺贈金で購入。

【デヴォン】
* Killerton．小区画の土地、再販売のために獲得。
* Lynton．グレンソーンにある68ha.の海岸と森林地、2.4kmの海岸線、カントリィサイド委員会の補助金および遺産金による購入。
* South Down Farm、South Milton．28ha.、匿名の寄付者からの贈与。

【ドーセット】
* Motcombe、Shaftesbury．15.6ha.の農地、1982年、遺言によって獲得。
* Winyard's Gap．わずかな金額で獲得。

【イースト・サセックス】
* Alfriston Clergy House：Danny Cottage．贈与。
* Wickham Manor Farm、Winchelsea．0.8ha.の断崖、贈与。

【エセックス】
* Clavering：The Old House．Nos.1-5 Church Row、以前のギルドホールおよ

第14章　学校教育へのアプローチ【1983年】

び閲覧室。エセックス州議会による約款。

【グロースターシァ】

＊Snowshill Manor：Littleworth Wood．12ha.の低木林、遺産金およびカント
リィサイド委員会からの補助金によって購入。

【ハンプシァ】

＊Ludshott：Ludshott Common and Waggoners Wells．8 ha.、トラストの所
有地に付加。

＊Mottisfont Abbey：Hazel Cottage．モティスフォント村の中央に位置するコ
テッジと庭園に対する約款、遺言により獲得。

【ワイト島】

＊Brighstone：Marsh Green and Grange Chine．4 ha.、約款によって購入。

＊El Adem、Ventnor．トラストのサウス・ワイト・ウォーデンに家を建てるた
めに購入された管理用の土地。

＊Newtown：Newtown Harbour．0.8kmの距離のノース・マーシュ・ウォール、
贈与。

【ケント】

＊Bockhill Farm．ボックヒル農場への1.4ha.の付加地（農地）、ドーヴァーのホ
ワイト・クリフス・アピールからの資金により獲得。

＊Wrotham Water：Trottiscliffe．ノース・ダウンズの急坂地にある12ha.の土
地、一部農地で山林地。
2014年 9 月、この山林地に魅せられ、ここを歩くためにこの村に一泊したが、
このトラスト地の隣地をバイパスが走っていたために、地元民が危険であるこ
とを教えてくれたので、トラストのこのルータムの地のウォーキングを諦めざ
るをえなかった。なおこの土地は遺産金およびカントリィサイド委員会の補助
金で購入。

【ランカシァ】

＊Silverdale：Bank House Farm．かつては約款によって得られていた22.8ha.の
農地が、1983年には贈与されることになった。

＊Silverdale：Jack Scout．6.4ha.の海岸に沿った石灰石の放牧場で低木地、エン
タプライズ・ネプチューン基金とカントリィサイド委員会からの補助金と、そ
の他の寄付金により購入。
ここは湖水地方の南端の地に位置するはずだが、そういうこともあってここを
1 回だけでも歩いてみたいと思っていた地域であった。2007年 9 月、かつては
湖水地方でも特に労働者が好んで訪ねた地域であったといわれるケジックから
ロンドン行きのバスに乗った私たち夫婦は、かつて私自身が訪ねたこともある

221

サイザー城に近いバス停で降りて、しばらくの間、私は主としてサイザー城に
属する周囲の農地をはじめオープン・スペースを歩いたのち、再びロンドン行
きのバスに乗り、今度はランカスターで途中下車した。ランカスターで一泊し
た私たちは今度もロンドンへは向かわず、再び湖水地方へ向かう列車に乗った。
下車した駅はアーンサイドであった。ここは湖水地方とはいえ、私にとっても
初めての地であった。ここでB&Bを見つけ、私たちはまずはトラスト地を目指
して丘の頂上に漸く着いた。ここから眺める景色は風光明媚であった。モアカ
ム・ベイが存分に展望された。ましてやサイザーのオープン・スペースも目に
入るほどであった。降りて行きながら、初めて見るであろうシルバーデイルの
村落地を目指した。しかしこの村落地を踏みしめたかどうか、今となってはわ
からない。バンク・ハウス農場に行き着いたであろうか。ましてやジャック・
スカウトまで行き着いたはずはない。やむなく引き返さざるをえなかった。し
かしこの１日のウォーキング（クライミング？！）は、私のナショナル・トラ
スト研究にとって価値あるものと言っていいであろう。翌日、私たちはアーン
サイド駅からランカスター駅への列車に乗った。次の駅がシルバーデイル駅で
あった。やはりこの駅で降りて、ここに滞留すべきであったと思ったから、近
いうちにこの地に滞在することは決して不可能なことではない。その日のうち
に無事ロンドンへ帰り着いた。

【マージィサイド】
 ＊Formby. 0.8ha.。フォンビィ基金からのお金で購入。

【ロンドン】
 ＊36 Queen Anne's Gate、Westminster：ナショナル・トラストに新しい本部事
 務所の建物を提供するためにリースが獲得された。

【ノーフォーク】
 ＊Morston Marshes. トラストによって所有されている土地の南西部の端にある
 1.8ha.の湿地、贈与。

【ノーサンバーランド】
 ＊Newton Point. フットボール・ホールを含む46.8ha.の海岸の放牧地、2.4kmの
 海岸線、エンタプライズ・ネプチューン基金、カントリィサイド委員会の補助
 金、地元のアピール、ナショナル・トラストのハンター協会などからの寄付金
 で獲得された。
 ＊Hadrian's Wall Estate：East Bog Farm. ハドリアンズ・ウォール・アピー
 ル基金およびカントリィサイド委員会の補助金で獲得。

【北ヨークシァ】
 ＊Fountains Abbey and Studley Royal. リポンの西方3.2km、272ha.、イギリ

第14章　学校教育へのアプローチ【1983年】

スで最大の修道院の廃墟、購入、復元およびこの資産の基本基金は国民遺産記念基金、歴史的建造物評議会、カントリィサイド委員会からの補助金およびアピールで調達された。

1985年、トラスト本部を訪れた時、この古代のファウンティンズ・アベイの写真を見た時の強力な印象にひかれて、この地を訪れたことは当然だったといってよい。

* Newbiggin East Farm. 崖地の頂上で10ha.,隣地は41.2ha.の約款地。エンタプライズ・ネプチューン基金とカントリィサイド委員会の補助金で購入。
* Robin Hood's Bay. ロー・パースチャーにある0.4ha.の原野。エンタプライズ・ネプチューン基金で購入。

【オックスフォードシァ】
* White Horse Hill、Uffington. 0.3ha.の駐車場。

【シュロップシァ】
* Dudmaston：The Old School House、Quatt. 寄付金および地域の基金で購入。
* Wenlock Abbey. 約款。0.8ha.は基本基金とともに贈与。
* Wenlock Edge：Harley Bank. チャーチ・ストレットン・ロードに沿った1 ha.の土地。購入と建設費はシュロップシァ州議会による。

【サマセット】
* Glastonbury. 1.6ha.の土地、遺贈金で購入。

【サフォーク】
* Stour Valley：Ketelfield. 4.8ha.の土地に対する約款の贈与。

【サリー】
* Godalming Navigation：The Gun's Mouth. 0.8ha.、購入、2カ所の渡し場を確認しているが、未だに利用していない。
* Reigate：Colley Hill. コリー・フィールドと小面積の森には約款、コリー・ヒルに隣接する2.2ha.はライゲート・オープン・スペース基金と遺産金で購入。
* Swan Barn Farm、Haslemere. トラストの現存する大地に隣接する2.8ha.はブラック・ダウン地方委員会によって購入。

【ウェールズ】
（クルーイド州）
* Erddig. ロストスリンにある以前の汚水処理場、エルディグ基金のお金で購入。
（ダベッド州）
* Colby Lodge：1 & 2 Jasmine Villas、Tavernspite. 贈与。
* Ponterwyd：Bryn Bras. 羊を飼うナショナル・トラストの農場にアクセスで

きる道路と橋、贈与。

＊St David's Commons. 344ha.、ウェールズ・イン・トラスト・アピールによって購入。

＊Wharley Point. 154.4ha.、エンタプライズ・ネプチューン基金、匿名の寄付、国民遺産記念基金、カントリィサイド委員会の補助金および地元のアピールで購入。

【グウィネス州】

＊Cregennan：Ffynnon Arthog. 46ha.、ウェールズ・イン・トラスト基金、匿名の寄付、カントリィサイド委員会、自然保護評議会および世界野生生物基金からの補助金で購入。

＊Cader Idris：Tan y Gader & Llyn y Gader. 217.2ha. ウェールズ・イン・トラスト基金、匿名の寄付金およびカントリィサイド委員会、自然保護評議会および世界野生生物基金からの補助金で購入。

＊The Drummond Hotel、Trinity Square、Llandudno. トラストの新たな北ウェールズ地域本部として獲得。

【ポウィス州】

＊Carno Wood. 14.8ha.の雑木林、ブライグリン農場に隣接。遺産金で購入。

【ウェスト・グラモーガン州】

＊Gower Peninsula：Cwm Ivy Farm. ウィットフォード・バロンズのトラストの資産へのアクセスを改良するために、約款により再販売。

【北アイルランド】

＊Bar Mouth、Co. Londonderry. 10.4ha.の農地、1981年エンタプライズ・ネプチューン基金で購入。

＊Castle Coole、Co.Fermanagh. 城を取り囲む138ha.のパークランド、国民遺産記念基金からの補助金で獲得。

＊Moneypenny's Lockhouse、Co. Armagh. ポータダウン、開門監視員の家（1805年以降）。環境省からの補助金で獲得。

＊Mourne Coastal Path、Co. Down. 1.2ha.、エンタプライズ・ネプチューン基金で、1982年、モーン海岸歩道の一部として購入。

＊Murlough：Dundrum Coastal Path、Co. Down. 海岸歩道の最後の部分で駐車場として、エンタプライズ・ネプチューン基金で獲得。

＊Strangford Lough、Co. Down. この湖（入江）の北端にある201.6ha.の波打ち際は、1982年、エンタプライズ・ネプチューン基金と世界野生生物基金からのお金で獲得された。この地域の大部分は国家自然保存地と指定されている。

＊Strangford Lough：Walter Meadow and Woods、Co. Down. 10.4ha.の牧

第14章　学校教育へのアプローチ【1983年】

場と森林地はポータフェリィの北部にあり、ストラングファド湖の瀬戸を見下
ろしており、アントリム卿記念基金からのお金で獲得された。

第14章　注

（ 1 ） *Annual Report 1983*（The National Trust, 1983）p.5.

（ 2 ） *Ibid.*, p.5.

（ 3 ） *Ibid.*, p.6.

（ 4 ） *Ibid.*, p.6.

（ 5 ） *Ibid.*, pp.6-7.

（ 6 ） *Ibid.*, pp.7-8.

（ 7 ） *Ibid.*, pp.8-9.

（ 8 ） *Ibid.*, p.10.

（ 9 ） *Ibid.*, pp.10-11.

（10） *Ibid.*, pp.12-13.

（11） *Ibid.*, pp.13-14.

（12） *Ibid.*, p.16.

（13） *Ibid.*, pp.16-17.

（14） *Ibid.*, p.18.

（15） *Ibid.*, p.20.

第15章　長引くインフレーションとトラスト 【1984年】

はじめに

アンガス・スターリング理事長

1．進展と成長の1年

　トラストのこの1年間の活動の印象をしるすために、国民の注目を集めた劇的なイベントについて述べておこう。トラストの目的は活動の範囲を広げながら、保護の仕事を首尾一貫して続けていくことだ。これこそは16の地域を通じて、トラストの仕事を維持し、そして高めていくことだ。

　1984年の間に、トラストはカントリィサイドと歴史的建築物の両方を優先的に維持し、復元することにおよそ500万ポンドを割り当てることができた。トラストのこれらの仕事に要する全体の費用はおよそ1,100万ポンドと見積もられる。

　それにたいていのオープン・スペースを含めて、トラストの資産のいくつかには基本財産がない。資産維持のための資金に対する必要も長引くインフレーションのために大部分が不足している。

　なおトラストが上記した財政上の抑制にもかかわらず、良好な進展の年であったということは、トラストの会員たちの連綿とした支持のお陰であった。私は会員数が約6万人増えて、総計119万3,000人に増えたことを報告できることをたいへん嬉しく思っている。今年はまた贈与金と遺贈金に恵まれた年でもあった。これらは数においても、合計額においても増加した。

　これらの成果にどれほど勇気づけられることか。しかしだからといって努力を緩めてよいと言っているわけでは決してない。トラストは独立した社会事業団体として、直接的な政府の補助金を受けてはいないのだから、誠実な、かつ増加していく会員数の重要性をいくら強調しても、強調しすぎることはない。評議会は、トラストの会員の多くの人々にトラストを支持してくれるように強調し、また財政上の支援をお願いしている。したがってこれからの3年間、会

第15章　長引くインフレーションとトラスト【1984年】

費の水準を現在の率のままにしておくことに決定した。これは1985年において、会員数の好調な成長に貢献するだろうと信じている。インフレーションも実質的に低下しているけれども、インフレーション自体はまだ無視してはならない。それにもかかわらず評議会はほとんど間違いなく1986年には会費がある程度増加するにちがいないと考えているところだ。⁽¹⁾

２．将来のための計画

　トラストの現在の事業の管理は多くの部門の統合を必要としている。意思決定は資産の長期の利益―それ自体しばしば大幅なエキスパートの知識を要する問題―ばかりでなく、人々の利益、財政、商取引事業、マーケティングおよび広告、地域社会の利益、地方自治体との関係、保護および補助金贈与団体、寄付者および賛助会員、そして教育・訓練およびボランティアからの援助のための機会をも忘れてはならない。これらの時において矛盾する利益集団の間の正しいバランスを見出すことは単純な問題ではない。そして難しい選択がしばしば必要とされる。トラストは自らの判断に誤りが生じることがあることを意識しており、そしてまたこの複雑な世界で各々とられる決定によって、すべての人々を満足させることもなかなか難しい。

　こうした状況のなかで、強力かつ効率的な計画を立てることが１つの必須的な必要条件であり、かつトラストの持てる資源を効果的にかつ経済的に利用していかねばならない。⁽²⁾

３．資産管理プラン

　トラストの方針を正しく立てるには、資金全体に要する予算の見積もりをしっかりと立てねばならない。これまでトラストのすべての資産のための管理計画を準備するのに長い期間を必要とした。大きな資産の多くにはすでにプランが立てられているが、進展はそれほど進んではいない。というのはトラストの毎日の決められた仕事をこなすことに多くの時間がとられるために、仕事が遅れがちである。したがってこの仕事がしばしば後回しにされるのは危険である。

　資金計画の成果を上げるためには、今後２年間にすべての地域の資産管理計画を完成させるために、データの収集と必要な研究を進めるのに必要なキャリ

アを備えた学卒者を一定期間の契約で募集することが決定された。上記の計画の特徴は、各々の資産に必要とされる費用をできるだけ有利に使用することである。これらの計画は、1983年に公刊されたアーケル報告で推奨された会員と一般の人々のための情報を、オープン・スペースを含めて各々の資産に、より効果的に提供することである。[3]

4．アーケル報告の実施

　トラストは、1984年に評議会によって承認されたので、アーケル報告の結論を実施することにした。アーケル報告は重要な部分で、トラストの議会法に従って、地域委員会が執行委員会によって任命される方法を再考した。アーケル報告は、センターで、然るべく協議した後で、決定されたトラストの広範囲におよぶ方針の枠内で、地域委員会の主たる機能はそれらの地域にある資産の管理を監督し、かつ再考することであるということを強調した。アーケル報告は、各々の地域委員会の委員はすべて、資産の有する多くの異なるタイプを管理するのに含まれる複雑で専門的な仕事を指導し、かつ評価するのに必要な経験と知識を併せ持っている人々から成り立っていることを確保しておく必要があるということを述べた。

　アーケル委員会は、地域委員会を選挙で決める方式は各地域の管理を有効に監督するのを保証できるほどには信頼のおける方法ではないということを結論付けた。

　そこでアーケル報告の勧告に従って、地域委員会の議長は欠員が生じた時に、地域委員会の委員に指名するために精査することを開始した。執行委員会は、上記に言及されたバランスのとれた経験ばかりでなく、できるだけ地域委員会の幅広い年齢層と社会的背景を調査することを委託されている「指名パネル」によって助言されることになっている。

　上記の手続きは5年ごとに行なわれる。

　地域委員会はほぼ60日間、各資産を訪ね、そして資産内を歩いたが、これは1983年に比べてほとんど2倍の数にのぼった。

　もう一例の刷新事例は、1983年の会計報告書（会計監査された）を夏の間に送付した。

第15章　長引くインフレーションとトラスト【1984年】

ナショナル・トラストと会員および一般の人々とのコミュニケーションを強めることがトラストの強い意図であるからである。それにしてもこのことがトラストの収入を満足できるほどに増加させたわけではない。[4]

5．カーク・アベイの保全

　この年の前半は、ダービシャのカーク・アベイを救うキャンペーンで占められた。素晴らしい400ha.の私園と注目すべき家具類と動産が無傷のままに備えられたバロック様式の邸宅が、永久に保存されるためにトラストへ譲渡されるとは極めて驚くべき出来事であった。これこそは長期のキャンペーンの結果であり、またこれこそ多くの個人と組織の努力と寛大な貢献のおかげであった。感謝の念こそ政府に払うべきであり、政府が、カーク・アベイとその家具類や周辺の土地は相続税の代わりに国民のために受領されるべきことを、大蔵省の予算演説のなかで公表してくれた。トラストもまた国民遺産記念基金、歴史的建造物および記念物委員会、それにまた南ダービシャ地区評議会およびダービシャ州議会の援助の真価を認め、かつ謝意を表した。一時期、基本財産と資本資産の修理のための7億4,000万ポンドの大金が集まるかどうか疑わしく思われたが、カークが救われるべきだという確信を共有した多くの個人と組織が、トラストを激励し、かつ金銭上の支援を申し入れてくれたことが、トラストを大いに力づけてくれた。邸宅の修復にはおよそ3〜4年はかかるだろうが、その修復事業のための25万ポンドを集めるためにアピールを始めた。

　1985年末には私園を開放しようというのが、トラストの意向であった。この幸運な結果をもたらしてくれた人々の寛大さと信念は、訪れる人々が、将来この偉大な私園、邸宅、厩舎、そして他の心地よい建物へアクセスできることから得られる喜びによって十分に立証されることは間違いない。

　もう一方では、同じダービシャのケドルストン・ホールの話が持ち上がっていたが、まだ確実なことは決まっていなかった。しかしトラスト自体、この見事な邸宅に十分な基本財産が得られるならば、当然にこの邸宅を受け入れるだけの用意はあった。ただこの時はトラストへこの邸宅の受け入れを申し込むということは正式には決まっていなかった。[5]

6．アベルグウィッセン・コモン―新たなオープン・スペースの獲得

1984年に傑出した獲得物のうち6,600ha.の入会地があった。ここは自然のままで、かつ印象的な風景を持つアベルグウィッセンとして知られるところで、中央ウェールズのクレアドル近くに位置しており、1984年4月にトラストが購入したのだった。ここはまた国民遺産記念基金、カントリィサイド委員会および世界野生生物基金から莫大な補助金の援助金でもって確保されたものであった。

ベルトン・ハウスおよびカーク・アベイを多額の基本基金と一緒にトラストへ公表して譲渡したことが、いくらかの会員と保護団体にカントリィサイドを救おうという特別な気持ちを起こさせた。

このようにしてカントリィ・ハウスのための基本基金と復元のための極めて多額の資金が集められたのである。ここで忘れてはならないのは、見事な自然風景と海岸の獲得自体が、歴史的邸宅よりもはるかに頻繁に、かつ規則正しく行なわれているということである。

オープン・スペースを維持し、かつ管理する年々の費用はたいへんな金額を必要とする。レクリエーションのために田舎を訪ね、そしてエンジョイするために使用される費用よりもはるかに大きい。将来、トラストがこのような費用に要する金額のことを考えると、オープン・スペースに対する費用は地代や他の資産から得られる収入を上回り続けることは確実である。そういう訳だからトラストは他の利用できる資源やボランティアからの援助金に頼ることになる。ある費用に充てるに際しては、トラストはカントリィサイド委員会や自然保存委員会のような多くの団体からの貴重な支援を受けたり、また国立公園当局などと密接に協力するように努めねばならない。これまでトラストが美しく手がつけられていない風景を保護するためにとった最近の行動そのものは、トラストが建築物と同じく土地にもまさに深い関心を抱いているということを明白に示しているのであって、それらに要する資源は両者に等しく利用されているのだということを忘れてはいけない。これらの行為は、例えばトラストが1982年にダービシァのキンダー・スカウトを含むヘイフィールド・エステートを即刻に購入する力を持ち、またエンタプライズ・ネプチューンを通じて見事な海岸地を同じく即座に獲得できたこと、さらには1985年にネプチューン・アピール

第15章　長引くインフレーションとトラスト【1984年】

を再開する計画を公言し、かつ1984年秋にはウェールズのブラック・マウンティンの競売をこれまた進んで要求しようという意志を示したことを含む。[6]

おわりに

　トラストの歴史的名勝地と自然的景勝地を永久に守るという必須的な目的は変わっていない。しかし気候は絶え間なく変動しているので、それらの目的も連続して変化している。それらの目的が前進させられる風潮は連続して変化している。資金が許す限り、トラストの資産を最高に可能な水準に維持していこうというトラストの意図は変わっていない。同時にトラストは、新しいチャレンジに向かっていくという必要性も認識している。トラストは年々支持基盤を広げていこうと努めている。あらゆる年齢層の有志（サポーター）とのつながりは進展しており、また特に若い人々とのつながりは着実に強化されるであろうし、そしてあらゆる援助の手がトラストの必須の仕事を推し進め、利用できるキャリアを最も有効に利用する方向へと向けられつつある。センターは極めて現実的な方法で彼らの付託に確実に応えているので、トラストの将来において完全な役割を果たすはずだ。トラストは現在、トラストを推進するためのセンターを構築するため、どのような努力がなされうるのかを見直しつつある。それにトラストの教育上の潜在力を発展させるための機会が強力に追求されるであろう。イギリスでは、我々の遺産の保護に熱心な多くの法人および任意の団体があるが、それらの団体との間でより密接に協力する必要がある。トラストがすでに享受している良好な関係に基づいて、自然および歴史的建築物の保存に関して活発に議論をしつつ、全国的にも地域的にも貢献することに、トラストは十分な役割を演じたいと考えている。

　以下に示しているように、この年もトラストはトラストの事業が色々な局面に関して十分かつ報われるだけの活動をしたと考えている。我々にはなされねばならないことが常により多く残されているのだから、決して十分に満足させられることはありえないということを承知しつつ、自信をもって将来に向けて羽ばたいていかねばならない。[7]

（アンガス・スターリング）

第1節　海岸とカントリィサイド

　リンカーンシァのグランサム近くのベルトン・ハウスと付属の私園およびダービシァのカーク・アビイが獲得されたことは、トラストが海岸とカントリィサイドの獲得と管理を引き受け続けるというイニシアティブを明白にしていると言ってよい。1984年はこのことに例外をなすものではなかった。これまでに存在する資産に加えて、かなり多くの獲得物のうち目立つものは4件あった。第1のものはポウィス州のクレアドル近くのアベルグウィッセン・コモンで、これは6,600ha.の広さを持ち、そしてウェールズ中部の遠隔地にあり、例外的と言っていいほど美しい大地で、すでに理事長の「はじめに」によって叙述されている。この入会地は美的にだけでなく、生物学および考古学上にとっても重要な大地である。

　第2の物件は、ダベッド州のセント・デイヴィズ岬近くのロウア・トレギニス農場である。この100.8ha.の農場は1939年と1950年にトラストによって獲得されて、北のほうへはセント・デイヴィズ岬が控え、西側にはラムジィ海峡に沿って、ラムジィ島自体に向かって位置している。この農場は4kmある海岸線に沿ってあり、この素晴らしい海岸線の最も美しい拡がりのある海岸線の1つを形成している。そこは特に花と鳥類が豊富である。

　第3番目の資産は、湖水地方のウォーターミロックとマターデイルのマナーで、アルスウォーターを見下ろし、またこの湖からはスカイラインを描く広さが1,387.6ha.を占める大きな面積を持つ入会地である。コモンズからブレンカスラとスキドウ山脈の景色が見える。

　第4番目は、カンブリアのドルトン - イン - ファーネス近くのサンドスケール・ホウズで、面積260.4ha.で砂丘と湿地からなり、野生生物が豊かでダッドン・エスチュアリィを横切って、湖水地方の山並みへ向けて素晴らしい景色をなす。

　これらのすべての地域は自然保護、農業および植樹の必要性と両立しつつ、人々のアクセスと楽しみのための多岐にわたる機会を提供する。その他のところでは、ほとんどすべての地域で合計9,934.4ha.に達する海岸とカントリィサイドの獲得が実現した。

第15章　長引くインフレーションとトラスト【1984年】

セント・デイヴィズの一角を占めるロウア・トレギニス農場（2002.3）

　トラストはこれらの非常に多くの獲得物の費用に見合うために連続して寛大な援助を与えてくれたことに対して、カントリィサイド委員会に厚い感謝の気持ちを抱いた。国民遺産記念基金へはアベルグウィッセン・コモンおよびロウア・トレギニス農場を獲得するために寛大な援助を施してくれたことに対しても、また実に多くの点でこの分野においてトラストのうち続く仕事に貢献してくれた多くの組織や個人に、またエンタプライズ・ネプチューンへ貢献してくれた多くの人々へ大きな感謝の気持ちを抱いた。
　いくつかの例では、資産自体は地代、駐車料金等から収入を生み出すが、多くの他の場合には、収入は支出に応じられるほど十分ではない。トラストは入場料を受け取ることのできない資産を維持するために、自然保存委員会、国立公園当局、その他からの収入を求めている。いくつかの場合には、寛大な年々の補助金がすでに地方自治体、その他によって与えられている。しかしながらトラストが上記の資金以外に、これらの資産に基本基金を調達する手段を探さなければならない例もある。

233

上記のように獲得された大地では、トラストは一方ではアクセスと、他方では大地の保護との間で正しいバランスを図らねばならない。さらにトラストは保護と農業と森林地および大地の管理の合法的な必要性を考慮しなければならない。[8]

第2節　雇用促進委員会（MSC）

　トラストはMSC計画を利用し続け、そして1984年には非常に価値のある事業が直接に政府機関を通してか、あるいはトラストと一緒に他のスポンサーのために場所と材料を供給しながら有効な事業が成就されてきた。この年の間に成就された事業の全コストは、場所の数は全部で2,200に達しつつ、450万ポンドを超えたようだ（1983年における実際の全コストは280万ポンドであった）。この事業の重点は、資産の修理と維持、歩道の修繕および藪の清掃であった。[9]

第3節　農地法（1984年法）

　トラストが率先して保全、野生生物、考古学、景観および歴史的遺産を保護しようとする条項が、上院の議論中に農地法案に加えられた。専ら近代農法に狙いを定めた初期の頃の法律は、このような条項を含んでいなかった。トラストによるこの重要な介入の結果として、1984年農地法は、地主に保護条項に関する借地の借地契約のなかに条件を施行させる条項を含むものである。

　これは新しい借地契約を行なう場合に、トラストに有利となり、そして機会が生じるかまたは生じうるにしたがって、ますます現存する契約に圧力を加えることになろう。[10]

第4節　良好な高地へ

　トラストはカントリィサイド委員会によって開催された地域協議会に参加し、そしてその後に作成されたレポートである「将来、より良好な高地を目指して‘A Better Future for the Uplands’」に小論を寄稿した。

　トラストは委員会によって採用された主な結論には賛成した。しかしトラストは家族経営の農業単位には、彼らの活動を通じて、また特に彼らが雇用する人数によって、景観の維持に必要な貢献をしているので、高地地域で家族経営

第15章　長引くインフレーションとトラスト【1984年】

を維持できるようにする必要があるということを強調した。

そこでトラストは、財政上の支持が高地に在住している農民たちに与えられる方法を変えるべきだという議論を強調した。景観と野生生物の保護を援助し、そしてより多くの人々にツーリズムのような仕事を加えて、高地での農場活動による生活ができるような農法を奨励すべきだ。高地地帯には植林のための余地があるとは考えるが、トラストは自然保護と景観のための必要性が第一に考慮されるべきだと考えている。不都合な位置にある小面積の森林地でさえも、そのサイズに合った風景があるはずだ。委員会のレポートに寄稿した小論もまた環境省へ提出された。[11]

第5節　財　　政

当年度の収入が全体として控えめの増加をあげたことは満足すべきことである。このことは会費がわずかしか上がらなかったにもかかわらず成就されたのであった。会費と贈与および遺産のうち会員からの支持が依然として総収入のおよそ3分の1以上を提供している。トラストの収入が増加し続けているのは、National Trust（Enterprises）Limited.のお陰である。そして当年度のトラストの基金への正味の貢献は125万ポンドを超えた。資産の管理と維持へ向けられた費用は、当年度は金額でも全支出の割合としても増加した。

財政委員会は、トラストのオープン・スペースたる資産は特殊な財政上の困難を加え、かつこれらの資産は、普通は収入の点では、あまり多くのものを生み出していないし、また基本基金によって通常支えられてもいないということに気づいている。このような資産の維持のための特別限定目的基金は、当年中に適切な遺産から確立されたし、またこの基金は将来同じような資源から打ち立てられるであろう。これはこれらの資産のためにより長期の安定性と財政上の採算上の可能性を与えるはずだ。[12]

第6節　会員数と訪問者

会員の支持は彼らの会費を通じて、トラストの財政上の福祉に対して貴重な重要性を与え、かつ多くのものが実際上2つの方法で、特別の援助を与え続けている。全会員の50％は、現在彼らの会費に捺印契約をして、トラストに30％

235

だけ価値を増加させている。56％は彼らの会費を直接的なデビット・システムを通じて支払われる。これこそはトラストに管理経営費を減らすことによって利益を与えているのである。評議会は、まだそのようにしていない会員は、会員部門からそれらの書類を得てサインしてくれるように熱心に希望している。1984年に初めてナショナル・トラストによって開放された２つの資産は、ベルトンとアシュビィで、10万人以上の訪問者があった。イースト・リドレスデン・ホールは７月に再び開放され、ファウンティンズ・アベイは年間を通してナショナル・トラストの管理下で開放された。入場料を支払った訪問者は8.7％ほど増加し、上述された新しい資産ではないところでは3.5％だけ増加した。

　訪問者の増加は部分的には経済情勢の回復のお陰かもしれないし、またこの現象はある程度我々がエンジョイした良好な夏の気候に影響を受けているかもしれない—邸宅への訪問者数が低いのはよくあることである。庭園全体はリヴァプールでの国際庭園フェスティバルに集中されたイギリス・ツーリスト委員会による宣伝の反映による増加であった。

　ピーク外れの時期の入場料の割引は、週末およびバンク・ホリディに一杯となるいくつかの資産で採用された。トラストの入場無料のオープン・スペースや海岸をエンジョイした人々はすごい数であった。[13]

第7節　教　育

　すでに学校では自然保護に深い興味が示されている。しかし少なくともこの興味の幾分かは、トラストの支持へ向けられる必要がある。我々は多くのスタッフを雇うほどの資金を持っていないので、教育アドバイザーがボランティアとして援助してくれる経験のある教員を集めている。ワーキング・グループがグロースターシァおよびセントラル・サザン・イングランドに樹立された。そしてトラストは他の場所にも同じようなグループを発展させることを希望している。教員向けのニュースレターがこの国のすべての公立学校に送られている。地元の教育当局と教員が貴重な援助をしてくれている。しかし我々は子供たちがもっと直接的に触れる必要があるし、また資産の数を増やしながら、子供向けの案内書および‘discovery sheets’を配布してきた。

　現在、子供たちのための多くのアドベンチャー・プレイグラウンド（Adventure

playground）や特に人気の高いウィンポール・ホール・ホーム・ファームには子供のコーナーがある。南ウェールズでは、子供たちがスタックポールのレジデンシャル・センターに滞在することによって、トラストのより長期の経験をエンジョイする機会を持っている。⁽¹⁴⁾

　トラストの子供向けの遊び場については、私自身のフィールド・ワークの体験のうちでいくつも見ているが、２例だけ紹介しておくと、イングランド北東部のウォリントン・エステートで多勢の子供たちが森の中にある遊び場で、活発に遊んでいたし、エセックスのスタンステッド・エアポートから５kmのところにあるハットフィールド・フォレストで、多くの子供たちが木に登っているのも目にした。なおスタックポールについては、センターを訪れたのだが、その日は休日で実際の場を体験できなかったのは、かえすがえすも残念だったが、次の機会には必ず子供たちの体験の様子をこの目で見ることができることを期待しているところだ。

第８節　アピール

　1984年には主要な３つのアピールが発せられた。

　カーク・アベイはすでに記述されたとおりである。

　ケントのセヴェノークスの近くにある14世紀のマナー・ハウスであるアイタム・モートのためのアピール〈50万ポンドの募金〉が発せられた。この募金の半分は会員と一般の人々へのアピールによって集められる予定であった。1984年といえば、私自身、ナショナル・トラスト運動の研究に入る１年前だが、それ以後アイタム・モートを訪ねたのは２度ほどであろうか。カントリィ・ハウスには農場が付属しているのを知ってからのことである。アイタム・モートの農場を歩きたかった。ずいぶん前のことになるが、周辺の農場を歩くうちに、あちこちにビール用のホップを乾燥させるための建物がいくつか見えた。ここはケント州なのだ。今でも懐かしい思い出に駆られる。

　新しいアピールは湖水地方景観基金を設立するために発せられたものであって、この基金は湖水地方の伝統的な景観を保持するためのかなりの費用に充てるために使われるものである。この地域の近代的農法はこの基金に不利に作用するものである。この基金はまた湖水地方にやってくる多くの人々によって惹

起される侵食問題を修復するために使用されうるものである。

　ところでここで問題となっている侵食問題ではなく、最近地球の危機をもたらしている気候変動については後で詳しく述べるはずだが、とりあえずトラストの理事のピーター・ニクスン氏から届いたクリスマス・カードで、2015年も湖水地方で極端な 'flooding'（洪水）があったことを知らされたことを書いておこう。[15]

資料　1984年　新しく獲得された資産と約款

【エイヴォン】
* ＊Middle Hope（Woodspring）. トラストの所有地に隣接する約0.4ha.の土地、贈与。
* ＊Smallcombe Farm、Bathwick. バースの東南部に位置する51.2ha.の農場、人々のアピール、バース市議会およびカントリィサイド委員会からの補助金によってバース・スカイラインを守るために購入された農場と森林地。

【バークシァ】
* ＊Windsor：14 High Street. 店舗用土地をトラストに供給するためのリースを獲得。

【バッキンガムシァ】
* ＊The Greenlands Estate：Hills Wood and Hatchet Wood. 22.4ha.に対する約款、贈与。
* ＊Pulpit Wood. プリンスィズ・リスバラから2.4kmの北東部、26ha.のセイヨウブナの森林地、バーロー基金およびカントリィサイド委員会の補助金で購入。

【ケンブリッジシァ】
* ＊Godmanchester：Duck End Cottage. 遺言によって獲得。

【チェシァ】
* ＊Dunham Massey：Charcoal Road. 当館へ近接するための2.8ha.の土地。
* ＊Hare Hill：No I Oak Cottages. 約款。Ｃ・Ｄ・Ｆ・ブロックルハースト陸軍大佐の遺言執行人によって。

【コーンウォール】
* ＊Lanhydrock. 32ha.の森林地、コーンウォール基金によって購入。
* ＊Lawrence House、Launceston. ローレンス・ハウス基金によって購入。
* ＊Lizard Peninsula：Poldhu Cove. 2.4ha.、遺産金およびカントリィサイド委員会の補助金で購入。
* ＊Porthcurnick. ポーッカソの北方1.6km、遺産金およびエンタプライズ・ネプ

第15章　長引くインフレーションとトラスト【1984年】

チューン基金とカントリィサイド委員会の補助金および匿名者の贈与によって、1983年に購入された25.6ha.に、さらに5.2ha.が付加された。

* Port Quin：Trevan Point. コーンウォール基金およびエンタプライズ・ネプチューン基金で、4.8ha.の崖地を購入。

* St Ives：Trowan Cliff and Pen Enys Point. 14.4ha.の土地、遺産金およびカントリィサイド委員会の補助金で購入。隣接地の27.6ha.以上のトローワン農場に対して約款を獲得。

【カンブリア】

* Duddon Valley：Sandscale Haws. 260.4ha.の砂丘および沼地、ダッドン入江口にある。エンタプライズ・ネプチューン基金とカントリィサイド委員会および自然保存評議会からの補助金で購入。15.2ha.の農地は湖水地方基金で購入。

* Outgate、Hawkshead. ホークスヘッドの北方2.4kmにある0.2ha.のパドックで、地元と湖水地方基金で購入。ハムレットの中心部にある。またこのハムレットのすぐ北東部にある7.2ha.の雑木林と隣の5.2ha.の土地は約款付きの贈与の形で獲得された。

* Ullswater Valley：Matterdale and Watermillock Commons. 1,387.6ha.、グレンコイン農場が隣接している。湖水地方基金で獲得。

【ダービシァ】

* Kinder Scout. 64ha.の丘陵地。カントリィサイド委員会の補助金およびダービシァとピーク・ディストリクト・アピール基金で購入。

【デヴォン】

* The Great Hangman：The Little Hangman. クーム・マーティン湾の東方3 kmに所在、43.2ha.、エクスムア国立公園に所属。遺産金およびカントリィサイド委員会とエクスムア国立公園局からの補助金で購入。

2016年9月、リントンからクーム・マーティンまでタクシーでトラストの海岸を確認するためにゆっくりと走ってもらった。次々とトラストの海岸を確認できたのは有益であった。なぜナショナル・トラスト運動がこれほどまでに成功していくのか。我が国の運動とも併せて、じっくりと考えねばならない。

* Killerton：Silverton. アクセスを認める代わりにイギリス国鉄から約0.4ha.を獲得した。アクランド家からキラトンを譲渡されたのは1944年である。

* Lee to Croyde：Woolacombe & Mortehoe. デヴォン州議会によって与えられた9.6ha.。

* Lydford Gorge. デヴォン一般基金で獲得された3 ha.。

【ドーセット】

* Southdown Farm：Sea Barn Farm. 29.6ha.、3名の遺贈金およびW・F・

サウスホール・トラスト、ウェセックス基金、カントリィサイド委員会の補助
金で購入。シー・バーン農場の農場家屋と0.3ha.に対しては約款。

【イースト・サセックス】

＊Ditchling Beacon. ブライトン市当局によって0.2ha.が与えられた。

【グロースターシァ】

＊Crickley Hill：The Scrubbs. 12.4ha.の放牧場と森林地、贈与金およびカント
リィサイド委員会の補助金で購入。

【ハートフォードシァ】

＊Ashridge：Golden Valley. トラストのアシュリッジ・パークに隣接する13.6ha.
の森と私園、カントリィサイド委員会、ダコラム地区評議会およびハートフォ
ードシァ州議会からの補助金、2名の女性の遺贈金および地元のアピールから
の資金で獲得。隣りの0.4ha.の森林地は贈与。

【ワイト島】

＊Newtown：Newtown Harbour. 0.6ha.の贈与。

＊West Wight：Tapnell Down. 14ha.の白亜質の丘陵地。2名からの遺贈金お
よび自然保存地評議会と世界野生生物基金からの補助金で購入。

【ケント】

＊Stone-in-Oxney. 旧校舎および10.4ha.の隣地、遺言で獲得。

【リンカーンシァ】

＊Belton. ブランサムの北東へ4.8km。418.8ha.。邸宅と庭園（12.8ha.）の贈与、
邸宅の所蔵品と私園（306ha.）は国民遺産記念基金（NHMF）受託者による贈
与。基本基金はNHMFによって供与された。私園と森林地とともに、ベルモウ
ント・アベニューとタワーも遺贈金で購入。

【マージーサイド】

＊Speke Hall：The Home Farm and Stocktons Wood. 25.2ha.、スピーク・
ホールを取り囲む歴史風景のほとんど残りのものは、地元のアピールと3名の
遺贈金で購入。

【ノーフォーク】

＊Blakeney. モーストン沼沢地に隣接する1.6ha.の土地に対する自由保有権。贈
与。

＊Blakeney：Friary Farm. 農場内の住宅と32ha.。そのうちの21.6ha.はキャラ
バン地として使われ、10.4ha.は放牧用の沼沢地として使用されている。

＊Blickling. ブリックリング・エステート内の以前の鉄道用地。遺産金で購入。

＊Brancaster：Branodonum Roman Fort. 約8ha.からなる2区画の土地。ブラ
ンカスターとブランカスター・ステイズの間のトラストの干満ある沼地に隣接

第15章　長引くインフレーションとトラスト【1984年】

する歴史的な土地。古代記念物基金とカントリィサイド委員会の補助金で購入。

* Brancaster：Dial House、Brancaster Staithe. 地元からの寄金と遺贈金によって購入。

【ノーサンバーランド】

* Seahouses. ファーン諸島の管理人の仕事用にシーハウジズにある建物と土地を遺産金で購入。2004年9月、私たち夫婦はファーン諸島へ渡った。この時の体験については、『ナショナル・トラストの軌跡Ⅱ 1945〜1970年』（緑風出版、2015年）53-54頁に詳しい。

【ノース・ヨークシャ】

* Cayton Bay & Knipe Point. スカーバラの南方へ4km、35.2ha.の渚を含む崖地、エンタプライズ・ネプチューン基金とカントリィサイド委員会の補助金およびスカーバラ地区評議会からの寄金で購入。

* Goddards、27 Tadcaster Road、Dringhouses、York. トラストのヨークシャ地域本部として獲得。

* Malham. 0.4ha.の原野、ヨークシャ地域基金で獲得。

【オックスフォードシャ】

* Ashdown. 91.6ha.の農地と森林地、遺産金、バーロー基金およびカントリィサイド委員会の補助金で購入。

* Buscot：Kelmscott. 1.2ha.の牧草地、バーロー基金で購入。

【シュロップシャ】

* Benthall Hall：Benthall Edge. 0.8ha.の森林地、約款の供与。

* Wenlock Edge：Blakeway Coppice. 44ha.の雑木林、シュロップシャ・ヒルズ・アピール基金からの寄金およびカントリィサイド委員会の補助金で購入。

* Wenlock Edge：Hill Top. イピキンズ・ロックを含む1.2ha.。シュロップシャ園芸協会によって供与、そして基本基金も供与。

【サマセット】

* Tintinhull. 遺贈金およびウェセックス基金からの寄金で、以前の果樹園を購入。

【スタッフォードシャ】

* Tutbury：10 High Street. 遺言により約款を供与。

【サフォーク】

* Dunwich Heath：Bridge Farm Cottage. 遺産金で購入、譲渡可能で獲得。

【サリー】

* Oxted. ノース・ダウンズにある16.4ha.の土地、カントリィサイド委員会の補助金および遺産金で購入。

* The River Wey Navigation：Godalming Navigation. ブロードフォードに

241

ある1.8ha.の牧草地、ゴダルミング・ナヴィゲーション基金からの寄金で購入。

【ウォリックシァ】
＊Stratford-upon-Avon：No 45a Wood Street and 65 and 66 Henley Street. 一部、16世紀の木骨造りの建物、遺産金で獲得。

【ウェスト・サセックス】
＊Cissbury Ring、Findon. 1 ha.、遺産金で購入。

【ウェールズ】
（ダベッド州）
＊Ceibwr Bay, Moylegrove. 2.6ha.、贈与。
＊Cwm Soden. 21.2ha.、エンタプライズ・ネプチューン基金とカントリィサイド委員会の補助金で購入。
＊Lower Treginnis Farm. 4 kmの海岸地を含む100ha.。エンタプライズ・ネプチューン基金、ウェールズ・イン・トラスト基金からの寄金および国民遺産記念基金、カントリィサイド委員会および世界野生生物基金からの補助金で購入。ここはウェールズの西端に位置する極めて風光明媚な大地で、運よくトラストの借地農にも会うことができたが、予約なしの会見で、先約がいて、ほんの僅かばかりの時間しか話し合うことができなかったのは、かえすがえすも残念である。

【グウィネス州】
＊Coed Aberglaslyn. 27.2ha.の雑木林。ウェールズ・イン・トラスト基金からの寄金、国民遺産記念基金からの補助金および寄付金で購入。
＊Coed Cae Fali. Penrhyndeudraethの東端にある絶景をなす107.6ha.の雑木林、ウェールズ・イン・トラスト基金からの寄金およびスノードニア国立公園局からの補助金、国民遺産記念基金およびカントリィサイド委員会からの補助金で購入。
＊Dolmelynllyn：Maes Mawr、Llanelltyd. ドルメリンスリン・エステートに隣接する42.4ha.の丘陵地、ウェールズ・イン・トラスト基金からの寄金およびカントリィサイド委員会からの補助金で購入。
＊Mynydd Bychestyn. ペナキルとブラハ・ポシュの間の追加の11.6ha.、贈与。
＊Tyn Y Maes & Ty Gwyn Farms. 197.4ha.、トラスト所有のペンリン所有地に隣接する２つの農場と２つのコテッジ。国民遺産記念基金、世界野生生物基金、自然保存評議会およびカントリィサイド委員会の補助金、遺産金からの寄金およびウェールズ・イン・トラスト基金からの寄金で購入。同時にティ・グウェン農場家屋と1.6ha.に対して約款が与えられた。

（ポウィス州）
＊Abergwesyn Common. 6,600ha.の入会地。クレアドルからイルバン・ゴージ

第15章　長引くインフレーションとトラスト【1984年】

まで西方へ19.2kmに広がる素晴らしい風景が備わっている。

【北アイルランド】

 ＊Creevedonnell、County Londonderry. ロンドンデリィとフォイル川を見下ろ
　す52ha.の丘陵地、遺贈。

 ＊Cushendun、County Antrim. 約0.2ha.のグレンダン川の前浜と川床、わずか
　な金額で購入。

 ＊Downhill、County Londonderry. ダウンヒル宮殿を取り巻く36ha.の断崖地、
　環境省の保護部門から補助金とアルスター・アピール基金からの寄金で獲得。

 ＊Orlock Point、Ards Peninsula、County Down. 9.2ha.の海岸地、贈与金と
　基本基金の贈与。

 ＊Strangford Lough. Taggart Island、County Down. 約37.6ha.、環境省保護
　部門からの補助金とアルスター・アピール基金からの寄金で、保護とアクセス
　のために購入。

第15章　注

（1）*Annual Report 1984*（The National Trust, 1984）p. 5.

（2）*Ibid.*, pp.5-6.

（3）*Ibid.*, pp.6-7.

（4）*Ibid.*, pp.7-8.

（5）*Ibid.*, pp.8-9.

（6）*Ibid.*, pp.9-10.

（7）*Ibid.*, pp.10-11.

（8）*Ibid.*, pp.11-12.

（9）*Ibid.*, p.15.

（10）*Ibid.*, pp.15-16.

（11）*Ibid.*, p.15.

（12）*Ibid.*, pp.19-20.

（13）*Ibid.*, pp.20-21.

（14）*Ibid.*, pp.21-22.

（15）*Ibid.*, pp.24-25.

第16章　国立公園と油田開発
【1985年】

理事長挨拶

アンガス・スターリング

（1）90周年記念行事

　1985年はナショナル・トラスト90周年記念行事の年であった。したがってトラストが女王の表敬訪問を得られたことは大きな喜びであった。最初は4月に女王および殿下のエディンバラ公爵のヨークシァのファウンティンズ・アベイとスタドリィ・ロイヤル・ウォーター・ガーデンへの訪問を実現できた。女王とフィリップ殿下は、議長とギブスン夫人によって迎え入れられ、ここへ旅し、そしてそこで働き、そして豪壮な18世紀の風景式庭園の復元に貢献しているスタッフの多くの人々にも会ってもらった。翌月には、女王が湖水地方のトラストの資産のいくつかを、イングランド北部の広範囲にわたった旅行の一部として訪れた。女王はハイ・ユーデイル農場を訪ね、そこで女王からトラストの借地農たちにプレゼントを授けられ、そして女王は農場に設営された大テントの中で、トラストのランチを楽しんでくれた。強風とほとばしる雨にもかかわらず、女王はこの旅の楽しさをたいへん喜んでくれた。

　それにまたこの年も会員数が続いて増えている素晴らしい年であったこと、そして先年、年次報告書で記されたトラストの進展が続いた年であったことを報告できるのも、またこの年にふさわしかった。

　この年の間に23万6,000人以上の人々が新規会員としてトラストに加入してくれた。その結果、正味の増加の会員数が13万1,099人増えて、12月末には全会員数が132万2,996人となった。

　言うまでもなく、この結果は会員を増やすために懸命に努力してくれたスタッフやボランティアたちのお陰によるものであった。トラストの秋季のマガジンで発表されたように、会費は生涯会員を除いて、インフレーションの上昇に

合わせて、1986年1月1日から引き上げられる予定であった。個人の会費は12ポンド50セントから14ポンド50セントへ引き上げられた。

90周年は見直すのによいときである。素晴らしい成長の年にしてきたこの1年であった。レビューで考察された点のいくつかは、このレポートの後半のページで発表されている。そこでは新しい獲得物件および各々の部門における主要な発展が要約されている。その結果、容易にその意義を明らかにすることはできないが、それにしてもそうすることによってこの組織に深い影響を与えるに違いない。

成長していく過程を経るにしたがい、獲得した資産を保つには相当な資源が必要とされる。例えば自然保護のためにMSCのチームはトラストに対して大きな恩恵を与えているが、このMSCの貢献に報いるためには、トラストの基金とトラストのスタッフの時間が必要である。同様にもしボランティアの援助に頼らねばならないならば、トラストはその援助を有効に組織し、かつ訓練するだけのトラスト自体の十分な人材と時間と資金がなければならない。同じことは教育、イベント、野外の労働、広告、そして商取引にも当てはまる。

トラストの活動の範囲を広げることこそ、ナショナル・トラスト運動が成功する要因である。これらはトラストの資産が首尾よく管理され、そしてよりよく理解されるように管理・運営される必要がある。それらはまたあらゆる年齢の人々に、資産のより良い楽しみを提供しなければならない。トラストの資産の範囲と種類が拡大していくとともに、トラストがそれらにアクセスするのを認めるばかりでなく、人々の生活の質も向上していくはずだ。トラストの美しい自然風景と歴史的建築物の管理・運営から引き出される利益という概念は、特別の意味を持っている。この時代において国民は失業と大都市の過密地区の喪失感および社会における変化の速さによってたいへん苦しめられている。トラストの責任は大きい。かくしてトラストはさまざまな意見を集約しなければならない。

私が初めて本格的にイギリスを訪問したのは、1985年からである。ロンドンを含め、マンチェスター、リヴァプール、リーズなどあらゆる都市が崩壊していたと言っても決して言い過ぎではない。このような状況のなかでは、ナショ

1982年のコーフ城への最初の訪問を契機に、トラスト研究への方向性も定まっていった（2013.8）

　ナル・トラストを訪ねるにつれて、私は特に田舎を含め、トラストそのものの新鮮さに驚いたものである。ロンドンのトラスト本部を訪ねていくうちに、トラストの「海岸買取り運動」の成果にも信じられないほどの驚きをもったし、会員数の多さも信じられなかった。すでに私たち夫婦はコーフ城も1982年に訪ねていた。私が故郷の志布志湾公害反対運動に参加したことも相俟って、まずは国土を守らねばならないことに気づくとともに、大地と農業だけは死守しなければならないことに気づき始めていた。私が前記のはるか遠隔の地にあるファウンティンズ・アベイを訪ねたのは、1985年のことであった。この頃から私はイギリスでのナショナル・トラストにおける貴重な体験を得始めたといってよいであろう。

　トラストがこれらの必要性に応じるためには、後述するように、トラストの仕事にボランティアが参加してくれることである。これには若者のためのエイコーン・キャンプ、会員たちの協会やセンター、ヤング・ナショナル・トラスト・グループが、または他のチャンネルを通じて、トラストおよびあらゆる年

第16章　国立公園と油田開発【1985年】

齢の男性、そして女性間の広い、そして成長していくパートナーシップが含まれている。

　トラストの今日の幅広い義務は、トラストが大きくなった事業の運営に適切な管理技術を着実に向上させていかなければうまく果たせない。これらのスキルは、トラストの伝統と融合し、トラストの初期の目的を強化し、かつトラストの精神を維持する方法で展開されることが必須である。先の２つの年次報告書は、トラストがトラストの管理を、拡大しつつある仕事に合わせようとしている方法のいくつかを概説している。将来のプラン、規則的な方針に関するレビューおよび基金が効率的に使用されていることが、確実に実行されなければならないのである。(1)

（2）ナショナル・トラストと国立公園との関係

　トラストの多くの美しい自然風景は、国立公園として指定された地域のなかにある。そしてトラストは国立公園当局の開設以来ずっと、良好な関係を確立すべく努めてきた。したがってトラストはカントリィサイド委員会を強力に支持する者として、1985年、国立公園意識化キャンペーンを開始した。この年の夏の間に、その種のものとしては初めて、国立公園の役人とナショナル・トラストのシニアの会員の間で会議が開催された。地域レベルで行なわれる共同の活動が、適切な方法で意見と情報の交換を行ないながら、これら２つの組織のそれぞれの目的と方策に関して議論がなされた。これは重要な会議であった。そしてこれが意図的に、そして毎年続いて行なわれるならば、トラストの国立公園との関係が強化されるはずである。また国民がこの国のそれぞれの地域において、両方の組織の役割をよりよく理解できるようになるはずだ。その結果それぞれの保護と国民の利益のための大切な責任が自覚されることになるであろう。(2)

　なお国立公園について、ここで必要な限りの説明をしておく。国立公園の設立は、1931年に提唱されたが、1945年になって、国立公園とは広大で美しく、かつ相対的に野生美豊かな田園地帯であると定義された。国立公園について優先すべきは、そこを保存し、かつ国民のアクセスを認めるとともに、農地は農地として維持することであった。このことについては拙著『ナショナル・トラストの軌跡　1895〜1945年』200頁を参照されたい。

（3）油田の探査

　前年は、政府と石油産業が陸上の油田探査に利害関係を増加させた年であった。ウィッチ農場（Wych Farm）の広大さとプール港とドーセットの遺跡のある海岸の下にある油田によって喚起された油田探査への期待は、探査ドリル（特にブリティッシュ・ペトロリアムに属し、トラストの土地からはっきりと見えるFurzey Islandに）を使用することを許可し、そしてその原油を遥かかなたの石油精製場に運ぶ手段を開発するために、計画当局とその地域の土地所有者たちに圧力をかけることになった。

　トラストは1962年以来、ブラウンシィ・アイランドを所有している。さらに最近に至りコーフ・カースル・エステートとスタッドランド半島もトラストの保護下に入った。そしてトラストは他の自然保護団体と一緒になって、油田開発は、この例外的と言っていい、手つかずの風景と有名な自然誌に影響を与えるという関心を表明した。トラストは石油会社に、トラストは石油という資源を引き出すための有力な議論を理解はするが、トラストが守っている資産を現在および次世代のために守ることはトラストの義務であるということを明らかにしてきた。トラストは地方および国民のレベルで、開発業者と深く接触を続けている。それとともに州議会および他の利害関係を持つ団体（ドーセット・ナチュラリスト・トラストおよび自然保護会議）との交流も維持している。

　これらの問題はドーセットに限っているわけではない。最近政府によって公表された変化に続いて、トラストはこの国中の可能な地帯を探査し、そして開発認可をめぐっての手続きの進展具合を監視している。[3]

（4）アピール

　4月のエンタプライズ・ネプチューン・キャンペーンの再出発の進行状況については、国民的規模にしろ、地域規模にしろ、テレビやラジオ、そして新聞で大々的に報道された。これはまた多くの特集記事として取り上げられ、そしてこのキャンペーンと連動した多くの地域のイベントとともに未だ手つかずの海岸線の獲得に使われる基金を増すばかりでなく、オープン・スペースをトラストが管理するのに関心を向けさせた。

第16章　国立公園と油田開発【1985年】

　もう一つの主要なアピールである湖水地方ランドスケープ・ファンドは異なる目的を持っている。トラストのたいていのアピールと異なって、このアピールの目的は獲得あるいは資本投下のための基金を集めるだけでなく、湖水地方でトラストによって所有されている自然および歴史風景とこの土地に特有な建物を維持する事業をサポートするための基金を集めるためのものである。これはトラストのための新しいタイプのアピールであって、人々に特別の地域で自然保護の仕事を維持してくれるように誘うものである。この支持は現金の寄付からスポンサー付きのイベントや材料あるいは設備の贈与に至る種々の方法で誘引されうるものである。それはこのアピールを初期の段階でそれぞれ異なったアプローチの形を取った経験へ向けるこの委員会の方針であった。多くのこれらのアピールは成功した。そしてこのアピールは、1984年３月に始動してから合計30万ポンド以上にのぼった。トラストはこの重要なエンタプライズに対して多くの人々によってすでに与えられている支持とサポートに心から感謝の気持ちを捧げてきた。このアピールは1986年には湖水地方を訪ねる何千もの人々へ、彼らがこの地域に滞在し、そしてこの風景の美しさを維持しエンジョイするための基金に対する必要性を特別に強調して、さらに推し進めることになった。[4]

　話は少し変わるが、この年1985年に私は初めて湖水地方を訪れた。この年がビアトリクス・ポターだけでなく、ナショナル・トラストの研究者でもあったエリザベス・バトリック夫人と会った最初の年であった。彼女とはご主人をも含め何回となく会い、トラスト研究の進歩に大きな刺激を与えていただいたことは特筆に値するが、ご夫妻ともこの世にはもういない。

（アンガス・スターリング）

第１節　資産の獲得について

　小さな多くのオープン・スペースが1985年には獲得された。しかしより大規模な購入には、グウィネス州の以前のベイノル・エステートのうち125.6ha.を占めるグラン・ベイノルがあり、これは2.4kmの海岸線を有する。これはアングルシィにあるプラス・ヌイズからメナイ海峡を越えて、スノードニア山脈の素晴らしい景色を守り、そしてエンタプライズ・ネプチューンの再出発と一致している。

249

ヨークシァのローズベリィ・コモンはカントリィサイド委員会、クリーヴラ
ンド州評議会、北ヨーク・ムーアズ国立公園局および地元のアピールからの援
助で購入された。この100ha.の荒野はローズベリィ・トッピングの北東部のス
ロープを含み、クリーヴランド・ヒルズの有名な陸標でもあり、東には北海が
見え、西のほうにはペニン山脈の絶景が控えている。

　スネイプス・ポイントは、素晴らしく自然に満ちた地域にあり、デヴォンの
遺跡ともいうべき海岸地でもあり、10月に獲得された。この農場はサルクーム
／キングズブリッジ・エステュアリィの３点に突き出ている。トラストは美し
い3.2kmも伸びているこの入江の海岸を国民のために永遠に守っていくのであ
る。私たち夫婦は2014年の夏にこの地域を存分にエンジョイすることができた。

　湖水地方にあるトラストの所有地は、７月にトラウトベックのハウ・エステ
ート部分の競売を確保できたことによって、実質的に増大した。この121.6ha.
の土地は、伝統的な農業家屋と建物を含んでおり、トラストのタウンエンド・
エステートからの風景をいつでも見渡せる。

　ドーセットのホド・ヒルにある約32ha.の塁壁と土手は、カントリィサイド
委員会、歴史的建築物および記念物委員会および地元のアピールからの援助に
よって、６月に購入された。トラストはすでに私園の主要部分に対して約款を
保持している。

　その他多くのオープン・スペースが、例えばデヴォンのリヴァー・テインな
どが確保された。北ヨークシァでは、レイブンスカーにある38.4ha.のベント・
リグ農場が獲得された。レイブンスカーには、ここのホテルに一泊して翌日、
海岸に沿ってロビン・フッド湾にあるあのナショナル・トラストのビジターセ
ンターであるOld Coastguard Stationを目指して歩いていたから、この農場
は必ず目にしたはずである。

　カントリィ・ハウスであるアイタム・モート（Ightham Mote）がやはり1985年
にトラストに譲渡されたことは記しておくべきであろう。ここはKentish Weald
にある堀に囲まれたマナー・ハウスである。ここには２回訪ねたことがあるが、
２回目の2012年５月には、行きはバスで行ったが、帰りもセベノークスまでバ
スで帰るつもりで外に出たところ、ナショナル・トラストのバスが帰る訪問者
を待っていてくれた。⁽⁵⁾

250

第16章　国立公園と油田開発【1985年】

アイタム・モート：ここの農場を巡っていた時に、ホップの乾燥かまども見た
（2012.5）

第2節　自然保護

　当年中に生物学チームは、グロスターシァとウォリックシァの仕事を完了し、またマーシァ地域の調査も行なった。当年度までにトラストの資産のほぼ75％が調査された。別の調査チームが北アイルランド地域を調査するために組織された。2名の生物学者と1名の動物学者が環境省の補助金に援助され、そして地域スタッフに導かれて、現在活動している生物学の調査チームと同じ方法を使って43の資産を調査した。

　トラストは土地管理人と資産管理人のための「屋内」訓練を行ない、そして自然保護は今ではこの訓練の規則的な部分となっている。

　野生生物とカントリィサイド法は、自然保存評議会と特別科学研究地域の所有者との間の関係の中心的な特徴をなすものとして管理協定の重要性を増している。トラストは現在414の特別科学研究地域を所有し、これらの協定をこれらの地域の実際上の管理のために補助金を得るための主要な手段として役立た

せている。両者を利するための簡単な手続きに基づいて相互の議論が自然保存評議会との間で行なわれている。[6]

第3節 庭 園

　歴史的庭園を特に保護するために考えられた法律が、この年度までなかったということは驚きである。1983年の国民的遺産法において、政府は歴史的庭園の重要性を認め、歴史的建築物と遺跡委員会に歴史的建築物に適用された法律に相似したシステムによって登録し、庭園に格付けをする任務を課した。公式に登録しても、現在のところ法律上の保護も提供しないが、登録の存在そのものが計画するための決定を行なうのにすでに影響を及ぼしており、私的な所有者が自らの私園と庭園の歴史的重要性をより以上に意図するようになったという証拠がある。

　この年になって、トラストは自らの庭園と私園 (landscape parks) に関する情報を集めるあらゆる機会を持つようになった。かくしてトラストはMSCによって財政上支援される計画を十分に利用し、そして大卒者のチームが雇用されることになった。この時までにトラストは自らの最も重要な庭園と私園のうち22件を調査し、そして研究した。調査研究はスタドリィ・ロイヤルとベルトンで進み、また資源と労働力が利用できる他のところでも進むことになった。

　これらの調査は管理上有益であり、また価値のある記録を提供した。この年、ヒドコートとシッシングハーストが詳細に記録された。その結果、完全な植物のリストと写真ができた。[7]

第4節 ナショナル・トラストとカントリィサイド委員会

　各種の獲得と管理に対する補助金の形で、カントリィサイド委員会から得られる支援を受けることに加えて、委員会とトラストの間の関係は、当年中に多くの点で強化された。委員会の議長であるサー・デレク・バーバーは、4月のトラストの年次土地代理人会議でスピーチをして、委員会の地域の役人とトラストの地域の理事は5月に合同会議を開き、そしてトラストは委員会のカントリィサイドとアクセスと国立公園への意識強化をより一層進化させるように指示した。

第16章　国立公園と油田開発【1985年】

　トラストは委員会によって設けられた入会地法に関する入会地フォーラムに出席した。トラストの入会地の管理とナショナル・トラスト法に示されている条項において、トラストの特別の責任に注意が向けられた。トラストとフォーラムの間で連絡が取られ、そして更なる法律の制定のための提案がトラストの管理の責任を阻止しないようにするためのあらゆるステップが取られるようにとの議論が進められた。[8]

第5節　教　育

　トラストの資産を訪ねる学童の人数が、この年を通じて増加し続けてきている。それ故にトラストは、重要な教育上および文化的な手段として役立っていることを多くの教員がみなしつつあることを嬉しく感じている。このような大切な役割を高めるためには、受け入れ施設および宣伝を高めることが必要だ。特に教員向けのニュースレターは、教員たちによって広く評価されている。ヨークシャ・テレビによって提供された子供向けの一連のフィルムは、多くの子供たちにトラストの資産を訪ねるのを楽しみにするフィルムを示してくれた。

　ボランティアは、多くのところに高品質なものを提供するだけの強い影響力がある。また学校でトラストを宣伝するための努力も行なっている。特に南部の地域教育委員会はこの地域のトラストの資産に対して総合的な教育ガイドを生み出してくれた。そしてセヴァーン教員グループはグロースター美術・工芸カレッジと協同して、教員のための主要な展示品を整えた。[9]

第6節　訪　問

　トラストの資産の訪問シーズンは、春の天候に恵まれなかったこともあって始まるのがとても遅かった。逆説的にツーリストや訪問者が多くおとずれるデヴォンやコーンウォールのような休暇に適した地域では、特に厳しい雨に見舞われる夏の間に、訪問が多い。

　この年の初めは、訪問者数がひどく少なかったが、シーズンの終わりまでには訪問者数は遅れを取り戻し、12カ月の間に前年の訪問者数を追い越した。平均して見ると、有料となっているすべての資産への訪問者の50%がこの年にはナショナル・トラストのメンバーであった。

253

A Free Entry Dayが9月18日に50件の資産に当てられたが、このトラストの資産では入場は無料であった。普通の数の訪問者数の5倍の人々がこの企画を利用した。入場無料の日は、他の日にはトラストの邸宅や庭園を、お金を払って訪問できない人々のための機会をつくってあげる試みとして実現されたのである。この日はお年寄りや体の不自由な訪問者がたくさん参加し成功であった。1986年には、この日のために生命保険会社がスポンサーになってくれるとの申し込みにトラストはたいへん喜んだのだった。(10)

第7節　アピール

1985年の主なイベントはエンタプライズ・ネプチューンの再出発であった。このアピールはたいへんな宣伝が行なわれ、その結果十分に満足のいく支持を得た。1985年末までに88万5,000ポンドが集められ、14.4kmの海岸線が取得された。この海岸線は周知のとおり永久に保護されるとともに、しかも海岸の自然の美しさも増していくのである。

ファウンティンズ・アベイ・アピールのための大きな写真がナショナル・トラストの本部の資料室に飾られていた。私がナショナル・トラストを最初に訪ねたのは1985年の5月であった。この写真を含めエンタプライズ・ネプチューンがすでに再出発していたのにも驚かされた。ファウンティンズ・アベイを訪ねたのは、この年の秋の頃であった。このアピールによって100万ポンドの目標額が集められたのは9月のことであった。それでも各種のトラスト、会社、そして個人などの献金は年末までに活発に続けられた。これこそトラストによって行なわれた一つの資産のための最初のアピールであり、100万ポンド以上が集められた。この献金こそ、たくさんの会員やセンターなどが獲得するために懸命に努力したからこそ成し遂げられたのだということを忘れてはならない。(11)

おわりに

トラストが成功しつつ拡大し続けていることは、トラストの仲間や賛助会員の援助と支持がなければ、成し遂げられることはできなかったであろう。トラストとしては、特に故アレック・クルフトン・テイラーの財産から受けた極めて寛大な遺産について述べておかねばならない。財政委員会は、金銭はクルフ

トン・テイラー氏が特に興味を抱いていたタイプである建築物を修復するのに使用される限定的な目的基金に投資されることに決定した。

　国民的遺産記念基金、歴史的建築物および記念物委員会、Cadw（ウェールズ政府の歴史環境保護機関）、雇用促進委員会、カントリィサイド委員会および自然保存会議にも深い謝意を表さねばならない。トラストの謝意は当然多くの他のボランティア組織にも表わさねばならない。彼らこそアドバイスと支持でもってトラストを支援してくれたのだ。[12]

資料　1985年　新しく獲得された資産と約款

【バッキンガムシァ】
* Ellesborough：Low Scrubs．クーム・ヒルに隣接する約18.8ha.の樫木林。遺産金、バロー基金およびカントリィサイド委員会からの補助金で購入。
* Little Hampden．典型的なチルターン地方のさらに5 ha.に対して約款、贈与。
* Stowe：Oxford Avenue．バッキンガムの北西3.2km、9.6ha.、バロー基金およびカントリィサイド委員会の補助金で購入。

【クリーヴランド】
* Roseberry Common．99.2ha.の入会地、ヒースの荒野および植物学的に豊かな樫林。遺産金とクリーヴランド州議会、ノース・ヨーク・ムアズ国立公園局およびカントリィサイド委員会からの補助金で購入。

【コーンウォール】
* Boscastle：The Store．ボスカースル・ハーバー、伝統的な石造りの建物、コーンウォール基金からの寄金で購入。
* Crackington Haven：Newton St Juliot．2.8ha.の原野、遺産金で購入。
* Duckpool to Sandymouth：Warren Cottage．小面積の土地とバンガロー、エンタプライズ・ネプチューン基金、コーンウォール一般基金および寄付金で購入。
* Glendurgan：I Glendurgan Cottages．約款、贈与。
* Lanhydrock：Copper ＆ Oakey Meadows．フォイ川の谷あいにある3.6ha.の土地、コーンウォール基金で購入。
* Morwenstow：Crosstown．21.4ha.の土地、エンタプライズ・ネプチューン基金で獲得。
* Pencarrow Head：Lantivet House．0.1ha.の土地に位置する建物、遺産金で購入。

255

＊St Anthony：Zone Point & Drake's Down．13.2ha.の土地、遺産金で購入。

＊Tregear Vean．34ha.の農場と波打ち際および約0.8kmの海岸線、カントリィサイド委員会の補助金およびエンタプライズ・ネプチューン基金で購入。

＊Zennor：Land at Boswednack．追加された4.4ha.の放牧場。エンタプライズ・ネプチューン基金で獲得。

【カンブリア】

＊Duddon Valley：Hall End Intake．パイク・サイド農場に隣接する15.2ha.の囲い地、湖水地方基金およびカントリィサイド委員会の補助金で購入。

＊Eskdale：Woolpack Land and Hodge How．22.4ha.の川辺の牧場とホッジ・ハウとして知られる丸い丘、湖水地方基金からの寄金で購入。

＊Grasmere：Ings Field．トラストのアンダーヘルム農場に隣接したグラスミアの北で、0.4ha.以下の馬小屋付属牧場、遺産金で購入。

＊Grasmere：Townhead．タウンヘッド農場家屋に隣接した短い道と原野への通路、名ばかりの価格で購入。

＊Loweswater：Watergate Farm．羊の群れのいる94ha.の高原地帯を含む129.4ha.、3名の遺産金で購入。

＊Troutbeck：The Howe Farm．ウィンダミアの北方4kmのところにあり、A592号線から東方のすぐのところにある121.6ha.の農場、遺産金、湖水地方基金からの寄金およびカントリィサイド委員会の補助金で購入。

＊Troutbeck：Townend．0.014ha.のタウンエンドにある土地、贈与。

【ダービシァ】

＊Calke Abbey Estate．ダービィの南14.4km、18世紀初期の邸宅および厩舎とともに868.8ha.のパークランドおよび周囲の農業用地、譲渡、必須の修理および基本財産のための寄金は国民的遺産記念基金、歴史的建造物および記念物委員会、ハーパー・クルー・エステート受託者、匿名の賛助会員およびアピールによって寄金を獲得。

＊Dovedale：Milldale．4.8ha.の石灰質の牧場、石造りの納屋、アピールおよびカントリィサイド委員会の補助金で購入。

＊Dovedale：Warrilow Pringles or the Intakes．2.2ha.の3つの原野、カントリィサイド委員会からの補助金およびアピールからの寄金で購入。

【デヴォン】

＊Brixham：Sharkham Point．シャーカム・ポイントと綺麗な海岸の景色を持ったトラストのサウスダウンの崖地資産の間の10.4ha.の崖地と農場、遺産金で購入。

＊Heddon Valley：Tucking Mill．現存する資産へのアクセスを改良するために使われる非常に狭い土地がトラストへ与えられた。

第16章　国立公園と油田開発【1985年】

* Knightshayes Court. この資産の境界線をはっきりさせるために名ばかりの金額で購入された0.1ha.。

* Lee to Croyde：Heathercombe Hotel Site、Woolacombe. 以前のホテルの荒廃物は、ハリエニシダの低木地域とともに遺言のもとにデヴォン州議会から購入した。

* Milfordleigh Plantation. ノース・テイン川の北岸にある6.8ha.の森林は、プランテーションに隣接している川床の半分が贈与された。

* Salcombe：Snapes Point. ほぼ3.2kmの海岸からなる57.2ha.の海岸の農地は、エンタプライズ・ネプチューン基金と地区の基金で購入された。同時に獲得された40.8ha.のリンクメ農場に対しては約款が設定された。

* Salcombe：Signalhouse Point. 12.5haの崖地と農地。遺贈金およびカントリィサイド委員会の補助金で購入。

* Sidmouth：Peak Hill. 贈与金による購入。シドマスの西方の崖地を含む6.4ha.。

* Teign Valley Woods：St Thomas Cleave Wood. 2 ha.の森林地。テイン・ヴァリィ・ウッズ・アピール基金およびデヴォン一般基金からの寄金で購入。

* Wembury Bay & Yealm Estuary. セラー海岸に隣接した0.6ha.。贈与。

【ドーセット】

* Hod Hill. 鉄器時代の要塞、丘陵地の動植物で有名な32ha.、歴史的建造物および記念物委員会、自然保存地評議会からの補助金と一般の人々へのアピールからの基金で購入。

【グロースターシァ】

* Stroud Properties：The Great Park、Minchinhampton. ストラウド駅からさほど遠くないところにある12.6ha.の放牧地。一般の人々へのアピールからの寄金、ミンチンハンプトン・コモナーズの受託者からの寄付金およびカントリィサイド委員会からの補助金で購入。

【グレイター・マンチェスター】

* Dunham Massey. 0.13ha.の土地、ダナム・マッシィ基金で購入。

【ハンプシァ】

* Speltham Down：Hambledon. 6.8ha.の丘陵地、一般の人々へのアピールからの寄金とカントリィサイド委員会の補助金で購入。

【ヘリフォード＆ウースター】

* Berrington Hall. ここの私園の端にある0.6ha.の永久放牧地、遺産金で購入。

* Malvern Hills：Broad Down. ここの丘陵地にある4.6ha.以上に対して約款が得られた。

【ワイト島】

* Borthwood Copse. 0.2ha.の森林地、ワイト島基金で購入。

＊Marsh Green & Grange Chine. 33.6ha.の農業用地および海岸線、約款、贈与。

【ケント】

＊Ightham Mote. 中世時代の堀で囲まれたマナー・ハウスを含む13.6ha.、コウルヤー・ファーガソン慈善トラストからの基本基金とともに、C・H・ロビンソン氏からの贈与。

＊St Margaret's Bay：Bockell Hill. ボックヒル農場に隣接する4.6ha.の牧場、ケント州議会により贈与。

＊Wrotham Water：Land at Trottiscliffe and Pilgrims Way. トロティスクリフに池のある2ha.の森林地と遺産金で獲得されたピルグリムの道近くの4.6ha.の耕作地。

2015年5月のことだ。私たち夫婦はOrdnance Surveyの地図を見て、ルータムの近辺にトラストの資産があり、ピルグリムの道の上に立つことも可能であるかもしれないし、ヒーリングに十分に応えてくれるに違いないと思った。そういうこともあり、教会の近くにホテルもあることを知った。ホテルで落ち着いて、いよいよトラストの大地を踏みしめようと勢いづいた。まずは車のところにいる地元の夫妻に道順を聞くことだ。夫妻とも親切だった。しかし喜んで教えようとはしなかった。トラストに入るには危険な高速道路を通過せねばならない。やめたほうが賢明だとのこと。地元の人の言うことが正しいことは間違いない。それでもあきらめきれず、あちこち歩いてみた。さすがにルータムの村自体、ヒーリングに事欠かないようだ。バラ・グリーン駅からは多くの人々が降りてくる。私たちのルータムへの選択は間違っていなかったのかもしれない。しかし今回はフィールド・ワークを中止することにした。車と道路との関係については慎重に考える必要がある。それからもう時が経つが、デヴォンの海岸線を歩いている時、老人観光客が多いのに気づいた。老人の国内経済への積極的な影響を考えるべきではないか。とにかく国内経済に対する積極的な影響については、老若を問わず考えるべきであろう。

【ランカシァ】

＊Gawthorpe Hall. ゴーソープ・ホールに隣接している16ha.の庭園と10.4ha.の森、遺産金とカントリィサイド委員会からの補助金で購入。

＊Silverdale：George's Lot. バンク・ハウス農場に隣接している3.6ha.以下の海岸の草地、遺産金、寄付金およびシルバーデイル・ナショナル・トラスト管理委員会からの補助金と匿名の寄付金で購入。

【マージィサイド】

＊Formby：Larkhill Lane. フォーンビィ・ポイントにあるトラストの土地に隣接する8ha.のヒース地と自然のままの放牧地、フォーンビィ基金からの寄金、

エンタプライズ・ネプチューン基金およびカントリィサイド委員会からの補助金で購入。浸食しつつあるこの海岸に何度来ただろうか。私の訳書『ナショナル・トラストの誕生』（緑風出版）の著者マーフィ氏を訪ねる時は、必ずここに足を踏み入れている。

【ノーフォーク】

＊Horsey Poor's Marsh. イースト・アングリア地域および海岸基金と遺産金で購入された3.6ha.の牧草のための沼地。

＊Brancaster：Creek Farm. 1.2ha.、遺産金、カントリィサイド委員会、歴史的建造物および記念物委員会からの補助金、ブランカスター基金からの寄金で購入。

【北ヨークシァ】

＊Bridestones Moor：Blakey Topping. トラストが所有するクロスクリフに隣接する円錐形の丘を含む12.8ha.、贈与金およびカントリィサイド委員会およびノース・ヨーク・ムアズ国立公園当局からの補助金で購入。

＊Ravenscar：Bent Rigg Farm. ビースト＆コモン・クリフスを越えて２kmに拡がる38.4ha.の土地、21.2ha.に対しては約款。ナショナル・トラストのヨーク・センター・トラストによる寄付金、カントリィサイド委員会からの補助金およびエンタプライズ・ネプチューン基金で購入。

＊Ravenscar：Stoupe Brow Farm. ロビン・フッド湾を北へ向けてレイブンスカーのトラストの所有地を拡げる28.8ha.の農場と海岸地、500ヤードの崖地、隣接する5.2ha.に対しては約款、エンタプライズ・ネプチューン基金およびカントリィサイド委員会からの補助金で購入。

【シュロップシァ】

＊Morville Farm. 17ha.の土地に対しては約款。ミス・オードレイ・ビセルの遺言に従って、遺言執行人によって贈与された。

【サマセット】

＊Exmoor：Greenaleigh Point. 後ろに18.4ha.の草地と荒野を控えた0.8kmの海岸、遺産金で購入。

【スタッフォードシァ】

＊Churnet Valley：Toothill Wood. アルトン・タワーの反対側にある４ha.の森林地、贈与。

＊Manifold & Hamps Valleys：Ladyside Farm. 農場家屋を含めた３ha.の農地、カントリィサイド委員会の補助金およびダービシァ・アンド・ピーク・ディストリクト・アピールからの寄金で購入。

【サフォーク】

＊Flatford：Bridge Cottage. トラストのフラットフォード・ミルの近くのスト

ア川にあるコテッジとティー・ルーム、遺産金およびカントリィサイド委員会の補助金で獲得。

【サリー】

＊Hindhead：Thistledew．スタッフの宿泊に使用するためのセミ・デタッチト・ハウス、ハインドヘッドのハイクーム農場家屋の長期のリース販売から得られた寄金で購入。

＊River Wey Navigations．ウェイ川運河基金で購入されたシャルフォード地域にある1.2ha.の土地、ゴダルミング運河に隣接している21.2ha.の牧場は、ロウアー・トランリィ・ヒース農場の一部分を形成し、6 ha.の牧場は、ブロードフォード橋のそばにあり、0.3ha.の低木地はストーンブリッジ波止場に隣接している。

【ウェスト・サセックス】

＊Wakehurst Place．サザン水道局によって贈与された 4 ha.。

【ウィルトシァ】

＊Cley Hill．駐車場用の0.13ha.、遺産金およびカントリィサイド委員会の補助金で購入。

＊Kilmington．トラストのストアヘッド・エステートに囲まれた 4 ha.の野原、いくらかの譲渡可能な土地の販売からの寄金で購入。

＊Stonehenge：The King（Seven）Barrows：トラストの所有地の東方で4.2ha.。セヴン古墳を含む森林地は、歴史的建造物および記念物委員会とカントリィサイド委員会の補助金で購入。

【ウェールズ】

（ダベッド州）

＊Llandeilo：The King's Head．購入、トラストの南ウェールズ地域事務所として利用。

＊Llanrhian：Barry Island Farm．ポルスカイン・ハーバーからアベリーディまでの3.2kmの海岸線を含む80ha.の海岸地の農地。エンタプライズ・ネプチューン基金とカントリィサイド委員会の補助金で購入。

（グウィネス州）

＊Beddgelert：Llewelyn Cottage．主として18世紀の伝統的な石とスレートのウェールズ様式のコテッジ。カントリィサイド委員会の補助金で購入。

＊Glan Faenol．バンゴールの南西部へ4.8km、メナイ海峡に隣接する125.8ha.の農地と森林地でベイノル・ウッドからポルツ・ディノルウィックのはずれに広がっており、プラス・ヌイズに向かい合っている。ただしボート・ハウスは除く。エンタプライズ・ネプチューン基金とパルクウェイ基金およびカントリィサイド委員会と国民遺産記念基金からの補助金で購入。また獲得された隣接する農

第16章　国立公園と油田開発【1985年】

地と森林地の21.6ha.に約款を与えられた。

＊Rhydwyn、Pen y Graig. ホリヘッド湾を眺望できる3.2ha.の土地、贈与。

【北アイルランド】

＊Florence Court、Co. Fermanagh. 邸宅を西に50ha.の農地と森林地、環境省の補助金よびアルスター・イン・トラスト・アピールからの寄金で購入。

第16章　注

（1）*Annual Report 1985*（The National Trust, 1985）pp.3-5.

（2）*Ibid.*, p.9.

（3）*Ibid.*, p.10.

（4）*Ibid.*, pp.10-11.

（5）*Ibid.*, pp.12-13.

（6）*Ibid.*, p.14.

（7）*Ibid.*, pp.14-15.

（8）*Ibid.*, p.15.

（9）*Ibid.*, p.21.

（10）*Ibid.*, p.19.

（11）*Ibid.*, p.22.

（12）*Ibid.*, p.25.

第17章　新たに獲得した資産の保全と管理
【1986年】

ジェニファー・ジェンキンズ議長の「あいさつ」から

　本章を始めるに当たっては、まず今期のナショナル・トラストの議長に就任したジェニファー・ジェンキンズ女史の見解を紹介することから始めることにしよう。彼女が、健全で前向きの組織で、かつ前進しつつある各種の仕事に取り組んでいるトラストを引き継いだことに深い謝意を表したことは当然である。

　かくしてブリテンは自然風景および歴史的建築物を保全するために、「譲渡不能な」資産を所有するためのユニークな権利に固く守られながら、ナショナル・トラストおよびスコットランド・ナショナル・トラストによってしっかりと要塞化されるに至った。だからトラストは譲渡不能であると宣言された大地を処分することはできないし、またこのような土地は議会の認可なくして強制的に購入されることもできない。かくして一般の人々、会員および寄付者は、彼らの寛大さによって獲得された資産は安全であると自信を持つことができるのである。

　その結果トラストは、国民を代表して所有している資産を最高の水準にまで維持しなければならない。これらの資源とスタッフおよび維持費の水準を守るには限度がある。もっと資金があれば、自然生息地の保全を改良するのに、より多くの資格を有するスタッフを雇用し、またあらゆる種類の建物を復元し、様々な宝飾品を修復する管理人をもっと多く雇用することができるであろう。

　1986年12月31日までに、トラストは21万6,000ha.、752kmの海岸線、87の歴史的建築物、100以上のその他の建物、そして一般へ開放された庭園、1,181の農場および約1万5,000のコテッジ、そして農場家屋を所有している。この大規模な資産を管理する仕事は、保護の水準が上昇し、かつ人々のアクセスが増加するにつれていよいよ複雑になる。

第17章　新たに獲得した資産の保全と管理【1986年】

　トラストの資産の管理から、地域および本部に在籍するトラストの職員は、矛盾を調整し、そして土地や建築物を維持するのに熟練度を増し、そして経験を積んできている。

　1986年の間にトラストは12kmを含む3,080ha.の大地を獲得し、年末にはほぼ48kmに及ぶ海岸線を獲得するために交渉中であった。それにトラストは3つのオープン・スペースを獲得しようとしていた。ノーフォークのシェリンガムに所在する私園（1987年獲得）とダベッド州のディネブル（1990年獲得）およびスタッフォードシァのビッダルフ・グレンジ・ガーデン（1988年獲得）である。これらの重要な風景の資産には破壊されたり、開発されたりするのを防ぐために必要な補助金が付与されていた。

　これらの獲得物は1985年に評議会によって認可され、前年の年次報告書に概括された原則に従うことになっている。すなわちトラストはまず海岸とオープン・カントリィサイドを獲得するように努めなければならない。しかし歴史的邸宅の場合、ほかに解決されるべき資産が見つかった時には、セーフティー・ネットとしてのみ役立つべきである。1986年中には国民の意見は、特に開発の危険にさらされている村落地、限界耕作地の販売およびこの年まで森林保護委員会および水質保護局（Water Authorities）によって守られてきた土地の処分に焦点が絞られた。

　村落地のより広大な地域を守ることに多くの会員が深い関心を持っていることに、トラストは注目すべきである。これまでにトラストの事業が成功した大きな要因は、トラストの方針と決定が一般の人々の関心と興味が一致していることである。我々はトラストの方針と決定が国民の興味を引き出すことを期待しなければならない。それにトラストはメディアがトラストの事業に注目してくれていることにも感謝している。

　トラストの資産がますます大規模になるにつれて、他の組織とパートナーシップを組んで働くことがますます望ましくなってきた。彼らの支援がなければ、トラストの水準は高くなるどころか、維持されることもできない。

　会員およびボランティアから得られる大きな支援こそは、特に経済的に不安定な時期においては大変な励ましとなった。この時期にこそトラストはその仕事に役立つ資源にますます頼らねばならない。トラストは頼るべき自由に使え

263

る資金に限りがあることを十分に承知している。トラストは会員と支持者の忠節と寛容さに、また資金を集めるトラスト自体の努力が成功することに依拠している。トラストはあらゆる年齢のさまざまな関心を持つ人々、あらゆる階層の人々、社会のすべての部門の人々、そしてこの国のあらゆる地方に住んでいる人々からの支援を受けている。これこそトラストが歴史的名勝地および自然的景勝地を保護するために創設された目的を成就するために努力することにトラストの力となっている広い土台である。[(1)]

（DAME　ジェニファー・ジェンキンズ）

第1節　1986年を顧みて

理事長　アンガス・スターリング氏からのレビュー

成長と管理

　トラストの規模とトラストの着実な成長が及ぼす影響力は、トラストの資産と会員数によって測ることができる。1986年ともなると、これら2つの鍵となる指標が実質的に成長し、そしてこの報告書のなかでもより詳細に言及されている。

　しかしながら成長は他の点でも力強い変化を表わしている。トラストが成長していく意味は、資産あるいは会員のみの数を計算する以上の意義を持っている。トラストの成長は、常に幅広くなっていくナショナル・トラスト運動をバランス良く管理するための困難な技術をマスターするために、各資産の有する質をより完全に理解していかねばならない。成長を確実に保証するためには、トラストが関与している地域社会のなかで、トラストとその地域社会の人々との間の接触がよりスムーズに進められるように、専門的で、かつ十分な柔軟さを有している哲学を必要とする。トラストの増大していく責任を果たすためにはまた、一般の人々がエンジョイするための可能性をより幅広く知り、かつそれらをトラストと共有されうるように、トラストの資産が利用され、かつ提供されるための必要性がつくり出されねばならない。

　これらの目的の追求こそ、トラストの管理の改良のための不断の探求の必須的な部分である。そのためにはスタッフをしっかりと育成することがとても重

第17章　新たに獲得した資産の保全と管理【1986年】

要である。この過程でこそ、研究と経験が多くの熟達したアドバイザーによって助けられて、生息地と野生生物の感受性、変化と衰退のプロセス、侵食あるいは公害の影響および自然保護と人々のアクセスの間に生じうる矛盾を調和させる方法についてのトラストの知識を徐々に広げていくのである。

　トラストの資産を保護する能力は、トラストの限られたスタッフにますます要求され、かつ管理の技量を改良できる豊富な資源が使われることに依拠している。大量のトラストのエネルギーが上記の目的に充てられ、そしてこのことが以下に続くレビューの底辺に流れている。

目　標

　創立100周年が近づくにつれて、トラストの目指す目標もいよいよ多岐にわたってくる。最も重要なものは、トラストの各地域において戦略的な計画を打ち立てることにある。前年の年次報告書に言及された各プランの準備については、それぞれ進行したと言っていい。トラストの考古学上の位置およびその土地に特有な建物の調査は準備中である。資産の管理計画を実行するためのトラスト自体の方法は、カントリィサイド委員会によって、他の土地マネジャーの指導のためのブックレットという形で刊行された。

　カントリィサイドでは、トラストは資産─特にトラストの海岸地およびカントリィサイド─での毎日の仕事に直接責任を持っている地域にいるスタッフを、徐々にではあるが、慎重に増加させることによって、その水準を高めることを目的とした。サイレンシスターに拠点を置く自然保護のためのスタッフも増員された。

新しい資産

　章末資料にある新しい資産のうち、この年度中にトラストの資産を着実に統合整理していることに注意を向けるべきである。いくつかの資産は広くもないし、特殊な特徴も持っていないが、それらはお互いに隣接しているが故に、それらの資産の質を高めるだけでなく、しばしば管理をできる限り容易にする。このことは入会地、荒野、農地および海岸地を含めて同様である。

　80のうちの１つを除くすべての土地、またこの年にトラストによって同意さ

265

れた新しい獲得地は海岸地または村落地であった。これらは北ヨークシァのロビン・フッド湾のいくつかの部分、サマセットのクルック・ピークとウェイバーリング・ダウンおよびダービシァのキンダー・ダウンフォールの西方にあるパーク・ホール・ムーア等である。[2]

（アンガス・スターリング）

第2節　風景の保全と土地の管理

農業と保護

　余剰農産物を減らす必要性から生じる将来の農業収入に対しては不安がある。限界地についてはこれまで限界地の維持を保証した。そして農業収入に対する圧迫は風景に悪影響を及ぼしてきた。農場の競売処分は、トラストへ手つかずのカントリィサイド—必要な資源が見出されるならば—をより広く獲得できる機会を与えることができよう。農業システムの変化は、農業ビジネスをどちらか他方の事業へ変える機会を見出さねばならないので、その土地の価値を検討する必要がある。

　トラストはこれらの問題を研究するために、カントリィサイド委員会によって組織されたパネルに出席するように求められ、トラストの考える解決策を提供した。

　トラストの借地農の理解と協力のおかげで、自然保護と農業がトラストの農業所有地に対して両者ともに補いあう役割を果たすことが明白となった。困難であると同時に、取り扱いに慎重を要する仕方であるが、両者がともにバランスを保つようにトラスト自体努力しなければならないし、現に努力しつつある。かかるトラストの努力と1984年農業保有地法は両立しなければならないし、協同的な関係にある。トラストの新しい農業借地契約法は、保護条項を組み込んでいるが、今のところ農地の新しい借地のすべてに適用されている。だからこの重要なバランスは成就されているのである。[3]

オープン・スペース

　風景を維持し、自然保護をさらに保ち、かつアクセスを進めるためのオープン・スペースでの役割は本年中続けられた。特に重要な仕事はピーク・ディス

第17章　新たに獲得した資産の保全と管理【1986年】

ファーン諸島のひとつ。向こう側の城はリンデスファーン・カースル（2004.9）

トリクトのキンダー・スカウトで進捗した。1982年に確保された主要な目標の1つは、ヒース地を復元することであった。契約された5年間の管理計画は、牧場での羊の数を減らすことであった。荒野の植物を観察するためのシステムがつくられ、そして植生の復元の実験が開始された。1986年まで結果は極めて良好であった。

私がキンダー・スカウトに登ったのは2002年4月だったが、この時のキンダー・スカウトの風景はもとより、ここでの自然保護のすばらしさを何としてでもいつまでも守り抜きたいものと考えたものだ。ナショナル・トラスト運動の必要性を痛感したのはもちろんである。(4)

自然保護

野生生物の保護はトラストの土地管理上の主要目的の一つである。ウィッケン・フェン、ファーン諸島およびストラングファド・ラクのようないくつかの資産では、自然保護が最優先の課題であり、そのことが少なくとも土地保有の

267

ベルファーストをバスでポータフェリィに向かって走るとストラングファド・ラクに行き着く。このラクは広大な面積で、東側にはマウント・スチュワートが控えている（2004.9）

ための第一の動機である多くの資産がある。

　上記 3 つのトラストの資産が自然保護を最優先とする資産であることは決して誤りではない。ファーン諸島は遠隔の地にあるため、一度しか渡っていないが、他の 2 か所は数回訪ねている。ウィッケン・フェンはケンブリッジから行けるが、ストラングファド・ラクは北アイルランドにあるから、そう簡単には行けないかもしれないが、沿岸にはカースル・ウォードとマウント・スチュワートもある。是非訪ねたいところだ。2015 年 9 月にマウント・スチュワートを訪ねた時には、家庭菜園（allotment）があったが、まだ準備中であり、トラストのallotmentが何を意味するのか、十分に考えてみたい。

　トラストが自然保護を委託されているという事実は、当年中に自然保護のアドバイザーが増員されたことによって、またトラストが現在法令によって定められた機関、例えばイングランドおよびウェールズの自然保護評議会、北アイルランド環境局および王立野鳥保護協会、そして王立自然保護協会によって認

第17章　新たに獲得した資産の保全と管理【1986年】

識されているとおりである。これらの機関は全体的にこの国の自然保護に重要な役割を演じている。

　資産の生物学上の調査が1979年に開始されて以降、トラストの蝶々の生息地の豊かさがますます認識されてきた。例えばデヴォン州のキラトン・エステートはイギリスの蝶々のうちの60％を超す35種類の蝶々を保護している。私たち夫婦がこのエステートを訪ねた時、ここを紹介してもらった。ただ蝶々について説明を受けなかったのは、私たちが蝶々についてほとんど知識を持っていなかったからであろう。

　自然保護活動は、今や資産管理のための日々の責任を持ったトラストの管理人（wardens）のための訓練コースを形成している。例外的な野生生物に関する知識を持つ筆頭管理人の役割は、必要な興味と野外での経験を持った男女のための各種の機会を提供することももちろんである。[5]

森　林

　7月に資産委員会はトラストの森林の管理における4つの主要な目的を確認した。それらは風景の保全、野生生物の保護、人々のアクセス、そして木材の生産である。この委員会はこれら4つの項目のうち初めの3つの項目の重要性を強調し、そして価値のあるそして持続的に収入を生み出すに十分成長した森林から木材を生産することも可能であることも確信している。

　トラストがさしあたり重視することは、広葉樹の森林地を再生する広範なプログラムを発展させることだ。広葉樹林の多くは古い樹林を多く含んでいる。究極の目的はより多くの若木を含みながら、樹齢の異なるさまざまな構造を持つことである。そしてこのことは風景が無秩序になることが少なくて、永久に維持されうるはずである。[6]

考古学

　スタッフのための第2回目の考古学上の訓練が成功のうちに終わった。南部イングランドでの3日間の1985年の訓練日に続いて、この年にはハドリアンズ・ウォール、ファウンティンズ・アベイおよびピーク・ディストリクトのマム・トーそしてロイストン農場でも行なわれた。

269

その間、資産での詳細な調査が続いた。コーンウォールのザ・ウェスト・ペンウィズ調査の記録が書面に収められた。アシュリッジ・エステートの調査はより強力な雇用促進委員会（MSC）の後援を得て十分に進捗した。ドーセットのバドベリィ・リングズおよびコーフ城の新しい、かつより詳細な調査が進行中であったし、また他の調査も準備中であった。また重要なことだが、この年には専門職の監督のもとに限られたものだが、考古学上の発掘調査が行なわれ、エイコーン・キャンプに参加した若者たちが有益な役割を果たした。コーフ城では4つの部隊のエイコーン・キャンプが同時に作業を行なった。彼らはまたカースル・ニック、ハドリアンズ・ウォールの発掘作業も行なった。これらの訓練は考古学上におけるエイコーン・キャンプの力強い有用性を打ち立てるのに確実に役立った。[7]

第3節　会員数とP.R.

　広報活動は広範にわたるトラストの活動範囲を含む。

　カントリィサイドの自然保護のためのトラストの活動を会員および人々の注目を引きつけるために、特別に広報活動を行なってきた。このためにメディアおよびトラストの国民向けマガジンと地域のマガジンを利用した。その他戸外での活動およびガイド付きのウォーキングも有効であった。

　トラストは今後もトラストのP.R.活動を強めていくであろう。

訪問者

　訪問者の数は、この年のアメリカのツーリストの数が一般的に減ったにもかかわらず、4％以上増えた。オープン・スペースを訪れる何百万人という数に加えて、入場料を要する資産への訪問者は800万人以上にまで増えた。多くのより人気の高い資産は、ピークの時期には入場者に対して制限が生じる。そしてピーク・オフの時に訪問を奨励することによって、訪問者の数を維持するか、増やす試みがなされている。

子供と教育

　多くの地域で組織されてきたボランティアの教育グループの活動が大いに進

第17章　新たに獲得した資産の保全と管理【1986年】

展した。彼らは彼らの地域の教育当局と学校との接触を進める努力をしている。

　前年に学校で問題が生じたのは、学校側がトラストの資産を訪問する際にいくつかの問題が発生したからだった。スタックポールでの自然研究のコースを予約していた学校が、この年の早くから減ったのである。しかし幸いに政府の失業対策事業が北アイルランドのカースル・ウォードとケンブリッジ州のウィンポールで教育チームを設立するのに大いに役立ったのである。ウェスト・ミッドランズのワイトウィック・マナーが素晴らしい教育サービスを行なったことでサンドフォード賞を与えられた。[8]

第4節　財　政

　1986年には会費が引き上げられたが、ありがたいことに会員数は増加した。それに会員への特別の郵送に応えて、約款による会員数が増加し、それによって年収が増加したことに評議会は感謝の意を表した。遺産もまた収入が実質的に増加したことに寄与した。これによる収入の増加に加えて、故E・L・エリオット氏からの百万ポンドの遺産金があったが故に、オープン・スペースの購入にたいへん役立った。

　1986年の予算において、大蔵大臣が新しい租税の軽減措置を行なったために、財界および従業員が、慈善団体や社会事業団体に寄付行為を率先して行なうことを奨励することになった。[9]

ナショナル・トラスト・エンタプライズ

　資産でのケータリング、トラストのタウン・ショップ、そしてホリデー・コテッジを含む利益を生みだす多くのビジネスを含むいわゆるナショナル・トラスト・エンタプライズは、1986年中に着実に成功し続けた。資産でのビジネスは予想を上回って好調であった。資産内で営まれたレストランやティー・ショップは、1985年の好成績に続いて25％の利益を上げた。

　新しいショップが歴史的なセンター——夏にはヘクサム、ノリッジ、トルゥロー、クリスマスの前にはブリストル——で開店した。他方では、ヨークにあるショップが改装されて営業を開始した。

　クリスマス向けのメール・オーダーは満足のうちに始められ、売り上げが上

271

昇した。しかし夏は天候に恵まれなかったので、ホリデー・コテッジの収入は
不振であり、またキャンプ場や駐車場からの収入も不振であった。[10]

資料　1986年　新しく獲得された資産と約款

【エイヴォン】

* Barton Rocks、Winscombe.　31.8ha.の農地、遺産金、カントリィサイド委員
  会の補助金およびクルック・ピーク・アピールからの寄金で購入。
* Clevedon Court.　5.6ha.の放牧地に対する約款、贈与。

【チェシァ】

* Dunham Massey.　0.2ha.の土地、ダナム・マッシィ基金からの寄金で購入。

【コーンウォール】

* Antony House.　0.3ha.の庭園、贈与。
* The Black Head.　セント・オーステルの南方4.8km、南海岸にある4.6ha.の素
  晴らしい岬、寄付金およびコーンウォール基金からの寄金で購入。
* Booby's Bay.　1.1ha.の岬の頂上、贈与。
* Duckpool to Sandymouth：Stowe Barton.　0.4ha.の農地、セント・マイケル
  ズ・マウントの基本財産からの寄金で購入。
* Helford River：Nansidwell.　ローズマリオン岬とチェンホルズの間の海に降り
  ていく低木を含んだ森林地に覆われた21.2ha.の広さを持つ放牧地がファルマス
  を北方に向かって歩いていくうちに目に入る。カーウィニオン・エステートの
  基本財産からの寄金とコーンウォール海岸基金およびカントリィサイド委員会
  の補助金で購入。
* Higher Porthmeor.　モーヴァとゼノアの間にある28ha.の放牧地、崖地と荒野、
  遺産金、エンタプライズ・ネプチューン基金およびカントリィサイド委員会の
  補助金で購入。
* Lizard Peninsula：Kynance Cove and Lizard Downs.　5.2ha.、トラストの
  土地に隣接している駐車場などの用地、遺産金とカントリィサイド委員会の補
  助金で購入。
* Nare Head：The Flagstaff、Portloe.　0.2ha.の海岸の崖地、エンタプライズ・
  ネプチューン基金で購入。
* Polruan：The North Down Fields.　フォイ川を見下ろす7.6ha.のスロープの
  農地、贈与。
* Rosemergy and Trevean Cliffs.　モーヴァの北東1.6km、80ha.、エンタプライ

ズ・ネプチューン基金とカントリィサイド委員会の補助金で購買、同時に贈与されたローズアージィ農場家屋に対して約款。

* Tintagel：Higher Penhallic Point. 景観の素晴らしい1.5ha.の崖地、匿名者により寄贈。
* Zennor：Trevega Wartha、Treveal. セント・アイヴズの西方3.2km、以前約款を付されていた崖地と渓谷で4.4ha.の土地、カントリィサイド委員会の補助金で購入。

【カンブリア】

* Arnside Knott：Heathwaite & Arnside. アーンサイド・ノットに隣接し、モアケイム湾を南西へ見下ろしている24ha.の石灰岩の草地と森林地、ルーンズデイル&ケント・エスチュアリィ・グループとアーンサイド・ノット委員会からの寄金とアピールからの寄金で購入。
* Coniston. 蒸気船ゴンドラ号へアクセスしやすくするための91平方ヤード、ゴンドラ・エンタプライズ基金で購入。
* Duddon Valley：Brighouse & Hazel Head Farms、Ulpha. 2つの放牧地、合計4.4ha.、湖水地方基金で購入。
* Langdales：Colwith、Ambleside. 4 ha.の森林地、遺贈。
* Langdales：Great Langdale、St Anne's Studio、Chapel Stile、Ambleside. 以前、ハリー・プレイスの一部を占めた土地にある2つのコテッジと庭園、遺贈。
* Ullswataer Valley：Beckstones Farm. 55.2ha.の丘陵地の農場、湖水地方基金と16名の遺産で獲得。
* Windermere：Common Farm. 公道に隣接し、コモン農場の近くにある狭い農地、贈与。

【ダービシァ】

* Bulls Head Croft、Castleton. カースルトン村にある0.3ha.の馬小屋付き牧場。
* Kinder Scout：Park Hall Moor. 645.2ha.のヒース地、3名の遺産金、ダービシァ& ピーク・ディストリクト・アピールおよびカントリィサイド委員会の補助金で購入。キンダー・スカウトの魅力的で、かつ重要な大地については、当面筆者著『ナショナル・トラストへの招待』（緑風出版）の236-238頁を参照されたい。
* Edale：Mam Tor & The Winnats. 青銅器時代の丘陵地の要塞の北西部の半分を形成する9.3ha.、ダービシァ&ピーク・ディストリクト・アピール、遺産金およびカントリィサイド委員会の補助金で購入。

【デヴォン】

* Branscombe & Salcombe Regis. 2003年8月27日、妻が帰国したのち、9月

2日、私は単身、再びデヴォンシァの海岸を目指した。この時はブランスクームを訪ねた。この年の年次報告書によれば、ブランスクームからサルクーム・ヒルのほうにNorman Lockyer observatoryなるものが目に付くはずだが、運悪く目にすることはできなかった。この展望台（？）を取り巻いて14.4ha.が、贈与金とシドマス・ランドスケープ・アピール基金で獲得できたと書いてある。展望台を見つけることはできなかったが、この日も快晴に恵まれ、ナショナル・トラストとは大地あるいはイギリスの国土を守るための運動体であることを、自らの体で理解できたようであった。

*Branscombe & Salcombe Regis. サルクーム・ヒルの22.4ha.の森林地、遺産金およびエンタプライズ・ネプチューン基金で購入、上記9月2日は、ブランスクームのB&Bに止宿し、翌朝はブランスクームのバス停からシドマスの東方にあるサルクーム・レジスに到着、シドマスを通り過ぎて、エクスマスに着いた。イギリス海峡を左に見ながらエクスマスへのバスの旅は、上記のライム湾を背にした私のフィールド・ワークと同じで、極めて貴重な体験であった。

*Holdstone Down. 0.4ha.の荒野、贈与。

*Little Dartmouth. リトル・ダートマス農場に隣接する約0.1ha.の使用されていないテニス場、デヴォン基金で購入。

*Teign Valley Woods：Dunsford Wood. テイン川の北方のトラスト所有地に隣接する52.8ha.の森林地、遺産金で獲得。

【ドーセット】

*Fontmell Down and Melbury Beacon. フォントメル・ダウンの北へ付加された土地と、メルベリィ・ビーコンへ導く傾斜地、60.4ha.、ドーセット州議会、北ドーセット地方区会、自然保存評議会およびカントリィサイド委員会の補助金および遺産金で獲得。

*'Hollands'、The Square、Corfe Castle、Wareham. コーフ・カースル・スクウェアに面する石造りで、スレートぶきの店、キングストン・レーシィおよびコーフ・カースル・エステート基金からの寄金で購入。

【グロースターシァ】

*Ebworth：Lords's and Lady's Woods、nr Painswick. シープスクーム村を見下ろす8.4ha.のブナ林、匿名の寄付と自然保存評議会の補助金で購入。

【ハンプシァ】

*Hightown Common、Ringwood. トラストの現在地に隣接し、ニュー・フォレストの入会地の所有を完成させる2.8ha.の土地、贈与金で購入。

*Hinton Ampner. ウィンチェスターの東方12.8km、658ha.、遺言で獲得。

*Ludshott：Ludshott Common、Waggoners' Wells and Gentles Copse. ト

第17章　新たに獲得した資産の保全と管理【1986年】

ラストの土地に隣接する14ha.のジェントルズ・コプス。一般の寄付金で購入。

【ヘリフォード＆ウースター】

* Birmingham Properties：Clent Hills、High Harcourt Farm. トラストの所有地に囲まれた30.4ha.の農地、カントリィサイド委員会の補助金、地元のトラストとその他の人々からの寄付金およびアピールからの寄金で獲得。

【ハートフォードシァ】

* Ashridge Estate. 1 ha.のガデスデン・ヴィレッジのグリーン。遺産金およびカントリィサイド委員会の補助金で購入。

【ワイト島】

* Bembridge：Land at Mill Farm. 風車を守るためにワイト島基金からの寄金で購入。

* Priory Woods、St Helen's. ノウズ岬を含むプライオリィ湾の海岸地にある6.4ha.の森林地、エンタプライズ・ネプチューン基金で購入。

* Tennyson Down. テニソン・ダウンに隣接するワットクーム湾の上にある 1 ha.の崖地、イースタン・フィールド（16ha.）に対しては約款、以前ダウンに対して維持された諸権利は自然保存評議会の補助金で購入。

【ケント】

* Nepicar. すでにトラストの所有する農地へアクセスできる部分である原野の狭い部分。ケント＆イースト・サセックス地域基金で1986年に購入。

* St Margaret's Bay：Bockhill Farm. 1.8ha.の崖地の頂上、ドーバー地区評議会によって贈与される。

* Toys Hill. トラストの土地に隣接する小面積の土地で、セヴェノークス地区評議会によって名ばかりの金額でトラストへ譲渡された。

【リンカンシァ】

* Belton. ベルトン村の3.8ha.の土地、国民遺産記念基金の補助金で購入。

【ノーフォーク】

* Blakeney Point. 5.4ha.の塩湿地、贈与。

* Cley and Wiveton. ブレイクニィの東方にある18.8ha.の干拓された放牧のための湿地、自然保存評議会からの寄金、遺産金、イースト・アングリア基金および北ノーフォーク海岸基金からの寄金で獲得。

【ノーサンバーランド】

* Beadnell Dunes. ビードネル村の北端から延びている3.6ha.の砂丘、エンタプライズ・ネプチューン基金で購入、ここにはファーン諸島に渡るためにシーハウジズに 2 日間宿泊したのを機会に、モンクス・ハウスとここを訪ねたのを記憶している。

275

【シュロップシァ】

* Long Mynd：New Pool Reservoir、Church Stretton. トラストのロング・マインドに隣接する貯水池と2.6ha.の土地、ロング・マインド基金で購入、ロング・マインドの広大な頂上に登ったのはいつだっただろうか。360度の周囲を存分に楽しめた。この日に初めてウェールズでの大地を眺めることができて、とても興奮したのを覚えている。

* Morville Hall. モービル・ホールに隣接する17.2ha.に対して約款を獲得。

【サマセット】

* Crook Peak、Wavering Down and Shoot Shelve Hill. 4km拡がっているメンディップの西端にある287.6ha.の入会地、カントリィサイド委員会の補助金、メンディップス・トラストからの贈与、遺産金、パブリック・アピールからの基金で購入。

* Greenaleigh Farm、Minehead. 農場内の住宅、農場の建物、0.8ha.の土地に対する約款を獲得。

【スタッフォードシァ】

* Grindon & Swainsley Estates：Broadmeadow Farm、Butterton、Leek. トラストの土地に隣接する8.8ha.の農地、カントリィサイド委員会の補助金および一般の人々へのアピールからの寄金で購入。

【サリー】

* Bookham & Banks Commons：The Birches. 2ha.の森林地、地方アピールおよびサリー・ヒルズ基金からの寄金で購入。

* Frensham Little Pond. カントリィサイド委員会の補助金で購入された5.4ha.のヒース地と森林地。

* Leith Hill：Coldharbour Common. トラストのデュークス・ウォレンの土地とコールドハーバー村の41.6ha.の森林地とオープン・スペース、この資産にはビレッジ・グリーンと戦争記念碑とクリケット・ピッチが含まれる。マーギット・ヒースの指定遺言執行人から獲得。

2003年7月、私たち夫婦はロンドンから1時間足らずのホームウッド駅に着いて、やっとの思いでリース・ヒル・タワーに着き、タワーの頂上からサウス・ダウンズとノース・ダウンズの壮麗な景観を楽しんだ。実は私自身、これより前に単身でこの地帯を歩き回って、ついにドーキング駅に着いた苦い思い出というか、貴重なあるいは懐かしい思い出のあるウォーキング・ツアーであった。それはとにかくトラストの所有地が点から線へ、そして面へと拡がっていく。私たち日本人には特に体験しておくべきフィールド・ワークであることだけは強調しておきたい。

第17章　新たに獲得した資産の保全と管理【1986年】

＊Oxted Downs：South Hawke and Hanging Wood. バロウ・グリーン農場にある9.4ha.を含む10.2ha.の丘陵地、この土地はトラストの土地に隣接している。遺産金およびトラストのクロイドン協会からの寄付金で購入。

＊Witley Common. もともと道路拡幅のための小面積の土地が、トラストへ返還された。
2002年4月2日、ウィットリィ・コモンを目指し歩を進めていくうちに、Witley Commonの看板を見つけ、なぜこんなに狭いところがトラストだと考えたことを思い出す。ナショナル・トラスト運動にはこういうこともあるのだと、今では納得のいく思いだ（『ナショナル・トラストへの招待』249頁）。

【ウェスト・サセックス】

＊Slindon Estate. スリンドン・エステートの北側は5.4ha.の森林地、贈与、2013年8月、スリンドン・エステートのオフィスを出て北方を見ると、この森林地が見えた。

＊Sullington Warren. トラストの所有地に隣接する14ha.、ホーシャム地区評議会によって贈与される。

【ウォリックシァ】

＊Farnborough Hall：College Farm. 家と建物を含む農場で31.2ha.の土地、コヴェントリィ・ボーイ基金からの寄金で購入、さらに36.4ha.の農地に対しては約款を獲得。

【ノース・ヨークシァ】

＊Bransdale：Beck Plantation. トラストの所有地の中の4ha.の森林地、ヨークシァ地区基金および北ヨークシァ・ムーアズ国立公園からの補助金で購入。

＊Fountains Abbey & Studley Royal：land at Swanley Grange、Aldfield、Ripon. アクセスを改善するために1986年にファウンティンズ・アベイ基金で1.1ha.を購入。

＊Malham Tarn Estate. 8ha.の石灰石の放牧地、ヨークシァ・デイル国立公園当局およびカントリィサイド委員会の補助金と遺産金で獲得。

＊Robin Hood's Bay：Bay Ness Farm. ロビン・フッド湾の北方18ha.、エンタプライズ・ネプチューン基金およびカントリィサイド委員会の補助金で獲得。

＊Robin Hood's Bay：Boggle Hole. ロビン・フッド湾への入口の一方をなす3.2ha.の崖地。エンタプライズ・ネプチューン基金およびカントリィサイド委員会の補助金で購入。
レイブンスカーからロビン・フッド湾へ歩いた時もこの湾が3つに分かれて購入されたことを理解しようとしなかったことは失敗だった。

＊Robin Hood's Bay：Church Farm、Ravenscar. ロビン・フッド湾のほうへ

スカイラインを描くチャーチ農場の一部をなす12ha.の放牧場、エンタプライズ・
ネプチューン基金で購入。

【ウェールズ】

（ダベッド州）

＊Coybal. ニューキィの南西1.6km。クーム・ソデンに隣接する14.8ha.の海岸地。
カントリィサイド委員会の補助金およびエンタプライズ・ネプチューン基金で
購入。

＊Craig-y-Borian Wood and Little Craig-y-Borian Wood. アムロスの北西0.8
km。37.2ha.の広葉樹林。カントリィサイド委員会の補助金で購入。

＊Llwynwcrmod. ニューキィの南西2.4km。6.8ha.の森林渓谷および牧場で、ク
ーム・ソデン・ヴァリィの先端。カントリィサイド委員会の補助金およびエン
タプライズ・ネプチューン基金で購入。

（グウェント州）

＊Pant Skirrid Wood and Caer Wood. アバガバニィの北西4.8km。14ha.の堅
木の混合樹および松柏類の樹木。カントリィサイド委員会の補助金で購入。

（グウィネス州）

＊Bodnant. 訪問者用のトイレを広げるための小面積の土地。アバーコンウェイ
卿による贈与。

＊Cadair Idris：Bryn Rhug. 612.8ha.の山腹。ウェールズ・アピール、自然保
存評議会および世界野生生物基金からの寄金で購入。

＊Carreg Farm、Aberdaron. ディナス・バウルとディナス・バッハの海岸スロ
ープに隣接する57.2ha.の放牧地。なおここは自然美地域および遺産海岸地帯に
指定されている。
ウェールズ・アピール、パルクウェイ基金、エンタプライズ・ネプチューン基
金およびカントリィサイド委員会の補助金で購入。

＊Coed Cae Fali. 以前の弾薬庫。ウェールズ・アピールからの寄金とナショナル・
トラストのメリオネス協会からの寄付金で購入。

＊Dinan Oleu、Garreg Lwyd. ディナス・オライの西の境界に隣接する0.2ha.の
険しく、草に覆われた土手。ウェールズ・アピールからの寄金で購入。

＊Plas-yn-Rhiw：Porth Orion、Lleyn. ディナス・バウルとディナス・バッハ
のトラストの海岸地に隣接する約0.4ha.の土地。ウェールズ・アピールからの寄
金で購入。

（ポウィス州）

＊Henrhyd Falls & Graigllech Woods：Coelbren. 0.8ha.の今は使われていな
い鉄道線路。遺産金で購入。

第17章　新たに獲得した資産の保全と管理【1986年】

（ウェスト・グラモーガン州）

＊Rhossili：Raised Terrace. スウォンジィから西へ24km。14ha.のロシリィ・ダウンとロシリィ湾の間の狭い海岸地の台地。この土地に加えられた6 ha.に対しては約款が与えられた。エンタプライズ・ネプチューン基金、ガワー協会、さらに紳士・淑女と匿名の寄付者、カントリィサイド委員会の補助金で獲得。

【北アイルランド】

＊Florence Court. 50ha.の農業用地と邸宅のすぐ西側にある森林地。環境省（保護部門）からの補助金とアルスター・イン・トラスト・アピールからの寄金で獲得。

＊Murlough Cottage、bothy and land. マーロック湾にある6.8ha.の海岸線。アルスター・アピール、エンタプライズ・ネプチューン基金および環境省からの補助金で購入。

第17章　注

（1）*Annual Report 1986*（The National Trust, 1986）pp.3-5.

（2）*Ibid.*, pp.5-8.

（3）*Ibid.*, p.9.

（4）*Ibid.*, p.9.

（5）*Ibid.*, pp.9-10.

（6）*Ibid.*, p.10.

（7）*Ibid.*, p.11.

（8）*Ibid.*, pp.14-17.

（9）*Ibid.*, p.18.

（10）*Ibid.*, pp.18-19.

第18章　イングランドを襲った強風 【1987年】

ジェニファー・ジェンキンズ議長の「まえがき」

強風の襲来

　1987年10月にイングランドの東南部を襲った強風（gale）が、これまで着実に発展していたナショナル・トラスト運動に突如暗い影を投げかけたことは間違いない。幸か不幸か、私はこの年にはイギリスを訪れていなかった。したがってこの年の強風がいかに凄まじく、かつその損失がいかにひどかったかを何も知らなかった。この目で確かめたのは翌年の1988年7月のことであった。ここではトラストの議長のジェニファー・ジェンキンズ女史の言葉を紹介しておこう。

　　この強風によって、トラストの資産にあった25万本の樹木がなぎ倒された。すぐに倒木を片付け、そして再植するための困難な仕事を行なうための基金募集のアピール（Tree disaster appeal）に取り掛かった。

　1987年10月には、会員数がついに150万人に達し、20年間に9倍に増加した。会員の増加は何よりも自然風景が保護され、そして自然生息地の保全に対して、国民の関心が高まった結果であった。

　トラストの資産への訪問者数は着実に増加し、入場有料の資産への訪問者数は850万人に達した。これより遥かに多くの人々が、アクセス自由な海岸とカントリィサイドを訪ねてくれたことは言うまでもない。訪問者数の急速な増加は、ツーリズムが成長し、トラストの持てる資産で訪問者のための便宜をはかることに努めてきたことによる。上記のとおりカントリィ・ハウスへも多くの人々が訪ねてくれたが、これは1937年にカントリィ・ハウス保存計画が開始されたことによることはすでに知られていよう。かくしてこの年までに100件を

超えるカントリィ・ハウスが獲得されていた。

この頃、相変わらず海岸とオープン・カントリィサイドがたいへんな危機にさらされていた。農業危機が依然として続いていることも、すでに何度も記しているとおりである。

したがって現在、海岸地でも村落地でも、人口減少に喘ぎ、構造的な社会経済的危機から脱することができないままでいることも間違いない。かくてナショナル・トラストがこのような危機的状況に強い関心と不安から逃れないままでいることも同様である。かかる状況を反映して、トラストが海岸地と村落地に注意の眼を注ぎ、大地の獲得に努めていることは、1987年中にエンタプライズ・ネプチューンによって資金を集め、土地の獲得を増加させていることからも明らかである。[(1)]

2015年9月に私たち夫婦はサマセット北部とデヴォン北部の海岸を車で走りながら、海岸線と村落地を含むオープン・カントリィサイドを、トラストが資金不足のなか大地を購入し、集積しつつある実態を確かめるべく努力した。この地域で生活している限界地の小規模な農民の生活を思いながら、特にクーム・マーティンの東側にあるホールドストウン・ダウンに点在している小規模の農場に目を凝らした。幸いに雨がやみ、この丘陵地をはっきりと眺望できたのは幸運であったが、タクシーを降りて農民の一人にでも会って実情を聞きたかったのだが、それはできず次回のチャンスを待つことにした。

それはとにかく1987年秋に自然災害に遭遇したトラストが、この予期しない打撃を乗り越えるために、努力し続けてきていることは、これからの年次報告書、その他の資料のなかで確認できるはずだ。

（DAME　ジェニファー・ジェンキンズ）

はじめに

理事長　アンガス・スターリング

最初のトラスト法には、トラストは「国民のために自然的景勝地や歴史的名勝地を永久に保存し、かつその質を高め、土地については（実行可能な限り）自然のままの状態、特徴、そして動植物の生命を保全すること」にあると書か

れている。これらの言葉はトラストの目的を簡潔に宣言したものである。保存（preservation）とは、トラストの目的である土地や建物または芸術品のなかに秘められた文化の保護を述べた正しい言葉である。しかしながらこの文章はあらゆる変化の抑制を意味するものとも捉えることができる。このように狭い解釈に限定するトラストの責任に対しては、トラストが保全している多くのものの性質の複雑性に対しても間違った印象を与える傾向が生じうることに十分注意しなければならない。

　トラストが広い意味での自然の変化を予想し、かつそれらの変化にうまく対応することができなかったならば、現在のナショナル・トラスト運動は成功することができなかったであろう。変化は大小にかかわらず、トラストに影響を与える。変化はあらゆる困難が生じるなかで、すべての資産に影響を与える。変化はいわゆるグローバリゼーションの過程で国境を越えて、長く続く影響をもたらす。農業部門も然りであり、かつ議長の言葉にあるように、突然に生じる大災害もある。

　この年に検討されてきた湖水地方でのトラストの事業が、一つの例を示すが、この例示こそ、変化を積極的に管理していくことが長期にわたる保護のための運動であることを示してくれている。湖水地方で生じる困難は、1年中多数の訪問者が絶えないことからも生じる。そしてまた地域社会を育て、そして農業が大不況に喘いでいる時に借地農が生活していけるように援助していく必要も生じるのである。

　トラストの評議会は1986年6月に湖水地方を訪ねた。評議会のメンバーたちは、歩道や石壁を修理し、農場家屋を修復し維持しながら、広範囲な事業に積極的に取り組んでいるのを目にして大いに励まされた。MSCといくらかの補助金の援助を受けて、トラストはトラストの湖水地方の資産に対して5年間にわたって約1,250万ポンドを投資し、そしてアピールによって200万ポンドを集めることにした。

　北アイルランドでも、いくつかのカントリィ・ハウスの修復や復元の作業が施行された。

　ウェールズでも、北アイルランドと同じように、トラストは地域社会のために働いていることを示す責任がある。1985年の重要な出来事は、メナイ海峡に

第18章　イングランドを襲った強風【1987年】

沿ったグラン・ベイノルが獲得されたことであった。1987年中にトラストはこの森林地を修復し、プラス・ヌイズからスノードン山脈の素晴らしい景色を眺望できる絶好の位置を占めるこの重要なオープン・スペースへ人々がアクセスできるように開放する長期の事業に取り組んだ。

　トラストは、しばしば外国からの訪問を受けている。そしてその代わりにこの年もトラストの代表者が、日本、ポーランド、USA、マレーシア、イタリア、オーストラリアおよびニュージーランドのような遠い国から招待されている。トラストが長期の経験と自然保護に関して獲得してきている高度の水準に対して諸外国が敬意を表している証拠である。これらの事情は、相互の国で学びあえるということがたいへん望ましくなったという意味で、しばしば国際的に重要となっている。このことはカントリィサイド委員会によって組織された景観保護国際会議の目的であって、10月に湖水地方で開催され、トラストも参加した。

　国内では、トラストは自然保護の分野で他の多くの組織と効果的な関係を持ちあわせている。トラストは政府部門および政府機関から関係諸論文の提出を求められている。この年だけでも、トラストは景観保護、将来の開発計画、「カントリィサイドをエンジョイする」、農場森林地計画および農業多様化計画に関する諸論文を発表した。

　農業用地の将来に関する政府の草案へのトラストの返書は特に重要であった。トラストは法律およびガイドラインに関しては、それらが準備される場合には前もって監視をし続けている。

　ここでは、トラストが行なうすべてのものの変化しつつある性質を強調し、その変化に応じるためにどのような行動をとるか、それらのいくつかの例を示してきた。このようにトラストの責任が広がり続けていることは、将来の楽しみである。今日、土地であれ建物であれ、それらを永久に守り続けることは簡単なことではない。自然保護、考古学、農業、一般の人々のアクセスおよび地域社会の利害関係を含めて、一連の厳しい水準を設けながら、公正かつしばし

283

ば複雑な判断をすることをトラストは変わることなく要求されている。トラストに求められた挑戦へ十分に応えられるとは必ずしも約束はできないけれども、トラストは1988年以降もトラストの資産を将来のために保護し、そしてトラストの会員と一般の人々にとって可能な限りの利益を与えるバランスを探求し続けるつもりである。[2]

（アンガス・スターリング）

第1節　海岸と村落

新資産

　前年の年次報告書は、現存している資産が着実に統合可能な状態になっていくことに言及した。この状況は1987年にも続いた。ノーフォークのホージィ・エステートに隣接する186ha.以上の土地およびハドリアンズ・ウォール沿いにある109ha.のシィールド・オン・ザ・ウォール農場はこの過程を示す2つの重要な例である。ドーセットのメルベリィ・ビーコン（21ha.）およびバッキンガムシャのヒューエンデン・エステートの13ha.の森林地は、トラストが未だ手つかずの風景の保護を増すためと同じく、トラストがすでに所有している土地の管理を改良するために役立つ多くの小面積の獲得地である。

　サウス・シールズのリーズにある4kmの海岸線は寄付によって獲得された大地で、タイン＆ウィアでは最初にトラストによって得られた海岸線である。ここは鳥の飼育地を含む重要なコロニーである。同じくイーシントンのビーコン・ヒルはダラム州では最初に購入された14ha.の崖地にある放牧地でかつ森林地である。ビーコン・ヒルと言えば、2005年8月、私たち夫婦がビーコン・ヒルを横目に見ながら、ダラム海岸にたどり着いた思い出の山林地である。

　コーンウォール岬（Cape Cornwall）は、イングランドでは最初にトラストに贈与された唯一の岬である。この岬はセント・アイヴズからランズ・エンドまで2回ほどバスで通過したところだ。それはとにかく1987年に合計32km以上の海岸線が確保されたことは特筆に値しよう。

　他の主要な獲得物件は、北アイルランドのファーマナ州にあるラク・アーンの周囲にある453ha.のクロム・カースル・エステートを含む。

　面積でさらに広大な大地は、コッツウォルズの東部に位置するシャーボン・

第18章　イングランドを襲った強風【1987年】

コッツウォルズのシャーボン農場にて（2013.8）

エステートであり1,700ha.を占める。ここは1985年に死去した7代目シャーボン男爵の遺言の下にトラストへ贈与されたのである。この村の7つある農場の1つであるシャーボン農場の借地農であるロバート・ジョーンズ氏に私が会ったのは1999年3月だ。これを契機に幾度もシャーボン村とシャーボン農場を訪ねている。

　ダービシャのケドレストン・ホールの獲得がほぼ完了したのを除いて、1987年に獲得された多くの資産は海岸かまたは村落地であった。この年に獲得された全資産は章末資料に記載されている。これらのこの年の資産の多くは、自然保存評議会、カントリィサイド委員会および国民的遺産記念物基金から個々人に至るまで、受領された財政上の偉大な献金によって可能とされたのであった。トラストには限られた基金しかないし、またトラストは賛助会員や会員の素晴らしい寛大さから寄金を受け続けているが、受け継ぐ価値があると思われるすべての資産を購入するだけの十全な資金を持っているわけではない。[3]

農　業

　ほとんど 8 万940ha.—トラストの全土地保有地の 3 分の 1 以上—がすべて農業借地契約に基づいて貸し出され、そしてあとの4,856ha.が牧草の免許を与えられ、毎年更新されている。この土地の大部分は風光明媚で、ほぼ半分が高地にあり、そして小家族の単位からなっている。1988年においては、全体として農業に対する将来の展望は不安定な状況に置かれていた。

チェルノブイリ原発事故

　福島第 1 原発事故が発生してからすでに 7 年が経過したが、首都圏に住んでいる私たちは、ここに安心して住んでいられるのであろうか。2016年 4 月には熊本大地震が発生した。世界中を天変地異が襲っている現在、人々は何を考えているのであろうか。

　福島原発事故の被害がチェルノブイリ原発事故と比べて小さいといえども、チェルノブイリ原発と日本の原発とでは、社会的立地条件が違うということも考慮に入れねばならない。

　チェルノブイリについては、トラストの大地との関連について、簡単な説明が記してある。高地地帯では、チェルノブイリ原発事故によって羊の移動に制限が課せられたことによって、状況が悪化した。北ウェールズのカルネダイとイスビティの所有地には20以上の農場と湖水地方の西部の渓谷地域にあるトラストの農場のうち約36の農場が放射性物質の影響を受けており、それによる制限がいつまで続くのか予測するのは難しい。とにかく政府当局とトラストがセシウムのレベルを測るプロジェクトに関して協力している事実を私たちは忘れてはならない。[4]

農業と農村経済

　借地農が彼らの保有地で満足な生活を続けられることは、トラストにとって極めて大切なことである。農村で生活し続けられるということは、土地を利用しながら仕事を続けられるのだということである。したがってトラストとしては、農業の将来について政府から一連の記録文書を入手し、これらに意見を述べる機会を持つことができたのは嬉しいことであった。

第18章　イングランドを襲った強風【1987年】

　これらはすべて出発点として、農業に従事し、そしてその結果、土地資源を使用する際に完全に再試験する必要があるのだという深い変化をもたらすものであった。トラストはより集約度の低い農業を営むことができ、そして森林地のより良好な管理を実践することができると信じている。他のチャンスはツーリズムとレクリエーション、今は余計な建物の利用、放棄されている土地の再活用、土地利用と収穫物を多様化するために農民を援助することを含む。すでにトラストの借地農は多様化へ向かっている。それに多くの借地農がツーリストたちへB＆Bも提供している。⁽⁵⁾

生物学上の調査

　1987年はトラストの資産での最初の生物学の調査が完了した年であった。1979年から1987年の間に、調査チームは17万ha.を超える内陸部の全地域600の資産を調査した。UKにある他の組織でこのように限られた期間でこれだけのスケールの調査を行なったものはない。

　調査の方法も他の組織のモデルとなるものであった。1989年には自然保存にとって重要なものとして確認された場所をもっと詳細に調査探求し、脅威となっている生息地および新しく獲得された地域もより詳細に探究することに力を入れて、新しい計画の調査研究を始める予定である。⁽⁶⁾

第2節　強風によるダメージ

　10月半ばの強風によってイングランドの東南部で大きな被害が発生したことについては先に記したとおりである。

　東南部の16区域で、一夜のうちに約1,500万本の木がなぎ倒され、トラストの資産だけでも25万本の木がなぎ倒された。まず第一になすべきは、人々の救援、そして被災地を取り片づけることに専念しなければならなかった。

　私がここのトラストの山林地の荒廃に驚愕したのは、ライゲイト駅を降りて個々の丘陵地を目指した時である。1988年7月27日のことであった。ハリケーンに見舞われた1年後のことである。

　この国で最も見事なブナ林のいくつかが被災し、その結果重要な植物や野生生物の生息地が失われた。このような地域を再建するには、相当な困難を覚悟

しなければならなかった。特に庭園では、無事に残った植物を保護するばかりでなく、ひどく落ち込んでいるスタッフを力づけるために、できるだけ早く「普通の」維持計画に戻ることが是非とも必要不可欠な仕事であった。

このような短期にやり遂げねばならない目標が成し遂げられるや、今度はトラストが蒙った最も厳しい自然災害を回復するための長期の計画を全うするための厳しい仕事を始めることが必要だ。⁽⁷⁾

第3節 ナショナル・トラストの推進

「休暇をいずれに使うか」という報告書の発表は、トラストが会員によっていかに認められているかを知るための有効な手段を与えてくれた。トラストと他の団体への加入者のうちの2,200名を調査した結果、大部分の人々がトラストを歴史的建築物とカントリィサイドを保護し続けるのに絶対に必要であるとみなしている。それにもかかわらず調査は多くの地域が満足感を与えるには欠陥があるということを示した。そのうちの一つは、「資産の公開」が全体的に不適切で、かつ首尾一貫していないと思われていることだった。

公開のための調整 Opening Arrangements

建物、内蔵品、庭園などを理想的に保存するとともに、会員および一般の人々を満足させるように開放すること、そしてトラストに属していない近くの資産との均衡あるアクセスを実現すること、この目標を実現すべく依然として努力し続けること。

アクセスの条件として、資産の獲得の際に条件が存在しうることを知るべきだ。例えば歴史的な建物への訪問が問題になっていることは、相対的に最近の事象である。特に初期の頃の資産については、この頃まで一般の人々のアクセスが適正に考えられているほど考慮されていなかったと言っていい。トラスト自体、アクセスの件が、資産の獲得に際して適正に考慮されていなかった時には、開放について適正に協議がなされるようにあらゆる機会を利用してきた。

開放に関しては、十分に考慮が払われるべきである。例えば、北アイルランドでは、この年（1987年）に週末により長い時間、開放することを試みてみた。その結果、多くの地域では冬期に特別に開放することにした。

第18章　イングランドを襲った強風【1987年】

イベント
資産でのイベント

イベントの公開日、ガイド付きのウォーキング、そして歴史的建造物の見学などは、トラストが会員や一般の人々に責任を負っていることは言うまでもない。これらのイベントが、スポーツや芸術のイベントとともに人気が高いことには注目すべきである。

1987年にこれらのイベントは全部で700カ所で行なわれた。各々の地域では、適当な資産が選ばれて、それらの資産が公開された。その結果、それらに参加した人々がトラストの仕事が有している大事な点を深く理解できるようになる。6月に村落地のウォーキングが、ランブラーズ協会と一緒に取り組まれ、両組織の会員たちはガイド付きで色々なオープン・スペースをエンジョイすることができた。

ヤング・ナショナル・トラスト・マガジンは、ナショナル・トラストの教育プログラムを発展させる役割をしている。それらの役割の一つとして教員にアドバイスをし、そして情報を提供している。ほとんどの地域がTeachers' Open Daysを組織し、またTeachers' Packsを発行し始めている。新しい刊行物が湖水地方、ボックス・ヒル、アシュリッジ、そしてコーンウォールのあちこちの資産で発行されている。

これらのトラストの所有地には、私自身何回か訪ねているが、2008年9月にノーフォークの海岸を歩いた時の貴重な体験を少しだけ話してみよう。私たち夫婦はブレイクニィ・ポイントで海面上昇の状況を確かめるなどしながら、ここのホテルに泊まり、翌朝バスに乗り、バスの女性ドライバーがトラストのLearning Centreのバス停を教えてくれた。学童たちのフィールド・ワークのために修復されたLearning Centreがある建物はすぐそこだ。私たちはためらうことなくこの建物の中に入り、教えを乞う。しばらく話しているうちに、たくさんの学童を乗せたバスがやってきた。ブランカスターにあるこのセンターに集まった休暇中の学童たちは、保護者をも含めて、このセンターを中心にノーフォークの海岸や農村を歩きながら、トラストのスタッフやボランティアたちとともに楽しい一日を過ごすことができるのだ。私たちはやむなく彼らと別

ブランカスター：自然環境教育を受けるために多くの学童たちがバスから降りてきた（2008.9）

れて別のバス停を目指して歩いていった。漸く着いたバス停でしばらくすると、キングズ・リンから戻ってきたバスが来た。ドライバーはLearning Centreについて教えてくれたあの女性ドライバーだった。手を振ってくれる。しばらくするとキングズ・リン行きのバスもやってきた。無事乗車。楽しい（enjoyable）一日に感謝しながら、無事キングズ・リンへ着いた。この年は無理だが、いつかチャンスを掴み、Learning Centreを訪ねてみよう。まだこの計画を果たしていないが、次の機会には必ず果たさねばならない。青少年や子供のための自然保護教育はとても大切だから。[8]

スタッフ

　トラストの責任は、より高度に訓練されたスタッフを必要としていることである。当年の新規スタッフは管理人と地方の建築物のマネジャーに集中された。建物のマネジャーはトラストの建物の維持と修繕に責任を持たされた。伝統的な建物の重要性の理解と、建築法の知識や材質の知識も必須である。特に管理

第18章　イングランドを襲った強風【1987年】

人は地方の重要性について理解しておかねばならない等々。

　トラストは当然のことだが、常に組織の特徴である帰属意識と強力な一体性を併せ持っていなければならない。職員は高い能力と特殊な技術を持っていなければならないが、そうした人材を集めるにはそれ相当の給与を提供しなければならないのは当然である。[9]

ショップ

　新しい店舗とインフォメーション・センターが計画されている。

　店（新規開店）の数は29店舗となり、カンタベリーでは店が移転し、大きくなった。私自身、あちこちの店舗に入ったことがあるが、例えばカンタベリーの店で小さなリュックを買ったが、極めて安かった。このリュックは特売品であったから、恐らく販売するのに失敗したのではないかと考えた次第だ。

　例えばトラストとしても、他の商店とも競争しなければならないから、それぞれの商店の状況を綿密に検討すべきことを承知している。なお1987年の段階で、店は180店舗になっている。[10]

> ## 資料　1987年　新しく獲得された資産と約款

【バッキンガムシァ】

　＊Hughenden Manor：Hanging & Flagmore Woods、Hughenden Vally、High Wycombe. ヒューエンデン・マナーの森林地に隣接する13.3ha.の雑木林、周囲の農地のための背景、バーロウ基金、遺産金およびカントリィサイド委員会の補助金で購入。

【チェシァ】

　＊Alderley Edge：Finlow Hill Wood. オルダリィ・エッジの東南部、トラストの資産地に隣接する2.2ha.の森林地、カントリィサイド委員会の補助金および寄付金で購入。

【コーンウォール】

　＊Antony House：Torpoint. 1.4ha.、コーンウォール基金で購入。

　＊Bosigran and Carn Galver：Porthmeor. セント・アイヴズの西南へ3.2km、2.4ha.の牧場と荒野、ランドマーク・トラスト基金で獲得。

　＊Cape Cornwall. セント・ジャストの西方へ2.4km、イングランドで唯一の岬を

形成する31.2ha.の崖地と波打ち際、世界野生生物基金と共同してH・J・Heinz Ltdによって贈与。

* Helford River：Frenchman's Creek. ランドマーク・トラストからの援助で購入。

* Lizard Peninsula：Lizard Point. リザード・タウンの西南へ1.6km、15.2ha.の崖地と農地、12.8h.以上に対して約款。

* Rosemergy：Morvah. トラストの土地に隣接する0.8ha.の土地、コーンウォール基金、エンタプライズ・ネプチューン基金および遺産金で購入。

* Trelissick：Lamouth Creek. 5.6ha.、4.4ha.の森林と放牧場、1.2ha.の波打ち際を含む。隣接する32ha.の農地に対しては約款、遺産金とカントリィサイド委員会の補助金で購入。

* Zennor. セント・アイヴズの西方に位置する海岸線、トラストの所有地ではないペナンス農場の上にある低い丘を形づくる26.8ha.の耕作地、ウェスト・ペンウィズ・コースト・アピールとカントリィサイド委員会の補助金で購入。

【カンブリア】

* Ambleside：Skelwith Bridge. ブラント・ハウ・ウッド内にある10ha.の樫林、贈与。

* Buttermere：Cragg House Farm. バタミア・フェルとスケイルズ・ウッドで放し飼いの権利を有するバタミア村の中および周囲の29.2ha.の囲い込み地、地域基金および多くの寄付金で購入。

* Eskdale. トラストの土地によって取り囲まれた22.8ha.の牧場、エスクデイルの入会地に600頭の羊に牧草を食べさせる権利を持つ、アーデンコート慈善トラストからの贈与とカントリィサイド委員会の補助金で購入。

* Sizergh：Cowgarth Wood、Brigsteer. サイザー・エステート内にある2.8ha.の林、贈与。
2007年9月5日、私たち夫婦は湖水地方のケジックからロンドン行きバスに乗り、途中サイザー・カースルのバス停で降りて、サイザー・エステートに入っていった。私は農場を中心にサイザー・エステートを歩き回ったが、この2.8ha.の林の中を歩いたか、それとも目にすることができたかどうか今となっては定かではない。

* Troutbeck：Long Greenhead Farm. 431.6ha.、トラウトベックには数回訪ねたことがある。きっとこの農場を目にしたか、それとも歩いたか。この農場は2名の女性によって遺贈されたところである。

* Windermere：Crosthwaite Estate. 6つの農場からなる784ha.、2名の女性による遺贈。

第18章　イングランドを襲った強風【1987年】

＊Windermere：St Catherine's Estate. 21.2ha.の私園（parkland）、遺言による
　獲得。

【ダービシァ】

＊Kedleston Hall and Park.　ダービーの北西部4.8km、327.6ha.、1759年と1765
　年の間に建てられたパラディアンおよびネオ・クラシカル様式の邸宅、ホール
　とパークは基本財産と一緒に贈与、同時に252.4ha.に対しては約款が獲得された。

【ピーク・ディストリクト】

＊Edale：Greenlands Farm.　マム・トーの北側の傾斜地にある23.4ha.の農地、
　1987年にカントリィサイド委員会の補助金、ダービシァ・アンド・ピーク・ディ
　ストリクト・アピールと5名の遺産で購入。

＊Edale：Ollerbrook.　18ha.の放牧地に対する約款、贈与。

＊Kinder Scout：South Head Hill. 2.8ha.、ランブラーズ協会の寄付で購入。

＊Dovedale：Thorpe Pastures.　ダヴ川に沿っている77.6ha.の石灰石の牧場、カ
　ントリィサイド委員会の補助金、遺産金およびダービシァ・アンド・ピーク・
　ディストリクト・アピールからの寄金で購入。

＊Norbury：The Old Manor、near Ashbourne. 2.4ha.、1964-67年に大幅に修
　復された17世紀後半のマナー・ハウス、遺贈。

【デヴォン】

＊Branscombe & Salcombe Regis：Southcombe Farm、Salcombe Regis、
　Sidmouth. 44.6ha.の農地と隣接する崖地と波打ち際、シドマス・ランドスケー
　プ・アピール基金で購入。

＊Dart Estuary：Dartmouth.　コンパス・コテッジと0.2ha.の庭園、デヴォン基
　金で購入。

＊Dart Estuary：Hoodown.　橋に隣接する0.2ha.の土地、デヴォン基金で購入。

＊Portlemouth Down：High House Farm、East Portlemouth. 16ha.の農地
　に対する約款とともに20ha.の農地と放牧地、遺産金とエンタプライズ・ネプチ
　ューン・デヴォン・コースト基金で購入。

＊Wembury Bay and Yealm Estuary：Netton Farm、Noss Mayo. 3.2ha.の
　海岸線を含むノス・メイヨの南へ143.6ha.の崖地と農地、エンタプライズ・ネプ
　チューン基金、寄付金、デヴォン基金で購入。

【ドーセット】

＊Golden Cap Estate：Black Venn.　ブラック・ヴェンの入口にある小規模の土
　地、贈与。

＊Melbury and Fontmell Downs：Melbury Hill. 20.6ha.の丘陵地、トラスト
　の土地に付加、ウェセックス基金と自然保存評議会およびカントリィサイド委

293

員会の補助金で購入。

* Ware Cliffs：Lyme Regis. ライム・リージスのすぐ西方の11.8ha.、ライム・リージス協会を通じた一般の人々へのアピールによって集められた寄金、遺贈金および自然保存評議会の補助金によって購入。

【カウンティ・ダラム】

* Beacon Hill. イーシントン炭坑の北方1.6km、13.6ha.、エンタプライズ・ネプチューン基金とカントリィサイド委員会および自然保存評議会からの補助金で購入。5.6ha.はダラム・カウンティ保存トラストへリース。

【グロースターシァ】

* Ebworth Estate. 約491.6ha.に対して約款。

* Sherborne Park Estate. 1,657.6ha.の農地と森林地、第7世シャーボン卿遺言のもとに獲得。

【ハンプシァ】

* Ludshott：Waggoners Wells、Bramshott. 0.3ha.の入会地、フォード・コテッジの敷地。

* Selborne. ジグ・ザグへのパブリック・フットパース。

* Woolton Hill：The Chase. ペンウッド・ベンズにある1.4ha.の土地とハイウェーを含む2.5ha.、地元の寄付金で現在の土地に付加。

【ヘリフォード＆ウースター】

* Ledge Bank Wood、Broadway. コッツウォルドの傾斜地の北端にある高台の6.4ha.の森林地、贈与。

* Middle Littleton Tithe Barn. 地元の基金からの寄金で購入。この納屋を守るために獲得された0.8ha.の土地。

【ワイト島】

* Cowes：Rosetta Cottage. 遺産金で購入された小さなヴィクトリア時代の家と庭園、現在ホリデー・コテッジ。

* Gatcombe Estate：Chillerton Down. チラートン村の東にある25.8ha.の丘陵地、遺産金で購入。

* Mottistone Manor：The Shack. 贈与。

【ノーフォーク】

* Horsey：Heigham Holmes. 184ha.、放牧地、国民遺産記念基金、自然保存評議会、ノーフォーク・ブロード局および世界野生基金からの補助金、遺産金、一般の人々へのアピールからの寄金で購入。

* Salthouse Broad：Great Eye. 0.8ha.の砂と小石、徐々に北海によって浸食されつつある。贈与。

第18章　イングランドを襲った強風【1987年】

＊Sheringham Park. シェリンガムの南西3.2km、308ha.の私園（parkland）、私自身、シェリンガム駅からこの私園を往復したことがある。

【ノーサンバーランド】

＊Allen Banks. トラストの土地に1.6ha.を付加。カトリック・トラストからリース。

＊Housesteads：Shield on the Wall Farm. 0.75kmのハドリアンズ・ウォールとマイルカースル41を含む108ha.、ハドリアンズ・ウォール・アピール基金で購入。

【オックスフォードシァ】

＊Ashdown House. オープン・ランドの48.8ha.に対して約款、贈与。

【サマセット】

＊Dunster Castle：Grabbist Hill. ダンスター村の西方1.6km、1.8ha.のヒース地、贈与。

＊The Quantocks：Great & Marrow Hills. 56.4ha.、遺産金で獲得。ハニコト・エステートを訪ねるために、何回となくトーントン駅からバスでマインヘッドを往復し、ただ1回だけコールリッジのコテッジを訪ねるために、ネザー・ストウイに泊まったことがある。

【サフォーク】

＊Dunwich Heath：Coastguard Cottages. トラスト自体で購入。

＊Flatford：River Field and Gibbornsgate Pond. 7.4ha.の牧草地および池、E・C・カークウッド・トラストからの基金とサフォーク州議会からの補助金で購入。

＊Pin Mill. 27.8ha.の森林、遺贈金、エンタプライズ・ネプチューン基金およびカントリィサイド委員会とBabergh District Councilからの補助金で購入。

【ウェスト・サセックス】

＊Cissbury Ring. 1984年と1987年の間にサザン地域センターによって調達された寄金、サウス・ダウンズ獲得のための遺産金および自然保存評議会の補助金で、17.2ha.の購入。

＊Fulking Escarpment. 42ha.、一般の人々へのアピールおよびカントリィサイド委員会と自然保存評議会の補助金で獲得。

【タイン＆ウィア】

＊The Leas & Marsden Rock、South Shields. マースデン・ロック上にある海鳥のコロニーを含むトロウ・ポイントからリザード・ポイントまでの120ha.の絶壁の草地からなる4kmの海岸線、贈与。

【ノース・ヨークシァ】

＊Robin Hood's Bay：Ravenscar. 現在あるトラストの所有地に加えられた0.4ha.の原野、ロビン・フッド湾の景色を守るためにエンタプライズ・ネプチューン

基金で獲得。

【ウェールズ】

（ダベッド州）

* Dinefwr Park：Llandeilo. 192ha.、トラストはカッド（Cadw）、ウェールズ歴史遺産、西ウェールズ・自然保護トラストとの協力や地方自治体、各種団体などの支援を受けて、この美しく、かつ歴史的な庭園を復元中である。しかし復元と保全の莫大な仕事には数年を要するであろう。

* Good Hope. フィシュガードの北西4.8km、起伏の激しい海岸地と古い放牧地のある38.3ha.。カントリィサイド委員会の補助金、エンタプライズ・ネプチューン基金および個人の寄付金で購入。

* Llanunwas. トラスト所有のモルバ・コモンとペンブロークシァ海岸にあるソルバの土地に繋がっている。ソルバのちょうど東にある。3.2kmの海岸からなる56.4ha.の農地、エンタプライズ・ネプチューン基金で購入。

* Newquay：Craig-yr-Adar. ニューキィの1.2km西方にある。コイバルにあるトラストの所有地に隣接する1.6kmの崖地、自然保存評議会の補助金およびエンタプライズ・ネプチューン基金で購入。

* Penbryn：Pencwm、Ceredigion Coast. スランバルス農場のすぐ西にある。0.4kmの海岸を擁し、一部は森林地の渓谷、一部は放牧場、カントリィサイド委員会の補助金およびエンタプライズ・ネプチューン基金で購入。

（グウィネス州）

* Aberglaslyn Pass：Bryn-y-Bont. アバーグラスリン橋の南方にある。広葉樹林のある18ha.の放牧地、1987年に贈与。

* Aberglaslyn Wood：Bryn-y-Felin. グラスリン川の下流のほうにある9.6ha.の放牧地で、ここにはゲラッツ・グレイブとして知られる記念碑がある。ポートメリオン財団からの援助およびカントリィサイド委員会からの補助金で購入。

* Mynachdy：Llanfairynghornwy. 5.2kmの連続した海岸線を含む164.8ha.の農地、さらに隣接した86.4ha.と0.4kmの海岸線に対しては、約款を付加した。カントリィサイド委員会からの補助金、世界野生生物基金、国民遺産記念基金およびエンタプライズ・ネプチューン基金で購入。

* Penrhyn Estate：Nant Ffrancon. 0.5ha.。オグウェン・コテッジのある4カ所の小面積の土地、北ウェールズ基金からの寄金で購入。

* Uchmynydd. スリン半島にある1ha.の土地で、手つかずの古い原野の型を保っている。サミュエル・ウェアリング・トラストからの補助金で獲得。

【北アイルランド】

* Crom Estate：Lough Erne. 540ha.、周囲は島、波打ち際、森林地、湖、建物

第18章　イングランドを襲った強風【1987年】

を含むが、クロム・カースルは除く。北アイルランド環境省からの補助金、国
民遺産記念基金、ナショナル・トラスト限定目的基金、一部アーン伯6世の贈
与金として購入され、かつ基本基金を付与された。

＊Downhill：Co Londonderry. 2.4ha.。ウォールド・ガーデン、鳩小屋、氷室お
よびライオンズ・ゲートが北アイルランド環境省の補助金、遺贈物および北ア
イルランド基金で獲得された。

＊Downhill：Black Glen Gate Lodge. 19世紀の建物で、地元の賛助会員からの
貸付金で購入。譲渡可能で保存。約款に従って売却されるかもしれない。

＊Mount Stewart：The Schoolhouse. 1813年に建築、北アイルランド環境省の
補助金と北アイルランド基金で購入、少なくとも1978年には開放されなかった
が、現在は開放されている。私がこの壮大なカントリィ・ハウスを訪ねた2016
年12月には、市民にallotments（菜園）を貸し与えるための準備中であった。

第18章　注

（1）*Annual Report 1987*（The National Trust, 1987）p.3.

（2）*Ibid.*, pp.4-5.

（3）*Ibid.*, pp.5-6.

（4）*Ibid.*, p.7.

（5）*Ibid.*, p.7.

（6）*Ibid.*, pp.7-8.

（7）*Ibid.*, pp.8-9. この強風の後の実際の場を、筆者は翌年の1988年にライゲイト・
ヒルとコリー・ヒルを訪ねた時、目の当たりにした。その時の様子については、
筆者著『ナショナル・トラストの軌跡　1895〜1945年』（緑風出版、2003年）154
頁、筆者著「ナショナル・トラストを訪ねて—ナショナル・トラスト再考」津
田塾大学『国際関係学研究』No.30, 2004年3月、69頁を参照されたい。

（8）*Ibid.*, pp.11-15.

（9）*Ibid.*, pp.16-17.

（10）*Ibid.*, p.19.

第19章　ナショナル・トラスト運動のイノベーション
【1988年】

ジェニファー・ジェンキンズ議長の「まえがき」より

　ナショナル・トラストは、今や160万人以上の会員を擁するイギリスで最大の自然保護団体である。トラストは、国民のために歴史的名勝地や自然的景勝地を永久に守り、かつその質を高めるためにある。したがってトラストがその持てる資産の価値を低くしたり、台無しにするはずがない。したがってトラストの仕事は容易ではない。

　周知のごとく、トラストは農業経済の将来について不安を抱いている。例えばMSCによる補助金停止などによるいくつかの問題を含めて、深刻な状況に立たされている。だからと言って、トラストはトラストの多数の会員たちの支援を受けて、それ以上の自信をもって将来に立ち向かっていかねばならない。

　例えばトラストの会員は年を追うにつれて、その数を増している。したがって1987年の強風のような自然災害に対してであれ、湖水地方のように、大勢の訪問者による資産への圧迫に対してであれ、トラストがそれらの自然災害への圧迫を回避すべく、会員および支持者に対して各種のアピールを発すると、それらのアピールに応え続けてその困難を乗り越えてくれているのである。

　この頃に至って、首相も大気汚染に対して強い懸念を表わしているように、政府自体も環境破壊に対して同じく強い関心を示してくれている。ナショナル・トラスト運動がそれなりの力をもって展開されているのも、このようにイギリス政府や行政が前向きの姿勢を示してくれていることもその背景にあるのだ。

　9月には、トラストはエンタプライズ・ネプチューン・キャンペーンの800km目の海岸線の獲得を祝った。800km目の海岸線は、イギリス北東部のダラム海岸にあるのだが、私たち夫婦はこの海岸線を2005年8月8日に歩いてみた。かつてこの海岸はイーシントン炭坑の採炭場から出る石炭ガラの捨て場となっていた。ここを地元の人々と協力しながら、今はきれいな海岸になっている。

第19章　ナショナル・トラスト運動のイノベーション【1988年】

このキャンペーンについては、私の著書の『ナショナル・トラストの軌跡Ⅱ』でも述べたとおりだが、海岸を守るためのキャンペーンを開始した24年前のトラストの先駆者の先見の明がますます明瞭になったと言ってよいだろう。この年、1988年にこのキャンペーンのために集められた110万ポンドの額が800km目の海岸線を購入するのを助けてくれたのだ。最初の調査によって据えられた1,440kmの目標に達するには、あと640kmを手に入れなければならない。当初の目標を達成するには、より以上の努力をしなければならない。1985年5月、私がトラスト本部を初めて訪ねた時、トラストの海岸線は800km以上に達していた。あと640kmほどが残されていた。だが初めてのトラスト訪問の時、このことを知った私には夢のごとき目標達成への道と思われたものだった。海岸だけではない。

　ヨークシァの北西部に位置する広大な渓谷地をなす2,000ha.のアッパー・ウォーフデイルが贈与されたのは1989年である。ここは国立公園でもあるが、この美しい渓谷地にある農場や入会地が古い歴史を有する伝統的な様相と交差しながら、徐々に寄贈者の恩恵を受けながらついには一つの広大なオープン・カントリィサイドを形成していくのを想像することはできた。私自身、ここに足を踏み入れているわけではない。ただウォーフデイルのボールトン・アベイで一夜を送ったことがあるが、それでもウォーフデイルの地形を十分に想像できるとは言えないが。しかし、この地帯が年を経るにつれてナショナル・トラストの所有地を確実に増やしていくことだけは確実に想像できる。

　私が単身、ボールトン・アベイを訪ねてから相当の年月を経たのち、私たち夫婦は、2004年9月10日、同じ北ヨークシァの遠隔地にあるトラストのマラム・ターンの湖畔にある事務所を訪ねたことがある。ここからアッパー・ウォーフデイルまでは、ほぼ10km足らずだ。アッパー・ウォーフデイルとマラム・ターンの持つオープン・カントリィサイドの自然風景はそれほど異なってはいないかもしれない。幸いにマラム・ターンにある事務所のバロウ氏（監視員）が私たちを車に乗せて、ラムサール条約に指定されているマラム・ターンをはじめ、周囲の広大なトラストのマラム・ターン・エステートを案内してくれた。マラム・ターンの自然のままの美しさは深い幽玄の中に包まれており、周囲のトラストの大地は十分に管理された森林地と農場用地、そして荒野を思わせる

299

自然の景観に満ちたオープン・カントリィサイドであった。ここでは人間と生きとし生けるものすべてが大地にしっかりと根を張って息づいているのがわかる。事務所の話でも、車上からの印象からでも、トラストの北ヨークシァの大地が確実に増えつつあるのを実感できた。2005年までのマラム・ターン・エステートの面積は約2,880ha.だ。この大地に、東方に位置するトラストのウォーフデイルの土地を加えるともっと広大だ。

トラストの所有自体は将来の安全性が保証されていることだ。それと同時に次のことには注意すべきだ。地域社会（countryside）が第3次産業、特にツーリズムの占める役割が大きくなっていくとともに、地域も都市も工業化、特にハイテクノロジィもとどまることを知らないということだ。トラストによる所有こそ開発を最高度に押し留めているということだけは忘れてはならない。

トラストの収入は、1988年中にさらなる成長を遂げた。アピールや事業からの収入は相当程度に大きく貢献した。新会員数の増加にも相当な貢献をしてくれている。しかし他方では、MSCなどの補助金の停止など、いくつかの項目の収入が低下しつつある。したがってトラストは贈与や遺産などトラストの資産を適正に管理するために他の収入源も探さねばならない。かくしてトラストは全体として、前年には650万ポンドであった必要資金が、今年度は1,460万ポンドまで増加した。[(1)]

（DAME ジェニファー・ジェンキンズ）

はじめに
アンガス・スターリング理事長

トラストの仕事の永続すべき価値は、トラストの資産の修理、修復そして維持するという特殊な事業を着実に推し進めることである。これを「イノベーション」と言ってもよい。

1988年のイベントは、トラストに関する限りこの「言葉」はその本質をついていた。議長の「まえがき」こそ、トラストの進める事業が全体として社会に奉仕するものなので、トラストを育てている前進する力こそ社会に奉仕するものだと言うことができる。トラストが成長するだけトラストは実力を増し、それに応えていけばそれだけますますトラスト自体が新機軸を取り入れることに

なる。これこそ議長の本心なのである。

　農業はトラストに厳しい衝撃を与えている。これはしばらくの間、続くものと考えるべきである。しかし回復の機会はある。集約農業から粗放農業への復帰、そして政府のセット・アサイド・スキームが成功裡に実行されれば、自然風景の保全と野生生物の生息地を復元することができるはずだ。その結果、トラストの借地農の生活が維持でき、農村社会のコミュニティが活発化する。それと同時に健全なオープン・カントリィサイドが復活するのだ。

　高山地帯でのトラストの管理についての研究は、トラストとトラストの借地農が自然保護の利益に奉仕すると同時に収入を生み出す新しい方法を一緒になって編み出すということだ。このような方法を生み出す好機は、湖水地方、ピーク・ディストリクト、北ヨークシァ山岳地帯および北ウェールズで見出すことができる。一つの範例としては、借地農と隣人がこれまで以上に協力しあうことであり、このことをトラストは、すでにトラストの所有地で示している。具体例としては、私の小論『ナショナル・トラスト運動―ハニコト・エステートのクラウトシャム農場を例にして―』（埼玉大学社会学論集2011年１月）を参照してほしい。

業　績

　自然のままに守られている海岸線と美しい村落地が、トラストによって獲得され保護されている。この年のトラストの活動の主要な役割は、ドーセットのメルベリィ・ダウンにある100ha.の白亜質の丘陵地と北アイルランドのストラングファド・ラクの1,457ha.を占める大地と波打ち際（foreshore）を含めることができる。それに新規会員の際立った加入も含めることができよう。その他に会員の協会やセンターからの目覚ましい支持、遺産、贈与、アピール、多数のボランティアの援助、そしてナショナル・トラスト・エンタプライズの打ち続く成功もまた大いなる奨励とトラストの活力の源泉となっていくであろう。

財　政

　トラストの年間予算を表わす総額、アピールによって集められる金額、そして復元計画に含まれるコストは非常に大きいので、トラストはトラストの仕事

に対して十分な基金を持っているとしばしば考えられている。実はそうではない。カントリィサイドの資産を含めて、トラストの資産の管理費は極めて大きい。維持と修理に要する必要額と利用可能な財源の間のギャップは、1,200万ポンドほどの金額のままである。商品やサービスの価格は上昇傾向にあり、また賃貸料からの収入も減少している。政府・行政からの援助費も減退しそうである。このようなことを勘案して、トラストとしては例年と同様に、絶対に必要な資産の維持費などに優先的に的を絞らねばならない。

トラストの若者の教育については、言うまでもなく将来のための投資として特に重要である。教育マネジャーを任用したことによって、若者とのつながりをトラストの資産でも、学校でも、より強めていこうと意図されている。

職　員

トラストの責任はますます重くなっているので、トラストとしてはそれらの責任を果たすために職員の専門的な能力を高めるように引き続き努めている。一般的な管理およびスペシャリストとしての熟練を得るための訓練を果たすために特別の研究を彼らに割り当てた。その結果、この目的を果たすのにある一定の進歩を得ることができた。[2]

（アンガス・スターリング）

カントリィサイド

UKで最大の私的土地所有者であるトラストは、1988年の段階で22万4.000ha.の大地、その大部分は海岸地と村落地を所有している。1988年までトラストは、維持と保存の水準を改良し、しばしば他の組織、グループおよび個人と協力しながら進歩し続けてきた。

第1節　自然保護

自然の保存については、トラストは他の組織と多くの目的、関心、そして問題を併せ持っている。最も密接なつながりは、恐らくSSSI（特別科学関心地域）の指定および補助金の支給を通じて、主要な法律上の役割を持っている自然保

存協議会であろう。1988年における重要な議論の論題は、トラストとこの協議会によって共有されたある共通の目標を強調する方針を共同して宣言したものであった。

　多くの会合が、希少種、生息地の管理、農業政策および職員の訓練について議論するためにRSPB（王立鳥類保護協会）とともに開かれた。他の共通の関心は南部および東南部のイギリスにおける低地のヒースの茂った荒野の保全と復元であった。コーフ城の地所（estate）にあるミドルビアで、トラストはリヴァプール大学および地球生態学研究所が以前耕作地であった土地へヒース地の種（heathland species）が再び侵入したのを研究することができる場所を提供した。この場所の一部は、RSPBとともに発展される構想に役立つように献呈された。この研究は他の土地所有者にも関心を持たせると思われる復元の技術を示してくれるはずだ。ナショナル・トラストはまたブリックリングにあるメンフクロウのための営巣地と生息地を改善するためにホーク・トラストと協力しているところだ。

第2節　農　業

　イギリスの農民は将来に対して不安を抱いている。EC（欧州共同体）は生産過剰を抑える政策をとっている。0.4ha.につき80ポンドまでの補助金が土地を休閑地（set aside）にするか、または耕作地を農業に使用しない土地に変える代わりに提供されている。しかしこの支払いの基準は、この企画が劣等地の農民だけに関心を抱かせた。トラストの借地農のうちほとんどの農民が、これまで休閑地に登録してきていないのに対して、この企画はより良い保全と改善されたアクセスに対して展望を抱かせるものだとトラストは信じている。

　農地および農村開発条例は、農民に多様化することを薦めている。ツーリスト、レクリエーションおよび他の事業も補助金を受ける資格がある。トラストは提案が出されるのを歓迎する。しかしそれらの提案が、自然風景の美しさを保全することと両立するものであることを保証するように注意深く検討することが必要であると考えている。

第3節　高　地（uplands）

　1988年に条件不利地域の農業の将来について、特別に考慮された。トラストの所有する土地の5分の1は高地にあって、ここでは家族単位によって伝統的な高地の風景を保全しようという方針が追求された。しかしより効率の高い低地地帯（lowland areas）からの競争が増加して、特により多くの高地が羊の群れに当てられるにつれて、小規模農場の採算性がますます低くなった。1987年にトラストは、トラストの丘陵地の借地農（hill farming tenants）によって体験された問題を見直すための調査委員会を設立した。1988年の終わり頃に出た報告によって、調査委員会は選択のメニューを考えて、公共の利益を生み出す「公共」の選択と、「個人的な」選択を考え出した。公共の利益の例は、特徴ある風景の手入れ、歩行権の維持、そして野生生物の生息地の創造と管理を含む。収入を生む提案はレクリエーションとホリデーに必要な便宜と有機農法で生産された作物の生産と販売を含む。

　トラストは現在、報告書のなかで含まれた考えの多くを実施しようと努力している。そしてこれらのうちのいくらかはすでに試みられたし、そして成功してきた。

第4節　考古学

　考古学上の調査がウェールズ、ノーサンブリアなどで進んだ。コーフ城での発掘の現場を実際に見学したこともあるし、北ヨークシァのレイブンスカーでは、この年ではないが、後年になって中世以降のみょうばんの採掘現場の廃墟が保存されている場所も目にすることができた。ノーサンバーランドのウォリントンでは、18世紀後半の広大な炭坑の廃墟も見学できた。考古学上有名なトラストの場所と言えば、ストーン・サークルで有名なウイルトシァやエイヴベリィなど、考古学上重要な場所が数多くある。機会に恵まれれば、考古学上有名な廃墟などにも遭遇することが多いはずである。[3]

第5節　その地方特有の建物（Vernacular Buildings）

　農場家屋の集団と孤立した納屋は、村落風景の大事な構成要素であり、それ

第19章　ナショナル・トラスト運動のイノベーション【1988年】

ナイマンズ・ガーデン：災害の跡形もなく、先のほうへ歩いていくと牧場があり、何十頭もの牛がのんびり歩いていた（2009.7）

らの建物はそれらに一緒の規模と歴史と地方としての所在地の特有性を与えている。長い年月を経ており、これらの質素だが、美しい建物は壊れかかっているし、形をなくしてしまったものもある。多くの建物は、朽ちかけている。いくつかは住宅に変わっているものもあるが、巧みに変えられたけれども、それらの建物の必須的な性格を壊し、次第に田舎が都市へと変わりつつある。

　このような状態のなかで何千という伝統的な農場家屋の所有者としてのトラストの責任は新しい意義を理解し、できるだけ多くの譲渡不能の土地の上にある農場家屋などをできるだけ多く保有していくという方針を再確認した。このような家屋の変化は最後の手段として、またそれらの結果が風景にダメージを及ぼさないところでだけ許される。トラストの農村家屋の全国的な建築上の調査は、上記の方針を実効あらしめるためにたいへん役に立つはずである。この調査は1990年末までに完成することになっていた。[4]

大災害にあったライゲイト・ヒルでの復旧作業（1988.7）

第6節　大強風による災害

　1987年10月の大強風の災害についてはすでに述べた。
　16の州のうち、トラストの庭園と森林地の被害は58件であり、それらのうち29件が特にひどかった。1988年には災害の片づけに追われたが、職員の努力のおかげもあって、すべての庭園は4月に公開することができた。
　特に災厄に見舞われた庭園は、西サセックスのナイマンズ・ガーデンとペットワースであったが、私が訪ねた時には両庭園ともきれいに修復されていた。可能なところでは片付けられた材木は販売され、いくらかは片付けの費用にまわされた。ただすべての庭園や森林地が完全に修復されたわけではないことは、私自身のフィールド・ワークから明らかであった。例えばやはり強風の数年後、クレアモント・ランドスケープ・ガーデンを訪ねた。入口のそばに倒れた大木が置かれていたのを覚えている。
　1988年にライゲイト・ヒルとコリー・ヒルを訪ねた時、コリー・ヒルのベン

第19章　ナショナル・トラスト運動のイノベーション【1988年】

コリー・ヒルでの二人の老婦人との語らい（1988.7）

チに腰掛けていた2人の初老の婦人から前年の嵐がいかにひどかったかを教えられたのを覚えている。私自身、台風銀座と言われる土地に育ったのだから、彼女たちの話からこの嵐がいかに凄かったかを正確に想像できた。あのガーデンの入口に置かれていた大木は、十数年後に再び訪ねた時にはもうなくなっていたが、きっと自然災害の恐ろしさを示すために置かれていたことは間違いない。

　この嵐の凄さは多くの画家たちによって描かれたというが、これらの絵画展が'Stormstruck'の名で、最悪の影響を受けたペットワースで1988年9月に開催されたという(5)。

第7節　基金募集

　1988年はトラストの歴史上2件の大きなアピールの成功を体験した。1つは、ケドレストン・ホールのために200万ポンドを集めるためのアピールが1986年に開始され、1988年末に終了した。大強風の後にすぐに開始された150万ポン

ドのアピールは、目標額を超えて200万ポンドを集めて終了した。イギリス皇太子がこれら2つのアピールのパトロンになってくれた。

これら2つのアピールは、それぞれ異なった方法でトラストの資金募集の努力の範囲を広げることを可能にした。特にトラストは、スポンサーを通じて、贈与あるいは適正な振興策によって各々の会社からの支援をえるために懸命に努力した。

イースト・アングリア海岸およびカントリィサイド・アピール、そしてカーク・アベイ・アピールは極めてうまくいった。そして湖水地方アピールもうまい具合に進んだ。評議会がそれらのアピールに謝意を表したのは当然である。

遺産は周知のとおりトラストの収入の最大の資源の1つであり、そしてトラストの行なう事業の多くは、それらの遺言状のなかでトラストのために必要な処置を取ってくれた人々の寛大さに依拠していることも周知のところである。トラストが必要としていることに有力な賛助会員が注目してくれることにより、強力な措置がとられていることも周知のとおりである。[6]

第8節　会員とボランティア

1．会　員

1988年は新規会員を集めるのに極めて成功した年であった。会費が上がったにもかかわらず、26万5,000人の新会員がトラストに加入してくれた。会員の67％は、（銀行）口座引き落としによって、彼らの会費を支払い、そのことによって管理費を最低に保っている。64％の会員は捺印証書（Deeds of Covenant）にサインして彼らの会費の価値を引き上げることによって、トラストが、会員が拠出金に支払った税金を取り返すことができるのである。

2．協会（アソシエーション）

1988年の段階で172の会員の協会あるいはセンターがある。トラストの事業を支える実質的な基金を集めるためのそれらの能力はよく知られており、1988年も例外ではなかった。47万ポンド以上の寄付金が大なり小なり大多数のプロジェクトに当てられた。しかし恐らく協会とセンターの最大の貢献は、何よりも大きな信頼を得たうえでトラストの会員を得ることができるということであ

第19章　ナショナル・トラスト運動のイノベーション【1988年】

る。これらの偉大な功績をあげることができたことに対して、評議会は自らの感謝の気持ちを表明していることを特記しておくべきであろう。

3．ボランティア

　1988年に、トラストがこれまで政府関係機関たるMSCから受けてきた支援が停止されたために、いわば失業対策事業を実施することが困難になった。このためにトラストのボランティアが、委託されたトラストの事業にいかに大きな可能性を発揮することができたかを強調することになった。ここにトラストの事業が政府からの協力を失った時に、トラストの事業がいかに危機的状況に置かれるものであるかを明らかに示した。

4．ボランティア・カード

　委託されたボランティアの価値を認めて、ボランティア・カードが4月に導入された。ボランティア、すなわち40時間労働に対する返礼として、資産に自由に入ることのできるこのカードは、評議会の感謝の気持ちを受ける資格のある承認の印として表わされたものである。[7]

第9節　年次総会

　1988年度年次総会は、10月31日（土）にロンドン・ウェストミンスターのセントラル・ホールにて、およそ1,200人の会員の出席のもとに開催された。1987年10月にイギリスを襲った強風によるあの大損失もようやく回復して、すべての庭園やパークもイースター（復活祭）に、安全のうちに再開できたことが議長によって報告された。

　それにいくつかの主な修復に関して報告があったが、それらはトラストの歴史的な建築物やイングランド、ウェールズそして北アイルランドの自然のままの海岸線を守るための連続的な努力を含むものであったが、それらもその目的を無事完遂したことが謳われた。

　アーケル報告に関連しては、最初の報告になされた結論を評議会が承認し、そして会員同士の意思疎通による親密な関係を一層育て上げようとの推挙の辞を明らかにした。

309

財政委員会の会長は、会費、贈与、遺産およびエンタプライズからの収入は増加したけれども、トラストの必要はなお利用しうる資産を超えていると報告した。それにもかかわらず資産に要した経費の水準は維持されてきた。そして増大する金額はカントリィサイドの資産のほうへと向かった。

　所有地、賃貸地（Leased）、賃借地（rented）では猟犬を伴なって、すべてのキツネ、シカおよび野ウサギ狩りを1989年1月から禁止する決議が、「もし賃借地、賃貸地、あるいは贈与証書によって、このような行動を合法的に許すべきでないならば」と、ポール・シェルドン氏によって提議された。トラストの土地で狩猟することを許可し続けるためのトラストの理由が1988年において、適切ではないということを述べて、彼は狩猟を奴隷制や公然たる絞首刑に喩えた。文明は進化していくので、これらの行為はもはや受け入れられなかった。シェルドン氏は、狩猟に参加する人々は狩猟を楽しみのためにやっているのだと言った。そして彼はこの方法によって動物をコントロールする必要性に疑問を呈した。

　ブライアン・サットン氏は、この決議に賛意を表明して、トラストは植物と同じく動物を保全する義務があると述べた。かくして彼は、会員はこの決議に賛成する投票を行うよう促した。

　北部地域の議長たるスペンサー・クルッケンデン氏は評議会を代表して、彼の地域は90の農場を持つ5万6,000ha.以上の土地を維持する責任があるということを、この会議で語りかけた。もし狩猟を禁止する何らかの試みがなされるならば、トラストの仕事は悪影響を蒙るであろうと言った。丘陵地の農場での借地農たちの幾分かの責任は作物などに害を及ぼすネズミ、モグラ、キツネなどを増やさないことであった。それ故に多くの子羊がキツネから難を逃れた。彼は会員の決議に反対投票をするようにと強く主張した。

　評議会の一員であるルース・ブロック夫人は、狩猟は認めないが、狩猟を禁止する動議は議会によって処理されるべきだと述べた。

　多くの会員は、大部分の人々が狩猟に反対しているということを示唆する意見投票を引用しながら、そしていくつかの地方自治体と協同組合は、すでに自らの土地では狩猟を禁止していたが、悪影響を及ぼすことはなかったし、またRSPCA（UKで最大の動物愛護団体）は、ことごとく狩猟に反対していること

を会議に思い出させながら、この決議に賛成であると話した。

　決議に対する議論は、借地農たちの要求と農村社会の生活に集中し、そして狩猟がなくなれば、農民たちはキツネとシカを殺し、もっときつい苦しみを与える他の方法を使用するだろうとほのめかした。

　1971年ナショナル・トラスト法にしたがって、投票に対する要求が受け入れられたので、投票が行われた。狩猟に関する投票の結果は次のとおりであった。会員の決議に賛成の票数は2万9,345票、反対の総数は4万6,248票、それ故にこの決議は実行されなかった。[8]

資料　1988年　新しく獲得された資産と約款

【バークシァ】

　＊The Holies、Streatley. 47.2ha.。ゴアリング・ギャップにある白亜質の低地と森林地、カントリィサイド委員会および自然保存評議会からの補助金で購入。

【バッキンガムシァ】

　＊West Wycombe Village、51 High Street. 3名の女性による遺贈金で購入されたハイ・ストリートにある一般的な商店。

　＊Coombe Hill：Low Scrubs. ロウ・スクラッブズにあるトラストの土地に隣接する4.8ha.の森林地、通行権の譲渡の代わりに獲得された。

【チェシァ】

　＊Hare Hill：Withinlee Farm. Alderley Edge：建物のある0.6ha.の土地に約款の付与。

【クリーヴランド】

　＊Roseberry Common：Newton Wood. 8 ha.。カントリィサイド委員会およびノース・ヨーク・ムアズ国立公園からの補助金と遺贈金で購入。

【コーンウォール】

　＊Durgan、Rose Cottages. 約款。

　＊Newton Farm、St Mawes. 37.2ha.の土地、大部分ニュートン農場アピールからの寄金で購入。

　＊Polperro：Raphael Cliff. 特別科学研究地域内の6.4ha.の海岸低木地、贈与金で購入。

【カンブリア】

　＊Ambleside：Force How and Bridge Howe Coppice. ブラッセイ川の南側に

311

ある4.2ha.の雑木林、カントリィサイド委員会の補助金で購入。

 ＊Hawkshead：Land at Outgate. 9.6ha.の農地、湖水地方基金およびカントリィサイド委員会の補助金で購入。

 ＊Wasdale： Land at Guards. 1 ha.の原野、贈与金で購入。

【ダービシァ】

 ＊Hayfield Estate：Land ajoining Kinder Reservior. 99.2ha.、カントリィサイド委員会の補助金およびピーク・ディストリクト・アピールによって購入。

 ＊Hope Woodlands：Two Thorn Fields Farm. トラストのハイ・ピーク・エステートに取り囲まれた146.8ha.の農地と建物、ピーク・ディストリクト・アピール、地域基金からの寄金および遺贈金で購入。

 ＊Castleton：Land at Odin Mine. 2.2ha.の土地、贈与。

【デヴォン】

 ＊Dart Estuary：Land at Nethway Wood. 6.8ha.の雑木林、デヴォン基金からの寄金で購入。さらに42.4ha.の隣接地に対しては約款を付与。

 ＊Hartland：Examansworthy Cliff. 16ha.の海岸地、自然保存評議会からの補助金および遺贈金で購入。

 ＊Heddon Valley：Mill Wood. 22.8ha.の放牧地を含む雑木林、自然保存評議会の補助金および遺贈金で購入。

 ＊Hembury：Butterfly Meadow. 1.4ha.の非改良の牧場、ダートムアの資産を購入し、保存するために遺贈された寄金で購入。

 ＊Plym Bridge Woods：Mainstone Wood and Plym Bridge Meadow. 26.4ha.の森林地と牧場、プリマス州議会による贈与。

 ＊Portledge Estate、nr Bideford. 308ha.の農地、崖地、渚および波打ち際、自然保存評議会の補助金、遺産金、デヴォン海岸基金およびデヴォン一般基金で購入。さらに97.2ha.には約款を付与。

 ＊Sidmouth：Land at Southdown. 駐車場として0.1ha.を購入。

 ＊Teign Valley：Bridford Wood. 自然保存評議会およびダートムア国立公園委員会からの補助金と遺産金で購入。

【ドーセット】

 ＊Melbury Down、nr Shaftesbury. 97.2ha.、ほとんどが改良されていない農地、ウェセックス基金および自然保存評議会の補助金で購入。

 ＊Pamphill、nr Wimborne. 2.6ha.の農地、キングストン・レーシィの内部資金で購入。

【カウンティ・ダラム】

 ＊Horden. ワレン・ハウス・ジルとフォックス・ホールズ・ディーンの一部を含む35.2ha.の土地（崖地、渚とともに）、隣接する37.6ha.の土地に対して約款を

第19章　ナショナル・トラスト運動のイノベーション【1988年】

含み、名ばかりの金額でBritish Coalから購入。この獲得はエンタプライズ・ネプチューンを通じて購入された800km目の海岸線を表わす。

【グロースターシァ】

＊Cricketty Mill、nr Stroud. 遺言で獲得。

＊Snowshill. 現存するトラストの資産に加えられたコッツウォルド石のコテッジ。

【ヘリフォード＆ウースター】

＊Mayhill Common. 29.6ha.のヒース地の入会地、寄贈された寄金で購入。

【ハートフォードシァ】

＊Ashridge Estate：Duncombe Farm. バーカムステッドの北方4.8kmにある24ha.の農地、遺産金およびカントリィサイド委員会の補助金で購入。

＊Ashridge Estate：Land in the Golden Valley. 16ha.のパークランド。ゴールデン・ヴァリーの南端、贈与金およびカントリィサイド委員会の補助金で購入。

【ケント】

＊Crockham Hill、Grange Farm. トラストの土地に隣接する非常に小面積の森林地。

＊Dover：Langdon Cliffs and Foxhill Down. ドーバーのすぐ東側にある20.8ha.の崖地と白亜質の砂丘で、低木が散らばっている。特別科学研究地域（SSSI）、ラングドン・クリフスはドーバー地区評議会によって贈与され、フォックスヒル・ダウンは、ドーバー・アピール基金からの寄金で購入。匿名者による改良基金の譲渡。

＊Dover：Pembroke、Nelson Park Road、St Margaret's Bay. 住宅地のモダンなバンガローの購入、譲渡可能。

【ランカシァ】

＊Gawthorpe Hall. Harbergham Driveの南端に0.13ha.、地域基金で購入。

【ノーサンバーランド】

＊Hadrian's Wall Estate：Peel Cottage、Bardon Mill. ハドリアンズ・ウォール・アピールおよびカントリィサイド委員会の補助金で購入。

【シュロップシァ】

＊Attingham Park：Cross Houses. アッティンガム・エステートに隣接する0.3ha.の土地、アッティンガム・スペシャル・トラスト基金からの寄金で購入。

＊Wenlock Edge：Blakeway Coppice. サウス・シュロップシァ・ヒルズ・アピール基金からの寄金およびカントリィサイド委員会とシュロップ州評議会からの補助金で加えられた28ha.。

【サマセット】

＊Sedgemoor and Athelney：Ivythorn and Walton Hill. 0.13ha.の贈与。

＊The Quantocks：Great Hill、Crowcombe. グレート・ヒルの一部を形成し、

かつクワントック・ヒルズのトラストの土地に隣接する34ha.の土地、自然保存評議会の補助金と贈与金で購入。

【スタッフォードシァ】

＊Biddulph Grange Garden. 10ha.、およそ5.6ha.を含む19世紀半ば頃の庭園の見事な例。国民遺産記念基金で購入。

＊Pin Mill. 2 ha.に対する約款の譲与。

【サリー】

＊Godalming Navigation：Peasmarsh. 限定基金で購入されたトラストの土地によって取り囲まれた1.2ha.の使用されていない鉄道線路。

【イースト・サセックス】

＊Crowlink. 1.8ha.の低木林、遺産金、エンタプライズ・ネプチューン基金、ケントおよびイースト・サセックス地域基金で購入。

【ウェスト・サセックス】

＊Fulking Escarpment：Edburton Hill. 断崖にあるトラスト地に隣接する13.2ha.、サウス・ダウンズ・アピールからの寄金で購入。

＊Fulking Escarpment：Fulking Hill Common. 断崖に隣接する45.2ha.の土地、パーチングの中世の村落地を含む改良されていない丘陵地からなる 8 ha.、サウス・ダウンズ・アピールおよび遺産金で購入。

＊Fulking Escarpment：Land at Fulking. サウス・ダウンズ・アピールおよび自然保存評議会の補助金からの寄金で購入。3.1ha.。

【タイン＆ウィア】

＊Washington Old Hall：Jacobean Garden. オールド・ホールから見下ろされる0.3ha.、フレンズ・オブ・ワシントン・ホールによって集められた寄金で購入。

【ウィルトシァ】

＊Cherhill Down. 18.8ha.、トラストの土地に隣接する。イングリッシュ・ヘリテッジと自然保存評議会の補助金とエイヴベリィとウェセックス基金で購入。

【ヨークシァ】

＊Fountains Abbey：Swanley Grange and land at Mackershaw. 34ha.の農地とアビイの側の建築物、遺贈金およびカントリィサイド委員会の補助金で購入。

＊Ravenscar：Stoupe Brow. 0.2ha.の低木地、贈与。

【ウェスト・ヨークシァ】

＊East Riddlesden Hall：118 and 120 Bradford Road、Keighley. 譲渡可能、一般基金で購入。

＊East Riddlesden Hall：Currer Laithe Farm、Keighley. イースト・リドゥルズデン・ホールの背景をなす魅力的で汚されていないカントリィサイドであ

る68ha.の大地に対して約款が与えられている。

　私がキースリーから歩いてこのイースト・リドゥルズデン・ホールを訪ねたのは1985年9月のことであった。私の記憶に残っているのはこのホールの外観と内部のみである。この時は一般に開放されていたとはいっても、私自身にはこの邸宅が壊滅状態に置かれたままであったということ、しかし見学するに十分に価値ある状態であったということだけは間違いない。最初にこの邸宅がトラストに譲渡されたのは1934年である。2018年から数えるとすでに84年を経ている。私が訪ねてから33年もたっている。トラストの自然環境保護の理念を考えると、このトラストの資産も相当に質を高めているに違いない。

＊Hardcastle Crags：Crimsworth Wood. 3.6ha.の広葉樹林と主として混合林と急峻な牧草地が遺産金で購入された。

＊Hardcastle Crags：Ingham Wood. 遺産金で購入された3.6ha.の森林地。

【ウェールズ】

（ダベッド州）

＊Dinas Island Farm. フィッシュガードの東方8km。 4kmの海岸線からなる165.6ha.の農地、エンタプライズ・ネプチューン基金で購入。

＊Long House Farm. 4kmの海岸線を擁する60.4ha.の農地、エンタプライズ・ネプチューン基金で購入。

＊Pottre. ニューキィの南西3.2km、8ha.の一部は森林地、遺産金とカントリィサイド委員会の補助金で購入。

＊St David's、Upper Treginnis. セント・デイヴィッズの西方3.2km、19世紀の農場家屋が連なる46.4ha.の農地、パルクウェイ基金および地域基金からの寄金で購入。

（グウィネス州）

＊Aberglaslyn Pass：Parc Bach、Beddgelert. 2ha.の樫の森林地、贈与。

＊Bodnant：the Old Mill. 19世紀の水車場、贈与。

（ウェスト・グラモーガン州）

＊Gower：Rhossili. 約18.4ha.の土地に対する約款とともに、ロッシリィ海岸とロッシリィ丘陵地の間の5.2ha.の土地、自然保存評議会の補助金とガワー・アピール基金からの寄金で購入。

【北アイルランド】

＊Lisnabreeny、Cregagh Glen. 0.13ha.の森林の谷あい。川の両側とも所有権を完成。贈与。

＊Mount Stewart：Clay Gate Lodge. 粘土の番小屋、0.05ha.、北アイルランド環境省の補助金と北アイルランド基金からの寄金で購入。

＊Orlock Point. バンゴールの北西4.8km、11.6ha.、10.9ha.の海岸の地条、贈与金で購入。基本基金も贈与。上記の海岸に0.7ha.の海岸をつなげる。贈与。

＊Strangford Lough：Anne's Point. ストラングファド・ラクの岸にある4.8ha.の真水の沼地と松柏類の森林地、射撃権、0.4kmの水際、国立自然保存地およびこの湖の北端に避難地域が隣接。世界自然基金、北アイルランド環境省（カントリィサイドおよび野生生物部）、ベルファースト会員センター（ナショナル・トラスト）の寄金で購入。

＊Strangford Lough：Barr Hall and Green Island. 6.8ha.の狭い地条、贈与。

＊Strangford Lough：Greyabbey Bay. 1,443.2ha.の土地、北アイルランド環境省（カントリィサイドおよび野生生物部）、世界自然基金、エンタプライズ・ネプチューンおよび北アイルランド基金からの補助金で購入。

第19章　注

（1）*Annual Report 1988* (The National Trust, 1988) pp.3-4.

（2）*Ibid.*, pp.4-6.

（3）*Ibid.*, pp.7-9.

（4）*Ibid.*, p.10.

（5）*Ibid.*, p.11.

（6）*Ibid.*, pp.14-15.

（7）*Ibid.*, pp.16-18.

（8）*Ibid.*, pp.18-19.

第20章　財政問題と組織の拡大
【1989年】

はじめに
議長　ジェニファー・ジェンキンズ

　いかに環境を守り、そして良質化していくかが多くの人々の心の中に育ってきた。これまでもナショナル・トラストは環境を守り育てることに、人々が意識を持ってきたことに貢献してきたし、またそのことから恩恵を受けてきた。トラストの役割はトラストの有する大地の美しさを高め、かつ動植物が順調に育てられていく条件を与えることだ。評議会は、6月に南ウェールズを訪ね、かかる条件が育っているかを監視した。高水準の環境を育て維持するためには、相当な費用がかかる。これらの費用に応じるために、トラストは会員の会費に依拠するとともに特別のアピールにも依存しなければならない。それに加えて、入場料、ショップやケータリングからの収入にも頼っている。

　トラストがなしうるものは、トラストが持っている資産に限られている。1989年にはストウ（Stowe）において、困難な財政問題が生じた。バッキンガムにあるこのストウには、私自身訪ねてはいないが、ここの庭園にある37の建物のうちいくつかの建物が緊急に修復の必要に迫られたが、ストウの持つ財源だけでは不可能であった。幸いにトラストはある匿名の賛助会員に加えて、国民遺産記念基金からの補助金と、イングリッシュ・ヘリテイジからの支援によって、この緊急事態を脱しえたという。

　1992年に、ECがECという単一市場を形成する姿勢を示したことは、トラストにとって大きな機会を提供してくれた。トラストの所有地は、大部分がトラストの借地農によって借地化されている地所なので、ヨーロッパの農業によって、すでに直接に影響を受けている。農業問題は審議会委員および役人と議論された問題の1つで、1988年5月にサー・マーカス・ウーズリィとアンガス・スターリング氏と一緒に、私（ジェニファー・ジェンキンズ議長）が、ブリュッ

セルにトラストの最初の公式の訪問をしたところだ。環境、地域政策および農業について議論している間に、我々はECの農村社会の福祉に対する関心およびCAPを再形成するのに際して、良好な環境上の実践、そして単に食料生産のみが育成されるべきではないというEC側の意図に触れて励まされた。トラストとしては、これらの話題を徹底的に追求していくつもりだ。

その土地にゆかりのある家々は、その土地にあったままの形で一般の人々に開放し、教育と楽しみのために役立てている。トラストの家は色々な目的に役立てられ、化石化されるようなことはない。その地域の教育当局と学校とのより密接なつながりをつくり上げる教員と子供のための歴史や芸術、そしてデザインなどの文献を準備している。ヤング・ナショナル・トラスト・シアターの1989年の演出に参加した学校はイギリスの歴史に対するフランス革命の衝撃を上演した。多くの教員が生徒たちと勉強するために、トラストのパークやカントリィサイドにある資産を使っている。トラストの歴史的な邸宅は子供たちと同じく大人たちのためのインスピレーションを与えてくれる道具なのである。

繰り返しになるが、会員の支持はトラストの成功に絶対に欠かせない。トラストの財政も士気も決定的に会員に依拠している。[1]

（DAME　ジェニファー・ジェンキンズ）

理事長からの序文

アンガス・スターリング

ナショナル・トラストは健全かつ浮揚力のある精神をもって1990年代に入っていく。昨年は会員数の記録的な増加と自然保護の仕事においてさらなる進展を見た。しかし自然保護は毎年決まって進んでいくわけではない。これはカントリィサイドにしても、あるいは建築物および芸術品にしても、緩慢に進展しつつ発達していくものである。自然の法則はトラストの運動の大部分を支配し、そして長期にわたる展望こそが一般的にトラストの道しるべとなるものである。1980年代はすぐに歴史を画する年代へと移っていくので、トラストはその注意を次の10年代へと増幅し、またそれを超えて僅かではあるが理想的な年代へと注意を向けていくのである。そのような道程を経つつも、トラストの中心的な目的—歴史的名勝地および自然的景勝地の保全—は不変のままである。

第20章　財政問題と組織の拡大【1989年】

　ナショナル・トラスト運動を進める過程で、色々な好機が生じるけれども、とるべき好機はこのような好機のなかから選び出さねばならないし、運動のための新しい方法が採用されなければならない。

　トラストの海岸地とカントリィサイドの将来に関する議論に最高度に貢献するものは、トラストの多様性に富み、かつ美しい資産を管理し、かつ守る過程のなかでつくり出されることは疑いを挟まない。この絶対的に必要な役割を果たすなかで、トラストは改良に向けて絶えず学習し、そして努力していかねばならない。研究、実験、そして他の意見に耳を傾けることが、すべて必須なのである。広大な資産を管理・運営していくなかで考えられるように、トラストは誤りを犯すことから免れるわけではない。しかしトラストは最善と思われる方法にのみ満足する。一般的に言えば、トラストは海岸とカントリィサイドの特徴を保全するのに必要な管理上の広いスキルのなかに無比の体験をしている。

　トラストが国立公園内に85の農場を含めて、５万6,000ha.の大地を所有している湖水地方以上に、この良好な例を持っているところはない。トラスト自体の資源と一緒に、湖水地方アピールを成功裡に進めたことによって集められた基金で、湖水地方の自然保護計画の進展を可能にした。この地域にある2,920ha.の森林地（woodland）の調査は終了したし、より大きな森林（forests）と同じく、小規模な森林を修復することにも重点が置かれている。平均して５万本の木が毎年植えられており、その半分はその土地の広葉樹であり、森林地にある低木層は野生生物の生息地として保護されている。

　山岳地の歩道の修理や維持の計画も進んでおり、他の団体から侵食地の抑制や敷石を敷き詰める技術についてのアドバイスを求められたりもしている。

　その他、その土地に固有な建物の調査も進み、大衆のアクセスの準備や改良も、あらゆる管理計画にとって欠くことのできないものである。

　環境を保護するのに必要な農業の社会組織を推進し、そして借地農および彼らの家族が不自由のない生活を維持しながら、その土地に住み続けられるように、彼らと協力していくことがトラストの方針である。1988年中に43の新しい借地契約が得られたが、それらはトラストの農場の15％を超えた。これこそトラストが有機農法を奨励し、植樹や野生生物の生息地の維持、そして歩道などの修理のような自然保護の仕事に借地農の援助を直接に得ようと意図している

ことを表わしている。これらの狙いが進んでいるということは、一様ではないが、励みになるし、また健全なカントリィサイドを将来に向けて維持していこうという表われでもある。

　事実、トラストによる上記のような方針は、近来、生物学、考古学およびその土地に固有な建物の調査によって、強化されている。例えばエクスムアで、植物の調査がトラストの2,800ha.以上の土地で行なわれてきた。これは荒野の自然の性格を保護し、そしてヒースを復元する計画を生み出している。

　他方では、開発の危険がないわけではない。一つの例としてウイルトシァのエイヴベリィでの開発計画が生じた。トラストが有名なストーン・サークルを含めて、エイヴベリィの自然のままの大地を守るために1989年にアピールを発した。

　その他、オゾン層の問題、気候変動、公害問題など、それに再生紙、肥料、除草剤、化学製品などをトラストでは使用することについて真剣に考慮中である。

　それにまたカントリィサイドにおいても、また歴史的建築物においても、トラストの役割を一般の人々が深く理解してくれることがトラストの意図である。資産でのオープン・デイ、ガイド付きのウォーキング、エイコーン・キャンプおよびトラストの仕事にボランティアとして参加することがトラストを理解するのに役立つ。イベント、教育、特別の必要のある訪問者に対して便宜を施すこと、そしてトラストとボランティアとの間のパートナーシップの成長が1989年には成功のうちに広がり、そして将来においてもより一層の役割を演じることが確認されている。[2]

（アンガス・スターリング）

第1節　カントリィサイドと庭園

自然保護

　1989年の間に、自然保護に関するトラストの方針がトラストの自然保護に対する管理・運営のための一種の哲学的な基礎を与え、特殊な生息地の管理のためのガイドラインを決定し、そしてトラストが自らの資産にいる野生生物を保護すべきであるならば、必要な資源を確認するための試みについて考え直すことにした。提起された発案のなかには、沿岸の海水に対する強力な脅威に対処

するための方針を発展させ、都市および都市近辺の資産にある資源保護のための積極的な管理の段取りおよびトラストが保護している淡水のシステムにいる動植物を調査することであった。

トラストは野生生物に対して興味を有する資産を獲得し続けた。特殊のある獲得地のなかには、蘇苔類の豊かな群落を持つデヴォンのポートレッジの森林があったし、コーンウォールのリザード・ポイントには豊かな無脊椎動物の群生とイングランドのここの南端部を特色とするいくつかの希少種の植物をみつけることができる海辺の草原の良好な例がある。

農　業
粗放農業

農業省が1988年に、家畜と羊の数を減らすための計画について、トラストに相談を持ちかけてきた。これは農業を、集約農業を減らすことになるので、トラストとしてはこの提案をその方向へ向けるステップと考えて歓迎した。政府としても耕作農業を粗放化しようとの提案をすることになると思われたので、トラストも同様にその文書に応じることになった。この計画はECによる続行しつつある推進力を実行することになり、イギリス政府のほうは過剰な作物を減らすことになるであろう。セット・アサイド・スキームに関しては、これは自動的に集約農法を減らすのではなく、この計画は他のイニシアティヴと同様に、粗放農業に対する機会を与えることになると、トラストが信じることは可能であるように思われた。

飲料水中の硝酸塩濃度が高い地域

1989年、水は極めて重大な環境問題を呈していた。それらのうち飲料水の水質が問題にされた。硝酸塩の含有量が特に関心の的となり、いくつかの場所では高濃度に汚染されており農業に問題が生じていると思われていた。政府は硝酸塩の濃度が高い12の地域を指定して、補償金を払ってこれらの地域の農民の農業活動を抑えるように声明を発した。トラストの土地は影響を受けていないけれども、トラストとしては、政府の手段の多くが現代の農業者に対して集約度の低い農業体制を課することになるだろうと考えて歓迎した。

水道の民営化

　水道法案が公表された時、トラストとその他の自然保護団体は、新しい水道会社の環境上の義務とそれらの会社が売却することになるかもしれない土地に対する条項を強化するために、この法案を改正するように努めた。

　水道会社は現在、約18万ha.の土地を所有しており、それらの土地の大部分は、将来のために取水を目的に所有され続けるであろう。しかし最も美しい土地の幾分かが売却され、そしてそこが開発で脅威にさらされる危険はある。それ故にトラストは、自然環境を保護するためにつくられた社会事業のためのトラストへ中部ウェールズのエラン・バリィにある1万8,000ha.の自然美豊かな荒野を譲渡するというウェールズ水道局の決定を歓迎した。水道会社によって所有された土地についてたいへん心配している事実は、この年の年次総会で報告された決議に関して議論されている間に、年次総会で会員たちによって表現されたとおりである。トラストはこの状況を綿密に監視し続けるであろう。そしてもし、いずれかの水道会社の土地が市場に出るようなことがあれば、その土地の獲得は、その土地がトラストの水準を満たすならば、高い優先権を持ってトラストによって扱われるであろう。⁽³⁾

第2節　トラストの推進

　ナショナル・トラスト運動を推進する活動については、いくつかの目標がある。第1に、トラストの名声を維持し高めること、第2に、トラストの事業が正しく理解され、そしてその活動に関する情報とプロジェクトが国民の広い層に行き渡ること。トラストの会員数はほんの一部分である。それ故に会費、アピール、トラストの資産への訪問者および他のイベントからの基金および収入を生み出すことが必須である。それらのすべてがトラストの財政に必須的な寄与をなすからである。

会　員

　1989年には、トラストの新規会員数は30万人以上の飛躍的な増加を実現した。これは部分的には、一般の人々の環境に対する意識が高まったこと、部分的に

第20章　財政問題と組織の拡大【1989年】

は例外ともいえる素晴らしい夏を迎えたこと、また部分的にはトラストの以下
のような２つの要因に応じる能力：新規会員を獲得した会員たちの能力が称賛
されるべきこと。会員数が年末には186万4,953人になったこと、増加数が1988
年よりも12％を超えた。会員の会費は年収の25％増と規則的に増え続けたこと。
そして会員によって与えられる支持がトラストの実力に絶対に必要であり続け
ていることである。現在、会員の約64％の人々が会費を捺印証書で納め、自ら
がトラストの会員であることを自覚し、そして還付金による収入は毎年400万
ポンドとなっている。かくしてすべての会員へ高度なサービスを提供するとい
う原則をいつまでも続けるという努力がなされているのである。会員もまた、
現在70％の人々が口座引き落としによって会費を納めているので、各種の経費
を圧縮するのに役立っているのである。

訪問者

　1989年におけるトラストの資産への訪問者数は1,000万人を超えた。訪問の
パターンは地域によって変わっているが、資産は晴天と休暇を楽しむ人々が増
加したことによって、収入を増やした。

　ダービシャにあるカーク・アベイの開放日の訪問者は13万2,000人を数え、
湖水地方のビアトリクス・ポター・ギャラリィも、北アイルランドのカースル・
ウォードも、またチェシァのスタイアル・エステートへの訪問者も大賑わいで
あった。私自身も、カーク・アベイを除いて、いずれも数回訪ねている。その
他、体の不自由な人には車いすなど各種の便宜品が用意されていることを書き
添えておくのも無駄ではあるまい。

教　育

　トラストの子供たちへの接近について、それに地方の教育機関や学校との関
係が、この年の間に組織的に再調査された。ここで書くべきことは多くあるが、
紙幅の都合上、以下のとおり記述せざるをえない。

　トラストの地域のスタッフは、小中学生がトラストの活動を知るために、最
も都合のよい資産を確認する作業に入った。この年には、例として北ヨークシ
ァのファウンティンズ・アベイとドーセットのキングストン・レーシィが挙げ

スタックポールでカワウソを撮ったご夫妻と一緒に（2016.12）

られている。私自身、前者には1985年の夏にイギリスで一番小さなシティと言われるリポンの街から歩きながら、途中で耕作地にある歩道を見つけて、そこから延々と歩いてファウンティンズ・アベイに行き着いたことがある。後者には、2回ほど訪ねたことがある。言うまでもなく両者とも生きた歴史を学ぶことができるし、風光明媚な自然風景を楽しむこともできる。これらの地では教員がトラストのスタッフと並んで歩きながら生きた教材を見つけることができる。ここだけでなく可能なところではどこでも、トラストは地元の学校とパートナーシップを組んで、子供たちの教育に役立っているのである。トラストの資産が子供たちのための教育に役立っているだけでなく、ホリデーをエンジョイする大人のためにも、心の癒しのために役立っていることは、最早言うまでもない。

　カントリィサイドで行なわれているトラストの仕事は、学校側に興味を生み出している。そして年間を通して、トラストの教育事務所には、子供たちや教員から自然保護の話題に関する手紙であふれたという。この話は1989年の話で

ある。今や一世代を経ようとしている。ナショナル・トラスト運動が年々進捗しつつあることは、本書を追っていく過程で実感できよう。

　それはとにかく話を元に戻して、私の体験を簡単に紹介してから先へ進むことにしよう。2016年12月、私たち夫婦はウェールズの西南部地方、ダベッド州のスタックポールを訪ねた。3泊4日の滞在であったからかなりの数のトラストの資産を訪ねることができたが、ここではスタックポール・アウトドア・ラーニング・センターを運よく訪ねることができたことについて簡単に話すことにしよう。12月6日、私たちのB&Bを出発して1時間ほどでスタックポール・キー（quay）に到着。幸いにすぐそばにボートハウスがあり、そこでコーヒーを注文して休んでいると、ベビングストン夫妻に会った。同氏は、日本ではもう絶滅危惧種ともいわれるカワウソをトラストの湖で撮影することに成功したと話してくれ、話が弾んだ。彼らご夫妻の車でボシャーストンまで送ってくれたことは誠に幸いであった。この日はスタックポール・アウトドア・ラーニング・センターとエステート・オフィスを訪ねることができた。この日は休みで受付の女性しかいず、資料だけは渡してくれたが、係の人がいなかったのは残念だったが、周囲の建物などを見学して終わらざるをえなかった。ここのエステート・オフィスは相当な規模を持っていた。次の機会を待って、ここの自然保護教育の実態をインタビューを含めて、十分に学びたいと思っているところである。

基金募集

　会員および他の多くの支持者たちのおかげで、3つの最大のアピールがこの年度中に成就された。ケドレストン・ホール・アピールがこの年度末に200万ポンドの目標額に達して幕を閉じた。湖水地方アピールが、管理人、きこり、および歩道やその他の設備を修理するチームとして地元のスタッフを多く雇用して、湖水地方のトラストの資産の保護と維持の基金を集めるために発進した。このアピールは年度末までに計画の2年前に目標額の95％を集めた。エンタプライズ・ネプチューン・アピールは1990年に25周年を迎えるが、25年を経てほとんど1,300万ポンドが集められ、数百キロの海岸線が獲得された。しかしこの事業は完了したわけではない。もっと多くの資産が必要だ。記念行事のため

の目標額が、より美しいけれども傷つきやすい海岸の土地が守られるために購入されるように、200万ポンドが設定されている。そのうえにトラストはこの国のあらゆるところで自らの仕事を行なうための基金を集めることができねばならない。

商業界と工業界からの寄付金、後援者からの寄付金、現物での贈与を含めて、1989年にはトラストへ100万ポンドもの金額が寄せられた。評議会としては、法人部門からの連続的でかつ増大する支援に対して感謝の念を表わしているところだ。その他にはトラストはバークレイズ銀行との親密な関係を発展させ、かつ広げ続けてきている。

エンタプライズ

ナショナル・トラスト・エンタプライズは、常にトラストの狙いと目標に一致する利益の生ずるビジネスを運営するというチャレンジに合致するように成長し、かつ多様化し続けてきた。優に2,000万ポンドを超え、増大しつつある総売上高をあげながら、このビジネスはトラストの生産物を通じてトラストの狙いを促進すると同じく、トラストの投資にかなり大きな収入をもたらした。

トラストのショップの売上高は年中浮揚力に富み、そして全体的に見て、恵まれた夏期と訪問者数が多いことに左右されてきた。今後も新しいショップが開店し、望ましい営業が営まれることが望まれる。それにショップに入るとトラストに関係する出版物が次々に現れていることにも自ら気づくであろう。それからショップに現れる商品の種類は、トラスト所有の壮大な邸宅やカントリィ・ハウスで数を増やして、訪れる人々に興味を抱かせながら、1989年にはますます活気を与えてきた。⁽⁴⁾

第3節 センターおよび協会

1989年末までに、併せて12万人の会員数に180のグループが生じた。言うまでもなく、この活動力に富む知識豊かなメンバーたちは、トラストの価値ある財産でトラストの多くの義務に応えるのに大きな助けとなった。

1989年には、50万ポンドの寄付金が数百のプロジェクトに向けられた。この基金の大部分は、協会がその基金を集め、仕事の進み具合を見つめ、そして成

326

し遂げたものを心から喜び、その喜びが自らの地域プロジェクトに当てられる
のだから当然のことである。あのナショナル・トラスト・ツリー＆ガーデン・
ストーム・ディザスター・アピールは、特に大きな恩恵を受けた。しかしエン
タプライズ・ネプチューンは長く続いている会員たちの奉仕活動である。評議
会は帰属意識、勇気、そしてセンターや協会が知らせてくれる情報にたいへん
感謝している。

ボランティア

　年間を通して、ボランティアはすべての地域で多くの援助を与え、そしてト
ラストの色々な仕事を手伝ってくれる。正確に測るのは難しいが、ボランティ
アたちの仕事の量は、この年の間に約20％増えた。トラストはボランティアの
範囲と責任を広げるのに集中した。というのはその狙いこそ価値があり、かつ
建設的な仕事に彼らのキャリアと経験を使いたいと真剣に考えているからであ
る。

　1989年には、ボランティアたちはトラストと親密に触れ合っているのだとい
うことを保証するための努力が真剣に払われた。

　ボランティア・ニュースレター、ミーティング、そして資産への訪問は、ト
ラストが常に依拠しているパートナーシップの概念を発展させるのに極めて大
切な方法であることはすでに周知のはずだ。前年は2,500人以上の人々がトラ
ストのエイコーン・プロジェクトに参加してくれた。広い範囲の活動は、あら
ゆる年齢のグループにとって有効であったし、この方針も1990年以降も続けら
れるはずだ。[5]

年次総会

　1989年年次総会は、11月4日にブライトンでブライトン市長の歓迎を受けて
開催された。出席者は1,200人であった。この席でニュー・ティンバー・ヒルの
面積のうち65％がトラストへ譲渡された。会長からはボランティアへの感謝の
辞が述べられたとともに、ECの本部があるブリュッセルでの最初の公式の訪
問を機会に、トラストの借地農との関係が重要であることが強調された。会費
の収入については、1988年に2,100万ポンドであったものが、1989年には約2,350

万ポンドに増加した。会員数、収入、贈与、遺産についても過去2年の間増加したけれども、1990年には、それらの伸び率が緩慢になるだろうとの警告を受けた。

ストーンヘンジ・ダウン（ストーンヘンジの周囲の農地586ha.）の歩道については心配の種であったが、これはトラストの認可とともに地方自治体との協力を得て実行されたことが、理事長によって報告された。その他ここでの宗教的なお祭りについては、トラストとイングリッシュ・ヘリテイジとの間で認められたが、長期にわたるキャンプ・サイトは認められないことになった。

以下、入場有料の資産への料金について、考古学上の調査について、また自然崇拝者についての会場からの質問や要求などが出された。いずれにしてもトラストとしては、すべての人々がトラストの資産をエンジョイする自由があるのだという意見が大部分であった。それから水道の民営化によって、自然豊かな土地が壊される危険についての議論がなされたが、かかる危険については、ナショナル・トラストをはじめ友好団体が協力する旨の意見が積極的に表明された。なお大会の終了後、「トラストは1990年代を楽しみにしている」という談話が理事長によって表明された。[6]

資料　1989年　新しく獲得された資産と約款

【バークシァ】
* Manor of Cookham and Maidenhead：Old Brick and Tile Works、Pinkneys Green. 池、開拓地のある7.6ha.の低木の植生地、歩行権利の授与の代わりに、北部砂丘地石灰会社から獲得された。

【バッキンガムシァ】
* Hughenden Manor：Naphill Farm. 55.2ha.の農地と森林地、2名の贈与金で購入。

【チェシァ＆スタッフォードシァ】
* Mow Cop. 小面積の土地（約0.1ha.）、ウッド・ストリートからアクセスを提供するためにトラストの現存の資産を加えた。

【コーンウォール】
* Crackington Haven：Lower Tresmorn Farm、near Bude. 0.3ha.の海岸を含んだ87ha.の農場、エンタプライズ・ネプチューン基金で購入。

第20章　財政問題と組織の拡大【1989年】

＊Duckpool to Sandymouth：Stowe Barton. 157ha.、1988年、セント・マイ
ケルズ・マウント・エンダウメント基金および遺産金で隣りの農地の52.6ha.に
対して約款を付して購入、譲渡可能。

＊Helford River：Gillan Creek. 4.6ha.の森林地、隣りの小区画地に対して約款、
贈与。

＊Lerryn Creek：Ethy Park and Woods. レリン・クリークとフォイ川の上の
26.4ha.のパークと17.6ha.の入江側。トラストのパーク・アット・エシィに加わ
った。セント・マイケルズ・マウント・エンダウメント基金、遺産金、コーン
ウォール海岸基金からの基金で獲得。

＊Lizard Point. リザード・タウンの南西1.6km、15.2ha.の崖地と農地。

＊Maenporth. ファルマスの南西４km、海岸地からミーンポース海岸の南側まで
の4.8ha.。

＊Nare Head：Gull Rock. 贈与。

＊Zennor：Bosporthennis Farm. 55.6ha.の農場、カントリィサイド委員会およ
び自然保存評議会の補助金、ウェスト・ペンウィズ海岸アピール基金で獲得。

＊Zennor：Foage Farm. ゼノーの南東1.6km、104.ha.の農地および隣りの４ha.
に対しては約款、カントリィサイド委員会および自然保存評議会の補助金、遺
産金とウェスト・ペンウィズ・アピール基金で購入。

【カンブリア】

＊Borrowdale：Land at Rothwaite. 10.8ha.の農地と5.6ha.のフリス森林、ダー
ウェント島基金、遺産金、湖水地方基金からの寄金で獲得。

＊Fox How Farm and Deer Hows、Loughrigg、near Ambleside. 19.4ha.の
農地、農場家屋、伝統的家屋、ロゼイ川の漁業権を含む27ha.、遺贈金および地
域基金からの寄金で購入。

＊Langdales：Raw Head、Great Langdale. ロビンソン・プレイスに隣接する
20.4ha.の農地。遺産金、湖水地方基金からの寄金で購入。

＊St Bees Lighthouse Cottages and Foghorn Station、Whitehaven. エンタ
プライズ・ネプチューン基金で購入、譲渡可能。

＊Ullswater Valley：Aira Force. 駐車場拡張のために獲得した小面積の森林地、
遺産金で獲得。

【ダービシァ】

＊Winster：3 and 4 Woolley's Yard、near Matlock. 贈与、譲渡可能、２
軒のテラス付き家屋。

【デヴォン】

＊Castle Drogo. カースル・ドロゴ・ガーデンに隣接する1.4ha.の牧草地。セイ

ヨウブナの栽植地。遺贈金からの寄金で購入。

* Heddon Valley：Highveer Point、Heddon's Mouth. 1.6kmの海岸線を含む74.8ha.の崖地、隣地の40.4ha.に対しては約款、イングリッシュ・ヘリテイジおよびエクスムア国立公園当局からの補助金と遺産金で購入。

* Teign Valley. トラストの土地に隣接する1.2ha.の森林地、メドヘイダウン・ウッド基金および遺産金で購入。

【ドーセット】

* Golden Cap. 小面積の一条の土地（0.05ha.）、贈与。

【エセックス】

* Copt Hall. マージィ島の西方。160ha.の岸壁と塩分を含んだ湿地の壊されていないオープン・カントリィサイド。イースト・アングリア・コースト＆カントリィサイド基金、遺産金および国民遺産記念基金、自然保存評議会からの補助金で購入。

* Dedham：Dalethorpe Park. ストア川のそばの6.6ha.の放牧地、遺産金と地域基金からの寄金で購入。

【グロースターシァ】

* Ebworth：Overtown Farm、near Stroud. 243.2ha.の農地、贈与。

* Ebworth：Workmans Wood、near Stroud. 特に素晴らしいブナの木を含む115.2ha.の森林地、贈与。

* Haresfield Beacon & Standish Wood、near Stroud. 3.2ha.のスロープを形成する美観を擁する放牧場、隣地はランドウイック・ウッド、遺産金で購入。

【ヘリフォード＆ウースター】

* Broadway：Court Farm. コッツウォルド北部のスロープ地にある果樹園を有する20ha.の永久放牧地。贈与。

【ワイト島】

* Brighstone：Ye Olde Shoppe and the Post Office. 白亜質の塊で建てられた茅葺きでテラス付きの18世紀のコテッジ、遺産金で獲得、譲渡可能。

【ケント】

* South Foreland Lighthouse、near Dover. ドーバーのホワイト・クリフの頂上にある0.8ha.の庭園に建てられている1843年のヴィクトリア時代の灯台で、灯台守のコテッジ。フランスの光景が見える。ホワイト・クリフス・オブ・ドーバー・アピール基金で購入。

【ランカシァ】

* Silverdale：Burton Well Wood. トラスト所有のランバーツ・メドウに隣接している4.2ha.の土地。贈与。

＊Silverdale：Lambert's Meadow. バートン・ウェル・ウッドのすぐ隣にある1.4
ha.の魅力的な牧場、カントリィサイド委員会の補助金、遺産金、シルバーデイ
ル基金からの寄金で購入。

【ノーフォーク】
＊Blakeney Freshes：North Norfolk coast. 59.6ha.の干拓された牧場、自然保
存評議会からの援助、遺産金、イースト・アングリア地域基金およびイースト・
アングリア海岸＆カントリィサイド・アピール基金からの寄金で購入。

＊Oxburgh Hall：Home Covert. イースト・アングリア海岸＆カントリィサイ
ド・アピール基金で獲得。

【ノーサンバーランド】
＊Farne Islands：インナー・ファーン灯台以外の0.6ha.、コーポレーション・オ
ブ・トリニティ・ハウス・オブ・デットファド・ストラウドによる贈与。

【シュロップシァ】
＊Morville Hall：Morville Glebe. 1.4ha.の牧草地、放牧地と小川、モーヴィル
にある他の資産のリース販売によって利用される基金で購入、譲渡可能。

＊Wenlock Edge：Blakeway Coppice. 南シュロップシァ・ヒルズ・アピール基
金で購入された1.4ha.の付加地。

＊Wenlock Edge：Longville Woodland. 61.6ha.の森林地、遺産金、マーシァ地
域基金、南シュロップシァ・ヒルズ・アピール基金、シュロップ州議会からの
補助金、イギリス村落地を守るための評議会からの寄金で購入。

【サリー】
＊Esher：Home Farm House. 以前クレアモント風景式庭園にあった石のオベ
リスクに対する約款、クレアモントでの慈善バザーの収益で獲得。

＊River Wey Navigation. ギルファドとウォーキングの間のウェイ川の両岸の1.8
ha.、リヴァー・ウェイ・ランド・セイルズ基金と地元の魚釣り協会からの寄金
で購入。

【イースト・サセックス】
＊Alfriston. 牧師館に隣接する１ha.の野原、贈与された寄付金と地元の寄金で獲
得。

【ウェスト・サセックス】
＊Drover's Estate：Little Wood Common. 0.8ha.の土地、地元の基金で購入。

＊Harting Down、near Petersfield：アッパークから0.8ha.離れたサウス・ダウ
ンズにある208ha.の改良されていない丘陵地と森林地、ボウスウェル慈善トラ
ストから提供されたサウス・ダウンズ・アピールの資金で購入。

＊Newtimber Hill、near Poynings. 現有のプロパティに加えられた25ha.の丘

陵地と森林地、サウス・ダウンズ・アピールによって提供された寄金、遺産金および自然保存評議会の補助金で購入。

【ウィルトシァ】

* Lacock Village：3 Nethercote Hill. この村の端にあるコテッジが贈与された。

* The Coombes、Swindon. 15.6ha.の白亜質の丘陵地。贈与。

* West Kennett：The Ridgeway Café、near Marlborough. このカフェは取り壊されることになっているが、0.4ha.の土地は遺産金とイングリッシュ・ヘリテイジの補助金で獲得、この場所の復旧はカントリィサイド委員会によって助成されている。

【北ヨークシァ】

* Fountains Abbey and Studley Royal：The Leases Field、Ripon. 12.4ha.の野原、遺産金およびカントリィサイド委員会の補助金で購入。

* Upper Wharfedale. 放牧権を有する2,236ha.の大地に加えて、ケトルウェルの北西部にある素晴らしい渓谷の風景を持つ800ha.の大地、グレアム・ワトソン氏と彼の亡くなった兄のデイヴィッド・ワトソン氏によって贈与された。

* Yockenthwaite：Top Farm. 放牧権を有する15.6ha.の農場、一部は遺贈され、一部は贈与された。残りは遺産金とヨークシァ地域基金からの寄金で購入された。

【ウェールズ】

（ダベッド州）

* Cippin Fach and Gernos、St Dogmaels. ペナラースの岬を含むケマエス岬の西方、1.6kmの海岸線からなる42.4ha.の土地、キッピン・ラハは遺贈され、その遺産主の遺産によって隣のゲルナス農場の一部も獲得された。

* Dinefwr Park：Dinefwr Meadows、Llandeilo. 国民遺産記念基金、カントリィサイド委員会および自然保存評議会からの補助金で獲得された118.4ha.の牧場。

* Dinefwr Park：Plas Dinefwr、Llandeilo. 家屋とすぐ近くの土地および隣りの駐車場、贈与金およびディネブルアピールからの寄金で獲得。

* Long House Farm. トレヴァイン村とアバーカースル村の間にある4kmの海岸線からなる60.4ha.の農地、エンタプライズ・ネプチューン基金で購入。

（グウィネス州）

* Aberglaslyn Pass：Cae Bach、Nantmor. 0.13ha.のブリン・ナ・バンツに隣接する原野、贈与。

* Dinas Oleu：Frenchman's Grave、Barmouth. 贈与、ナショナル・トラストの最初の土地であるこのディナス・オライの歩道を奥のほうへ歩いていくと、この墓地に突き当たった。

第20章　財政問題と組織の拡大【1989年】

*Plas-yn-Rhiw Estate：Rhiw Wood. プラス‐イン‐リォの東へ歩いていくと
すぐ近くにある。主として松林、ヒースランドからなる60ha.、遺産金で獲得。

*Uwchmynydd：Cae Crin and Bryn Canaid、Aberdaron. 5.2ha.の手つかず
の古い原野の原型、隣りはトラストの土地、贈与金および遺贈金で購入。

（ウェスト・グラモーガン州）

*Gower Peninsula：Rhossili Warren. 5.2ha.の土地、中世のオープン・フィー
ルド・システムの残滓、エンタプライズ・ネプチューン基金および自然保存評
議会の補助金で購入。

【北アイルランド】

*Castle Coole：The Grand Yard、Enniskillen、Co. Fermanagh. 贈与、部分
的に北アイルランド環境省の補助金で大規模に修理。

*Florence Court、Co. Fermanagh. 3.3ha.からなる２つの城門の建物、ウォー
ルド・ガーデンにあるコテッジ、邸宅に通じる私道。北アイルランド農業省か
らの50年のリースを保有。

*Innisfree Farm、Co. Antrim. ジャイアンツ・コーズウェイのすぐ南方、農場
家屋、２つのコテッジ、近代的な建物および農業用地からなる24.8ha.の農場、
大部分は譲渡可能。

*Nugents Foreshore、Co. Down. ポータフェリィから南のほうへ19.2kmの波
打ち際、ザ・デイリー・メールの読者によって集められた基金で購入。

*Strangford Lough、Anne's Point、Co. Down. 入江の岸に隣接した9.2ha.の
低地の農地とすでにトラストによって所有されている周囲の4.8ha.の淡水湿地、
北アイルランド環境省、世界自然基金および北アイルランド基金からの補助金
で購入。

第20章　注 ─────────────────────────────────

（１） *Annual Report 1989*（The National Trust, 1989）pp.3-4.

（２） *Ibid.*, pp.4-7.

（３） *Ibid.*, pp.8-10.

（４） *Ibid.*, pp.12-15.

（５） *Ibid.*, p.17.

（６） *Ibid.*, pp.17-18.

第21章　ナショナル・トラストのもつ多様性
【1990年】

あいさつ
ジェニファー・ジェンキンズ議長

　議長職にあった5年の間、ナショナル・トラストは実質的に上向きの動きを示した。1986年、会員数は130万人、1990年末には200万人を超えた。5年前のトラストの土地面積は21万6,000ha.、現在22万6,000ha.である。UKにおいて、トラストは美しい風景と建築物、野生生物、そして芸術作品を所有している。このことはたいへん喜ばしいことである。

　しかしオープン・カントリィサイドに対する圧迫は、今なお不安をもたらしている。建築物、ツーリズムおよび道路による自然破壊に対する不安は、はじめから生じているので、いわゆる農業危機を避けることは困難であって、その結果農業用地に対する統制を旨くコントロールすることは、必ずしもうまい具合にはいかず、それに抵抗することは容易ではない。したがってトラストはこれまで危険な状況に置かれている土地を所有することによって、これらの圧迫に対処すべく試みてきた。しかし他方トラストの目標を推し進めるために政府へ陳情することもあった。そうすることによって一般国民に重大な問題を知らせ、かつトラストの見解を理解してもらうことによって、自然破壊を食い止める努力もしてきた。

　トラストの最も大きな力の1つは、トラストの持つ多様性にある。他の団体はこのような広い範囲の自然保護の責任を持ち合わせてはいない。城からコテッジまで、パブから灯台に至るまで、トラストは包括的なやり方で、あらゆる興味を考慮に入れながら、この国の遺産を管理する立場にある。

　最も永続的な獲得のためのキャンペーンは、エンタプライズ・ネプチューンであり続けてきた。1990年にネプチューンの25周年行事には、約200万ポンドが集められ、そして美しくかつ手つかずの海岸線を購入し、そして守ることを

第21章　ナショナル・トラストのもつ多様性【1990年】

委ねられた。このキャンペーンは世界の他の場所でも幅広い賞賛を呼びおこし、そしてフランスでは公的機関のためのモデルとして役立った。しかしネプチューンについて特殊なものは、それがトラストの会員や一般の人々からの贈与によってほとんど完全に資金が提供されるということである。それからトラストが過去5年間のうち1年ごとに平均して17.6kmを購入できたということである。そして現在では1,440kmの目標に向かって827.2kmを守っているということである。

　トラストはまたシュロプシァ・ヒルズのような地域で、ひときわ美しい大地を購入しながら、内陸部でも活発に活躍してきた。そしてそこではトラストはウェンロップ・エッジおよびピーク・ディストリクトを所有し、継ぎ合わせることができた。それにそこでは新しい水道会社から購入される最初の資産はレディボワー貯水池の先端部に位置している農場である。トラストは1990年にアベルストリスの南のほうにあるクラン・エル・キロンの大地を含めて遺贈から恩恵を受けてきた。[1]

（DAME　ジェニファー・ジェンキンズ）

　以下紙幅の都合もあり、筆者を含めて読者の記憶すべき事項と思われる個所を掲げておこう。

　ナショナル・トラストは、草創の時から「歴史的名勝地および自然的景勝地（Historic Interest or Natural Beauty）を守る」ことにあり、この目標は現在に至っても変わっていないし、今後もそうあり続けるはずだ。

　ただ次の事実だけは理解しておくべきである。私自身、ナショナル・トラストの研究に入ってしばらくの間、Historic Interestについて、歴史的に由緒ある建物であると狭く解釈していた。したがってトラストの資産を訪ねるにあたって、初めの頃は専らオープン・スペースあるいはオープン・カントリィサイドを訪ねることを私のフィールド・ワークの主たる務めにしていた。確かにイギリス人の間にも、特にカントリィ・ハウスを歴史的に由緒ある建物であると考える人々がいたことは間違いない。このような考えが、今もまだイギリス人の間に流布しているかどうか私にはわからない。それはとにかく筆者訳『ナショナル・トラストの誕生』の著者G・マーフィ氏は、この著書で、トラストは

335

まず第一に、壮大な邸宅の保存と関連する組織であって、オープン・スペースや海岸線との関連は、第2番目に置かれているにすぎないと言っている。私もこの種の手紙を当時の理事長のアンガス・スターリング氏に書いたことがある。当時のイギリス人の間にこのような考えが流布しているならば、このこと自体がトラストへの国民の理解をねじ曲げることになっていることを、私たちは警戒しなければならない。

トラストの目的の第一は、大地を獲得し、それをオープン・カントリィサイドとして守り育てることにあるのだ。すでに述べたとおりだが、トラスト所有の土地面積が急速に増えたのは、カントリィ・ハウス保存計画が開始された1940年以降である。私自身、1985年以降ナショナル・トラスト研究を本格的に開始して以降、主としてオープン・スペースのフィールド・ワークに専心したのだが、その間にカントリィ・ハウスをはじめ歴史的に由緒ある建物などを訪ねる機会にも恵まれたのは当然と言ってよかった。したがってそれらを訪問した時、特にカントリィ・ハウスの大部分が広大なパークや庭園およびいくつかの農場を所有しているのに気づいたのである。だからカントリィ・ハウスがなければ、トラストがこれほどまでに広大なオープン・スペースを守っているとは考えにくい。そのうえダービィ、リヴァプール、マンチェスター、シェフィールド、ロンドン、その他私自身が歩いた、あるいはフィールド・ワークをした都市でさえ、その周囲がパークやオープン・スペース、そして農場などで囲まれているのがわかるのである。

トラストの都市のオープン・スペースを含めた資産へは、トラストが蓄積した諸種の資源が投入され、地域社会（コミュニティ）や教育の発展のための試みがなされている。私の訳書『ナショナル・トラストの誕生』の著者マーフィ氏にリヴァプールの近郊にあるスピーク・ホールで初めて会ったのは1991年だった。あれからもう27年が経っている。トラストの方針の1つは、自らの資産の質を高めることだ。あの時以来のスピーク・ホールはいかに変わっているのであろうか。2015年8月に私は2度目の訪問を果たした。予想を超えていたと言ってもよい。駐車場は車で一杯だ。この邸宅の周囲の散策を十分に楽しんだ。議長の言葉によれば、修復が施され、そして今では色々なイベントが行なわれている場所になっているという。建物の周囲は緑に囲まれ、農場もある。近く

第21章　ナショナル・トラストのもつ多様性【1990年】

スリンドン村：サウス・ダウンズの北に広がる1,425ha.の農場と森林地（2013.8）

には飛行場があるが、それほど苦にはならない。ここもグリーン・ベルト政策の一翼を担っているのだ。私たち夫婦がこのスピーク・ホールをエンジョイしているうちにマーフィ氏が来てくれた。車でマーフィ氏宅へ。これで何度目の訪問になるだろうか。

あいさつ
アンガス・スターリング理事長

　1990年は、例外的に厳しくかつ何度も襲ってくる嵐とともに始まった。どこも1987年のハリケーンによって被害を受けることはなかったが、1990年の強風はとても広範な地域を覆い、かつ主な損害は再びトラストの森林地やパーク、そして庭園に襲いかかった。スリンドン、ペットワース、ナイマンズ、リース・ヒルおよびポレスデン・レーシィは、3年前には皆ひどく被害を加えられたが、今度もまた新しく植えた木々に大きな被害が加えられた。コーンウォール、デヴォン、ドーセット、サリィ、ウェスト・サセックス、バッキンガムシャ、そ

337

してカンブリアの森林地や庭園もまた時速160km以上の強風に痛めつけられた。すぐに後片付けが始まった。トラストのスタッフたちは打ちひしがれることなく決然としてこれらの災害に向かった。夏までに混乱から立ち直り、平常な状態に戻った。庭園は再び正常に戻った。

　影響を被った資産には、破壊された自然を元に戻すために注意深く努力が払われた。

　レジャーの機会が増え、そして人々の欲求が多様化するにつれて、トラストに対する圧迫は大きくなる。国土が狭く、人口の多いイギリスのような国では、農業、人々のアクセス、レクリエーション、自然保護、考古学、そして産業考古学の必要性は、しばしば制限された地域に集中する。各々の活動は、それ自体旨く組織されたロビーを持っている。トラストの仕事は、聴き、研究し、その結果得られたトラストの知識と経験を応用し、次世代のための大地の性格を保護していくという底辺に流れている精神を優先しなければならない。最大多数の利用と人々の喜びを提供するためのバランスを探し求めることである。均衡ある方針を求めるということは、選択を避けるということを意味するものではない。管理の重点をどこに置くべきかを決定する際には、首尾一貫した決定がなされねばならない。借地農の支持はどこに重点を置くべきか。自然保護あるいは考古学はどこに至高の価値を有するのか。植樹はどこで保護する必要があるのか。または人々のアクセスはどこで改善されうるのか。

　1989年の年次報告書では、新しい農地借用契約における保護条項を導入するに際して、そして自然保護上責任を有する農業体制を確保する際に、トラストは一定の進歩を実現した。これこそがトラストの自然保護者としての主要な狙いであり続けるのである。これこそトラスト自体の借地農との関係を通して、またホワイトホールとEC（欧州共同体）とトラストとの関係を通して追求されている。1990年に、さらに42の新しい借地契約が、合計203となって、特殊な環境保護の条項が加わった。古い借地契約の下に、土地を保有しているトラストの借地農の多くもまた進んで、岬、水路、垣根、石壁、そして森や林を保護するための計画を導入するのに協力した。ほとんどすべての場合において、このような手段がトラスト側の地代の減額を含み、その結果、1990年には収入の損失が約25万ポンドとなった。

第21章　ナショナル・トラストのもつ多様性【1990年】

　良質な農業活動にも自然保護にも基礎を置く大地の管理の原則は、これまでより以上にしっかりと確立される必要があるということが評議会の見解である。カントリィサイドでの農業活動と自然保護との間のバランスを形づくるには、後者のほうへより意識目的的に移行すべきである。1990年には、この問題が環境大臣に提出される形で詳細に議論された。

　次の事実は、筆者自身は体験していないのだが、ウェールズのダベッド州に位置しているケレディギャン海岸で、風景の特徴と野生生物の生息地を復元し維持するために、トラストのスタッフ、訓練生、そしてボランティアたちが農民たちをサポートするために努力しつつあるという。この農場での自然保護計画の下で、湿地が再生されつつあり、垣根が移植され、広葉樹林が再生され、そして伝統的な農場の建物が一新されつつある。

　近年において、トラストが海岸とカントリィサイドを保護することに力を入れていることはすでに周知のとおりである。海岸も村落地もあらゆる種類の開発によって脅かされている。1990年には、資本基金の約70％が海岸や村落地を新しく獲得するために使われた。そして総経費のおよそ2,000万ポンドが、トラストの所有下にある海岸と村落地の管理に捧げられた。トラストの大地へ人々がアクセスできることは、草創の時から大切に守られてきた。トラストが新しい資産を獲得する時に、常に考慮される主要な基準の一つは、一般のアクセスを確保し、または改善する余地があることである。承認されたCountryside Codeの順守に従って、海岸やカントリィサイドの資産へ、できるだけ多くのアクセスを提供することが評議会の方針である。だからトラストは海岸地、オープン・スペース、農場およびパークで、長い距離の新しい歩道や乗馬道（bridleways）をつくってきているのである。1990年にはコーンウォールでカイナンス・コウヴ、タイン＆ウィアではギブサイド、デヴォンではキラトン、ダラム海岸ではビーコン・ヒル、ドーセットではゴールデン・キャップで新しい歩道がつくられた。アクセスの方針は検討されているし、1990年にはランブラー協会との議論に続いて、特別の研究が、将来トラストの土地により以上の歩行権を供しようという考えの下に行なわれている。

　もちろんアクセスが無制限に認められるような環境があるとは限らない。このことは特に借地農の農場、植林、森林および自然保存地、希少種の動植物の

保全が極めて大事な飼育期にも当てはまる。トラストは近年に至って、自然保存ばかりでなく、あらゆる野生生物の生息地の管理を改善するのに必要な熟練と資源の多くを用立ててきた。

この年の間、トラストはツーリズムと環境に関して公開された議論を展開するのに相当程度の役割を演じた。この大きくてかつ重要な課題自体はトラストが闘わねばならない潜在的に矛盾している利害関係の多数を反映している。ツーリズム、これは国内からであれ、外国からであれ、訪問者たちによって左右されており、この国の経済とトラストの経済にとっても極めて重要なものである。トラストは全国的なかつ地域的な旅行案内業者と貴重な関係を有しており、またトラスト自体、旅行業に積極的に関わっている。他方では、旅行者が無制限に集中し、しかもそのことが長期間にわたって続くことによって、地域の持つ構造およびヒーリングの役割に深刻なダメージを与えることによって、国際的な規模でも無視できないほどの関心をもたらすことがある。

トラストにとっては観光客が増えすぎることによって、壊れやすい邸宅ばかりでなく、カントリィサイドにおいても過度な痛みをもたらすという原因をつくり出す。ピーク時に惹き起こされたダメージを抑えるために、広範な種類の技術が使われることになる（1990年には、トラストが湖水地方で歩道を修復するための効率的な仕事を行なったために特別の「我らのヨーロッパ〈Europa Nostra〉」賞を勝ちえた）。環境省は９月に、ツーリズムが環境に及ぼす被害を調査するための仕事に着手し、トラストもその調査団体に参加している。

トラストの方針は、各々の邸宅を保全し、可能なところではその邸宅の個性の質を高めることである。そしてそれらの多くは便宜上都合の良い場合には、少なくとも一部は、寄贈者の家族が住み続ける。他の例としては、初めからその邸宅がトラストの所有下に入ることを主要な理由としたので、その家族は残念ながらその邸宅を離れたのである。カントリィサイドの資産は、邸宅であれ大地であれ、科学や地理学を教えるのにとても価値の高い資産である。大地の管理と自然保護の勉強に対する学校教育の興味が殊更に歓迎され、また新しい世代にトラストの責任のユニークな性質を理解させるのに役立つ。1989年には、トラストがブリュッセルを初めて訪問し、ECの役人や代表者と自然保護問題について議論したことを報告した。1990年の秋にはトラストは、スコットラン

ド・ナショナル・トラストと共同して、建築物および自然遺産の保護について
ヨーロッパ中の多くの政府および非政府組織の代表者が出席したヨークシァで
の会議の組織者となり、かつ主催団体となった。満場一致で決定された決議が
その後EC、イギリス政府およびこの会議に出席した国々のすべての政府に送
付された。

　1990年の間に、ナショナル・トラストはさらにヨーロッパの自然保護および
遺産組織との実践上の関係を発展させた。これはこの時期ではヨーロッパにお
いては前例のない変化であって、トラスト自体の発展と名声が高まったことを
表わしているのである。公害の脅威、自然資源の過剰搾取、ツーリズムの圧迫
あるいは気候変動には国境がないことは明らかである。これらの問題でトラス
トはトラストのヨーロッパの同僚と研究および情報を共有したいし、またトラ
スト自体、自らの自然保護の仕事のためのECからの補助金を得られることを
期待している。[2]

（アンガス・スターリング）

第1節　資　　産

自然保護

　1990年には、トラストの土地のうち新しい特別科学研究地域（SSSIs）はサ
マセットのポーロック湿地と海岸、コーンウォールのローズマリオンが指定さ
れた。ポーロック湿地と海岸、そして海岸に沿ったローズマリオンは過去に歩
いたところである。

　特に考慮が払われたところは、低地および海岸のヒース地、ヘザーおよび他
の低木地が支配的な生息地であった。

　北ウェールズでは、スノードニアで水力資源を動力化する実験が行なわれた。
これは電気をナショナル・グリッドに販売することを目的とするものであった。
それと同時にカルネダイ・エステートの保全のための資金を得るためであった。
かかる計画の実行は可能であることが判明した。

農　　業

　この年は農業にとって困難な年であった。雨の降らない夏が牧草地の質と量

ファルマス湾にあるローズマリオン岬（2004.8）

に悪影響を及ぼした。BSEが牛肉の需要の逼迫を招いた。そしてフランスの農民の威嚇行動がイギリスの子羊の輸出を制限した。個々の農民、特に高原地帯の農民に対する影響は甚だしく悪影響を及ぼした。このことが破壊的な影響を重ねた。牛の価格は10％以上も低下した。そして羊の価格は10年前よりも低かった。農業の繁栄はカントリィサイドの管理の水準に直接関連していたので、トラストはこれらの事情をひどく心配した。私事だが、この頃トラストのサイレンシスターからストラウド駅へ向かったバスの車窓から目に入る森林地帯が、異常に乾燥していたのに気づき、懸念を感じたのを覚えている。

海岸およびカントリィサイド

　1990年中にカントリィサイド委員会は、国立公園、自然的景勝地（AONB）および海岸遺産（Heritage Coasts）の3つの国民的風景美を誇る地域（the three national landscape designations）を指定することを検討していた。このことについてトラストは、国立公園内に社会経済的要因を含むために国立公園当局の

第21章　ナショナル・トラストのもつ多様性【1990年】

目標を広げる必要を強調した。トラストはニュー・フォレストとサウス・ダウンズに約1,600ha.を所有している。したがって1990年中にそこに新しい国立公園が指定されるように要請した。トラストがこれらの地域が確実に保護されるのを真剣に知りたいと思ったのは明らかであった。海岸遺産に指定されている海岸線のうち34%の所有者としてトラストは、海岸遺産フォーラムの運営委員会の代表者となっていた。環境白書を提出するのに際して、トラストは政府に海岸線の計画作成と管理のレヴューに着手するように強く要請した。政府はトラストの要請を引き受けることを了承した。

　海岸の歩道については、特に南西部の海岸歩道は、近来しばしば襲来する嵐による強度の浸食によって損傷を受けているのが見受けられる。

森林地

　この年の間に、森林地の管理の方針と実行について全般的な検討が行なわれた。この年も夏に雨が降らず、イギリス中でこの頃に植樹された若木が相当に失われた。しかし特に南部のトラストの土地にある大きくなったブナの木などは、それ以上の損害を蒙った。すでに枯死した木は仕方がないが、その他の弱った木については、2〜3年間にわたってトラストによって詳細に検査を施されるはずである。

　森林委員会が広葉樹森林地政策を再検討した1989年には、トラストは植林法にも保護管理についても誘因となるように構想された森林地管理補助金を導入するように提案していた。

庭　　園

　5件の私園（パーク）と庭園の調査が1990年中に完成した。さらに9件が準備中である。これまでに合計50件の重要な歴史的な私園と庭園が詳細に調査されてきた。

考古学

　1990年にはトラストの考古学上の作業は庭園以上に進んだ。トラストの考古学上の研究の対象は全国にわたっていることは当然だが、私たち日本人でも知

ウェールズのドロコシィにあるイギリスでは唯一の金山の跡（2009.7）

っている地名だけでも記しておく。ノーザンブリアのハドリアンズ・ウォール、ドーセットのキングストン・レーシィ・エステートでは700以上の考古学の対象地が見出され、今なお発掘が進行中である。ケントのアイタム・モート、ヨークシャのファウンティンズ・アベイ、ヨークシャの海岸にあるレイヴンスカーのミョウバンの作業場の跡地を保存し、かつ展示するための産業考古学上のプロジェクトおよび南ウェールズのアベデュレイスとドロコシィ。上記のトラストの考古学上の研究の対象地は、私自身いずれも訪ねてはいるが、何せ考古学に疎いために、これ以上の説明ができないのは残念である。ただ上記の例だけでもトラストが考古学あるいは産業考古学にも強い関心を示し、考古学の研究をイングリッシュ・ヘリテイジ（イギリス遺産局）とともに推し進めていることは、私たち日本人が、ナショナル・トラストが将来イギリスにおいていかなる役割を果たすのかを考察する一助になることは間違いない。なお次のことも記しておこう。

　イングリッシュ・ヘリテイジの管轄するストーンヘンジのための新しいビジ

ター・センターの設立に際して、トラストが一定の役割を演じたことは、イングリッシュ・ヘリテイジとのパートナーシップを深めることになった。それにまたウィルトシャのエイヴベリィでは、1990年にザ・サンクチュアリィ（The Sanctuary）の周辺に新しく獲得された土地が、周囲の地域とここの国際的に重要な遺跡（ストーン・サークル）の環境を守るのに役立つはずである。

　思えば2005年からナショナル・トラストの本部はスウィンドンに移ることになったが、それより前（1985年）に私は国際的にも有名なトラストのエイヴベリィを訪ねるためにスウィンドンを通過してチッペナムに至り、ここからバスでカーン（Calne）に行き、そこからはＡ４号線を歩き右側にトラストのホワイト・ホース・ヒル（95.1ha）を眺めながら10kmほど歩いてエイヴベリィにたどり着いた。この周辺はホワイト・ホース・ヒルを含めて農業用地であり、また丘陵地であるが、それとともに考古学上重要な遺跡が点在している。それとともにトラストの所有地もあちこちに点在しているのがわかる。今後この辺りもトラストの所有する土地は増えていくに違いない。このことを一例にしてナショナル・トラストが将来UKにおいていかなる役割を演じるかを論じることは早計に過ぎようか。

　しかし私たち夫婦は、トラスト本部で執行委員会の自然保護担当理事のピーター・ニクスン氏からトラストが21世紀のうちにUKにおけるトラスト運動を背景にいかなる役割を演じるかを教示してもらった。2015年９月２日のことであった。私自身、これ以降も研究を進めるとともに、将来、機会が生じた時に、ニクスン氏からのインタビューについて報告しようと思う。

強　風

　1990年１月と２月の例外的な強風によりイギリスの西南部地方のトラストの土地で、およそ８万本の木が倒れた。倒木が多過ぎて回収するのに困難を招き、販売にも問題が生じた。1987年のようにトラストのスタッフは強風から生じた損失と利益を査定し、それに従って管理計画をやり直した。

　強風であれ豪雨であれ、筆者自身も滞英中に何度か体験したし、海面上昇や山火事なども含めて、それらが人災によるものか、自然災害によるものか判断に苦しむのは、筆者自身だけではないであろう。特に注意すべきは、それらの

災害が年々増えているように思われることである。イギリスにおいてナショナル・トラストが、それらの災害にいかに対処しつつあるのかをこの目で確かめようと考えている。

1987年に倒れ、そしてダメージを受けた「特別の」木を増やすために最初に始められた計画は大きな成功であった。1987年に植え直された木のうち50%強が生き残っているし、現在も植え直されているという。また海岸では100万ポンドの損失が生じた。農地もまた塩害を受けたという。

道　路

1990年、政府による新道路建設の計画の告知に次いで、トラストはかつてよりももっと多くの道路建設から生じる強力な脅威に直面したことに気づいた—全部でイングランドおよびウェールズのおよそ30のトラストの資産に影響を与える。結果として、そして特にドーバーのホワイト・クリフスにあるトラストの資産に隣接するところに道路を建設するための認可が与えられて以来、トラストは自らの懸念を交通局に申し出て、政府へ、また政府の環境白書に周知させることが必要であると考えた。特にトラストは、ドーセットのモーコムビレイク、ウェスト・サセックスのシスベリィ・リング、ドーセットのメルベリィ・アバス、ケントのスコトニィ・カースルおよびチェシャのダーナム・マッシィに影響を及ぼす道路建設計画にトラストの反対をはっきりと記した。上記のトラストの資産のうち、スコトニィ・カースルとダーナム・マッシィは、私自身以前に訪ねて詳細にフィールド・ワークを行なったところである。歴史的建物は言うに及ばず、庭園を含めたオープン・スペースは私ごとき筆ではその美しさを表わすことはできないほどだ。これらの計画はすべて交通局との予備会談の段階にあり、トラストもまた自らの意見を周知させるために交通局と密接に話し合っているところである。これらの問題が今後いかなる展開を示すかに注目しておこう。[3]

第2節　ナショナル・トラスト運動の推進

会　員

1990年10月1日にトラストの会員が200万人に達したとの報告があった。現

第21章　ナショナル・トラストのもつ多様性【1990年】

在人口の26人中の１人が会員であることを通じてトラストへ貢献しているということは、トラストの仕事が国民から支持されていることを表わしているということである。会員の会費は、毎年のトラストの収入のうち平均して25％を占めており、唯一の最も重要な収入源となっている。トラストの会員の帰属意識と依託がなかったとすれば、トラストは今日のようなユニークな組織とはなりえなかったであろう。

　1990年末には会員数は203万1,815人となり、1989年より8.9％の増加を示した。現在、会員のうち70％以上の人々が口座引き落としで会費を支払っている。

　評議会が、ナショナル・トラストの成立以来ずっと会員がトラストを支持してくれていることに感謝の念を抱いていることは当然のことである。⁽⁴⁾

第３節　年次総会

　1990年年次総会は1990年11月３日（土）、1,600人の会員の出席を得て、北ウェールズのスランドゥドノゥで開催された。議長が1990年のイベントを回顧し、1989年度の年次報告および会計報告の採用を提案した。

　議論のなかでfactory farmingとセント・デイヴィズ空港にレーダーの支柱を立てる提案に関するトラストの見解について疑問が発せられた。トラストはレーダーの支柱を立てることには反対であることを表明した。農場内に歩道をつくることについては、アクセスは優先して考えられねばならないことが主張された。ただし自然保護と農業との利害関係は考慮されなければならない。このことに関して資産委員会がこの問題を考察するための特別調査委員会を設立した。

　シカ狩りに関する決議を提案して、クアントックスおよびエクスムアの多くの土地が特別科学研究地域として指定されており、狩猟によってダメージを引き起こされるとの意見が出された。熟練のハンターならば、シカの管理を行なうことができるはずだ。評議会はパークにいるシカと野生のシカとを区別してダブル・スタンダードの立場であるとこの意見陳述人は言って、評議会を批判した。要するにトラストはシカの狩猟を禁じるべきだと彼女は言ったのである。かくして彼女は議会が狩猟の可否を決めるべきであって、トラストは政府がかかる法律を通過させるように勧めるべきだと主張した。

評議員の一人は、会員は評議会を支持すべきだと言った。他の人々もこの決議に反対するように促した。というのは狩猟は野生のアカジカの保護と管理および地方のコミュニティの社会基盤にとって欠かせないものであるからということであった。それに数名の会員は、人々の気持ちは動物を死に至らしめるような狩猟には我慢ならないと強く主張して、この動議に賛成した。狩猟は残忍で不必要なスポーツであって、シカをより分けて管理するには他に手段があるはずだということであった。

　キツネ、野ウサギおよびミンクの狩猟に関する決議に関して、次のような意見が出された。評議会は野生生物の問題を無視している。狩猟はトラストの目的および条例と両立しない。この動議の支持を表明して、普通の人々は狩猟を野蛮であるとみており、狩猟の支持者は傲慢であると言った。したがって会員はこの決議を支持するようにと要求した。また次のような意見もあった。評議会は狩猟に賛成でも反対でもない。資産の管理を良好に保つべきだと。ハニコトから来た借地農と2人の会員は、この動議を拒否すべきだと強く主張した。ある会員は評議会に賛成して次のように発言した。トラストはトラストの法的な責任に妥協する理由はない。したがって一つの圧力団体に左右されるわけにはいかないのだと言った。もう一人の会員はこの決議案の支持者たちに賛成して、圧力団体の一員であることを否定してRSPCAの狩猟に反対する意見に言及した。

　上記のとおり、トラストの大地での狩猟に関係して賛否両論が交錯した。しかしトラストとしては、狩猟についてこの場で賛否について即断することはできなかった。だがいずれにしても、後年に至り賛否のいずれかに決めなければならない。⁽⁵⁾

資料　1990年　新しく獲得された資産と約款

【バッキンガムシァ】

* Stowe Landscape Gardens. バッキンガムの北西4 km、228.85ha.、庭園、建物および寺院、1718年から1848年まで130年にわたって発展してきた。

* West Wycombe：The Plough Inn. 購入はリースの販売からの収益金による。

第21章　ナショナル・トラストのもつ多様性【1990年】

【チェシァ】

 ＊Styal、Wilmslow. 4.55ha.、2つのトラスト地域につながっているボリン川の北側にある3.8ha.の草地と、この川の森林地の南側にある0.7ha.の土地が、スタイアル・エステートの周囲にある0.6ha.の譲渡可能な土地と交換された。

【コーンウォール】

 ＊Fowey：Castle Fields、Hanson Drive. 0.8ha.、フォイ・ハーバーの出入り口に対して、広い風景を与える唯一のフィールド、贈与。

 ＊Lizard：Poltesco. キャディウィズの北方1.6km、37.34ha.の森林のある農地、トラストの所有地を広げる。遺産、1974年の贈与の拡張。

 ＊Praa Sands、near Penzance. 1.01ha.の低木地、遺贈。

 ＊Zennor：The Homestead、Foage Farm. 遺産金で購入。

 ＊Zennor：Watchcroft. モーヴァ・チャーチの北西1.6km、47.34ha.のヒース地、さらに19.6ha.の丘に対しては約款、エンタプライズ・ネプチューン基金（ナショナル・トラスト会員のケンジントンおよびチェルシー協会によって集められた）で購入。

【カンブリア】

 ＊Arnside Knott：Hare Parrock、The Nott. 0.5ha.、トラストにもともとリースされている土地に隣接、贈与。

 ＊Buttermere：Wilkinsyke Farm. 41.68ha.の伝統のある高原の農場。遺産金、湖水地方基金、カントリィサイド委員会からの補助金で購入。

 ＊Fell Foot. 公共のハイウェイに隣接する約0.4ha.の土地、駐車場として利用、地域資金で購入。

 ＊Plumpton Marsh. アルヴァーストンの東方1.6km、2.83ha.の塩分のある湿地、湖水地方基金、遺産金および自然保存評議会の補助金で購入。

 ＊Wasdale：Mill Place、Netherwasdale. 14.56ha.、一軒の農場家屋、離れのコテッジ、牧場および農地、贈与。

 ＊Windermere：Barker Knott & Bellman House、Winster. 住宅と建物のある47.4haに対して約款、贈与。

【ダービシァ】

 ＊Eccles Pike. 11.73ha.、エクルズ・パイク（1937年に獲得）の頂上を含むこの原野の残りの土地、贈与、見事な風景。

 ＊Edale. イーデイル村の西の境界地に隣接する放牧権を持つ5.46ha.、ピーク・ディストリクト・アピール基金で購入。

 ＊High Peak Estate：Hope Woodlands、Crookhill Farm. 131.12ha.、遺産金、ミッドランド銀行からの寄付金、そしてカントリィサイド委員会からの補助金で購入。

【デヴォン】

* Buckland Abbey：Place Barton Farm. 87.81ha.、6.8ha.の森林地、80ha.の農地、遺産金で購入。
* Heddon Valley：Heddon's Mouth、Hunters Inn、Parracombe、Barnstaple. 2.52ha.、2.1ha.の谷間の平地で改良されていないウォーター・メドウと0.4ha.のハンターズ・インに隣接する川岸の原野。駐車場として利用。デヴォン基金からの寄金で購入。

　2015年9月にリンマスからクーム・マーティンまでタクシーでゆっくりと走った時、これらの土地名のうち大抵は覚えているが、ハンターズ・インは今なおインであるかどうか知りえなかったが、誰かがいたようではあった。それはともかくトラストの土地をいかに大切にしているかを痛いほどに思い知ったことだけは、ここで記しても無駄ではあるまい。

* Heddon Valley：Dr Pyke's Cottage、Trentishoe、Parracombe、Barnstaple. 16.18ha.の放牧権を有する土地で、石造りのコテッジがある。遺産金、デヴォン一般基金、ウッディ・ベイ・アンド・デヴォン・コースト基金で購入。
* Lee to Croyde：Baggy Point. 8.09ha.の放牧権のある土地、遺産金で購入。
* Lee to Croyde：Black Pit、Town Farm、Mortehoe. 0.4ha.の放牧権のある土地、デヴォン基金で購入。
* Lynmouth：Holden Head and Part Wilsham Farm、Countisbury、Lynton. 44.51ha.の放牧権のある土地で、ヒース、ハリエニシダ、ワラビが生えており、特別科学研究地域（SSSI）。遺産金、自然保存評議会の補助金、75周年記念行事を印すためにデヴォン婦人会連盟からの寄付金で購入。
* Salcombe：Rickham Farm、Portlemouth Down. 長期のリース保有権を持つ40ha.の崖地と34ha.の農地は買い入れられ、そしてミルベイにある森林地の8.8ha.の自由保有権は遺産金で獲得された。
* Sidmouth：Coombe Wood Farm、Salcombe Regis. 3.2ha.の崖地を含む24.68ha.、シドマス風景アピール基金からの寄金と遺産金で購入。
* Sidmouth：Rock Cottage、Peak Hill Road. 譲渡可能。

【ドーセット】

* Burton Bradstock：Bindbarrow. 7.48ha.の渚に沿った改良されていない農業用地、寄付金、贈与金そして自然保存評議会からの補助金で獲得。
* Corfe Castle Estate：the Greyhound Inn、The Square. 約款。
* Golden Cap Estate：Doghouse Hill. 6.67ha.、遺産金、自然保存評議会からの補助金で獲得。
* Golden Cap Estate：Newlands Batch. 3.03ha.、すでに所有している土地に

隣接、遺産金で購入、駐車場として利用。

＊Kingston Lacy Estate：The Vine Inn、Pamphill、Wimborne. 購入。

【カウンティ・ダラム】

＊Durham Coast：Blackhills Gill. イーシング炭坑の南方3.2km、エンタプライズ・ネプチューン基金、ノーサンブリア海岸および地域基金、自然保存評議会とカントリィサイド委員会からの補助金で獲得された1.2kmの崖地および27.2ha.の耕作地の後背地を含む44.51ha.の崖地を含む海岸線。

＊Durham Coast：Hawthorn Dene & Chourdon Point. 66.77ha.の低い森を含む砂丘、崖地、耕作地を後背地とするダラム海岸。地域基金、エンタプライズ・ネプチューン基金、自然保存評議会の補助金とミス・エルジィを記念して、ナショナル・トラストのハンター協会からの寄付金で購入。上記のダラム海岸が立派に復元されているのは、私たち夫婦が2005年8月にここを訪ねて確認したとおりである。

【グロースターシァ】

＊Haresfield Beacon：Shortwood. 2.42ha.の自然のままの放牧地と低木地、すでに獲得された土地に隣接している。贈与。

【ヘリフォードシァ】

＊Croft Castle：School Wood、Lucton. クロフト・カースル・エステートに隣接。42.89ha.、遺贈、同時に隣接する16ha.の農地に約款、贈与。

【ケント】

＊Elham：Kingpost. 16世紀のテラス付きタウン・ハウス、遺言により獲得。

【リンカンシァ】

＊Gunby Hall. この建物の西側の境界地に隣接する5.56ha.の土地、遺産で獲得。

【ノーフォーク】

＊Darrow Wood. デントン村の近く、11世紀古墳と城の遺跡を含む6.07ha.の土地、歴史的建造物および記念物委員会とノーフォーク州議会からの補助金で購入。

＊West Runton：Row Heath and the Canadas. 2059年に終了する森林のリースを受ける28.53ha.の森林地、遺産金で購入。

【ノーサンバーランド】

＊Annstead Dunes. 15.2ha.以上の放牧地に対する約款、贈与。

＊Dunstanburgh Castle：Craster. 110.48ha.の海岸地の農地、遺産金で購入。

＊Hadrian's Wall：Well House. 9.3ha.、ハドリアンズ・ウォール・アピール基金で購入。

＊Wallington：The Riding、Cambo Village. テラスのある家、遺産金で購入。

【シュロップシァ】

 * Long Mynd：Asterton. チャーチ・ストレットンの南西、14.16ha.の広々とした荒野、自然保存評議会補助金、エルガー記念基金からの寄金およびサウス・シュロップシァ・ヒルズ・アピール基金からの寄金で購入。
 * Wenlock Edge：Blakeway Coppice. 9.51ha.の永久放牧地、遺産金、マーシャ地域基金およびシュロップシァ・ヒルズ・アピール基金からの寄金で購入。

【サリー】

 * Hindhead：Beacon Hill. 13.65ha.のヒース地、地元の寄金で購入。
 * River Wey and Godalming Navigations：Shalford. 0.2ha.のゴダルミング・ネヴィゲーションの岸、リヴァー・ウェイ基金での獲得。
 * Winkworth Arboretum. 3.23ha.、家および庭園が遺産金および地元の寄金で獲得された。

【イースト・サセックス】

 * Sheffield Park Garden. 0.7ha.、地域基金で購入。

【ウェスト・サセックス】

 * Wolstonbury Hill、Hurstpierpoint. 83.57ha.、サウス・ダウンズではもっとも著名な陸標（landmarks）の一つ、約50ha.は特別科学研究地域、遺産金、サウス・ダウンズ・パブリック・アピール基金からの寄金およびカントリィサイド委員会の補助金で購入。

【タイン＆ウィア】

 * Souter Lighthouse：Coast Road、Whitburn、South Shilds. 1.01ha.、ベアリング財団からの寄付金、ナショナル・トラスト・アピールからの寄金、エンタプライズ・ネプチューン基金、ヨーロッパ地域開発基金からの補助金で獲得。

【ウォリックシァ】

 * Farnborough Hall：Mollington Wood、Banbury、Oxfordshire. ファーンバラ・エステートの南端の隣に位置する12.95ha.の雑木林、コヴェントリ・ベイ財団からの寄付金およびメイソン・ビクエストからの補助金で購入。

【ウィルトシァ】

 * Avebury、The Severn Barrows. 10.63ha.、7つの青銅時代の円い塚、エイヴベリィ・アピール基金および遺産金で購入。
 * Great Chalfield Manor：Holt、Melksham. 17.19ha.の農地、遺産金で購入。

【北ヨークシァ】

 * Fountain Abbey：How Hall Farm. 11.02ha.、中世時代起源のタワー・チャペル、地域基金で購入。

第21章　ナショナル・トラストのもつ多様性【1990年】

【ウェールズ】
（ダベッド州）
* Newquay to Cwm Tydu：Cwm Tydu. 石灰炉、0.8ha.、村の入り口の風景を保存するためにエンタプライズ・ネプチューン基金で購入およびカントリィサイド・サポート基金から基本基金を授与。
* Penparc Farm、Cwm Tydu. 海岸線1.6kmを含む48.56ha.の土地、ウェールズ海岸線アピール基金およびエンタプライズ・ネプチューン基金で購入。
* Plus Dinefwr、Llandeilo. ディネブル・パークにあるトラストの土地に隣接する邸宅と庭園、遺産金、贈与物および国民遺産記念基金の補助金で獲得。
（グウィネス州）
* Bryn-y-Felin、Beddgelert. 0.1ha.は、0.1ha.の農地の所有と一緒に、ブリン・ウ・ベリン農場家屋に対して約款を遺贈金、ウェールズ・イン・トラスト基金からの寄金で購入。
* Cwrt、Aberdaron. 95.91ha.の農地、1.2kmの海岸を含む、遺産金、寄付金、自然保存評議会からの補助金、世界自然基金、エンタプライズ・ネプチューンからの追加の基金およびアペル・グラナイ・カムリから追加の基金で購入。
* Pant Farm、Abersoch、Pwllheli. 150ヤードの海岸線を含む9.4ha.の農地、隣りの6.7ha.に対しては約款。エンタプライズ・ネプチューン基金で購入。
* Plus-yn-Rhiw：Rhiw Wood. プラス・イン・リョ・エステートの近く、60.3ha.、約34ha.の松柏類の植林地および25.6ha.のヒース地のスロープ、遺産金で購入。
* Porthor（Whistling Sands）、Aberdaron. 29.54ha.の砂地の湾、0.8kmの海岸線を含む。背後は低い崖地と農場、寄付金、エンタプライズ・ネプチューンとアペル・グラナイ・カムリ基金で購入。
* Pistyll Farm、Nefyn、Llŷn. 97.12ha.の農地、1.6kmの海岸線を含む。エンタプライズ・ネプチューン基金で購入。浜への駐車場、歩道は供与。
* Rhyd. マイントロックの北西4.8km、3.33ha.の野生のままの放牧地、贈与。
【北アイルランド】
（ダウン州）
* Islandmagee（The Gobbins）：Ballykeel. マギー島の東海岸、副崖14.56ha.の十分に改良されていない草地、崖地と副崖、北アイルランド環境省の補助金および北アイルランド基金で購入。
* Mount Stewart：Tir N'an Og. 2.32ha.の庭園、贈与。
* Strangford Lough：Nugents Foreshore. 19.2kmの波打ち際を形づくっている172.4ha.、完全な東南の岸を含む、ザ・デイリィ・メールの読者によるエンタプライズ・ネプチューン基金への寄金によって購入。

353

第21章　注 ————————————————————————————————

（1）*Annual Report 1990*（The National Trust, 1990）pp.3-4.

（2）*Ibid.*, pp.4-7.

（3）*Ibid.*, pp.7-9.

（4）*Ibid.*, pp.11-14.

（5）*Ibid.*, pp.15-17.

第 2 編

ナショナル・トラスト100周年、そして次へ

第1章　教育事業の推進
【1991年】

はしがき

議長　チョーリー卿

　1980年代は全体的に見て注目すべき年代であった。

1）会員数は新規会員数100万人を得て、その結果200万人に達したことは、トラストの将来への希望が高まったと言えよう。

2）多くのカントリィ・ハウスが獲得された。

3）オープン・スペースと海岸地が大きく増えた。このように見てくると20世紀の終わりには、多くの新たな機会が現われ、トラストに対して新たな要求が生み出されることになろう。トラストは色々なチャレンジに直面し、それと同時に行き先はより厳しくなり、過去に得られた発展を整理・統合していくことにより一層力をつける必要に駆られるであろう。

　トラストの会員数が次の10年間に再び2倍になると仮定することはできないにしても、会員が会費ばかりでなく、人としての力を一層付け加えなければならないことは言うまでもない。このことによって、将来の要求を抱え込まなければならないということを避けて通ることはできないだろう。ナショナル・トラストは社会事業団体なのである。トラストの会員は、自らが差し出す会費ばかりでなく、人間のもつ力を発揮しなければならないのである。

　もちろんトラストは、ECの補助金のような収入の源泉も追い求め続けなければならない。トラストはまた着実で、かつ相当額の贈与金や遺贈金の流入によって大いに助けられ、そして法人のスポンサーたちからの多額の援助金を受けている。

　ここでトラストがこれまでに獲得した資産に影響を及ぼす3つの国民的な問題を指摘しておこう。①農業の不振と、現在農村社会に影響を及ぼしている大きな変化　②トラストの資産での政府の道路建設計画　③ツーリズムの成長である。

　トラストはイギリスで最大の私的土地所有者として、当然イギリスの農業の

将来について懸念を抱いている。トラストの1,200人の借地農と彼らがその一部分をなしている農村社会は繁栄すべきである。農業地代は、低下しつつあるにもかかわらず、重要な収入源である。トラストのカントリィサイドは、大部分が丘陵地にあって人間とのつながりが深い。トラストの自然風景の良質と豊かな多様性が、何世紀にもわたってつくられてきたものであることも間違いない。

　丘陵地の牧羊業の将来は、トラストが持つ関心の源の一つである。湖水地方、ピーク・ディストリクト、ヨークシァの谷間と荒野、ウェールズの山間地は、この国の最も美しい景色の大部分を含んでいるが故に、トラストの所有地の極めて大きな部分を構成している。農場の多くは伝統的に家畜の群れに依存してきており、それら無くしてはもはやそれらの農場は機能している農場とは言えない。羊はまた効率的な芝刈り機であり、彼らが居なくては植生が変わる。ヒースは草に取って代わり、初めは低木、それから低木地は森林地になる。その結果、風景は変わる。トラストはこれらのことを十分に知っている。だからトラストは植生を守るために最善の努力を続けているのである。しかしトラストとしても、自らの資源に限界があるが故に、行なえることには限度がある。それ故にトラストはECと共に 'ESAs' および 'countryside stewardship scheme' の考えに賛同している。トラストはトラストの丘陵地の農民を単なる私園管理人 'park keepers' に変えてはならない。しかしトラストとしては、少なくとも国立公園にある牧羊業で、将来生活ができることを保証できるような特別の誘因を実現したいと考えている。それ故にトラストはESAsの数を積極的な発展として実質的に増やす政府の提案を歓迎しているのである。

　現在のところトラストの推計によれば、トラストの資産に影響を及ぼす道路建設計画が40件ほどある。それにしても、大部分が問題を満足に解決できるはずだ。しかしトラストの最も美しい風景のいくつかが、どうにも回復できそうもないほどにダメージを受ける計画がある。それ故にトラストは、政府のほうで環境上のアセスメントをしっかりと行なってから、道路建設の計画を発表してほしい。かくしてトラストは、トラストの資産の自然風景を優先してから道路建設の計画に賛成か否かを決定する必要がある。

　イギリスの社会では、レジャーとレクリエーションは、カントリィサイドにしろ、あるいは壮大な館にしろ、ますます大切な国民のツーリズムの対象地と

なってきている。ツーリズムは10年も経つと2倍になるものと考えられている。そうであるだけにツーリズムの成長はより多くの人々をトラストの村落地と壮大な館へ誘い、そしてエンジョイさせることになる。

　しかしツーリズムが盛んになればなるほど、車と人々の数が増えることになる。車と人々が増えれば、たいていの人々にとって本当の目的である村落地の有する静かで心身の安らぎをもたらしてくれる役割を壊すことになるであろうし、それにある地域ではすでに壊しつつある。これらの矛盾する目的をうまく釣り合いのとれたものにすることこそ、トラストが実現しなければならない義務である。それに多くの人々がもろい土を踏みつけ、その結果その土にダメージを与えることになる。その例として湖水地方を挙げることができよう。

　トラストはこれまでも新しい歩道をつくり、また古い歩道を修理するなど、ダメージを止めるためにそれ相応の努力を行なってきた。これは経費がかかるし、また骨の折れる仕事である。トラストは政府機関からも、ダメージを加える多くの人々からも財政的な援助を受けているわけではない。

　筆者自身、これまでに全国を歩きながら、トラストの農村地帯や海岸線を歩き回ってきた。すでにトラストの資産にはゴミが捨てられずに、きれいに維持されている。ある年、北コーンウォールの海岸線を歩き一休みした時に、紙袋を風で吹き飛ばされたことがあった。この海岸線にもゴミ一つなかったのに気づいていた。この紙袋を拾おうと立ち上がったのだが、この紙袋は風にあおられつつ、遠く海のほうへ飛んで行ったのを今でもはっきりと覚えている。

　しかしトラストがこのような増加する問題を解決するためのトップに立つべきであるとするならば、トラスト自体、もっと多くのことを行なう必要がある。そのためには財政的な援助が必要であるし、また色々なアピールを発する必要があることも言うまでもない。⁽¹⁾

（チョーリー卿）

はしがき

理事長　アンガス・スターリング

　議長は、トラストが1990年代の仕事をやり遂げるには、より厳しい財政状態に置かれるに違いないということに上記のとおり話してくれた。これは例えば、

会費収入および農業地代などのトラストの主要な収入のいくつかの成長率が低下することで十分に考えられる。

　政府関係からの補助金は1987年以来、毎年低下してきた。1987年と1990年の間に受領した補助金は790万ポンド減じた。

　同時に出費の増加を考えると、それを埋め合わせるだけの減収分を実現できるだけの余裕はなさそうだ。資本出費のうち最低１億2,000万ポンドだけでも、向こう５年間を通じて修理と維持費に要する費用分に対処するように要求されているのである。この数字だけで、トラストを豊かな組織だと思いこんでいる人々には躊躇を覚えさせることだろう。豊かさと大きさは同じではないのである。

　これらの事情において、費用を抑えて収入を生むことは絶対に必要である。そうすることは実行可能であり、かつトラストの目的と両立するのである。しかし、それだけでは適切な方針だとは言えない。優先すべきことをはっきりと確認し、そして資源を正しく割り振る首尾一貫した方針を立てることこそ必要なのである。

　毎年、中間期の計画を準備するために色々と考察し、その結果ゴールを定め、かつ財政上の目標が３年後に設定される。実際にその影響が現れるのは、もっと後のことである。首尾一貫性も継続性もトラストの目的に明確に存在し、かつ常に将来の計画の根底をなす。同時にトラストの名声とトラストの仕事の質は、変化を予期し、国民の生活のために、トラストの役割を高めるための好機を利用することのできる感受性に大部分依拠している。これこそ現在も将来もトラストの気質の試金石である。

　「保全し」そして「国民に利するために」行動するという２つのトラストの義務を保ちながら、ナショナル・トラストは成長していくのである。そのためにレクリエーション、エンジョイ、そして学習のための機会を含めて、一般大衆のアクセス、訪ねてくる人々へより多くの、そしてより良質のサービスを提供することにより大きな重点が置かれるのである。

　これらの冒険に似た事業と並んで、トラストは自然保護活動の中にトラスト自体の置かれている立場をより鋭く自覚しているのである。自然保護のための熟練を含めて、あらゆる訓練を経ながら、スタッフのプロフェッショナリズムを着実に推し進めてきた。訓練が職員の質を高め、ボランティアとのパートナ

第1章　教育事業の推進【1991年】

ーシップも成長しつつ、トラストの重要な役割も果たされていくのである。

　トラストが将来において、自らの十分な役割を演じなければならないというのであれば、上記の方向へ向かうということこそ正しい道であるということが評議会の見解である。それに上述したより一層厳しい財政的な情勢の背景が、トラストに不利な状況に向かうというのであれば、結論は次の数年のうちに成長と発展が新しく資産を増やすのではなく、むしろ現在ある資産に残されている仕事を減らすことになる。かくして利益を生み出した過去数年のうちに開始された仕事が今後も続けられることになるだろう。

　これに関連して、これまでの注意が海岸と農村地帯の管理を改良し、自然保護を強調し、一般のアクセスを高め、そしてますます増進する困難な時代において借地農たちを、特に丘陵地の借地農たちを援助するための方針を発展させることへ向けて、特別の注意が払われることになろう。

　新しい獲得物について考慮する時には、各々の提案の長所、条件、将来性、財政上の採算性および適正さが厳格に考慮されることになろう。最優先すべきは、手つかずの海岸を保護するためのエンタプライズ・ネプチューンに充てられるであろう。現存するカントリィサイドあるいは建物のトラストの管理および保護をより以上に改良すること、そしてそれらは大衆のアクセスと楽しみに積極的に貢献するはずだ。そして間違いなく脅威の下にある国民的立場から見て重要かつ希少な資産を獲得し保護することだ。

　ただしトラストはトラストへ差し出されるすべてのものを引き受ける立場にはないということ、あるいは保護するのに望ましいと思われるすべてのものを引き受ける立場にはないということは理解されねばならない。数年も経てば、限られた資産およびすでに述べられた考慮に照らして考えると、選択することはより難しくなると思われる。

　トラストの100周年記念行事は今や3年後に迫っているが、特別に述べておく必要がある。このことは過去100年の偉業のイベントであるばかりでなく、もっと大切なことは、1995年は待望すべき機会であり、かつ国民の想像力をとらえ、そしてトラストの自信とトラストに対する財政的かつ道義上の支持および次の世紀にわたるトラストの仕事に対する支持を鼓舞するための機会でもある。その目的のための計画は現在進行中であり、そしてこの計画の報告はもっ

361

と詳しくなされるであろう。[(2)]

(アンガス・スターリング)

第1節 資　産

　トラストの第一の目的は、歴史的名勝地および自然的景勝地を国民のために保全することである。1991年においては、トラストの財源の大部分は現存する資産を維持し、そして復元することに充てられた。現存する資産はおよそ22万9,334ha.である。これらの資産を維持し復元することは容易ではない。

新しい獲得物

　新しい獲得物のうち、まず北アイルランドの最高峰であるスリーヴ・ドナードを含むモーン山脈にある1,520ha.の大地を購入した。これらの眺望に富む山脈はトレッカーにはたいへん人気の高い山岳地である。私自身、この山岳地には登ってはいないが、2015年8月に私たち夫婦で海岸に沿った、同じトラスト

北アイルランドの名峰モーン山脈、手前は同じトラストの自然保存地（2014.9）

第1章　教育事業の推進【1991年】

の資産である海岸歩道のブラッディ・ブリッジを歩きながらこの山岳地を眺望し、そして登山口に立ったことは特筆してよいだろう。

　それから私には珍しい建物としかいいようのないア・ラ・ロンドというそれほど大きくない建物が確保された。私自身、もう10年以上前になるが、当時の理事長のマーティン・ドルアリィ氏をロンドンの本部事務所に訪ねた時、この建物のミニチュアを贈与されたこともあり、エクセターから列車に乗り、この建物を訪ねた。さすがにこの年次報告書に記されているとおりに、たいへん珍しい建物であったことには間違いはなかった。

　3月には、トラストはウィルトシァのエイヴベリィ・マナーを買い取った。その結果、トラストがエイヴベリィ・マナーを購入したために、近くにある世界遺産である巨石のストーン・サークルに有害な開発を防ぐことになるに違いない。エイヴベリィ・マナーは1943年に購入され、トラストの*Properties of the National Trust*（The National Trust, 1997）によれば、1997年現在ではその面積はもう3,002.5ha.になっており、ここも世界的に有名な歴史的景勝地となっている。

アイルランド海に沿ったトラストのブラッディ・ブリッジを歩く（2014.9）

ユニークな建物であるア・ラ・ロンド（2011.7）

　私自身、1985年5月に初めてイギリスに滞在してトラストの資産をフィールド・ワークし始めていたから、このストーン・サークルについては、不十分ながらすでに知っていた。ここを歩いてみようと考えついたのは、もう冬に入っていた。ロンドンからスウィンドンを経てチペナムに着いた。ここからバスでカーン（Calne）で降り、ここから徒歩でエイヴベリィを目指した。A4号線を歩きながら右手にトラストの資産でもあるホワイト・ホース・ヒルを眺めながら、エイヴベリィまで10kmあまり歩いて漸く着いた。エイヴベリィ・マナーにも、当時すでに設けられていた博物館にも入った。トラストのストーン・サークルは他にもあるが、ここは相当に広い。パブで休んでいるうちに、スウィンドン行きのバスが来ることを教えられた。それはともかくこの辺りはトラストの土地が東西南北あちこちに散在しているのがわかる。これがどういうことを意味するのか、もう少し深く考えてみたい。現在では、ウィルトシァとオックスフォードシァ2州を例にとるだけでも相当な広がりを持っている。現在ナショナル・トラスト本部があるスウィンドンの東北部にはバスコット村とコ

第1章　教育事業の推進【1991年】

ールズヒル村が位置しており、ここは数回訪ね、私の訪問記もある。

　8月には、国民遺産記念基金（NHMF）がコッツウォルズのジェイムズ1世時代（1603〜1625年）のマナー・ハウスであるチャッスルトンを購入したことが公表された。チャッスルトンは恐らくイギリスでは同規模の他のどの邸宅よりも当時の息吹を呼び起こし、同時代の家具類や織物類を依然として残している素晴らしい邸宅である。NHMFはトラストへ基本基金を提供して、この建物を当時のままに維持することを条件に受領するように要請した。

　ところで私たち夫婦は、2002年3月にチャッスルトン・ハウスをモートン・イン・マーシュからタクシーで訪ねることにした。幸いに、ここの管理人であるとともに居住者でもあるヘミング夫妻が、このカントリィ・ハウスともいうべき邸宅に住み管理していた。しかし間もなくして地元のボランティアの婦人たちが訪ねてきた。私たちはヘミング夫妻に予告なしにこの邸宅を訪ねたのだから、マイク氏は彼女たちの相手をしなければならなかった。いや実はモニカ夫人も同道しなければならなかったのかもしれない。何とか都合をつけてモニカ夫人が私たちの相手をしてくれることになった。この年次報告書にあるとおり、邸内にある同時代の家具や織物、その他の宝物類などはそのままに注意深く管理されているとのことであった。その後マイク氏が現れた。幸いに邸宅のほか、庭園なども案内してくれた。ここにはアナグマが住んでいるとのこと、夜には出没するとのことだったが、彼自身もまだ見かけたことがないとのことであった。

　実はヘミング夫妻は、湖水地方のニア・ソーリィ村にあるビアトリクス・ポターの家の管理責任者であったのだが、人事異動のために、今度はコッツウォルズのチャッスルトンの管理責任者に任命されたことは、すでに私自身、彼らの通知で知っていたのである。湖水地方では、彼と2人で朝から1日かけてヒル・トップの周囲を歩き回った懐かしい思い出もあるのである。この日の貴重な体験については、地方紙（紀伊新報）で連載しているが、紙幅の都合上、紹介できないのは残念だ。

　ところで帰国後、私はチャッスルトン・ハウスの所有主のウォルター・ジョーンズ氏が、なぜこの邸宅を手放さねばならなかったかを1873年以降の農業大不況を考慮しつつ、確認したかった。この依頼状を受け、マイク・ヘミング氏

から要領のよい返事をいただいた。以下、必要と思われる部分を摘記しておく。

1）この邸宅を建てた裕福な法律家であったウォルター・ジョーンズ氏は、この建物を建てるのに自らの資産を使い過ぎた。この建物が完成する前に必要な資金に事欠いたようだ。

2）1632年にウォルター・ジョーンズ氏が死去した後には、彼の家族は彼が家族に残した資金とチャッスルトン資産からの収入に主として依存した。この資産は800ha.ほどしかなく、それ故にこれほどに広大な邸宅を維持するには十分な資産はなく、19世紀から続いていた農業不況に不自由な思いに駆られながら生きていかねばならなかった。さらに悪いことには、ジョーンズ家の人々は残された財産をうまい具合に経営するほどには事業にたけていなかったようで、借地農たちもしばしば地代の支払いを引き延ばした。

　（注）ジョーンズ家はイギリス市民戦争の間、王党派であったので、共和国下、科料を課せられた。王党派の大義に同調したが故に、この家族は低い身分の下にいなければならなかった。そういうこともあって財産を再び立て直すこともできなかった。彼らはまた、この国の平和な地域にあって静かに暮らすのを好み、あるいはチャンスをものにできたかもしれないあの産業革命をも利用できなかったのである。

（マイク・ヘミング）

　上記のほとんどの文章はヘミング氏の説明を要約したものだが、あるいは1937年に「カントリィ・ハウス保存計画」が開始された理由の一部を理解できるのではないかと期待している。なお1991年に獲得されたすべてのリストは後記の資料に記すことにしよう。[3]

第2節　自然保護

　繰り返しになるが、トラストは個々の資産に生息している野生生物を守るために管理の伝統的な形を維持し、そして復元するために考えられるだけの努力を続けてきた。復元の最近の例はハンプシャとサリーのヒース地で放し飼いし、そしてデヴォンのコールトン・フィッシュエーカーとコーンウォールの崖地での放牧を含む。これらの放牧地のうちコールトン・フィッシュエーカー以外に

第1章　教育事業の推進【1991年】

は足を踏み入れたことはないが、ここが崖地をも含むとは考えもしなかったが、私自身この邸宅には内陸側からも海岸からも、特に海岸からは息子を含めて親子3人で入ったのだが、この時もこの邸宅には入れなかった。2014年にはキングズウェアからブリクサムへ向けて歩いているうちに入口を再確認したのだが、ここはとても懐かしいところだ。いくつかの場所では所有することによって牧草を食む動物を直接に管理することは有益であることがわかった。そしてトラストは現在、コーンウォール、デヴォンおよびウェセックス地域ではポニーの群れを所有し、テムズ＆チルターンズでは一群の羊を所有している。

　逆に丘陵のヒース地では、放牧しすぎることが自然保存の利害にとって脅威となっている。その結果、ヒースの群落地を草地に変えてしまうのである。しばしば入会地で特に問題になるのは、トラストが通常家畜数の水準を超えては、これらの家畜をコントロールできないということであって、そこでは入会地が、農民が羊の数を最大限に増やすことによって、収入を確保しようという必要から入会地が悪化させられるのである。

　森林地については、トラストと政府関連の森林保護委員会との協力関係が生まれ、将来、トラストの利害が十分に保護されるという展望が開かれつつあるのは望ましいことである。

　この年には次のような事件が生じた。

　湖水地方のグラスミアでは、カナダガンの数を減らしたが故に批判された。そしてウィッケン・フェンでは、捕食動物をコントロールしないとの批判があった。北アイルランドでは、トラストは鵜を射殺する要求を拒否した。そしてファーン諸島では、漁業権を守るために灰色アザラシを減らすようにという要求があった。上記のトラスト地にはいずれも訪ねたことがあるが、上記4件の事情について、いずれも正確に記すことができないことははなはだ残念である。

第3節　アクセス

　11月に歩行権レビュー・グループが前年の同グループの仕事の報告をし、そしてカントリィサイドの資産への一般のアクセスを改善するためにつくられた多くの新しい歩道について陳述を行なった。このグループはさらに歩行権を与えるための機会を積極的に探す必要性を強調した。この報告書はfootpathと

bridlewayを維持するために、トラストによって行なわれるべき仕事に光を当てた。それらの多くは法的には、ハイウェイ当局の責任であるが、その責任に応じるためには、トラストはそれ相応の資金を増やさねばならない。

第4節　考古学

　現在のところ積極的な考古学の調査あるいは計画は、規則的な資産の管理として行なわれてはいない。トラストの考古学のための資産はたくさんあるし、また考古学上行なわなければならない仕事も多々あることは承知のとおりである。

　トラストはUK内にある14の世界遺産地のうち全体的にあるいは部分的に5つの考古学上重要な資産を持っている。ストーンヘンジ、エイヴベリィ、ファウンティンズ・アベイ、ジャイアンツ・コーズウェイおよびハドリアンズ・ウォール。これらのうち4カ所がユネスコによって指定されている。これらの考古学上重要な資産について、それぞれ歩いたか、また目にしたことはあるが、筆者の浅学のため、これらについて詳細に説明することができないのは残念なことである。

第5節　その地方特有の建物　Vernacular Buildings

　いわゆるカントリィ・ハウスについては、1937年以降カントリィ・ハウス保存計画についてしばしば論じたので、ここでカントリィ・ハウスについて論じる必要はないであろう。

　この年の報告書に紹介されているその地方特有の建物について2つのコテッジが紹介されているが、残念ならが2棟とも消失している。特にコテッジについては、写真を掲げながら説明するほうがより効果的である。2010年に私たち夫婦が直接に訪問したハニコト・エステートのクラウトシャム農場のコテッジのうち一つを紹介したほうが、より得策であろう。ここのコテッジは最初の記録は13世紀前半に遡り、最も古い建物は17世紀に続いて、18、19世紀と建て増しされて現在に至っている。今ではこのコテッジはホリデー・コテッジとB&Bを兼ねている。この歴史上由緒のある建物は過ぎ去った田舎の生活様式を思い出させるだけでなく、国内の建築様式の発展のなかでその土地自体に由緒あ

第1章　教育事業の推進【1991年】

クラウトシャム農場のコテッジ（2009.7）

る形で存在しているのである。私たちは残念ながらここには宿泊できなかったが、ここを下ったところにあるB&Bに幸いに宿泊できた。このトラストが所有している古い建物も紛れもなくvernacular cottageであった。それらの建物はすでに訪問者に人気が高く、トラストの仕事に新鮮な特異性を加えていると言っていい。

　ところでナショナル・トラスト運動を助長させる目標について言えば、①ナショナル・トラストの活動と責任を知らせ、②トラストの名声を維持し、かつ高めること、③トラストの資産を持続的に保存するのに必須な収入を生じさせることである。

　1991年にトラストがイギリスの第3次産業たるツーリズムを発展させるのに重要な役割を演じ続けたことにはことさらに注目すべきである。これに関連して1991年を通じてメディアが、トラストの活動を広くかつ積極的に報道し続けたことも忘れてはならない。

　さらに1991年には自然保護に積極的な新しい展示会がサンデイ・タイムズで、

クラウトシャム農場のホリデー・コテッジ (2009. 7)

環境、野生生物および自然保護のための展示の名目で開始された。トラストの広い範囲の責任の文脈のなかで、この展示会は23歳以下の青少年に狙いを定めて、自然保護運動に若者たちを巻き込んだ。この展示会は「カントリィ・ハウスの保護」、「自然保護」および「エンタプライズ・ネプチューン」が有名なドイツの自動車会社であるメルセデス・ベンツの後援を受けて、イギリス中の場所を周遊していった。ところでトラストの自然保護活動が第2次産業たる自動車工業といかほどのバランスが保たれるものかを考えることは、一理あるものと思われるのだが。

　トラストの自然保護教育自体については、次のことをとりあえず記しておこう。トラストの資産を訪ねた学校の数は、この年も増加したし、学校自体がトラストの会員にもなった。このような事象が生じる原因の大部分は、トラストの大地を含めた資産自体が、学校教育の場としての価値があることが次第に気づかれつつあるということだ。要するにその場が教材の一部となっているのだ。だから学校教員とトラストとその地方の教育当局とが協力して、現地教育が行

第1章　教育事業の推進【1991年】

なわれていることを私たちは忘れてはならない。

　それにヤング・ナショナル・トラスト・シアターは、バークレイズ銀行によって後援されて今日に至っており、子供たちの歴史教育および彼らが文化遺産の存在自体を理解するのに大いに役立っていることは、すでに私たちが知っているところであり、また私たちにとって注目すべきことであることにも注意しておかなければならない。

　その他、トラストの資産のなかにある家具類や芸術品の保存などもトラストの大切な仕事であることも書き加えておこう。⁽⁴⁾

第6節　ナショナル・トラストを推進して

教　育

　トラストの資産への学童の訪問は、1991年の間にも歓迎するほどの数にのぼった。このことの大部分は、トラストの所有地が教育的に大きな効果を持つのだという考えが大きくなったおかげであることは間違いない。トラストの場で教育訓練を担当している多くの教員たちは、トラストおよび地方の教育当局との協力を得て、教育に専心しているのである。この教育活動に協力しているバークレイズ銀行は、教員たちによって子供たちの歴史感覚が高まり、子供たちが文化遺産の大切さを認識していくものだとして、たいへん感謝されている。

　1985年以来、The Arkell Travelling Fellowshipsは、16名の若者に自然保護および環境問題を研究するために外国に旅行する機会を与えてくれた。数年もすると、旅費が安くてすむヨーロッパの学習とナショナル・トラストのヨーロッパとの関係のつながりにまず最優先権が与えられ、それらに参加することが認められた。1991年に3つの団体が賞を与えられた。⁽⁵⁾

第7節　ナショナル・トラストを支援して

会　員

　ナショナル・トラストは1991年には、会員数について新規会員の募集でも、現存の会員数を維持する点でも前向きの方向で成長する状況を享受した。年末までにトラストの全会員数は215万2,072人に達していた。

　会費は再びトラストの唯一の最大の収入源を記録し、全体のうちの約30％を

占めた。調査した結果、1983年から1991年までの間、稼得額の平均の増加に比べて、年々の会員数の平均的な費用のほうが増加している。

センターおよび協会

　6年の隔たりののちに、協会の全国会議が10月にバーミンガムで開催された。130の協会を代表する約300名の派遣団員が、トラストの目標を成し遂げさせるための協会の役割を議論するために、トラストの議長と理事長に会った。トラストの責任がより積極的であり、かつトラストの事業が人々のコメントと批判に従っていたかつての時よりも、会員のこのグループの帰属意識とコミットメントがより重要であったことは当然のことであった。

　協会は、運動を発展させかつ広めるためには協会自体の力と経験に頼るべきであり、より若い、労働するかつ家族組合員の支持を引き付けるための計画に合わせる必要があるということを受け入れた。その代わりにトラストは、新しいイニシアティブは、協会の利益を全会員に向けて押し進めることだと考えるべきであると示唆された。次回の全国会議は、トラスト100周年記念行事の前年の1994年に開催されることになった。

　協会の数はこの年の間に開始された3つの新しいグループとともに増加し続けるであろう。そして少なくとも計画の初期の段階には、5つの協会が生まれた。1995年までの200の協会の目標数は現実的でもあり、また歓迎されもした。[6]

年次総会

　1991年年次総会は11月2日、土曜日、ウェストミンスター・セントラル・ホールで開催された。1,700人の会員が出席した。

　チョーリィ卿は1990年代のための合言葉は、合同および統合整理であると強調した。新しい法律の制定と補助金の減少、農業不振、道路計画の脅威が生じている。チョーリィ卿は、チャッスルトンを含めて1991年中の重要な獲得物に言及した。そしてトラストによって行なわれた教育事業の増進およびボランティアたち、そしてセンターおよび協会によって与えられた援助に関して説明をした。

　Investment Review Panelの議長のニコラス・ベアリング氏が、1991年の

第1章　教育事業の推進【1991年】

報告および会計書の採択を支持するとともに、1970年よりも4倍大きな7,000万ポンドの収入があったことを報告した。トラストは追加の収入を生み出す能力に依拠しており、そしてベアリング氏はブリティッシュ・ガスおよびバークレイズ銀行の寛大な後援に対して謝意を表した。それにフリッツェルズおよびミッドランド銀行へも感謝の意を表明した。

　その他、各種色々な意見が提出された。参考までに興味があるものを摘記しておこう。例えばコウモリが偶然に殺された。自然保護専門のスタッフをもっと多く雇用すべきこと。それから譲渡不能の土地に関する懸念が表明された。それとともにハインドヘッドのA3号線の道路計画への反対意見も表明された。因みにこのような道路工事の計画は、この時40件もあり、トラストとしては懸念を表明せざるをえなかったのである。

　私たち夫婦は2008年8月23日、ロンドン・ウォータールー駅からヘイズルミア駅に着き、バスに乗りハインドヘッドで降り、ギベット・ヒルへ急いだ。ここからの絶景をしばらく眺めてから工事現場に着くとA3号線ではトンネルを掘削中であり、私としてもこの工事計画の可否について考えるのは当然のことである。ハインドヘッドの辺りは、トラストの創立者の一人、ロバート・ハンターを記念して獲得されたワゴナーズ・ウェルなどがあり、私自身、何回も歩いたところである。ここの一画が壊されることは何としても悔しい限りである。このトンネル工事が完了したら再びその可否如何を考慮するつもりでいる。

　その後4年してからのワゴナーズ・ウェルで撮った写真があるから、この時はまだトンネルの掘削工事が完了していなかったはずだ。次回のチャンスには初めのトンネル掘削を再確認し、それから掘削工事が完了しているはずの現地を確かめてみよう。[7]

資料　1991年　新しく獲得された資産と約款

【エイヴォン】

　＊Middle Hope（Woodspring）. トラストの海岸地資産の背後に位置する12ha.の農地、カントリィサイド委員会の補助金、遺産金およびエンタプライズ・ネプチューン基金で獲得。

【バッキンガムシァ】

*Hughenden Manor：Church Farm、High Wycombe. チャーチ・ファーム・ハウスと建物に対する約款とともに29ha.の草地、遺産金とカントリィサイド委員会の補助金で購入。

【チェシァ】

*Bickerton Hill. アークトン・ヒルにあるトラストの土地に隣接する48.5ha.の雑草地とヒース地、カントリィサイド委員会の補助金と贈与金で購入。

*Dunham Massey Estate. トラストの土地に隣接する0.012ha.の土地、ストックポート市による贈与。譲渡可能。

【クリーヴランド】

*Brotton：Hunt Cliff and Warsett Hill、Brotton. 標高100.6mの副崖と崖地を有する62ha.の海岸地、エンタプライズ・ネプチューン基金と地元のアピールで獲得。

【コーンウォール】

*Dannonchapel Farm、Port Isaac. 0.8kmの海岸線を含む80ha.の海岸農地、エンタプライズ・ネプチューン基金、贈与金および匿名の贈与金で購入。

*Fowey：Townsend Farm、Polruan. 51ha.と0.8kmの海岸地。この海岸地を獲得したことによって、ポルーアンとランサロズ間のトラストの所有を完成─約12.8kmの海岸線、遺産金、フォイ川＆海岸アピールおよびエンタプライズ・ネプチューン基金で購入。

*Godrevy to Portreath、nr Hayle. ゴッドレビィ・ポイントの南方へ22.75ha.の渚、遺産金、エンタプライズ・ネプチューン基金、ブリティッシュ・アルキャンの寄付金で購入。

*Helford River—North Bank：Maenporth、Falmouth. 5 ha.の崖地と海岸の牧草地、遺産金とHeritage Tax concessionで購入。

*Lizard Peninsula：Lizard Point. イギリス本土の最南端を含む32ha.の崖地と農地、この崖地は生物学にとって国際的にも重要であり、またThe Lion's Denとして知られる崩壊した海浜地の洞穴も含んでいる。遺産金で購入。

*Penberth. 以前のガレージの場所、借主のコテッジに隣接する同規模の土地に対して99年間のリースと交換。

*Polperro：Talland Hill. 1.25ha.の森林地と低木地、遺贈。

*Tintagel. ティンタジェル島を見下ろす1.75ha.の放牧地と低木地、2人の女性による遺贈。

【カンブリア】

*Ullswater Valley：Wallend、Deepdale. 孤立したコテッジと狭い庭園、遺贈、譲渡可能。

第1章　教育事業の推進【1991年】

【ダービシァ】
　＊Edale．Dore Clough Farmに隣接する1 ha.の土地、ピーク・ディストリクト・アピール基金で購入。

【デヴォン】
　＊Branscombe and Salcombe Regis：Coxes Farm、Branscombe．ブランスクームとシドマス間のトラストの所有権を最後につなぐ0.4kmの海岸線を含む54.25ha.の農地、カントリィサイド委員会の補助金、スポンサーシップ、遺産金、イースト・デヴォン基金およびシドマス・ランドスケープ・アピール基金で獲得。

　＊Dart Estuary—Dartmouth：Crownley Wood、Bow Creek、Tuckenhay．ダート川のボウ・クリークに隣接する渚を含む2.5ha.の森林地、地元の寄付金で獲得。

　＊Exmouth：A La Ronde．4.5ha.、周囲の土地に囲まれた1796年に建てられたユニークな16面の建築物、国民遺産記念基金の補助金、遺産金およびアピール基金で獲得。ロンドンの本部に理事長のマーティン・ドルアリィ氏を訪ねた時、この建物のミニチュアを贈与された。

　＊Great and Little Hangman：West Challacombe Farm、Combe Martin．38ha.、遺産金、Sreel Charitable Trustからの寄付金、カントリィサイド委員会の補助金およびデヴォン基金で購入。2015年12月にリンマスからクーム・マーティンをタクシーで、トラストの所有権に属する大地を確認するためにゆっくりと走った時、この農場も目に入ったかもしれない。

　＊Great and Little Hangman、Combe Martin．グレート・ハングマンの0.1ha.の崖地、エンタプライズ・ネプチューン基金およびエクスムア国立公園局の補助金で購入。

　＊Lynmouth：Lyn Wood．イースト・リン川のかたわらにある4 ha.の雑木林、北デヴォン地域評議会によって贈与、イースト・リン川沿いにウォータースミートを通過して、カウンティスベリィとフォアランド・ポイントまで歩いて、それからリンマスに降りていったから、恐らくはこの雑木林の中を歩いて、リンマスのほうへ戻っていったのかもしれない。

　＊Parke：Bovey Tracey．ロールズ・メドウの一部をなす1.25ha.の土地、指定遺言執行者から獲得、譲渡可能。

　＊Plym Bridge Woods：Mainstone Wood and Plym Bridge Meadow．プリマス市議会によって贈与された26.75ha.の森林地と牧場。

　＊Portlemouth Down：Millbay、Salcombe．1.5ha.の森林地と放牧地、贈与。

　＊Salcombe：Hope Cove．0.1ha.、ホープ・コウブの北方にある低い崖地の 'Sea Horses' の部分。贈与。

　＊Wembury Bay and Yealm Estuary：Cellar Beach、Noss Mayo．5 ha.、

小さな洞穴と原野、遺産金およびカントリィサイド委員会の補助金で購入。

＊Wembury Bay and Yealm Estuary：Wembury. 4.5ha.の森林地、贈与。

【ドーセット】

＊Bottleknapp Cottage、Long Bredy、Dorchester. 1.25ha.、17世紀のコテッジおよび1.2ha.の放牧場、遺贈、譲渡可能。

【エセックス】

＊Coggeshall：Grange Barn. グレインジ・ヒルの西方、ヨーロッパでもっとも初期からの木骨造りの建物（12世紀に建てられた）、Coggeshall Grange Barn Trustによる復元ののち贈与、基本財産は遺産から与えられた。

【グロースターシァ】

＊Ebworth：Ebworth Lodge. コテッジと庭園のある0.5ha.とオーバータウン農場にある小片の土地。贈与。

＊Sherborne Park Estate：Wall Farm、Aldsworth. シャーボン・パーク・エステート基金からの寄金で獲得された0.076ha.の土地。

＊Stroud Properties：Haresfield Beacon and Standish Woods. ヘアズフィールド・エステートの一部であるランドウィックにある0.5ha.の森林地、これでランドウィック・ウッドの獲得を完成、遺産金で購入。

【ヘリフォード＆ウースター】

＊Croft Castle：Pokehouse Wood. ラッグ川の19ha.の森林地および一区域の漁業権。ブロックハンプトン基金からの寄金で、低価格で購入。

＊Snowshill. クラインウォート基金からの貨幣で管理目的のために獲得された0.25ha.の馬小屋付属牧場、譲渡可能。

＊Snowshill：Piper's Grove. 17.5ha.の珪砂のある放牧地、小面積の森林地、馬小屋および各種の農場家屋、ブロックハンプトン基金からの貨幣で購入、譲渡可能。

【ハートフォードシァ】

＊Ashridge：Duncombe Terrace、Berkhamsted. 35ha.のスタックス農場にある混合農場、遺産金で購入。

＊Ashridge：Golden Valley、Berkhamsted. 40ha.、36.4ha.の農地と2ha.の森、遺産金、Steel Charitable Trustからの補助金およびカントリィサイド委員会の補助金で購入。

【ワイト島】

＊Newtown River：North Marsh. 26.25ha.の塩湿地（ニュータウン港の中心に位置する）、贈与。

【ケント】

＊St Margaret's Bay：Kingsdown Wood、Kingsdown、nr Deal. 3.25ha.のウ

第1章　教育事業の推進【1991年】

ッド・ヒルの森林地、贈与、ウッド・ヒルの28.5ha.は約款。

【リンカンシァ】

＊Belton Estate Parklands. 23.5ha.、以前はベルトン・パークの一部、遺産金およびカントリィサイド委員会の補助金で購入。

【ノーフォーク】

＊Holme-Next-the-Sea. ホーム鳥類展望台の一部をなし、かつノーフォーク鳥類学協会へ一部リースされている2.25ha.の草で覆われた砂丘、匿名者による贈与。

＊Sheringham Park. 52.5ha.のシェリンガム・ゴルフコース、北ノーフォーク海岸歩道の傍らにある約1.6kmの崖地、シェリンガム・ゴルフコースの受託者によって贈与された約款。

【ノーサンバーランド】

＊Allen Banks：Staward Gorge. バードン・ミルの南西4km、アレンの両岸およびこの川の支流にあるトラスト所有の資産に隣接している130ha.の森林地、カントリィサイド委員会および遺産金で購入。

＊Cherryburn、Mickley、nr Stockfield. ニュー・カースル・アポン・タインの西方11.6km、2.5ha.、トーマス・ビューイックの誕生の地、Thomas Bewick Birthplace Trustの贈与およびタインデイル地区評議会からの寄付金。

＊Cragside Garden. 16.25ha.、遺産金、ノーサンブリア地域基金および庭園基金で獲得。

【オックスフォードシァ】

＊Chastleton House、Chastleton、nr Moreton in Marsh、Gloucestershire. 9ha.、邸宅と庭園は1603年と1618年にウォルター・ジョーンズのために建てられて、ロバート・スミスソンに属した。その後大部分は変えられていない。国民遺産記念基金によって贈与され、基本財産は遺産金、クラインウォート基金およびセント・ジョージズ・メドウ・ファンドで与えられた。

＊Kencot Manor Barn、Kencot、nr Burford. 石造りの納屋はケンコット・マナー農場の構内にあり、かつトラストの所有地にある。Commander R・H・Fysonから獲得されたもので借用され、公開されていない。

【シュロップシァ】

＊Wenlock Edge. Blakeway Coppice：Knowle Cottage、Presthope. 3.25ha.、19世紀の馬小屋のある小さなコテッジで、ブレイクウェイ・コピスに隣接、贈与、サウス・シュロップシァ・ヒルズ・アピール基金、遺産金、the Council for Protection of Rural Englandからの寄付金で購入。

＊Wenlock Edge：Edge Wood、Harley. トラストの所有地に隣接する3.25ha.の森林地、この森林地は、ウェンロック・エッジの石灰石の断崖部分を形成する。

377

遺産金で購入。

【サマセット】

* Barrington Court、nr Ilminster. 3.75ha.、キッチン・ガーデン、レストラン、果樹園、贈与、トラストの現在地を囲む土地に対しては約款を贈与。
* Dunster Castle. Grabbist Hill：Ducky and Goosey Path Plantations. 4.5 ha.の森林地、遺産金で購入。
* Glastonbury Tor. 2.75ha.、トーに隣接するバスケットフィールド・レーンの放牧地。遺産金で購入。
* Tintinhull House Garden、nrYeovil. 1 ha.、庭園に隣接する果樹園、地元の寄金で購入。

【サフォーク】

* Lavenham：Lock-Up and Mortuary.
私がラヴェナムのギルドホールを訪ねたのは、コルチェスターから列車でサドベリィに着き、ここからベリィ・セント・エドマンズのほうへ行くバスに乗って、ラヴェナム・ギルドホールのすぐ近くで無事下車することができた時だった。ギルドホールにしては思ったより大きかった。早速入ってホール内のあちこちを歩いたのを覚えている。私自身無知であるがゆえに、私の目的場所をラヴェナム・ギルドホールのみと考えていたのは確かであった。このギルドホールの中にレンガでつくられた小さな建物があることなど考えてもいなかった。1991年にこのギルドホールがラヴェナム教区会によってトラストへ譲渡されたことを知って、これで満足して、落ち着いたラヴェナムの村に出て、ここのマーケット・プレイスを歩き回ったのだけはよく覚えている。ただLock-Up and Mortuaryを確認しないままにロンドンに戻ったのは失敗だった。

【サリー】

* Hindhead：Beacon Hill. 0.5ha.、このビーコン・ヒルから見るハインドヘッドの眺望は素晴らしい。アール基金からの遺産とサリー・ヒルズ基金からの貸付を受けて獲得された。

【イースト・サセックス】

* Fairlight：Tongs Field. 2.75ha.、クリフ・エンドにあるトラストの土地に隣接する原野、ナショナル・トラスト会員のヘイスティングズとセント・レオナード協会からの寄付金と遺産金で購入。
* Sheffield Park Garden. 1 ha.の私園（parkland）、遺産金で購入。

【ウェスト・サセックス】

* Blackdown：Valewood Park、Haslemere. 森林に囲まれた40ha.の土地、建物、牧場、私園など、遺産金、地元の寄付金、カントリィサイド委員会の補助金な

ど、基本財産あり。

＊Donnington：The Old Manor House. 遺産金によって獲得された4.5ha.の放牧場とマナー・ハウス、譲渡可能。

＊Fulking Escarpment：Springs Paddock. 8.5ha.の改良されていない白亜質の丘陵地、サウス・ダウンズ・アピール基金、カントリィサイド委員会の補助金で購入。

＊Harting Down：Beacon Hill. 14.25ha.、鉄器時代の丘の要塞をトラストの所有地として完成。サウス・ダウンズ・アピール基金とカントリィサイド委員会の補助金で購入。

【ウィルトシァ】

＊Avebury：Avebury Manor. 7.5ha.、16世紀のマナー・ハウス、エドワード様式の庭園、16世紀半ばの鳩小屋、遺産金で購入。

【ノース・ヨークシァ】

＊Cliff Ridge Wood、Great Ayton. ニュートン・ウッドとローズベリィ・コモンのところにあるトラストの土地に隣接し、クリフ・リグ・クオリィとして知られるウィンストン採掘場を含む23ha.のオーク林、地域の基金、遺産金およびノース・ヨーク・ムアズ国立公園委員会からの補助金で購入。

＊Farndale Woodlands. 野生のラッパ水仙で有名なアッパー・ファーンデイルの13ha.の雑木林。ノース・ヨーク・ムアズ国立公園の中にあるサンリィ・ウッド（8.08ha.）、サイクヒル・ウッド（1.76ha.）およびホール・ウッド（3.06ha.）を国立公園評議会、ランブラーズ協会、the Council for the Protection of Rural Englandおよびオープン・スペース協会が協同してカントリィサイド委員会の援助を得て購入。

【ウェールズ】

（ダベッド州）

＊Cwmdu、nr Llandeilo. Cwmdu Hamletの中心部にあるイン、ショップ、礼拝堂など。国民遺産記念基金、ウェールズ・ツーリスト局からの補助金などで購入。

＊Newquay to Cwm Tydi：Pen-y-Graig Farm、near Newquay. 31ha.と0.8kmの海岸線、エンタプライズ・ネプチューン基金で購入。

＊Pwll Caerog Farm、St Davids. 98.75ha.、耕作農場、その土地特有で、かつ近代的な農場家屋、0.8kmの海岸線、エンタプライズ・ネプチューン基金で購入。

＊Treseissylt Farm、St Nicholas. 64ha.の農場、家畜、耕地、遺産およびエンタプライズ・ネプチューン基金で購入。

（グウェント州）

＊Park Lodge Farm、Llwyndu、nr Abergavenny. 197ha.、トラストの土地の

そばの3面に囲まれた渓谷の中にある、ベイツ・ボランタリィ・トラスト基金
および2名の遺産金で購入。

【北アイルランド】

* Island Magee：Mullaghadoo、Larne、Co, Antrim. 0.75ha.の原野、エンタ
プライズ・ネプチューン基金と北アイルランド環境省の補助金で購入。

ずいぶん前の年になるが、私はノリッジからロンドンのリヴァプール・スト
リート駅行き電車の中でラーン出身の若者と席を同じくしたことがある。この時、
色々なことを話したが、彼が庭師（gardener）になるための勉強を熱心に行な
っていることを知った。トラストに庭師のボランティアとして参加し、優れた
成績を残したならば、その若者がトラストの職員として採用される道があるこ
とを知っていたかどうか、今となってはわからない。しかしこの時、私がすで
にトラストの庭師として採用される道があることを知っていたならば、彼にト
ラストのボランティアになるべきことを勧めたであろう。彼のことを思い出す
たびにこのことを思い、後悔することがある。こういうこともあり、私たち夫
婦はジャイアンツ・コーズウェイからベルファーストへ帰る時、ラーンにバス
から降りたことがある。恐らく彼が育ち、よく知っているであろうラーンの町
を歩いてみたかったからである。

* Island Magee：Skernaghan Point、Larne、Co. Antrim. 45.75ha.の海岸沿
いの土地、北アイルランド環境省の補助金とエンタプライズ・ネプチューン基
金で購入。

* The Mourne Mountains：Slieve Donard、Newcastle、Co. Down. 526ha.、
北アイルランドで最も高い山、主なリゾート地、国民遺産記念基金の補助金で
購入。

* Patterson's Spade Mill、Newtownabbey、Co. Antrim. 1 ha.、アイルランド
で最後の生き残りの水力のスペード・ミル。国民遺産記念基金および北アイル
ランド環境省の補助金で購入。

* Strangford Lough：Ballyurnanellan、Greyabbey、Co. Down. 3.5ha.、北ア
イルランド環境省、世界自然基金および北アイルランド基金からの補助金で購
入。

* Strangford Lough：Ogilgy Island and Black Island. 2名の男女が贈与。

* Strangford Lough：Anne's Point、Greyabbey、Co. Down. 6 ha.の土地、
エンタプライズ・ネプチューン基金、北アイルランド環境省および世界自然基
金からの補助金で購入。

第1章　教育事業の推進【1991年】

第1章　注

（1）*Annual Report 1991*（The National Trust, 1991）pp.3-4.

（2）*Ibid.*, pp.5-6.

（3）*Ibid.*, pp.6-7.

（4）*Ibid.*, pp.7-9.

（5）*Ibid.*, pp.10-11.

（6）*Ibid.*, pp.11-12.

（7）*Ibid.*, pp.12-13.

第2章　ナショナル・トラストと農業
【1992年】

はしがき

議長　チョーリー卿

　ナショナル・トラストは、工業化が展開するのに応じて、独立した社会事業団体として誕生した。そして工業化は前世紀末には、都市でも農村地帯でも影響を及ぼし続けた。しかし、現在でもこのような運動体の必要性はそれほど大きなものとなっているわけではない。

　それにしても誕生以来ほぼ100年を経て、今日ではトラストは200万人を超える会員を持ち、イングランド、ウェールズ、そして北アイルランドで200を超す邸宅と私園と、同じく24万ha.以上の大地を守っている。

　これらの年月、トラストが存在してきたという事実は、この国において、そして世界的にも、ナショナル・トラスト運動が成功してきたということを物語っている。しかしトラストは孤立して運動してきたのではなかった。自然保護をめぐる議論自体は、ますます複雑化し、それとともに自然保護にかかわる運動体は意識的にか、あるいは無意識的にかにかかわりなく、組織統合されていく傾向にあるので、トラストはイングリッシュ・ヘリテイジ、Cadw、国民遺産記念基金およびカントリィサイド委員会のような政府機関、州議会および地方野生生物トラストのようなものによってなされる貢献を認識し、かつ評価している。それ故にトラストはヨーロッパおよび国際的なレベルにも深くかかわっていくのである。

　トラストの成功の秘訣は、それ故にトラストの単なる規模の問題ではなく、ナショナル・トラスト運動の枠のなかで考え、自らの限界を認識し、成長し、拡大することによって、底辺が薄くなるばかりで単に大きくなるだけを避け、自らが責任をもって活動できなければならない。もちろんトラストの資産の譲渡不能の地位が尊重されるのは当然である。

第2章　ナショナル・トラストと農業【1992年】

　1992年初めのオックスフォードシァのチャッスルトン・ハウスのトラストの獲得と、数カ月後に、シュロップシァのピッチフォード・ホールをトラストが獲得するのに失敗したことは、イギリスのカントリィ・ハウスのこの頃の苦境を際立たせた。多くの会員は、トラストがピッチフォードを救うだけの力を持つことができなかったことに失望したことであろう。しかし、このことはもっと広い背景のなかで考える必要がある。この問題は複雑で解決困難だったので、過去20年以上を過ぎて450件の歴史的邸宅が売却されて、ほとんどの邸宅が商業的利用の目的へ向けられたか、あるいはフラットへ変えられた。

　歴史的建築物協会によれば、約4分の1が私的な邸宅として新しい所有者が見つかり、それらが存続することになった。そしてほんの一握りの特に重要な建物がトラストの所有下に入った。

　トラストは脅威にさらされているすべての重要な歴史的建築物をすべて獲得することはできないし、また獲得すべきでもない。獲得しようと考えている人々にとって、資金は維持と修復のために使用されねばならない。さらにトラスト法の下に、譲渡不能であると宣言されている資産にとって、適当な基本基金は必須である。私的所有者が邸宅を全部あるいは部分的にも処分できない場合、もしそれが維持するのに高価でありすぎるならば、トラストは永久に保全するために獲得される資産として所有しなければならない。それ故にトラストは基本基金を求めねばならない。今日、トラストのカントリィ・ハウスは相対的に言ってほとんど十分な基本的基金あるいは財産を与えられてはいない。そしてそれらのカントリィ・ハウスが赤字に陥る場合、それらの邸宅はトラストの一般基金で支えざるをえない。過去10年ほどの間に、トラストはその期間に実行された獲得のための適切な基本基金を得るために、国民遺産記念基金によって、十全なる寛大さでもって助けられてきた。しかしながら政府からは、この基金に対する補助金は年々減らされてきたし、またピッチフォードの規模の邸宅を獲得するのに十分な資金をトラストは持っていなかった。トラストは、私的所有が歴史的邸宅を保全するのに最良の、かつ最も低廉な方法であると信じている。トラストは維持費に対する課税率を下げることによって実質的な改良を行なうために、歴史的建築物協会を支持している。トラストはまたVATの重荷からリストに挙げられている建築物の修復費とカントリィサイドでの出費を減

らすことによって政府に救済してくれるようにと繰り返し要求している。

　トラストは、カントリィサイドで急速な変化が生じている時に、より広範な問題にわたって考慮しなければならなかった。国内外の市場は、丘陵地の農民に強力な圧力をかけている。このことは次々とトラストの風景を危機に陥れつつある。そこでESAsやカントリィサイド・スチュワードシップなどのようなECの農業環境政策は歓迎されたのである。

　現在のカントリィサイドに対する最も強力な脅威の１つは、政府の道路建設計画による公共工事である。この公共工事こそトラストの資産の40件を超える資産に影響を及ぼそうとしている。

　既述したように、トラストは運輸省および環境省との間に良好な関係を保っている。したがってトラストは相互に慎重・堅実で、かつ相互に建設的に解決できる可能性を追求しなければならない。

　トラストの組織は25年前に検討され、その時の会員数25万人から８倍以上に増加した。さらに社会がこの間、目覚ましく変化してきており、環境問題にもより注意深くなってきている。したがって評議会もトラストの組織を再検討し、会員から外部の団体、スタッフおよびボランティアからも彼らのトラストへの委託事項を検討することが適切であると考えている。

　常に、しかし恐らく特に不況の時代には、トラストは会員およびボランティアの帰属意識と寛大さに深く依拠してきた。1992年には２万5,000人以上のボランティアたちが125万時間の労働を提供してくれた。彼らのなかには、7,000人の部屋のスチュワード、500人以上の鑑定人、考古学者および健康、安全確保の専門家に加えて、多くのセンターおよび協会の会員等々が、トラストの資産の財政上の必要に応じるために、１年に50万ポンド以上を集めてくれた。このように見てくると、この特殊な“樫の木”の成長には制限がないように思われる。[1]

（チョーリー卿）

序　文

理事長　アンガス・スターリング

　トラストは、1992年には予想されたよりもむしろ好調な成果を収めた。遺産および贈与には勇気づけられ、この年には2,200万ポンドを超過した。会員の

募集も上り調子であった。1.2％の会員数の純増加率は、特に口座引き落としと約款によって会費を納める会員の割合がわずかに増加し、満足のゆくものであった。前者はトラストの管理費を減らし、後者はトラストの収入を増加させている。

　トラストが極めて多忙な年をエンジョイできたのもこのような事情によるものであった。いつものように、この報告書でトラストの活動の拡がりと多様性を報告することができたのは大きな喜びである。

風景の年

　自然保護の成功に続いて、1992年には風景という言葉を強調しておこう。これは1993年にも続くはずだ。その目的は、メディア、イベントおよび出版物によって、トラストの所有している海岸と村落地の広がりと美しさに会員および一般の人々の注意を引き付け、そしてまたより幅広い人々をトラストの自然保護活動に導くことにあった。トラストの仕事の範囲は毎年拡がっており、また北アイルランドのモーン山脈、スノードニア、イースト・アングリアの海岸沿いの干潟およびサウス・ダウンズと同じくそれぞれ異なった風景を呈している。

　トラストの仕事は湖水地方以上に骨の折れるところはないし、また必要とされているところもない。トラストの湖水地方アピールは48万5,000ポンド以上の金額を集めた。このアピールの収益金は、歩道の修理の継続、樹木および垣根の植樹およびドライ・ストーンの壁の維持を含んで、一連のプロジェクトの基金に供された。もちろんトラストは同じようなプロジェクトをアピールによって集められた資金でやり遂げることができた。

　エンタプライズ・ネプチューン・キャンペーンも再び100万ポンド以上を集めた。1965年の開始以来、このキャンペーンによってトラストは４万6,000ha.以上の海岸地を購入でき、そしてイングランド、ウェールズと北アイルランドの海岸線は今や856kmが守られている。これはどのような手段をとるにしても並外れたと言っていい業績であり、かつ寄付金、贈与および遺産がトラストによって得られたイギリス人の相続財産を永久に保存するために、トラストがどのように使用しているかを正しく示していかねばならない。

ファウンティンズ・アベイの新ビジター・センター

　8月にトラストは、北ヨークシァのファウンティンズ・アベイに長く待ち焦がれていたビジター・センターを開所することができた。ファウンティンズ・アベイについては、1985年に私が初めてロンドンにあるトラストの本部事務所を訪ね1カ月近く通っていた頃、大きなポスターが掲げられていたのを見て知っていた。このこともあって、1996年8月15日、単身、バスでハロゲイトを経てリポンに至り、ここから歩いてようやくファウンティンズ・アベイに着くことができた。ここのビジター・センターがまだ新しく立派で大きかったのに感心したのを覚えているが、この年次報告書には次のように書かれている。このビジター・センターがここを訪ねてきた多くの訪問者に対し、より良いサービスを提供し、そしてピーク時には混雑していたのだが、それも解決されたと。次の滞英時には再び訪問したいと思っている。

主な獲得物

　この頃トラストは、トラストがすでに所有している資産に隣接しているオープン・カントリィと土地を獲得することに集中した。1992年にノーサンブリアにある2つの素晴らしいオープン・カントリィサイドが獲得された。1つは、隣接しているクラッグサイドにあるパークと庭園であり、元来はアームストロング卿のエステートの一部であった。もう1つはハドリアンズ・ウォールのそばのコーフィルド農場である。これらのこれまで獲得された資産に付加された土地は、より初期の獲得地を統合し、そしてトラストがこれによってより以上のアクセスを提供し、そしてより良好な長期の保護を確実にするであろう。

　クラッグサイドには過去何回か訪ねており、ハドリアンズ・ウォールには1985年9月に日本の友人と歩いたことがあるが、コーフィルド農場は訪ねていない。なおクラッグサイドはこのエステートの近くにあるウォリントンとつながった場合のことを予想してフィールドを試みたことがあるが、この予想は単なる空想ではないと信じている。

　ダラム州のギブサイドにある18世紀の風景庭園の獲得のための契約が、国民遺産記念基金からの補助金と一緒に成立した。そしてそこにはトラストがすでに新古典主義のチャペルとそこに通じるアベニューを所有している。それから

第2章　ナショナル・トラストと農業【1992年】

モーペスからバスに乗り、クラッグサイドで降りて、次はロスベリィで下車。ここからウォリントンへ行く道をこの村の住人に詳しく聞いた（2013.8）

　プライア・パークの獲得のための交渉はほぼ成立しつつある。この素晴らしい風景式庭園は18世紀中頃に設計され、バース・スカイラインのトラストの土地に隣接している。18世紀の庭園は学校として今に続いている。バース・スカイラインは歩いたことがあるが、プライア・パークは未だに訪ねていない。ここは1993年にトラストの資産地となった。

　これらの獲得は遺産によって可能とされているのである。多くの会員や支持者の遺言がなければ、トラストは海岸や村落地の保護を拡大し、そしてトラストの現存する資産の主な修復を実行することはできなかったであろうし、今後も不可能であろう。ナショナル・トラスト運動が、資本主義経済下で行なわれている限り、私たちのナショナル・トラスト運動はこのような限界を突破することはできないであろうと言っては悲観的であると非難されるのであろうか。

教育の進展

　ヤング・ナショナル・トラスト・シアター（YNTT）は13年前に開始されて

から急速に発展した。この若者の団体は歴史教育を受けたことが大きな収穫となった。例えばブリストル、ロンドンそしてマンチェスターなどの市内の学校で学んでいる子供たちが、モンタキュート（サマセット）、ウィンポール・ホール（ケンブリッジシァ）、ダーナム・マッシイ（チェシァ）で歴史教育を受けた。

その他、より多くの学校がトラストのエステートを利用している。さらに子供たちは、トラストの資産を訪ねることによって、しばしば彼ら自身の創造的な思考力を養う。これらはトラストが子供たちによって示される環境問題についての強い関心に出会い、かつ奨励される方法のうちのいくつかを示している。

ヨーロッパ

ナショナル・トラストは、トラストの目標や資源およびトラストが優先して行動しつつあることを常に意識しながら、ヨーロッパの遺跡や環境問題にも積極的に関わることを望んでいる。

現在まで承認されたECからの補助金は300万ポンドを超えている。このトラストへの支援金は、特に工業あるいは農村が衰退しつつあるこの国の地域で、もしこの支援金がなかったならば考えることができなかったプロジェクトをトラストが行なうことを可能にしたし、また可能にするものである。

このECの補助金の目的は、経済活動の再生を助長することにある。トラストが重要な自然保護活動を行なうとともに、地域の繁栄を目指して、自然環境農業保護政策によって価値ある貢献をなしつつあることを示すことができるような方法で援助金を獲得することに成功してきている。

将来を夢見て

これまでの10年間に享受された収入の着実な成長が、次の数年のうちに繰り返されることを期待するのは非現実的である。農業地代、補助金、投資、後援金およびエンタプライズからの収入は1992年には低下した。だからと言って近い将来に何らかの劇的な回復を期待することは賢明ではない。

1992年末には、多くの修理と次の5年間にわたる別の資本を要する事業（other capital works）の見積額は1億4,500万ポンドであった。したがって1993年になると、トラストは現存する資産の維持と改良を優先して行ない、所有可

第2章　ナショナル・トラストと農業【1992年】

能な資産については、それぞれ慎重に獲得することに努めている。

獲得のための水準

　新しい資産が保全のために受け入れられる前に、会員のために合致しなければならない水準を示すと次のとおりである。

①その資産は、自然美、歴史的意義あるいは自然保全のために保護する価値があること、またはこの資産がすでに所有されている資産を守るためにも必要な価値を有すること。

②その資産は、国民に利益をもたらすべきもの、そして同時にアクセスが認められるべきこと。

③その資産は、もしトラストによって獲得されなければ、破壊される恐れがあること。

④その資産は、経済的に自立しうる可能性を持っていること。

　上記の資産は、トラストに脅威を与えるはずのものではなく、大地を保全し、かつ保護する好機を与えてくれる大地＝自然そのものである。トラストの目的は、過去においてそうであったと同じく、1990年代においてトラストの目的に合致するものである。1995年のトラスト100周年記念行事のための準備は今や進行中である。主要なテーマは、トラストの創立者によって1895年に発足した「ナショナル・トラスト」の100周年を祝うこととは別に、21世紀を楽しみに待つことになるであろう。詳細については、あらかじめ十分に発表されるはずだ。[2]

（アンガス・スターリング）

第1節　1992年におけるナショナル・トラストの事業

自然保護

　トラストは、法人団体、イングリッシュ・ネイチャー、ウェールズ・カントリィサイド評議会および北アイルランド環境省などと重要なパートナーシップを組んでいる。かくてこの関係が構築されていることによって、相互に目標を共有し、そしてそれぞれの地域において調査、土地の管理や獲得などについて相互に協力し合っている。

　1992年夏には、トラストの生物調査チームが北アイルランドを初めて訪問し

389

た。この訪問で十分な調査を行ない、全国のトラストの資産へのアセスメントを果たし、同時に管理の勧告も行なったものであった。北アイルランドには、トラストの他のどの地域よりも生物学的に興味があり、かつ重要な資産がある。クロム（Crom）、マーロック・デューンズ（Murlough Dunes）、北アントリム海岸、スリーヴ・ドナードおよびストラングファド・ラクはイギリスで最も重要な地域である。

海　岸

　エンタプライズ・ネプチューンは海岸地の獲得のために1992年に100万ポンド以上を集めた。そして4.8km以上と452ha.の海岸線を購入した。

　トラストは洪水および海岸を守るために農業省と親密に協力している。

農　業

　CAPによる支援が続いているにもかかわらず、農業は不振を続けている。農場の収入は、農民および農業労働者の数が減少するにつれて低下している。トラストはこの低下の影響を和らげる一方―例えば地代で入ってくるよりも多くの農業用地により多くのものを使うことによって―農業部門が資本主義下、弱体化していくのを抑えるために、むしろ有利な方向に向けられる必要がある。農村地帯の人口が増え、そして学校、店舗そして医療サービスのような必須的なサービス部門が維持されるように、農業のみならず、村落経済の他の部門が発展するように、より多くの注意が払われつつある。

　7月にトラストはインヴァネスで開催された農業発展に関するヨーロッパ会議に代表者を送った。この会議にはほとんど500人の代表者が出席した。

　年次総会での一会員の強い意志で、トラストに近代農法から持続可能な農業へと転換したいと考える借地農をサポートするための基金を設立するようにと促された。この年の間に、ある農場がパートタイムの管理人の仕事と結びついた有機農場として又貸しされた。もう一つの農場は、その農場を有機農場として経営しようと考える借地農に貸し出された。トラストはソイル・アソシエーション・スタンダードへ有機農法を支持する目的で基金を提供しようと考えている。そこでは借地農がこのシステムを利用し、そしてまた適当な場合には他

第2章　ナショナル・トラストと農業【1992年】

の粗放農法に融資することも考えている。

CAP改革

　共通農業政策（CAP）の改革の主要な目的は、支持支払いを固定された割当
額に制限し、そして特に穀物価格を国際市場価格へ引き下げることによって生
産過剰を減少させることであった。穀物の生産者は、もし彼らが自らの耕作地
の15％をセット・アサイド（休耕地）するならば、より低い価格を弁償するた
めに面積によって支払いを受ける。このいわゆる農業と環境とがパッケージさ
れたものこそ、トラストにもその借地農にも特に関心があるであろう。

　1992年6月30日のECの評議会の条例によると、共同社会スキームは実質的
に化学肥料の使用を減らすか、あるいは有機農法を導入するか、または有機農
法を続ける農民、生産を粗放化する農民、環境および自然資源と両立する農業
活動を行なう農民、環境とつながる目的のために農場をセット・アサイドする
農民および一般の人々のアクセスのために土地を管理する農民を援助する。初
めてヨーロッパの農業予算から寄金がナショナル・トラストのそれらにマッチ
する目標を支持するために使われるであろう。最初は、資金がごく限られるで
あろう。しかし10年後にはCAPから引き出すこれらの資金の実質部分は、農
業環境の目的に献げられるであろう。

　存在する環境補助金スキームはCAPのパッケージの外部にある。トラスト
とトラストの借地農はカントリィサイド・スチュワードシップ・スキームとエ
ンバイロンメンタリィ・センシティブ・エリアズ・スキームを十分に利用する。
後者はエクスムアおよび湖水地方を含むイングランドにおける12カ所以上の地
域に拡大されるはずだ。ウェールズのティール・コメンのパイロット・スキー
ムは農場全体を自然保護の対象にする。そしてもしこれがウェールズの他の地
域まで拡大されるならば、トラストにとってかなり大きな利益となるはずだ。

森　林

　1992年4月に採用された森林保護委員会からの森林管理のための補助金は、
毎年50万ポンド以上がトラストへ提供されることになったので、トラストを利
することになった。

ナショナル・トラストの森林地の管理に関するレポートが春に出版された。
このレポートは森林地管理費が高額なことと、自然再生を履行するための義務
が極めて大きいことを強調した。トラストの森林スタッフたちは、他の組織か
らの専門家たちと協力しながら、森林再生に必要なキャリアと技術を高めてい
るところである。

道路および他の公害

　1992年にトラストは、道路計画による公害に反対するための戦略をさらに練
り上げることにした。

　サリーのハインドヘッドＡ３号線を格上げし、かつ再編成するための提案へ
トラストがプロとして準備した反応が、この新しいアプローチの例である。ト
ラストは運輸省に現存する道路の等高線に沿って、周囲の風景に最低のダメー
ジしか与えないようなルートを選択するように要請した。運輸省は、選択につ
いて研究し、そして1993年早くに運輸省の結論を発表すると報告した。

　私たち夫婦は2008年８月23日にハインドヘッドに行き、あのギベット・ヒル
からＡ３号線へ向かって降りて行った。ギルファドからのＡ３号線で工事が施
工されるのを見た。ここはＡ３号線の入口の工事現場であり、もう一つのＡ３
号線の出口はまだ完了していなかった。近年中にＡ３号線を西方へ走って、こ
の工事の完成後の姿を確認したいと思っているところである。この辺りはトラ
ストの大地が点と線から面へと広がりをみせているところである。必ずこの工
事の結果を確認したいものだ。

　空港の拡張の提案が、またこの年にトラストの仕事に衝撃を与えそうだ。例
えばマンチェスター飛行場のための２番目の滑走路の提案は、近くの５つのト
ラストの資産に影響を及ぼす可能性が十分にある。スタイアル・カントリィ・
パークの譲渡不能の土地は特に破壊される恐れがある。というのはこの土地の
うち数ha.が滑走路のために必要とされるからだ。飛行機の騒音と他の関係の
ある環境公害による衝撃もまた心配だ。[3]

会員数

　1992年末になると、トラストの会員数は217万7,000人になり、年率1.2％の

第2章　ナショナル・トラストと農業【1992年】

増加となった。25万人が新規会員となったが、前年よりわずかに少なかった。会員の会費はトラストに3,500万ポンド以上の金額を用意してくれたが、この金額はトラストが利用できる収入の全体のうち最大の部分である。この金額は再び収入のうちの唯一最大の資源となった。トラストはますます会員の会費に依存するようになっており、同時に会員がナショナル・トラストを継続的に信頼していることを示しているのである。

　会費を口座引き落としにしている会員が、わずかではあるが増加していることは嬉しいことである。それにまた会費を捺印契約した会員の割合が増えた。こうしてトラストは内国歳入庁から600万ポンドの税金を取り戻すことができたのである。

　この年の間に、どの程度の会員がトラストの仕事とまた会員とのコミュニケーションの方法に満足しているかを理解するためのいくつかの調査が実施された。

協会とセンター

　この年の間に5つの新しい協会が形成された。これらの会員のグループが継続して形成されていることは、これらのグループが活発に活動していることを示している。

　北アイルランドのファーマナ州で第3番目の協会を加えて、特に地域で活発な会員の援助を得られる協会が新しく生まれたということは元気づけられる。

　全国的および地域的なアピールを進んでやってくれる協会の寛大さゆえに、トラストはこの年の間にほぼ58万6,000ポンドの寄付金が加えられたことに心から感謝している次第である。協会およびセンターのイベントおよびホリデーのプログラムは会員の共通の目的を支え、そして会員の更新を奨励することになる。

　40年以上前にセンター運動の創設者の一人であったマンチェスターのドロシィ・バートン夫人は長年の間、評議会の一員であったけれども10月に死去した。評議会としてはバートン夫人のナショナル・トラストへの長年のかつ献身的奉仕に対して心からの感謝の念を示すものである。⁽⁴⁾

オープン・スペース

　多くの学校が環境教育のためにトラストのオープン・スペースを利用してい

る。環境教育の方針は、ナショナル・カリキュラムとリンクして、現在は教育グループとともに行動するための枠組みを提供し、そしてフィールド・ワークのための指針によって支えられている。

　教員のための一般的な教科書である『田舎の風景』がエッソの支援で出版され、そして３カ所の新しい学習の根拠地が開放された。外部からの資金供給で３人の村落地教育の役員を指名できた。そして地元の学校と一緒に村落地管理スキームがUKのそれぞれの場所で強力な支持を受け続けてきた。戸外での研究と研究センターとしてのスタックポールの人気は、学内教育のためのトラストの資産の強力な可能性を明白に示している。

　スタックポールには2016年12月に３日間ほど在留して、スタックポールの野外教育の重要性について痛感しているところであるが、次回には再びここに在留して、トラストの自然保護教育の重要性について十分に理解して、できるだけ近いうちに報告しようと考えている[(5)]。

第２節　トラストを推進して

　ナショナル・トラスト運動をより以上に推進するために、ガイド付きの徒歩旅行や各種のイベントが開催されたし、この年のハイライトはハイド・パークでASDA食料および農業展示会があり、ここでほぼ100万人の訪問者がロンドンで村落地の味を楽しんだ。トラストはまた農民と動物、ドライ・ストーンでの壁製作者、スタイルの製作者、そして紡ぎ手などを完全に揃えた丘陵地帯の農場をつくって見せた。それらこそカントリィサイドの主たる管理者としてのトラストの役割を推進する優れた機会でもあった。なおこの頃からトラストが国際的な役割をも負いつつあることにも注意しておこう。

　その他全国にあるナショナル・トラストのショップでは、トラストの資産のガイドブック*National Trust Handbook*など宣伝を主とする本や、専ら販売と利益を主としたナショナル・トラストのショップが全国に数多く所在しているのを、ナショナル・トラストに興味を持つ人ならば容易に気づくはずである。

エンタプライズ

　1992年、リセッションはトラストの資産への多くの訪問者に影響を与えた。

第2章　ナショナル・トラストと農業【1992年】

総売上高は1991年とほぼ同額ではあったが、トラストの目標には達しなかった。ショップやレストランでの売上高を上げるためのあらゆる努力が払われたが、間接費を抑えるのが困難であったために、利益を維持するのが難しかった。しかしショップやレストラン、ホリデー・コテッジおよび植物センターは年収の大切な源資であり続けたし、そしてそれらが提供してくれる楽しみのゆえに、トラストの訪問者によって大変有難がられている。

　新しいレストランがモーデン・ホール、バリントン・コート、ファウンティンズ・アベイの新しいビジター・センターで、サットン・ハウス、そしてサウター・ライトハウスで開かれた。後者の灯台を除いて、すべてのレストランに寄ってみた。通常言われているようにイギリスの料理はうまくないと言われるが、決してそうではない。私はご存知のように村落地経済に関心を持っているが故に、田舎のB&B（特にトラスト推薦のB&B）に宿をとるのを楽しみにしているところだ。

　ところでトラストのエンタプライズについては、その数があまりにも多いので、イギリスを訪ね歩く時などに気をつけてみてほしい。あるいはナショナル・トラストの規模がいかに大きいかがわかるであろうし、トラスト自体が社会事業団体でもあることが自ずから判明することであろう。

遺　産

　トラストは大いに遺産に依拠している。1992年にはおよそ2,200万ポンドを800人以上の賛助会員から受領した。この金額は1993年中に資本事業、あるいは新しい獲得物のために使用されるはずだ。これらの遺産金がなければ、現存する資産のための大量の重要な仕事が不可能になるか、新獲得物の購入もトラストの手の届かぬものとなるであろう。評議会は、トラストに遺言を残そうと考えている会員たちに、遺産からの寄金が専ら資本事業や資産の取得のために使われるのだということを思い起こしてもらいたいと考えている。

基金募集

　今期のリセッションにもかかわらず、1992年に100万ポンド以上が法人によって誓約された。これらの基金はブリティッシュ・ガス、バークレイズ銀行、

フォードおよびコダックのような通例のスポンサーからマリオット・ホテル、テイラー・オブ・ハロゲイトおよびノーサンブリアン水道会社のような新しいサポーターたちにまで広がった。評議会はこれらの法人団体からの価値ある寄付金や何千人という個人の人々から受け入れられた寄付金に謝意を表わした。これらの人々の大部分はトラストの会員であり、彼らは寛大にも彼ら自身の会費を支払う以上に、トラストのアピールにも応えてくれたのである。⁽⁶⁾

1992年年次総会

　年次総会は毎年実施されており、その報告書も必ず報告されている。

　第97回年次総会は、1992年11月7日、バーミンガムの国際会議センター、シンフォニー・ホールで開催された。開催の挨拶に際して、議長であるチョーリー卿も、出席者1,400人の会員を歓迎し、また地域の協会とセンターの会員にもお礼の挨拶を述べた。1991年の報告書と会計報告の採用の提案に際しては、チョーリー卿は、現時点での経済不況においては節約を旨としなければならないが、精神的には心安らかな状態にあると言った。彼は1991年中にトラストを助けてくれた職員、2万3,000人以上のボランティアたち、センターおよび協会のメンバーたち、そしてエイコーン計画および政府の雇用訓練計画の下に働いている若い人々にも謝意を表した。

　チョーリー卿は、トラストの丘陵地帯の農民が直面している諸問題、トラストの資産の40カ所以上に影響を与えている道路計画の脅威、そして私的な歴史的邸宅の所有者が直面している諸問題にも言及した。

　財政委員会の議長であるチャールズ・ナネリィ氏は、彼の前任者であるニコラス・ベアリング氏に謝意を表しながら、報告書および会計書の採用の支持を表明した。

　リセッションは会員数、訪問者からの収入、投資収入、そしてナショナル・トラスト・エンタプライズからの貢献に影響を与えたが、それにもかかわらず彼は喜んで遺産の流れが上昇気味であることを報告した。ナネリィ氏はピッチフォード・ホールを獲得するためのトラストの努力に言及し、そしてトラストが資産に対して永久に責任を負うことに直面した諸困難について説明した。それに続く議論の間に、トラストの邸宅の中の写真撮影の禁止、A3号線ハイン

396

第2章　ナショナル・トラストと農業【1992年】

ドヘッド・バイパスのナショナル・トラストの土地への脅威、イングリッシュ・ヘリテイジの新たな戦略、新たな獲得の際の費用、ウィットレイ・センターのマネジャーの解雇の理由、そしてトラストの資産の禁止された木材の使用についての疑問が出された。

　疑問に応えて、写真撮影の抑制は安全の理由のために必要であった。トラストはＡ３号線道路提案については運輸省と接触しながら、注意深い監視が続けられるであろう。新たな獲得については、極めて注意深い調査が施された。ウィットレイ・センターの場合については、集会後、質問者との間に議論が行なわれることになっていた。そしてトラストの資産で使用される木材はすべて持続可能な資源から充てられた。

　デイヴィッド・スタッフォード氏は、科学的な根拠から持続可能な農法へ変えていく借地農場から生じる収入の減少に対しては、トラストに補償する基金を樹立するという決議を提案した。同氏は、彼の目的は土地が将来の世代のために健全な状況に置かれるということを保証するためにあると言った。同氏は土壌の保護は村落地の長期にわたる福祉の基礎であるとも表明した。副議長であるジョナサン・ピール氏はこの決議を歓迎したが、もっと柔軟なアプローチをすべきだと求めた。スタッフォード氏は会員がこの決議を支持するように強調し、そして投票が行なわれた。

　有機農業に関する決議
　　　賛成：60,082票　　　反対：33,204票[7]

資料　1992年　新しく獲得された資産と約款

【エイヴォン】
　＊Bath：Fairy Wood. 譲渡可能で保存される0.4ha.を含む5.67ha.、広葉樹林、贈与。
【バッキンガムシァ】
　＊Stowe Landscape Gardens：Stowe Castle Farm. 23.3ha.の農地、遺産金で購入。
【コーンウォール】
　＊Camel Estuary：Daymer Bay Car-park、Trebetherick. 1.3ha.に対する約款、

贈与。

* Cornish Engines：Michell's Engine House、Pool. コーンウォール基金で購入。

* Crackington Haven：Tremoutha. 32.65ha.の放牧地と崖地、隣接する8ha.以上の土地に対する約款、エンタプライズ・ネプチューン基金と6名の遺産金で購入。

* Lizard Peninsula
　∴Bass Point：Signal House. 2.43ha.、崖地とヒース地、0.4kmの海岸線のある邸宅、遺産金およびエンタプライズ・ネプチューン基金で購入。
　∴Kynance Cove and Lizard Downs：Holestrow、Kynance. 14.6ha.の自然のままの放牧地とヒース地および100ヤードの海岸、2名からの遺産金で購入。

* Polperro：Talland Hill. 以前は変電所の分署の敷地、名ばかりの金額で購入。

* Porthcothan、Padstow. 4.6ha.の海岸地、4名の遺産金とコーンウォール基金で購入。

* Trelissick：Pill Creek. 以前は約款地、贈与。

* Trengwainton：Boscathnoe Farm、Penzance. 1.36ha.の放牧地と森林地、遺産金で購入。

* West Penwith Coast：St Ives to Pendeen
　∴Bollowall Common and Carn Gloose、St Just. 24.28ha.の崖地、0.53kmの海岸を含む、遺産金およびエンタプライズ・ネプチューン基金で購入。

* Boswednack、Zennor. 18.6ha.の放牧地とヒース地、2名の遺産金、ウェスト・ペンウィズ・コースト・アピールおよびエンタプライズ・ネプチューン基金で購入。

* Watchcroft. 19.8ha.のヒース地、4名の遺産金とウェスト・ペンウィズ・コースト・アピール基金で購入。

【カンブリア】

* Ambleside：Fishgarths Wood、Clappersgate. 9.4ha.の落葉樹林、湖水地方基金で購入。

* Ambleside、Garden Land、Clappersgate. 隣接しているフィッシュガース・ウッドへのアクセスを抑えるために獲得された古い庭園、湖水地方基金で安くされた価格で購入。

* Ambleside、Scandale Pastures. 66.78ha.の丘陵地、遺贈。

* Eskdale：High and Low Intack、Boot. 5.26ha.の自然のままの放牧のための割当地、湖水地方基金で購入。

* Eskdale：Kirkhouse、Boot. 5.46ha.の自然のままの放牧のための割当地、湖

水地方基金で購入。

* Hawkshead：Honeysuckle Cottage、Red Lion Yard. ビアトリクス・ポター・ギャラリーの隣のホークスヘッドの中心にある小さな17世紀の村のコテッジ、5名の遺贈金および湖水地方基金で購入。
* Overwater Lake. 27.52ha.の湖と湖岸、贈与。
* Ullswater Valley：Grove Farm、Hartsop. 691.23ha., 2名の贈与金で購入。
* Ullswater Valley：Hartsop. ハートソプ村の上にあって、グレイ・クラッグの下にある8.9ha.の囲い込まれた放牧地、3名の遺贈金で購入。

【ダービィシァ】

* Calke Abbey. 4 ha.の永久放牧地、贈与。
* Calke Abbey：Heath and Meadows、Heath End. 7.49ha.の永久放牧地、遺産で購入。
* Derwent Estate：Ashes Farm、Derwent. 40.55ha.の伝統的な石造りの農場家屋と建築物を有する丘陵地の農場、3名による遺産金とピーク・ディストリクト・アピール基金およびカントリィサイド委員会の補助金で購入。
* Dove Valley District：Bank Farm. Milldale. 1.68ha.の牧草地、ピーク・ディストリクト・アピール基金で購入。
* Kinder Scout：Hill House Farm. 62.3ha.の土地、カントリィサイド委員会の補助金、ピーク・ディストリクト・アピール基金および4名の遺産金で購入。
* Longshaw Estate：Curbar Gap. 0.5ha.の高地の牧草地、贈与。

【デヴォン】

* Dart Estuary：Dyer's Hill、Dartmouth. 0.4ha.の混合樹林、ダート・アンド・スタート・ベイ・アピール基金で購入。
* Castle Drogo：Fingle Woodlands、Drewsteignton. 58.68ha.のテイン・ヴァリーにある森林、カントリィサイド委員会の補助金と遺産金で購入。
* Ringmore：Higher Manor Farm、Kingsbridge. 0.8kmの海岸を含む21ha.の農地、カントリィサイド委員会の補助金、2名の女性による遺産金、4名からのエンタプライズ・ネプチューン基金への遺産金で購入。
* Ringmore：Lower Manor Farm、Kingsbridge. 0.8kmの海岸線を含む78.28ha.の農地、同時に農場家屋と周囲の建物に対して得られた約款、上記のハイアー・マナー農場と同じ資金源からの基金で購入。
* Teign Valley：Woodcock Wood. 8 ha.の森林地、遺産金で購入。

【ドーセット】

* Corfe Castle：Boar Mill. 0.2ha., キングストン・レーシィ基金で購入。
* Spyway Farm、Langton Matravers、Swanage. 77.8ha.、良好な歩道と乗馬

専用道（bridleways）が整備され、コーフ城を含めパーベックの素晴らしい景色をエンジョイできる。エンタプライズ・ネプチューン基金、寄付金、イングリッシュ・ネイチャーからの補助金および遺産金で購入。

【エセックス】
＊Dedham Hall Farm and Lower Barn Farm. 93.17ha.、2名の遺産金、カントリィサイド委員会とサフォーク州議会からの補助金および地域基金で購入。

【ハンプシァ】
＊Ludshott. ブラムショット・コモンに隣接し、クロウカーズ・パッチを通り過ぎる372ヤードのフットパース。国防省から名ばかりの金額で獲得。

【ヘリフォード＆ウースター】
＊Bradnor Hill：Wyche Cottage、Kington. 小面積の低木地と樹林、贈与。

【ケント】
＊Dover：Langdon Hole. 西方はラングドン・クリフに隣接し、ドーバーのホワイト・クリフの頂上にある0.8kmの白亜質の草地と農地を含む42.5ha.の土地、エンタプライズ・ネプチューン基金、カントリィサイド委員会、イングリッシュ・ネイチャーおよびケント州議会からの補助金で購入。

【ランカシァ】
＊Gawthorpe Hall：Habergham Plantation. 0.98ha.の森林地と低木地、贈与。

【マージィサイド】
＊Formby：Wicks Lane. ウィックス・レーンに隣接する9.5ha.の土地、Sefton Borough Councilからの寄付金、カントリィサイド委員会の補助金および遺産金で購入。
＊Speke Hall. 14.4ha.の土地、カントリィサイド委員会の補助金およびスピーク・ホール・アピール基金で購入。

【ノーフォーク】
＊Burnham Overy：Duchess's Pightle. 北ノーフォーク海岸の塩湿地と入江を見下ろす牧草地、0.6ha.、イースト・アングリア・コースト・アンド・カントリィサイド基金で購入。
＊Oxburgh Hall：Home Covert. 0.66ha.、古い樫の木の森林地の2つの小区画地、イースト・アングリア地域基金で購入。

【ノーサンバーランド】
＊Hadrian's Wall Estate：Cawfields Farm、Haltwhistle. 185ha.の農地、カントリィサイド委員会の補助金、ハドリアンズ・ウォール・アピール基金および3名からの遺産金で購入。
＊Hadrian's Wall Estate：High Sield Farm、Bardon Mill、Hexham. ザ・ヴ

第2章　ナショナル・トラストと農業【1992年】

ァラムの一部を含む3.24ha.の土地、ハドリアンズ・ウォール・アピール基金と
ナショナル・トラストの会員のリブル・センターからの寄付金で購入。

* Hadrian's Wall Estate：Saughey Rigg、Haltwhistle. 14.6ha.、ハドリアンズ・
ウォール・アピール基金と地域基金で購入。

【ノッティンガムシァ】

* Worksop：Mr Straw's House、5 & 7 Blyth Grove. ストロー氏の遺産で購入。

【オックスフォードシァ】

* Ashdown：Alfred's Castle. 2.2ha.、鉄器時代に要塞化された囲い込み地、イ
ングリッシュ・ヘリテイジの補助金および地域基金で購入。

【サマセット】

* Exmoor

∴Holnicote Estate：Sparkhayes Marsh、Porlock. 0.53kmの海岸を含む特
別科学研究地域であるポーロックの湿地の一部を形成する塩分を含む湿地と農
地の14.6ha.、遺産金およびイングリッシュ・ネイチャーとエクスムア国立公園
当局からの補助金で購入。

ポーロックの町並みから脇へ入ってしばらくすると 'Sparkhayes Marsh' の看
板が立てられているのを発見して、ここもハニコト・エステートにつながって
いると解り、びっくりしたものだ。

∴Muchelney：Priest's House、Langport. アクセスを改良するための極めて
狭い区域、ウェセックス地域基金で購入。

【スタッフォードシァ】

* Biddulph Grange、Stoke-on-Trent. 駐車場の一部をなす非常に狭い区域、ビ
ダルフ・グレンジ・アピール基金で購入。

【イースト・サセックス】

* Frog Firle Farm、Seaford. 47.67ha.、一連の農場家屋を含む、カントリィサ
イド委員会の補助金および遺産金で購入。

ずいぶん以前のことだが、イーストボーンからビーチィ・ヘッドに至り、そこ
からバーリング・ギャップを通過して、かの有名なセブン・シスターズを歩い
ていくと、カックミア川の河口に着いた。橋があればシーフォードに行けるの
だが、橋がなかった。橋があればシーフォードに行き着くのだが、それは不可
能だ。イーストボーンへ帰れる道順もわからないままに右に折れる。目の覚め
るような川とも運河ともわからぬままに、水の美しさにひかれるまま進んでい
くと、エクシートに着いた。ここにバス停があったのだ。しばらくするとバス
が来た。イーストボーン行きのバスだった。私自身、機会がないままにシーフ
ォードをいまだ訪ねていない。

401

【ウィルトシァ】

＊Cherhill Down. 44.5ha.の白亜質の丘陵地、相続税の代わりに大蔵省によって、トラストへ譲渡された。

【北ヨークシァ】

＊Malham Tarn Estate. 29.14ha.の放牧地、遺産金、ヨークシァ・ムアズ・アンド・デイルズ・アピール基金、トラスト会員のケンジントンとチェルシー協会による寄付金およびカントリィサイド委員会の補助金で購入。

＊Runswick Bay、Whitby. 4.4ha.の崖地と約225ヤードの海岸を含む10.5ha.の海岸地、エンタプライズ・ネプチューン基金とカントリィサイド委員会の補助金で購入。

【ウェールズ】

（ダベッド州）

＊Mynachdy's Graig. 70ha.の海岸に沿った農場、0.8kmの崖地を含む、遺産金、贈与金、エンタプライズ・ネプチューン基金およびウェールズ・カントリィサイド評議会の補助金で購入。

＊Tregwynt Estate、Castlemorris. 108ha.、農場家屋と67.2ha.の酪農場と耕地、0.8kmの海岸線を含む、エンタプライズ・ネプチューン基金で購入。

（グウィネス州）

＊Cemlyn：Pencarreg、Anglesey. 10ha.の放牧場および0.4kmの手つかずの海岸線、隣りの14.2ha.に対しては約款、この資産はトラストの所有地であるトルウィン・ペンカラグとケムリンの間にある。エンタプライズ・ネプチューン基金、ウェールズ・カントリィサイド評議会の補助金およびthe Pen-y-Clip Charitable Trust（Miss Cemlyn-Jones）からの寄付金で購入。

（ポウィス州）

＊The Begwyns Common、Radnor. 523.5ha.の美しいオープン・カントリィ、父の遺言に従って、Miss Emily de Wintonにより贈与。

＊Berthllwyd Farm、Ystradfellte、Brecon. 特別科学研究地域を含む66ha.の牧羊場、遺産金で購入。

（ウェスト・グラモーガン州）

＊Rhossili：The Vile、Gower. 14.25ha.、遺産金とエンタプライズ・ネプチューン基金で購入。

【北アイルランド】

＊The Argory、Co. Armagh. 1 ha.、地域基金で獲得。

＊Grangemore Dunes、Barmouth、Co. Londonderry. 64.19ha.、北アイルランド環境省の補助金、エンタプライズ・ネプチューン基金および遺産金で購入。

第 2 章　ナショナル・トラストと農業【1992年】

＊Land at Larrybane、Ballintoy、Co. Antrim. 37.8ha.の手つかずの海岸線、
トラストの所有地に隣接、エンタプライズ・ネプチューン基金および北アイル
ランド環境省の補助金で獲得。

＊Minnowburn Beeches、Co. Down. 小面積の土地で、トラストの土地に隣接、
地域基金で購入。

＊Strangford Lough：Launches Long and Launches Little Islands.　8 ha.、
この地域のほとんどが開発されていず自然のままで、魅力的な入江。北アイル
ランド環境省の補助金とエンタプライズ・ネプチューン基金で購入。

第 2 章　注

（ 1 ）*Annual Report 1992*（The National Trust, 1992）pp.3-4.

（ 2 ）*Ibid.*, pp.4-6.

（ 3 ）*Ibid.*, pp.7-8.

（ 4 ）*Ibid.*, pp.10-11.

（ 5 ）*Ibid.*, p.11.

（ 6 ）*Ibid.*, pp.12-15.

（ 7 ）*Ibid.*, pp.15-16.

第3章　トラスト100周年へ向けて
【1993/94年】

議長あいさつ

チョーリー卿

　1993年1月に政府はリオデジャネイロでの1992年地球サミットに向けて、政府自体の言明を積極的に表明した。ナショナル・トラストは自らの資産で、5つの特殊な方法で貢献することができる。

　ほとんど100年の間、ナショナル・トラストは長期間、最良の方法で自らの資産を管理することを試みてきた。このことは相矛盾する狙いの間に注意深いバランスを成し遂げること、例えば地域社会の利益と風景の保護を釣り合わせ、あるいは人々のアクセスに対する要求と自然保護とを釣り合わせることを目的とするものである。近年において、全体として環境に対する関心と、「持続可能な発展」のための要求が、より複雑なものになってきた。

　1994年1月にイギリス政府は持続可能な発展のための政府自体の戦略を公表した。この戦略を導入するのに際して、イギリス首相はそれを国内での議論のための「スターティング・ポイント」であると呼んだ。この戦略は政府の政策とプログラムを通じて、政府へ実際上の持続可能な発展を証明することを依託するものである。

　私はこのことを歓迎する。しかしながら私はこの困難に含まれる苦難を過少に評価していない。外見だけから判断すれば、持続可能な発展は単純な概念である。それは色々と定義されてきたが、本質的にはあらゆる水準の活動そのものは長期間の目標を目指して行なわれねばならず、また環境へのダメージを最小限にするか、またはそれらが依拠している財源が枯渇しないようにする方法で行なわれねばならないということを意味する。事実、このことは中央および地方政府、そして公共機関の側でかなりの努力と想像力を必要とするものであ

第3章　トラスト100周年へ向けて【1993/94年】

ろう。またこれが成就されるべきものならば、我々自身の行動にかなりの変化を要求することになろう。白書によれば、ボランティア部門が主要な貢献をなし、そしてこの分野ではトラストがまず卓越した役割を演ずるはずだ。責任こそ重いが、我々がいつもなすべき責任でもある。

　トラストは以下の点で貢献できるものと私は信じている。

＊トラストの資産の質が、風景美であり、それらの資産の質が提供する静かな喜びであるか、あるいはそれらの中を流れる川や川の流れの水の清潔さであるか、いずれにしてもトラストの資産の性質に注意を払うべきこと。

＊物理的利用に耐えるトラストの資産の能力を監視すること。例えばあまりにも多くの訪問者の足跡による衝撃を通じても、それらの制限が壊されないように監視すること。

＊トラストの資産の中の、あるいはその影響下にある自然資源が賢明な方法で使用され、そして荒らされないように保証すること。例えば1994年は、評議会は正式にエネルギー政策に関する声明を採用した。エネルギーの使用の減少、特に化石燃料の使用の減少、および再生産可能なエネルギーを利用するためのあらゆる提案のための十分な環境アセスメントをトラストに提出することを依託するものであった。

＊トラストの資産を全国民のために永久に守ることによって、また重要なことであるが、我々の子供およびこれから生まれてくる我々の子孫の喜びのためにトラストの資産を永久に守ること。

　トラストの地位は強力になったが、トラストといえども上記の目的を単独に果たすことはできない。トラストはトラスト自体の資産と同じく、より広大なカントリィサイドを守るためには政府の政策およびプログラムにも依拠しなければならない。

　繰り返すけれども、ナショナル・トラストは、議会法の下に構成された社会事業団体であり、かつ独立した団体である。

　UKのためのより広い交通戦略が必要であり、今後旅行に対する必要性が管

405

理されねばならないという認識が、政府によって徐々に受け入れられつつあることは元気づけられる。さもなければ道路建設計画によって脅威を受けつつある40件以上のトラストの資産を含めて、カントリィサイドあるいは国土に対して相当なダメージを与え続けるから。

トラストのカントリィサイドにある資産を守り、かつその質を高めるためには、労働集中と経費がより以上に高まる。

過去数年にわたって、特に2つの計画、すなわち環境保全地域事業（Environmentally Sensitive Areas scheme）およびカントリィサイド・スチュワードシップ事業（Countryside Stewardship scheme）がイギリスを含めたEC諸国の農業環境政策として実施された。トラストのためにも寛大な補助金を交付した。それらはバークシァのコモン・ランドのヒース地の再生やミリオネスにあるドライ・ストーンの壁や草原の境界線の維持のような修理と修復の経費のかかる事業を実施するために、人々がより繁く訪ねてくる資産にいる借地農やスタッフを援助した。[1]

1993年にはEC（欧州共同体）との対話がブリュッセルで重ねられた。会合が欧州議会の主要メンバーを含めて、EC諸国の委員と議長、そしてナショナル・トラストの議長であるチョーリー氏との間で会合が行なわれ、トラストの関心たる諸問題が取り上げられた。実質的な欧州からの財政上の支援が広い範疇にわたるプロジェクトに対して受け入れられた。かくしてトラストは自然保護と文化遺産の領域において指導的な団体として認められているのである。

（チョーリー卿）

第1節　1993年のレヴュー
理事長　アンガス・スターリング

自然保護管理を統合化することはトラストの仕事の鍵だ。1993年にトラストが判断されるべきは、トラストの資産が保護され、かつ人々がそこでの楽しみがいかにあるべきかを判断することにある。

トラストの資産の目的は、急速に変化しつつある経済、社会および政治的背景に、トラストを旨く適合させることである。そしてトラストが適正な場所で

第 3 章　トラスト100周年へ向けて【1993/94年】

利用可能なかつ必要なスキルと財源を所有し、そして最も経済的な方法でトラストの海岸、カントリィサイド、歴史的建造物とその所蔵品、そして庭園を管理するために、効率的な実践を保証することである。

　この年のいくつかの例を挙げてみよう。

　イースト・ロンドンでは、サットン・ハウスの例外的な興味ある復元のプロジェクトが完成したことで、1535年から続くこの歴史的に重要な資産に、これからも続く生命を与えることになった。サットン・ハウスは今や一般に開放され、そして地方の歴史研究、ハックニィ地区のための展示および活動の中心地として役立っている。このプロジェクトはその成功を、多くの寄付者の寛容さおよびトラストとこの地方の社会の間の協力のお蔭を被っているのである。

　もはや定かではないが、1985年以降のはずである。筆者がここを訪ねた目的はむしろイースト・ロンドン地区のハックニィを訪ねてみようということにあった。もちろんサットン・ハウスを訪ねることが目的であったことに間違いはない。ハックニィ・セントラル駅を降りて、ハックニィ地区に興味をそそられながらも、ついにサットン・ハウスに着いた。今となってはこの古い家屋が復元された家屋であったかどうかも記憶にないが、確実に覚えているのは、この家屋の一室でヤング・シアターの一群と思われる若者たちが、演劇の練習に励んでいるのに気づいた。興味はあったのだが、私自身、ヤング・シアターの名前だけは知っているものの部屋の中に入って見学する勇気に欠けていたようである。今となっては後悔しているが、当時としてはやむを得なかった。小さなティー・ルームに入ってティーを楽しんだのだけが記憶に新しい。

　ハイ・ピークでは、あのキンダー・スカウトの10年に及ぶ保存計画がピートを覆っている芝生地を復元し、侵食作用を減らし、そして一般のアクセスを改良した。（ヘリフォードおよびウースターの）ハンベリィ・ホールでは、大地の総合的な調査とそれらの邸宅への歴史的な関係に基づいて、庭園の主要な復元を始めた。これはヨーロッパ・コミュニティ・リージョナル基金および多くの寛大な遺産によって可能とされた。

　これらのいくつかの例はトラストの保護への統合的なアプローチを反映している。その主たる関心は、風景、歴史的建造物、パーク（私園）および庭園の保護を含んでいる。しかし今や広くなっている目的のなかでは、資産の性質が

407

多彩であるので、そこのエステートの広い光景を全体として包み込むためには実質的な管理計画を必要とする。トラストは自然保護、農業、林業、考古学および一般のアクセスを含んで、資産のあらゆる面をバランス良く保つように心がけている。

　それこそ絶えざる研究と知識の最新情報を得ながら、他の人々と進んで働く喜びと鋭い眼識を持ち合わせていくのである。トラストはこれらのすべてを絶えず成長させ、あるいは獲得することを求めている。100周年記念行事はさらなる進展を生み、そしてトラストの経験の価値を示すための特別の機会を提供するはずである。

計画の1年間

　すでに述べたように、エネルギーと資源はトラストが次の世紀に向かう段階で採用せねばならない重要な課題である。

　オリヴァー卿は3月にトラストの評議会へのレポートで、彼の見解を提出した。このレポートとその勧告は1993年のトラストのマガジンの夏季号に要約されている。オリヴァー卿の結語から、以下の文章を引用しておこう。

　「私は私が受けた批判の大きさによってではなく、実質上の苦情がなかったことに、大きな印象を受けている。証拠を提供した人々のうち大部分の人々が、トラストが自らの仕事を実行した方法に一般的な満足を表明してくれた。事実は、トラストが働いてきたし、また現実に存在している形で、十分に働いているということである」。

　オリヴァー卿はそれから21の特殊な結論と勧告を作成し続けた。これらのうちの大部分は評議会によって受け入れられ、そして実行されていった。一例を挙げれば、責任は中央から委託されるべきだという勧告は、a Working Practices Reviewというテーマであって、これは1992年に開始されていた。これはすでにトラストの資産で働いている人々へ、日々の仕事の管理に対する権限の望ましい委譲をすでに達成しつつあった。これこそ官僚制を減らし、そして仕事の満足も決定の質も良くしていくための手段を続行しているのだということを示しているのである。このレヴューおよび年次総会での手続きに影響を及ぼすある種の勧告に関するさらなる報告は、1994年年次総会で会員に向けてなされた。

第3章　トラスト100周年へ向けて【1993/94年】

オリヴァー卿によって勧告された“将来をしっかりと見よ”という言葉は、この年の間に仕事を始めたか、あるいは報告をした各種のレヴューの集団を励ましました。恐らくこれらのうちの最も興味深い報告は、私が1993年に開始したカントリィサイドにおけるトラストの方針の主要なレヴューであった。これは専門家の独立したアドバイスに依拠しながら、他の自然保護団体にも関連したカントリィサイドにおけるトラストの役割とトラストの立場についての広範囲にわたる研究課題である。

このレヴューは、1994年の終わり頃には完成されるであろう。それはこの研究が議論されるように、100周年記念行事の年の一部分として、1995年の秋に国際会議を取り決める予定である。進捗しつつあるもう一つのレヴューはアクセスに関するものである。これは以前カントリィサイド委員会のメンバーであったカーク夫人が議長の職についているワーキング・パーティによって進められている。

トラストはどのようにして伝え合うのか

ナショナル・トラストの‘一般の人々’は、我々について何を考え、そして我々から何を知りたがっているのかを知るために、各種の聴衆とともに研究が行なわれた。ジャーナリスト、センターおよび協会の人々、そして訪問者たちが聴衆のなかにいたが、恐らくすべてのなかで最も重要なものはトラストの会員のなかで行なわれた研究であったであろう。一般的に言えば、励みとなるような程度に満足させられるものは、会員たちによって表わされたが、我々が心にかけているメッセージがあった。これらのメッセージのうち明らかなものは、会員の質問に答えるために明白でかつ首尾一貫した内部のガイドラインがあって、トラストは触れ合った名前と住所を公けにすべきであるということであった。会員たちもまたマガジンあるいは地域の新聞でトラストの方針とトラストの資産で行なわれる大切な変化がさらに伝えられることを歓迎した。

1993/94年に考慮されている獲得物

この年次報告書の読者は、昨年私が保存のために新しい獲得物の確保のためのトラストの基準を示したことを覚えているであろう。国民的に重要な存在で、

409

かつ人々に利益をもたらすもの、危険な存在であるもの、そして財政的に有利な可能性を供するもの。それ故にこの報告書の期間までに獲得の可能性のある資産を再考することは価値がある。それでは実際に何が生じたのか。全体で157件の獲得されるべきものがスタッフ、地域および本部の委員会によって考慮された。これらのうち96件は拒否されたか、あるいは各種の理由のために追求されなかった。交渉下にある獲得されるべきもののうち、この年の間に話が決まったものはこの報告書の"People and Places"の部門のなかに見出されるはずだ。特に重要なものは、バースのプリオア・パークにある低地であり、サフォークのオアファド・ネスにある8kmにものびる丸い小石でできている堤防、タインおよびウィアのギブサイド・エステートの歴史的に重要な意味を持つ中核地、そしてクルーイド州にあるチャーク・カースルのための重要な絵画と家具である。これらは後年、獲得された。

トラストの100周年計画

1995年のトラストの100周年記念行事が近づいているので、計画自体は祝賀だけでなく、将来に期待を抱いて計画されるのである。評議会は3つのテーマがトラストの計画の前後に行なわれるべきだということに同意した。

第1は、これまでの100年間に成し遂げたものを祝う機会にしよう。

第2のテーマは、恐らくは最も重要なことであるが、今日トラストが人々のために、そして現在も将来も生活の質を高めるためにこそ、多くの貢献を成し遂げたのだということを強調することになろう。これに関連してトラストは、ボランティアとのパートナーシップをトラストの教育計画と同時に進めているのだというニュースを広げようとしている。両者とも報告書のなかの詳細な実録に示されているように、1993年にはともに活発に進んできた。しかしながらトラストが第一の義務へ向かって、トラストのエネルギーと熱意を振り向け続けることがトラストの義務である。海岸、カントリィサイドおよび建築物を維持し守ることこそ、国民に代わってトラストに託されているのである。

100周年記念行事の第3のテーマは、収入を生み出すことであり、これは絶対に必要なことである。トラストは独立した社会事業団体であるから、トラストはトラストの多くのメンバーの寛大さおよび遺産および遺贈物、同時にトラ

第3章　トラスト100周年へ向けて【1993/94年】

スト自体のエンタプライズ・カンパニーと支払いをしてくれる訪問者や地代に
依拠している。

　トラストの成功は、トラストの財政的基盤が実のところ弱いのに、その弱み
を不明確にしている。トラストの資産の大きさと華麗さは、人々をしてトラス
トは豊かであり、かつ豊かであるに違いないということを信じ込ませている。

　トラストの主要な資産である歴史的建築物、地所、庭園そしてカントリィサ
イドには、途方もなく大きな責任が付されているのである。かつてトラストの
財政委員会の前委員長が次のように語ったことがある。「人々がリッツ・ホテ
ルよりも豪勢な邸宅や、彼ら自身の、あるいは私自身の屋敷よりもずっと壮大
な邸宅に立ち、歩いている時に、トラストは貧乏であるということを彼らに理
解させることは容易ではない。しかしこれは真実である」と。

　建物と同じくカントリィサイドのトラストの維持費は非常に高く、それに毎
年高くなっている。このことは、よく保存されていること自体がそれほど高く
つくものではないと思われがちなので、訪問者にはしばしば明らかではない。
向こう5年間にわたる必須的な保存事業に必要な正確な評価は、資産で計られ
てきた。全費用が1億6,500万ポンド以上で、そしてトラストの資産維持のため
の新しい義務は、年に4,000万ポンドから5,000万ポンドにのぼる。トラストは
平均して年に3,500万ポンドと4,000万ポンドの間を費やしている。このギャッ
プを埋めるために、トラストは、毎年にわたり保存工事費500万ポンド超を調達
する必要があり、加えて厳しい責任を減らすための緊急な工事にさらに2,000
万ポンドをできるだけ早く割り当てる必要がある。トラストは、100周年記念
行事の計画の必須的な部分として1995年にはトラストを次の世紀へ進んでいか
せる基金のための主要なキャンペーンに乗り出す計画を立てなければならない。

　結論的に、私は1895年にディナス・オライが贈与されたことを知った時、オ
クタヴィア・ヒルによって書かれた1通の手紙から以下の文章を引用したい。
「私たちは初めての資産を獲得しました」。「これが私たちの最後の資産ではな
いかしら」と彼女は書いた。

　ナショナル・トラストである限り、最初の資産は確実に獲得できたに違いな
い。このオクタヴィア・ヒルの疑問と不安は当たらなかった。私たちは100周
年記念行事を迎えて、これからも自信をもってナショナル・トラスト運動を続

けていけるはずだが、自己満足は禁物である。国民を信頼し、トラストの多数
の会員に依拠しながら、ナショナル・トラスト運動をどこまでも続けていかね
ばならない。[(2)]

（アンガス・スターリング）

第2節　ナショナル・トラスト：地域での活動

　ナショナル・トラストの仕事が行なわれているところは地域であり、そこに
ある資産であり、かつ大地の上にある。この仕事の大部分は地味な仕事であり、
かつそうあるべきものである。トラストの奉仕こそトラストの第一の役割であ
る。全国民のために託されている海岸、村落地および建築物の維持と保護こそ
全国民に代わってトラストに託されているのである。

　「静かにトラストとともに進むこと」こそが、トラストのすべての仕事に通
じるテーマであるが、このことは決して新しいアイディアもイニシアティブも
排除するものではない。ナショナル・トラストは時には一般の態度の変化ある
いは国民の時には国際的な関心に反応しなければならない。例えばヨーロッパ
地域発展基金は、北アイルランドに大きな助力を与えた。ここではヨーロッパ
地域発展基金によって、スプリングヒル、フローレンス・コートおよびカース
ル・ウォードで3名の新しいパートタイムの教育担当員を任命することができ
た。彼らは相互理解と我々の文化遺産のための教育に主として集中するであろ
う。すなわちコミュニティ関係を改良するために意図された地方にカリキュラ
ムを中心に集中させるのである。

　この同じヨーロッパの基金は、ちょうど同じ他の例を与えるためにウルヴァー
ハムトンの近くのワイトウィック・マナーに大きな補助金を供与した。これは広
範囲の仕事に要するコストの45%を提供し、ピーチ・ハウスやターキッシュ・
バースの修復のような、いくつかの特殊な仕事、いくつかはありふれているが、
火災報知器のように絶対に必要な器具や身体障害者のためのトイレを提供した。

すべての人々のためのトラスト

　トラストの資産での楽しみ、レクリエーションや学習の範囲を広げるための

第3章　トラスト100周年へ向けて【1993/94年】

仕事は、トラストの将来にとって必須なものである。これはすべての人々のためのもの、いわば都市に住んでいる人々、老いも若きも身体障害者や生活困窮者、落ち着いた楽しみのための資産を使用するそれらの伝統的な人々と同じく、冒険好きな人々のためのものでなければならない。そしてトラストはそれらの人々に感謝の意を込めて依拠しているのである。[3]

学童と一緒に労働を

　子供と学生を含めることは、今やトラストの仕事の重要な局面であり、かつトラストの資産が利益を得る仕事である。50万人の学童が1993年にトラストの資産へ野外旅行にやってきた。

　サットン・ハウスは復元され、そして再び公開され、ロンドンの東端に地元のコミュニティのための中心を提供している。サットン・ハウスはヤング・ナショナル・トラスト・シアターの本部となっており、ヤング・ナショナル・シアターは今年度ブリックリング（ノーフォーク）、トレジャラーズ・ハウス（ヨーク）、スピーク・ホール（リヴァプール近辺）、ベルトン（リンカンシァ）、モーズリィ・オールド・ホール（スタッフォードシァ）、ダンスター・カースル（サマセット）、ラニードロック（コーンウォール）、そしてサドベリィ（ダービシァ）を訪問した。7,000人以上の子供が参加した演劇はバークレイズ銀行がスポンサーになり、そしてこれは「徳と虚栄：チャールズ2世の治世におけるイングランド」と名付けられた。南ウェールズでは、記録的な1,400人の子供たちがスタックポール・スクール・キャンプで諸科目に出席した。ますます多くなる数の資産が子供たちのための休日のイベントを行なっている。[4]

環境保護

　ナショナル・トラストはこの年を通じて環境保護のために改善した実地訓練を行なった。ミッドランド銀行の支援によって、エネルギー管理訓練プロジェクトがウェセックス地域で行なわれた。このことはエネルギー使用の効率化のための建物を検査し、またエネルギーの節約のためのスタッフを訓練することによって、エネルギーの消費を節減する方法をテストしてきた。このプロジェクトはブリストル・エネルギー・センターで管理されてきた。次のプロジェク

415

トはイースタン電機からスタッフを仮解任して、イースト・アングリアおよびテムズ・アンド・チルターン地域で開始された。重要なエネルギーとコストの節約も検証された。

　地域の汚物の調査や農場の廃棄物の処分は大部分完了し、優良地のための改良は今後も続行される。廃棄物の発生と廃棄物の処理を最小限にする革命的な方法は進んでいる。シュロップシァのダッドマストンでは汚物の廃水処理を行なう試験的なアシをつかった浄化システムが効率的なものであることがわかった。このことに関連して、湖水地方のみだけでもトラストの農場の汚物、家庭内の汚水および個人用の水の供給に関する最近の法律を満たすのに約250万ポンドを要することがわかった。田舎の汚水処理の水準を改良する汚水浄化槽の管理を導入するための道具を提供するリーフレットが各地方自治体から提供されており、各使用者の助けとなっている。コピーがすべての借地農やホリデー・コテッジに提供されている。

農作業

　1992年の年次報告書は、有機および持続可能な農業システムを議論し、そして評議会へこのようなシステムを発展させるのに借地農を支援するための基金を設立させるように勧めた。グロースターシァのシャーボン農場で、"a Whole Farm and Environmental Plan" が完成し、そして新しい農業契約が作成された。

　放牧地が不適切な場合には、いくつかの土地で望ましくない植生が生じたことがある。このような場合には以前と同じ生物学上の資産地を再び取り戻すために取り込まれねばならない。トラストはコーンウォールやデヴォン、ペンブロークシァのような海岸地、それにテムズやチルターン地域の白亜質の草地のような地域に再び羊の群れを導入しなければならなかった。他方ではウェールズの黒牛がビッカートン・ヒル（チェシァ）で大切な低地のヒースの植生を保全するために放牧されている。

海岸線の保護

　エンタプライズ・ネプチューン、すなわち我々の海岸線の最善のものを保護

第3章　トラスト100周年へ向けて【1993/94年】

するためのキャンペーンは、募金そのもの自体はもっと努力しなければならなかったが、成功した年であった。この年の間に得られた新しい海岸線の詳細はこの報告書の‘People and Places’部門のなかで扱われており、これだけではほんの僅かばかりの光を当てているだけである。

　新しい勧告グループが海岸問題を議論するためのフォーラムをつくり上げ、そしてこのキャンペーンを維持するためにつくり上げられた。デヴォンとコーンウォールの海岸線のうちほぼ800kmを確保するためにバンク・ホリデーの５月にマラソン大会を行なって資金を集めるための努力が行なわれた。１万5,000ポンド以上がスポンサーを得て集められ、そしてこの日がデヴォンの徒歩者たちによって、エンタプライズ・ネプチューンの旗を誇らしげに振りかざしながらプリマス海峡からコーンウォールに向かって、英国海兵隊の不屈な特別攻撃隊員の精神をかざしながら最高潮に達したのだった。ネプチューンの王国の他の端へ着いて、トラストはおよそ56ha.の崖地、副崖、農場そして両者ともクリーブランドにある今は使用されていないボウルビィ・クリフスにあるミョウバンの採石場の一部、そしてハマーシーの素敵な海岸の風景地を獲得して特別に喜んだのだった。⁽⁵⁾

この国をめぐって

　湖水地方にあるターン・ハウズを車いすの人も利用できるようになった。タイン・アンド・ウィアのギブサイド・チャペルの周囲の土地が獲得され、ここにブリティッシュ・リヴァティの円柱とギブサイド・ホールの廃墟があり、数千人の子供たちがヨークシャにあるトラストの資産を「家族の家」の一部として無料でエンジョイし、イベントと競技会の満足のいくプログラムもエンジョイした。パタソンのスペード・ミルの復元が完成し、アイルランドでは最後に残った水車工場となった。

　次にミッドランドへ移ると、新しい樫の並木道がオルトリンガム近くのダーナム・マッシィに植えられた。これは18世紀の風景私園（パーク）の一部を再生したものである。300トン以上の石灰岩、表土、そして自然の敷石がピーク・ディストリクトのマム・トーの頂上へ侵食を食い止めるようにヘリコプターによって持ち上げられた。カーディガン近くのサナヘイランでは、センターが高

415

度な技術のための訓練の基礎として利用されている。

　イングランド南部では、ケンブリッジシァのウィンポールがその遺跡教育へ貢献したのでサンホード賞を勝ちえた。バークシァのベイシルドン公園ではダイニング・ルームが再度装飾を施された。ケントのアイタム・モートでは復元工事によって、1993年にカーペンター賞を勝ちえた。サウス・ダウンズの改良されていない白亜質の草地に生息している植物の生命の自然調査によって、最も重要な土地がトラストによって所有されていることがわかった。5、6月を通じて何百というエイヴォンの学童が専門の技術者、作家および工芸家と一緒になってダラム・パークの特殊教育のプロジェクトで熱心に勉強した。長期の複雑な修繕の後に、ニュートン・アボット近くのブレイドリィ・マナーのチャペルの屋根が修復された。イングランドの南端で新しい歩道が、リザード岬へ何千という訪問者が年間を通して容易にアクセスできるようにつくられた。忙しい年であった。

　以上、トラストが重視している地域の環境再生の仕事を北から南へと見てみた。北は湖水地方のターン・ハウズやピーク・ディストリクトのマム・トーなど、ダーナム・マッシィ、アイタム・モート、イングランドの南端部の各資産など、いつか時機を見て紹介したい。[6]

第3節　会計報告に関するコメント（財政委員会議長による）

　昨年、私は我々の仕事の効率性の改善について言及した。

　これらの改良のいずれをなすにしても、我々が支援者たちに100周年記念行事のアピールに対して、それ以上の助力を求める前に、我々の現存の資源を効率的に使用していることは承知のとおりである。私はそれ故に諸改良が、現在成果を出していること、そして一般基金に対して剰余金を増やしていることを知らせることは大変嬉しい—1992年に51万9,000ポンド、1993／94年に310万ポンド。これはトラストの全職員とボランティアに対する信用が反映されていることを示すものだ。

　今年は我々が財政上のハイライトを生み出し、全収入がどれほどに上昇し、それがどれほど使われたかを示している。一般基金に対する剰余収入が維持資金へ移され、そこからその資金が将来の資本の業務に移されるであろう。

第3章　トラスト100周年へ向けて【1993/94年】

　ナショナル・トラストが創立して99年後に、トラストはこの国の主たる保護団体に成長したのである。その責任も拡大し、管理技術も発展したに違いない。12月から2月までの変化は、我々の財政管理の手続きをトラストの事務の自然のリズムと調和させているので、改良も進む。我々の資産は、3月から10月までの間、公開される。11月から2月末までの我々の資産が閉鎖されているシーズンは、主要な復元と自然保護の仕事が続く。この時期こそ遅すぎたけれども、我々の年次報告書と会計報告書とを一つのつながった文書に組み合わせることができるようになったのである。明確にするために、私の注解は12カ月間の結果に集中されることになる。

独　立

　トラストの偉大なる力量は、それ自体が独立していることであり、かつその独立が（適当な財力を持っていれば）、トラストをしてそれ自体の目的を首尾一貫して長期にわたって追及させることができるのである。一般的な経済問題および財政困難が、政府、政府機関、そして地方自治体にその優先権を再評価させて、トラストに対して新たなチャレンジを仕向けることになろう。美しくて広い村落地あるいは重要な歴史的建築物が開発あるいは不注意によって脅威にさらされるならば、我々は我々に助力を与えることができるだけの十分な財政力とトラスト自体を運営する力を持ち合わせることができるはずだ。

　トラストは政府ではない―トラストは歴史的資産や村落地のすべての所有者が権利を与えられている補助金を求めるのに躊躇することはないが―そして我々の収入の86%が我々自身の努力と会員およびサポーターの寛大さから引き出されている。我々の財政力が依拠している基礎は全収入の29%以上を提供している大多数の会員である。不況はすべての人々に厳しい状況を与えてきたが、トラストの会員も例外ではない。だから私が我々に言及してきた効率的な節約は、我々に1994年においては会費を増加させるのを避けることができた。

　私たちは私たちが独立していることを大切にし、かつ私たちが成功した誇りとして、その名声を大事にしている。そして独立と名声こそは我々の資産の管理の水準を高め、収入の新しい資源を見い出し、そしてコストを抑制する不断の努力に常に依存しているのである。

417

財政の根本方針

　我々の創立者たちは、他の多くのことのなかでも、次のようなラスキンの思想に大いに感化された。「我々が建設する時には、永久に建設し、そして物事を正しく見るには唯一つの方法しかなく、そしてそれはそれらの全部を見ることである」。かくして我々の導きのための原則の2つを内部に秘めながら―長期の視界を観察しながら、かつ我々の資産のあらゆる面を管理しながら。

長期の展望

　ナショナル・トラストは一つのユニークな義務を持っている―個々人のそれとはまったく異なるもの―トラストの保存する所有物を譲渡不能のままに保全すること、これこそはそれらが決して販売されないか、あるいは抵当に入ることができない。そしてトラストはそれらが良き方法で修理・復元されるばかりでなく、大部分がエンジョイするために一般に公開されることである。トラストは真に長期にわたる展望を持ち続けねばならないし、またたった1年ではなく、数十年、いやそれ以上の計画を持ち続けなければならない。

　どんな家屋の所有者でも理解するように、これらの終わりのない責任は高価な資産に見られるものを巨大な財政上の義務へと変えていく。

我々の財政上の必要性

　ナショナル・トラストは今や非常に大きな組織である。その収入は大きく、その責任は依然としてより大きい。そしてそれらの責任のすべては財政上の結果による。非常に大きな資産が1940年代と1950年代にトラストへ入ってきた。そしてその時代、インフレの結果としての水準、新しい法律の必要性および保護の上昇していく水準は見通すことができなかった。

　その結果、トラストによって所有されている資産の4分の3は今や基本財産が不足しており、我々の一般財産に依拠している。我々の一般財産はバランスシートが明らかに示しているように、このような重い荷物を担ぐには極めて小さい。粗っぽい計算によれば約5億ポンドではこれらの資産を適当に背負うには重すぎるだろう。

第3章　トラスト100周年へ向けて【1993/94年】

　もし我々が現在の責任を正しく果たすべきならば、自らの仕事を単独に拡大するならば、我々は何とかして私がこれまで説明してきたように、余計な財源を見出さねばならないだろう。我々の仕事を拡大することはより大きな家屋を修繕することを意味し、かつより歩道を大規模に直すことを意味するばかりではない。例えば我々はあらゆる年齢の人々が、我々が行なう仕事の価値を理解するのを欲し、また我々が保護しようとする仕事の価値を理解することを欲する。そしてそのことが若者にとってこのメッセージを受け入れることは特に重要である。我々が我々の教育上の活動を拡大するために獲得する何らかのそれ以上の財源の幾分かを利用するための強い事情がある。

　オクタヴィア・ヒルは次にように書いている。「人々は成功しない仕事を好まない。しかし少しのお金が良き商業上の管理の故に、少しだけのお金が長い行路を歩き続ける慈善事業（charity）は好むものだ」。

　この原則はナショナル・トラストの成功の基本であった。そして私たちは私たちの資源を効率的に使うことを決心している。もし私たちがもっと多くの資源を持っているならば、私たちはもっと多くの良いことを行なうことができる。私たちがすでに持っているものを維持することに喜びを感じ、また取得物をつくり上げることによって、将来に喜びを感じ、そして若い人々を教育することによって（そして彼ら年上の人々も含めて）将来に楽しみを感じることによって、両者を含めて将来に向けて喜びを感じることができるであろう。

　トラストは1995年になると、トラストの100周年記念行事の基金の収集のためのキャンペーンを始めていることだろう。しかし私たちは他のありふれた基金の資源を無視することはない。私たちは新会員が集まり、現在いる会員たちがトラストを支持し続け、そして適当な場合には支持者が彼らの心のなかでトラストを思い出すことだろう。法令の団体からの支持を得ること、ビジネスからの支持を得ること、およびプロ社会の支持を得ることもまた途方もなく重要である。私的および法的支持のつながりをもって、私たちはトラストの創始者のように、うまく仕事を行ない続けることができるであろうということに自信を持っている。

資料　1993／94年　新しく獲得された資産と約款

イングランド

【エイヴォン】

* Bath：Prior Park. 11.38ha.、The Lower Groundsはthe Christian Brothers
とプライアー・パーク・カレッジによる贈与、基本基金および資本修理は3名
の遺産金、国民遺産記念基金、バース市議会からの補助金および地域アピール
からの寄金、同時にプライア・パーク・カレッジの北正面に対して約款の贈与。

【ケンブリッジシァ】

* Winpole Estate：Brick End. 6.1ha.、この土地の中央にある農場、ウィンポ
ール基金で購入。

【チェシァ】

* Alderly Edge：アームストロング農場に隣接する土地. 改良されていない7.38
ha.、地元の住民による贈与、カントリィサイド委員会から基本基金と一緒に。

【クリーブランド】

* Hummersea、Skinningrove. 23.06ha.の海岸の崖地、1.12kmの海岸が伸びる。
カントリィサイド委員会の補助金、エンタプライズ・ネプチューン基金で購入。

* Loftus：Part Street Houses Farm. 56.65ha.の美しい副崖（undercliff）と崖
地、1.28kmの海岸線を含む。エンタプライズ・ネプチューン基金、カントリィサ
イド委員会、クリーブランド州議会およびLangbaurgh District Councilからの
補助金で購入。

【コーンウォール】

* Hore Point：Hendersick Farm、Looe. 7.94ha.、コーンウォール基金で購入
された以前は約款付きの土地。

* Lizard Peninsula：The Polbrean Hotel. 1ha.、エンタプライズ・ネプチュー
ン基金で購入。

* Lizard Peninsula：Lizard Point. 0.8ha.、トラストの土地に隣接する自然の
ままの放牧地、遺産金で購入。

* Penpoll Creek：Land at St Cadix、Higher Penpoll、Fowey. 2.46ha.の原野
に対して約款、贈与。

* West Penwith Coast：Nanjulian Farm. セント・ガストの南西3.2km、0.8km
の海岸線と18ha.の崖地を含む36.6ha.の土地、贈与、エンタプライズ・ネプチュ
ーン基金で購入。

第3章　トラスト100周年へ向けて【1993/94年】

【カンブリア】

* Broughton-in-Furness：Long House. 0.16ha.、遺産金で購入、譲渡可能。
* Buttermere：Woodhouse. 小さなゲスト・ハウスと、トラストによってすでに所有されている隣接の土地であるクラモック・ウォーターの湖岸にある9.59ha.の土地、2名の遺産金、匿名の寄付者およびカントリィサイド委員会の補助金で購入。
* Derwentwater：The Bield、Grange in Borrowdale、Keswick. 1.85ha.の土地と離れ屋、遺贈。
* Derwentwater：Hollows Farm、Grange-in-Borrowdale. 19.83ha.、ホロウズ農場に隣接する農地、遺産および贈与。
* Hawkshead：Cam Stones、Outgate. 5.18ha.、以前約款を付された農地、放牧場と牧場、贈与。
* Troutbeck：Woodland at Ford Lane Barn. 0.43ha.のトラウトベックに隣接する森林地、贈与。

【ダービシァ】

* Longshaw Estate：Horse Hay Coppice、Nether Padley. 3.22ha.の落葉性の森林地、ピーク・ディストリクト・アピール基金で獲得。
* Longshaw Estate：Woodland Copse at Grouse Inn. 1992年、所有者によって贈与された。

【デヴォン】

* Buckland Abbey：Great North Wood、Buckland Monachorum. 54.23ha.のタヴィ川とトラストに属しているバックランド・アビイの資産およびプレイス・バートン農場に隣接する森林地、遺産金で購入。
* Heddon Valley：Mill Wood、Heddon's Mouth、Parracombe、Barnstaple. 1.45ha.の落葉性の森林地、ミル・レイン地域基金で購入。
* Lee to Croyde：Sandleigh、Georgeham. 0.12ha.、バギー岬駐車場に隣接する邸宅と農場家屋。3名の遺産金とデヴォン地域基金およびエンタプライズ・ネプチューン基金で購入。
* Lynmouth、Foreland Point、Countisbury Hill and Watersmeet：Codda and West Kipscombe、Countisbury. 59.17ha.の放牧場および森林地、エンタプライズ・ネプチューン基金で購入、3名からの遺産金とデヴォン地域基金で購入。
* Sidmouth：Salcombe Regis. 2.51ha.のサルクーム・レイグズ・ヴァリィのトラストの土地に隣接する低木と堅木類の土地、ナショナル・トラストのシドヴェイル協会からの寄付金で購入。

【ドーセット】

*Corfe Castle Estate：The Box of Delights. 村の広場の小さな店。開発から村の広場を守るためにキングストン・レーシィ・エステート・ランド・セールズ基金で購入。

*Corfe Castle Estate：Castleview. コーフ城のための駐車場を提供するために獲得された。現在あるカフェの建物は、教育と演出センターとして使用するために1995年に変えられる予定。キングストン・レーシィ・エステート・ランド・セールズ基金で購入。

*Corfe Castle Estate：Spyway Farm、Langton Matravers、Swanage. ダンシング・レッジを含む77ha.の海岸の丘陵地、エンタプライズ・ネプチューン基金と遺産金で購入。

*Lambert's Castle：Land at Fishpond. 3.15ha.の放牧地、3名の遺贈金で購入。

【エセックス】

*Blakes Wood、Little Baddow. チェルムズファドの東方8km、トラストの土地に隣接する0.866ha.の森林地、贈与。

*Coggeshall：Grange Barn. さらに0.4ha.、国民遺産記念基金、エセックス州議会からの補助金、3人の遺産金、地域基金で購入。

【ワイト島】

*Ventnor：Chert and Little Chert、Castle Court. 遺贈、譲渡可能。

【ケント】

*Wrotham Water：Wrotham Water Farm. 31.23ha.、ルータム・ウォーター基金から購入。

【リンカンシァ】

*Tattershall Castle. 5.99ha.の農地、遺贈金で購入。

【オックスフォードシァ】

*Great Coxwell：Whitfield. トラストのグレート・コックスウェル・バーンのそばの0.44ha.の馬小屋付属牧場、遺産金で購入。現在、木が植えてある。

【シュロップシァ】

*Long Mynd：The Wern、Minton、Church Stretton. 3.9ha.の森林地、遺産金、カントリィサイド委員会の補助金およびシュロップシァ州議会からの寄付金で購入。

【スタッフォードシァ】

*Kinver Edge：Part Hill Farm. 10ha.の放牧場および森林地、Trustees of the Anthony and Gwendoline Wylde Memorial Charityからの寄金、the Wylde (Kinver Edge) 基金および遺産金で購入。

第3章　トラスト100周年へ向けて【1993/94年】

【サフォーク】

＊Orford Ness、Orford. 627.28ha.の丸石の砂洲で8kmに広がっている。カントリィサイド委員会の補助金、国民遺産記念基金、サファーク州議会、サフォーク海岸地区評議会からの補助金およびエンタプライズ・ネプチューン基金で購入。

【イースト・サセックス】

＊Black Cap、near Lewes. 252.12ha.、自然美に優れたサウス・ダウンズ内の森林地および耕作地のある未改良の白亜質の砂丘で、たいへん保護する価値が高い。ルイス基金、サウス・ダウンズ・アピール基金、私的な寄付およびカントリィサイド委員会の補助金で獲得。

＊Chyngton Farm、Seaford. 116.55ha.のカックミア川の入江の西岸にある農地、遺産金、カントリィサイド委員会の補助金、サウス・ダウンズ・アピール基金で購入。

＊Winchelsea：Crutches Farm. トラストのウイッカム・マナー農場に隣接する113.72ha.の牧羊地と耕作地、ウィンチェルシーの西方0.8kmのところにある。流域で沈泥がひどく塞がっているために、海岸線が現在（1993年）後方へ退いており、海が南のほうへ1.6km後退している。贈与。

【ウェスト・サセックス】

＊South Downs：Pangdean Farm、Pyecombe. サウス・ダウンズもある32.38ha.の土地、低木に覆われた白亜質の丘陵地、耕作地は農業省のESAスキームのもとに丘陵地へ戻る予定、カントリィサイド委員会の補助金とサウス・ダウンズ・アピール基金で購入。

＊Standen. 2棟のコテッジに隣接するドライブウェイ、贈与。

【タイン＆ウィア】

＊Gibside. 143.24ha.、ギブサイド・エステートの歴史的な中核地、国民遺産記念基金の補助金で獲得。

【ウィルトシァ】

＊Cherhill Down and Oldbury Castle：Calstone Coombes、Calne. トラストの資産の南の側面を形成している乾燥した山腹の谷で、210.81ha.、カルストンおよびチャーヒル・ダウン特別科学研究地域の一部をなす。恐らくイギリスでは白亜質のドライ・バレー・システムの最高の例。遺産金およびカントリィサイド委員会の補助金で購入、基本基金も提供された。

1985年10月、カーンから歩いてエイヴベリィを目指すうちに右側にホワイト・ホースを見つけて強い興味を覚えつつ、上記に記された土地も目に入ったに違いない。エイヴベリィからバスでスウィンドンに着いた時は、すでに夕闇が迫っていた。

【北ヨークシァ】
* Cayton Bay and Knipe Point、Scarborough. トラスト所有の土地に隣接する2.56ha.の農地、購入。
* Nettle Hole Wood、Great Ayton. 2 ha.の森林地。

【ウェールズ】
（ダベッド州）
* Mynachdy'r Graig、Llanddeiniol、Aberystwyth. 0.8kmの崖地を持つ70ha.の海岸地の農場、3名の遺産金とウェールズ・カントリィサイド評議会の補助金およびエンタプライズ・ネプチューン基金で購入。

（グウィネス州）
* Beddgelert：Hafod y Porth. キャラバン・サイト、邸宅、建物を含む379ha.の農地、ウェールズ・カントリィサイド評議会からの補助金およびクリストファー・ブラッシャー・トラストからの寄付金、2名の遺贈金、スノードニア・アピール基金で獲得。

（ウェスト・グラモーガン州）
* Gower Peninsula：The Vile、Rhossili. 11.97ha.、2名の遺贈金およびエンタプライズ・ネプチューン基金で購入。

【北アイルランド】
* Ballyward、Co. Down. 53.2ha.に対する約款、贈与。
* Crom：Bleanish Island、Co. Fermanagh. 22.66ha.の高度に生物学上の価値を有する放牧地。1992年に北アイルランド環境省からの補助金および遺贈金で購入。
* Dunseverick Castle、Co. Antrim. 14.56ha.の地理学上に興味があり、かつ美観を有する海岸地、北アイルランド環境省からの補助金およびエンタプライズ・ネプチューン基金で購入。
* Giant's Causeway：Weir's Snout、Co.Antrim. ジャイアンツ・コーズウェイとイニスフリー農場の間の3.15ha.の土地、急峻な崖地で生物学と地理学上、興味深い。北アイルランド環境省の補助金およびエンタプライズ・ネプチューン基金で購入。
* Hezlett House、Co, Londonderry. ヘズレット・ハウスに隣接する一条の土地を有する小さな離れ家、1992年に地域基金で獲得。
* Larrybane：Ballintoy、Knocksoghy、Co.Antrim. 小地片の土地、歩道距離の増加、1992年に贈与。
* Moneypenny's Lock House、Portadown、Co.Armagh. 1992年にロック・ハウスに対して約款、贈与。

第3章　トラスト100周年へ向けて【1993/94年】

＊Mount Stewart、Co.Down.　2本のドライブウェイ、1992年に贈与、譲渡可能。

＊Mourne Coastal Path：Williams Harbour、Co.Down.　8 ha.、2片の土地、北アイルランド環境省の補助金およびエンタプライズ・ネプチューン基金で1992年に購入。

＊Strangford Lough：Land at Ballyhenry.　1条の土地、1992年エンタプライズ・ネプチューン基金で購入。

＊Strangford Lough：Land at Greyabbey.　5.95ha.の塩湿地、1992年に世界自然基金、北アイルランド環境省の補助金および遺贈金で獲得。

第3章　注

（1）*1993/94 Annual Report and Accounts*（The National Trust, 1994）pp.5-7.

（2）*Ibid.*, pp.9-15.

（3）*Ibid.*, pp.17-18.

（4）*Ibid.*, pp.18-19.

（5）*Ibid.*, pp.19-22.

（6）*Ibid.*, p.25.

（7）*Ibid.*, pp.27-32.

第4章　設立100周年を迎えて、そして次へ
【1994/95年】

はじめに

ロジャー・チョーリー議長

　1995年１月12日はナショナル・トラストの100周年記念行事の始まりである。そこで私の今年の年次報告書への序論は、じっくり考え、そして将来について考察する適切な機会としたい。

　もちろんこの国には多くのより優れた年長者のつくり上げた多くの制度がある。それと同時にユニークであるとともに実際に守らねばならない我々の国土が育ちつつあることも忘れてはならない。小さな樫の実は今や大きな樫の木となりつつあるのである。恐らくそれらは小さな実だったが、それでも毎年伸びていく新しい若い芽だったのである。

　今年はトラストの100年を考え直すべき年であり、また将来に続く年でもある。我々の３名の創設者であるオクタヴィア・ヒル、キャノン・ローンズリィ、そしてロバート・ハンターは、我々が今日では、この国で最も大きな自然保護団体となっていることに強い感銘を受けているに違いない。彼らは確かに我々が独立した社会事業団体であり、かつ我々の会員数は200万人を超えた自然保護団体であり、なお依然として合計主要な３つの政党を合わせて、それを遥かに超えている独立した社会事業団体であることを確実に喝采してくれることであろう。

　私は我々の100周年記念行事のパトロンであるチャールズ皇太子が100周年の記念行事を祝うためのグロブナー・ハウスでの演説以上の素晴らしい話を引用することはできない。彼は寄付者、組織者、そしてイングランド、ウェールズ、そして北アイルランドからのボランティア、そしてスタッフへ感謝の気持ちを伝えた。

　「しかし」と彼は、ナショナル・トラストの役割は危機のなかにある我々の

第4章　設立100周年を迎えて、そして次へ【1994/95年】

自然の、かつ建築された環境の大部分と同じように、これまで以上に活力に満ちているのが当然であると考えてはならない…と言い続けた。…トラストの資産の多くは、村落地であれ、歴史的邸宅であれ、同じように美しいのと同じように脆弱でもある。大抵のものはそれらを維持するのに必要な収入を生み出すことができないので、基金がそれらを存続させるのを保証するだけの資金を他に見出さなければならない。皇太子が言うように、トラストは資産は紙上では豊富であるように見えると言った。しかし我々の財政的責任はますます大きくなっていく。

　しかし100周年記念行事は将来を夢見る機会でもあるに違いない。将来には興奮すべき新たなチャレンジが控えている。理事長が言っているように、「我々は楽しみと喜びを与える技術と保護の技術を併せ持つには我々の努力を2倍にする必要がある」。

　我々は、特に若者が邸宅と風景に興味と理解を高める新しい方法を発見する必要がある。我々はすべての学童が我々の資産を楽しむ機会を持つべきであると考えている。我々の教育事業は近年になってますます重要な活動となってきた。我々はこの基礎を打ち立てる必要がある。そして2月には我々は我々の資産を通じて主要な第一義的な生涯長く続ける学習のための新たな基金をつくり出さねばならない。私はこの第一義的チャンスが十分に受け止められたことを喜んで報告する。これこそ教えるための仕事である。

　もう一つのチャレンジは町（town）と村落地（countryside）の間のより大きな理解を発展させることである。私は苦しんでいる田舎の人々の間の感じ—都市の侵入によってか、あるいは農業を変化させつつある経済革命によってか、いずれにしても我々の社会のこの変化への応答に応じて、我々は過去2年のうちに広いカンバスの上で村落地において我々の目的と哲学を何度も考えてきた。これは9月中に主要会談の最高点に達するであろう。そしてトラストは環境省と農業漁業食料省とが合同で刊行した「村落白書」を歓迎する。我々は我々の信じているものを示し実行することに力を尽くしてきた。より良く知らせる必要のある村落地におけるトラストの仕事にはもう一つの側面がある。

　私は自然保護および特に生息地の再生、特に低地のヒース地に言及してきた。昨年7月、我々は英国学士院で自然保護に関し2日間にわたって会議を行なっ

た。我々の仲間のうちの一人の女性にとって、それは目を見張らせるようなものであった。「私は思った」と彼女は言った。「ナショナル・トラストは唯一威厳のある邸宅に興味を抱いていた。なぜ誰もこの全く重要な保全事業について私に話してくれなかったのか？」それはそれなりに十分な理由を持っていたのだ。というのはトラストは十分理由を持って積極的な戦いのための運動体しての役割を長い間避けてきた。トラストは所有と管理の義務を最後まで果たしてきたのである。しかしもしトラストがその目的を成就するのに成功すれば、人々の議論を導き、そして政府の政策に影響を与えるためのトラストなりの努力を強める必要がある。トラストは100年後になると、官公庁と談話する資格を与えられるはずだ。

　100周年記念行事は、我々のスタッフに対する例外的な緊急の必要性の時期である。彼らは異常な熱意と精力をもって答えてくれた。私は特別にサー・アンガス・スターリングへ感謝の念を払いたい。彼は理事長として12年間重責を担ってこの12月末に引退する。彼はトラストを相当な成長と発展へと導いてくれた。

マーティン・ドルアリィ氏―当時のロンドン本部の理事長室にて（1997.9）

第 4 章　設立100周年を迎えて、そして次へ【1994/95年】

　彼のスチュワードの職の下に、会員の全体の数は1983年から95年の間の12年間の間に113万3,000人から221万1,000人へと、収入で260％の増加を生み出した。家族の会員数は今や全体数の26％を表わしている。会費の払込金は遺産と遺贈を合わせて、それらは浮揚力を持ち、今やトラストの収入の46％を占め、そして主要な防波堤となり、これこそ慈善的なボランタリィな組織としてトラストの永続的な独立性を保証しているのである。この期間において彼の熱意はトラストを歴史的建築物および庭園と同様に海岸および村落地の主たる取得者たるべく励ました。これらの年は例外的な年代であったが、またトラストが高度にプロの組織へと発展した。これらの発展は彼の指導から発し、そして我々およびすべての保護運動を含めて、彼から相当な恩義を受けている。彼はマーティン・ドルアリィによって受け継がれる。彼もまた相当な指導性を持っており、トラストについてこのうえない知識を持ち、また同時に効率的なチームによって支えられている。⁽¹⁾

（チョーリー卿）

今期を振り返って

理事長　アンガス・スターリング

　ここにナショナル・トラストの100周年を我々のゴールに置き、このゴールがトラストを次の世紀へと進めることになろう。我々はまたトラストの仕事を祝う機会を十分に使いつつあり、またトラストの目的と関係を国民の注意に向ける機会を十分に利用しつつある。これらの2つの目的は正しい。というのは将来は過去の経験、成功および学習によって打ち立てられるものだからである。

　これは私にとって最後の機会であるから、私自身、この年の回顧を最後の機会にしよう。恐らく私はこの年の機会を、私が指名された1983年以来この時期の前後関係のなかで、この年の記録を記すことから始めることにしよう。

新しい獲得：カントリィサイドの保護を強調して
　トラストは多くの重要な資産を獲得できた。歴史的に由緒ある邸宅、風景式庭園、そして大地。この10年の間に入ってきた資産は、アベルティライス、ア・

ラ・ロンド、バデスリィ・クリントン、ベルトン・ハウス等があった。

危機にあるカントリィ・ハウスは有名になる傾向にあったが、トラストが最も大きな衝撃に出くわしたのは、海岸やオープン・カントリィサイドの保護と管理にある。我々は慎重にどこへ最も大きな必要性を見出すべきかを強調することにした。この戦略の一部はトラストがすでに数年にわたってかなり大規模な保有地を積み上げてきた海岸と村落地の保護を整理統合し、かつ増加させることに目的が絞られた。例としては湖水地方、ピーク・ディストリクトおよびスノードニア、シュロップシャやウェセックスの丘陵地、チルターン、コーンウォールやデヴォン、ウェールズそしてノース・アントリム、ノーフォークそしてサフォークの草原地帯や北アイルランドのストラングファド・ラクなどであった。

トラストはまた他の地帯でも重要な取得地を得たし、また特に少しずつ発展の重大な脅威があるところでも獲得していった。このようにして我々はサウス・ダウンズ、ポイス州のアベルグウィッセン・コモン、北アイルランドのモーン山脈にあるスリーヴ・ドナード、ヨークシャのアッパー・ウォーフデイルと次々に獲得してきた。とくに後者は例外的に寛大な贈与地であった。我々はまたエンタプライズ・ネプチューンの範囲を広めていった。この有名なキャンペーンは素晴らしい支持を引き寄せている。数年にわたってネプチューンの基金はトラストにダラムおよびヨークシャ海岸、北ウェールズのスリン半島、エセックスの湿地およびもっと近年では、オアファド・ネス、サフォーク海岸の大きな丸石の砂洲がトラストのその保存地を広げていった。

もし人々、特に我々の会員、賛助会員、そして私的スポンサーがいなかったならば、これらの、そして多くの他の獲得を可能にすることはできなかったことであろう。トラストはまた国民遺産記念基金、イングリッシュ・ヘリテイジ、イングリッシュ・ネイチャー、ツーリスト・オーソリティーズおよびその他の多くの同等の団体を含む大衆の団体からの特殊の保護の目的のために寛大な財政的援助を受けた。

教育の重要性

トラストにおける教育の重要性は言うまでもない。トラストの教育は、トラストの最も重要な役割の一つである。トラストが自らの資産を通じて学校とつ

ながりうるのは歴史的邸宅であれ、資産であれ、首尾一貫してつながっている。

　トラストではこの年（1995年）に50万人以上の学童がトラストの資産を訪れた。これを基礎に若者の興味と理解を刺激するのに真剣な努力がなされた。なお1995年2月には、トラストが「ミネルヴァ」の名称の下に100周年記念行事の始まりに取りかかり、100周年記念行事のあるいはそれ以降の長期の学習の習慣を得るために、新しい基金の収集を始め、生み出すための努力を開始した。

「健全」の概念を得るために

　健全な学童のための実習のほかに、心身の不自由な人々のための便宜が与えられていることは、トラストの資産をカントリィ・ハウスであれ、オープン・スペースであれ、これらの資産を歩けば一目瞭然である。なおこのようにトラストの活動が活発になるにつれて、優先権を与えられているものが、トラストの資産の管理と世話、そして訪問者の楽しみを保証することだ。特にトラストの守勢が首尾一貫していることは、これまで見てきたとおり、ほぼ間違いないが、ここで特筆すべきはトラストの上記の首尾一貫性が、いまだに世界中の他の自然保護団体に必ずしも共有されていないというのが現状であるが、トラストが自らの大地を全体的な観点で管理・保全していることだけは忘れてはならない。すなわちトラストは、歴史的邸宅であれ、庭園であれ、あるいは海岸やオープン・カントリィサイド、各々の資産の持つ多様な要素を評価している。このようにしてトラストは他の人々ともパートナーシップを組みながら、より広い保護運動を展開していけるのだということができよう。

援助の必要性

　トラストの村落地、歴史的邸宅、庭園などを維持し良質化するには大変な経費が必要であることは、これまで何度も説明しているのだから、最早再び言及する必要はないのだが、次のトラストの説明を紹介しておこう。「ナショナル・トラストはトラストを保全・保護するには、会員の会費や贈与そして遺産に依拠している。トラストは政府、地方自治体から一般的な活動のための補助金を受けてはいない」。それ故に1993／94年年次報告書および今年度のアピールで説明されているように、1994／1997年の3年間を通じて、支援金2,000万ポン

ドを生み出すために特別の100周年記念行事のアピールが発せられた。

そこでナショナル・トラスト・エンタプライズが熱心に活躍していることは当然と言ってよいであろう。同じく理事長が他誌で話したように、エンタプライズがコマーシャライズの程度を超えてはならないことに注意しつつ、トラストの店舗、ケータリングおよびホリデー・コテッジが成功裡に営まれ、エンタプライズが1994/95年にはトラストの保護活動のために910万ポンドを与えたことを報告している。したがって100周年記念行事の年に当たって、トラストは21世紀へ向かって大きな仕事に精を出すことができるように多くの先取的な仕事に向かったのである。

同時にサー・アンガス・スターリング氏が村落地を守るための役割について新鮮な考えを表明したことは、すでに述べたとおりである。すなわち村落地の保護のためのトラストの役割について、このことがトラストと国民がつながっていくのだと信じたのである。その他にトラストはトラストの100周年記念行事のプログラムの特別の特徴として、1995年9月にこの議題に関して国際会議も組織しつつあった。

永遠の目的

皮相な論評とは逆に、トラストの今日の関係はあれこれの寄付家族との関係の温度差によって見出さるものではない。あるいは…それはトラストの資産によって見出されるものと考えている。森林の長期の戦略、白亜質の草地、ヒースランドの復元、歩道の控えめだが難儀な修理、ボランティアへの委託、若者の熱心さ、すべてのトラストの仲間たちに感謝の念を捧げねばならない。

すでに理解できるように、トラストは多くの側面の活動から学んできたものに、その基礎を置いているのだ。もしトラストがトラストの創立者を動かした理想によって導かれ続けられるならば、トラストは次の世紀にも偉大な力を持ったトラストとして成長していくであろう。[2]

（アンガス・スターリング）

活動するナショナル・トラスト

譲渡不能な資産の保護と管理の仕事が行なわれているのは、ナショナル・ト

第4章　設立100周年を迎えて、そして次へ【1994/95年】

ラストが現在所有している資産の大部のポートフォリオにある地域のなかにおいてこそ可能なのである。このセクションはトラストが国民を優先的に扱っているからこそ、トラストの所有する大地の上で、この年にハイライトが当てられるのである。

　トラストは国民のために歴史的な興趣あるいは自然の美しさを持つ場所を保存するために設立された。そして最初からトラストは譲渡不能の状態で保全された資産の自由保有の権利のもとにそのように行なってきたのである。トラスト活動の主たる核心は、トラストの広くかつ多様な大地を守り、そして管理する方向へ向けられている。そうすることでトラストは一組織体の活力は、特に100年目の年には、着想を絶えず取り入れ、将来のためのトラストの役割について首尾一貫した影響を及ぼすことに依拠する。これが100周年記念行事の主要テーマである。

100周年記念行事

　1995年1月12日、トラストの誕生日のための昼食会がグロブナー・ハウス・ホテルで開催された。ここでトラストの最初の会議が正確に100年前に、その場所であるウェストミンスター公爵の邸宅で行なわれたのである。このイベントは寛大にもブリティッシュ・エアウェイズによって後援された。この時の目的は祝賀だけではなく、トラストの偉大な賛助会員の多数に感謝するためのものでもあった。賓客のうち、最も偉大な賓客は資産の寄贈者たちであった。あるいは彼らの子孫たちが、議長によって歓迎され、そしてスピーチはチャールズ皇太子、理事長および現在のウェストミンスター公爵によって行なわれた。地域では100周年記念行事が設立日にできるだけ近い日に想像力豊かな祝賀会とともに進められた。オクタヴィア・ヒルの姪の娘が新しいバラである「オクタヴィア・ヒル」をトラストの最初の建築物であるイースト・サセックスのアルフリストンの牧師館に植えた。感謝の祈りは、湖水地方のクロスウェイトにあるキャノン・ローンズリィの古い教会で行なわれた。サリーのヘイズルミア・ミュージアムでの展示会はサー・ロバート・ハンターの風景の遺産を祝賀した。他の所では学童たちがデヴォンとコーンウォールにあるトラストの資産のジャイアント・ジグゾー・パズルを完成した。

433

キンダー・スカウトから見たピーク・ディストリクトは必ずしもすべてがトラスト地ではないが、何とかしてここを自然豊かなままに残したいものと思った（2002.4）

　トラストの第２世紀の最初の獲得物は１月18日で、ピーク・ディストリクトのダンスカー農場の贈与であった。この農場については、私たち夫婦には懐かしい思い出がある。さしあたり拙著『ナショナル・トラストの軌跡　1895～1945年』の257-259頁を参照していただきたい。

　ところでピーク・ディストリクトについては、私自身には決して忘れられないほどの記憶が残されているが、ここではピーク・ディストリクトのテレビ撮影について簡単に紹介しておこう。ダンスカー農場を取り巻く自然風景については、BBC１で放送されたという。私がこの映像を見ることができなかったことは、かえすがえすも残念であるが、このテレビは90分の特別番組で１週間にわたり、広範囲で、かつ好意的な放映がされたという。私自身、このテレビ番組を見ることができなかったとはいえ、キンダー・スカウトの頂上とマム・トー（Mam Tor）から見たピーク・ディストリクトの自然風景が今でも思い起こされるのである。

第4章 設立100周年を迎えて、そして次へ【1994/95年】

新しく獲得された資産

海岸あるいは村落地にある新しい資産は獲得の対象としては有利な立場に置かれている。トラストは必要だと感じるところでは率先して取得の立場に立たねばならない。そして恐らくトラストは海岸では専らエンタプライズ・ネプチューン・キャンペーンの仕事を課されているのだ。

いくつかの例を挙げれば、ポースカーノのケーブル＆ワイヤレスによる贈与、コーンウォールの最も見事な入江の贈与、そして同じ州でセント・ジャストのケニドジャックにある工業上の考古学的に重要ないくつかの構造をした1.6kmの印象的な形をした海岸線の獲得であった。これこそはトラストの第2世紀目に獲得された最初の海岸線であった。いくつかの重要な獲得物はまた内陸でも実現された。

ノース・ヨークシァのヘバー農場は、トラストがトラストのヨークシァ・ムアズおよびデイルズ・アピールを通じて、トラストが行なっている仕事へ素晴らしい貢献をしている360ha.のアッパー・ウォーフデイルの素晴らしい部分である。ペニンズの他の側では、同じサイズの荒野であるホルクーム・ムアがランカシァのスタビンズ大地に隣接して獲得された。バッキンガムシァのヒューエンデンでは、マナー農場の購入がこのキャンペーンを完成させた。このキャンペーンはディズレリィの地所とこの邸宅から見られる展望を獲得し、守るために1987年にスタートしたのであった。⁽⁴⁾

トラストとともに生涯学習を

ミネルヴァ、すなわちトラストの生涯学習プログラムがクイナンズゲイトで、サー・ロン・ディアリング学校カリキュラム議長とミネルヴァ議長のデイム・ジェニファー・ジェンキンズによって推進された。2人はトラストが学校および成人の学習プログラムのための次の5年間にわたって資金を集めるための教育プロジェクトの大要を述べている。この新しい発案が現在の世代の人々によって、次の世紀において寛大に支持されることを望みたい。技術、芸術、歴史および環境教育のごとく色々な科目が1年にわたって、すでに50万人以上の生徒に届くこのようなミネルヴァが学校との共通の事業に広がることが望まれる。

YNTTのスポンサーになる基金とインナー・シティ（旧市内の過密地区）の

学校に各種の資産を訪問する計画が、バークレイズ銀行とグランド・メトロポリタン・エステートのそれぞれから来た。(5)

自然保護と自然保存地

「ナショナル・トラストと自然保護：100年間続いて」が英国学士院で6月に開催された。議論された話題のなかには、管理学習として牧草を主とする議題があった。蝶々とコウモリ、そして歴史的パークランドおよび放牧地用の森林地があった。

会議の進行の内容は、100周年記念行事の間に公刊されるであろう。

トラストの土地の特徴を助けるために、トラストの借地農に依拠しながら、トラストは借地農が今日までのトラストの自然保護の方針を持つことができるように保証するために努力している。デヴォンで新たな冒険が試みられた。この時他の保護団体の代表者、デヴォンおよびコーンウォールからの借地農たちおよびトラストのスタッフが自然保護を進めるために、海岸の農場の管理を再考した。これは大成功であった。

ノーフォークのブレイクニィ・ポイントおよびエセックスのハットフィールド・フォレストがこの年間に国家自然保留地として法的な認識を与えられた。イギリスで宣言された最初のこのような保留地の1つがパーベック島のハートランド・ムーアであった。これに加えて、トラストはカントリィサイド委員会およびイングリッシュ・ネイチャーとの合同の計画で2つの酪農地を返してもらって、農場を低地のヒース地へ取り戻しつつある。これはトーマス・ハーディのエグドン・ヒースの約648ha.を復元するものである。

羊、家畜および野生の山羊が自然保全のための生息地の管理をすることができるという役割に昨年光が当てられた。そしてこれを補充するために馬やポニーが役割を負うことができる地域へと実際に導いていくというレポートが準備された。エクスムア・ポニー（英国最古の在来種）は、実際に海岸地、ヒース地および野草の生い茂った草地、これらは農場にいる家畜にとっては役に立たないか、あるいは経済的には非実用的なものであるが、このような状況にある放牧のための動物には価値がある。(6)

436

第4章　設立100周年を迎えて、そして次へ【1994/95年】

道　路

　トラストは環境公害のレポートに関する調査委員会に応え、そして多くの地域で国および地方レベルで運輸省あるいはハイウェイ当局と議論した。議長および理事長は道路および鉄道大臣と会見し、トラストの関心事に光を当てた。論争を呼び起こしそうな計画の例は、A35号線のチデックからモーアクームレイク・バイパスで、そこでは公共審査の結果が待たれていた。ハインドヘッドのA35号線は議論がどちらのルートを選ぶかに関して続いており、トンネルの掘削を含めて、トラストの陳情に運輸省が同意した。北ヨークシァではスタドレイ・ロイヤル・ディア・パークを通って、ハイウェイをつくるという悲惨ともいうべき工事の要求をトラストは拒絶できた。

　もう少しイングランドの北方へ向くとハドリアンズ・ウォールがどこまでも続いている。かつて私は友人と2人で1985年9月にハドリアンズ・ウォールとハウステッド・フォートを訪ねたことがある。この時恥ずかしいことだが、道路建設による自然破壊については考えてもいなかった。しかしここの「万里の長城」の記憶は未だ衰えていない。あるいは機会があれば、ヘクサムからこれまで何回か訪れたウォリントンまでは比較的容易に行き来できるはずである。ヘクサム駅からホルトウィッスル駅はカーライルからニューカースル線の間にある。やはりハドリアンズ・ウォールは再び訪ねてみたい。

　ところでこの年1994年のトラストの自然保護運動の挫折が、A69号線・ホルト・ウイッスル・バイパスが実現されることによって生じることになった。かくしてトラストはこの時、政府の高速道路管理局と道路減速法案を議論することになった。創立者たちは100年前に、このように終始自然が壊されるのを思い描くことはほとんどできなかったはずだ。このように目を見張るような人間による自然破壊はいつまで続くのであろうか。

　ナショナル・トラストの自然破壊への挑戦はすべてではないが、その努力の一端は垣間見たとおりである。それではナショナル・トラスト運動の終の棲家はどこに見出されるのであろうか。[7]

ヨーロッパ

　トラストは文化遺産に関するEUの政策を出帆させる前に、ブリュッセルで

の会議で基調講演を行なうように招待された。

　トラストはまたこの年の間にヨーロッパ社会基金がATB-Landbaseおよびthe Museums Training Instituteとパートナーシップを組んで、トラストの資産で労働に基礎を置いた体験と訓練のために、そしてその多くは大学の卒業生であるが、約180人の失業している若者のための雇用のために資金を提供してくれるということを聞いていた。

　トラストの評価が高まっていくにつれて、海外でもトラストの専門技術や知見への責任が広まっていく。

　全部で16の地域からのスタッフの代表者が、この国で行なわれた有効な2日間の研修会に初めて出席して成功した。そしてそれから代表団としてブリュッセルのヨーロッパの議会およびヨーロッパの委員会において一連のハイレベルの会議を開催した。またグロースターシャのチャドワース・ローマン・ヴィラの将来に関する計画に寄与するために、イタリア、ポルトガル、フランスおよびドイツからの専門家の技術上の交換がヨーロッパの評議会の後援のもとに行なわれた。(8)

共に働いて

　この年は、トラストの資産を守るために、あるいは喜びを人々と共に分かつために、トラストが環境を守るための計画で、トラストが相互に協力した多くの国際的、国民的、そして地方の団体から与えられた援助のおかげで、注目に値する年であった。一例を挙げると、アンダーウォーター・ワンダーランド、すなわちサウス・デヴォンのウェンベリィの興奮を呈するような新しい海のセンターを公開したことである。

　ここは数年前プリマスからウェンベリィへ到着して一日を過ごした懐かしい海岸地である。ここでこれ以上紹介することはできないが、海鳥、崖地の植物、浜辺の生き物、鮮やかな色彩をした波の色、そして海面下に見出されるサンゴの庭園は自らの眼で見ることができた。

　ウィルトシァのストーンヘンジでは、この世界遺産地を提供して、アクセスのための議論がいつまでも続くことであろう。7月には、トラストとイングリッシュ・ヘリテージが共同して最良の方向へと向かうように、主要な国際会議をうまい具合に取り決めた。ウィルトシァのエイヴベリィにある古代記念建

438

第4章　設立100周年を迎えて、そして次へ【1994/95年】

造物の管理が4月にイングリッシュ・ヘリテージによって委ねられた。

　北アイルランドでは、援助と協力の多くの例がある。最も国際的なものはラーク・アーンの岸辺にあるクロム・オールド・ファームヤードの復元である。このプロジェクトはヨーロッパ地域発展基金、アイルランド国際基金、北アイルランド・ツーリスト・ボード、そして北アイルランド環境省からの補助金によって援助されたものである。トラストはこの年の間に援助してくれたすべての団体へ感謝の念を表わした。このような共に作業するということは、より多くのことが単独で行なわれるよりもより多くのものが達成されうるのだということをしばしば意味しているのである。

遺産からの支持と資金収集のための活動

　トラストの責任は大きい。その収入よりもずっと大きい。資産の多くはそれらが美しいと同様に脆いものである。そしてそれらを良好な状況に修復しておき、かつ大衆に公開しておく義務は生涯の間だけでなく永久に続く。トラストはまた脅威に晒された資産を修理するために財政的な必要に晒される。この目的のために遺産と資金を集めるために人々の支持が緊急に必要とされる。この年はヨークシャが素晴らしい例を提供した。それらはヨークシャの荒野と平地から得られたのである。

　それ以上に詳しいことは本報告書（94/95年pp.66-67）において、「いかにしてトラストを援助するか」という表題のページに載せてある。簡略に紹介しておこう。

　(1) トラストの資産を訪ねよう。(2) 寄付に応募しよう。(3) ナショナル・トラスト・エンタプライズ（株）を支えよう。(4) ボランティアに参加しよう。(5) 遺産をトラストに残そう。(6) 100周年記念行事を支援しよう。

　100周年記念行事を成功させるには、トラストはもう2,000万ポンドを集めねばならない。そして急速に支持を必要とする100のプロジェクトが確認された。これらのプロジェクトはこの国のあらゆるところで、ドーバーのホワイト・クリフスから北アイルランドのアントリム州の北の海岸にあるジャイアンツ・コーズウェイに至るまで広がっている。それらは野鳥や野獣の生息地を守り、村落地でトラストとともに働く機会を都市の子供たちに与えながら酸性雨の影響

439

を防ぐことにまで及ぶ。あらゆるアピールは、国民のためにトラストの資産を守るというトラストの中心的な仕事へと直接に貢献していくのである。

　上述のとおり、ナショナル・トラストは常に譲渡不能の土地を軸にして、トラストの目的を実行してきた。しかし先の「道路」の記述からも明らかなように、トラストは資本主義経済下、必ずしもナショナル・トラスト運動を有効に果たしてきたわけではない。確かにナショナル・トラストは私的な社会事業団体であり、かつ政府・行政から独立していることは、これまで私が何度も説明したとおりであって、トラストが地方自治体からはもとより、政府・行政からも独立しているのだということをしっかりと把握しておかねばならない。グローバリズム下、資本主義経済体制が続く限り、自然破壊が続くことは避けられまい。このような状況下、トラストはいかなる動向をもって我々人間社会を導こうというのだろうか。

　幸いに2015年9月、ナショナル・トラスト本部で自然保護担当理事のピーター・ニクスン氏と話し合うことができた。この時の同氏とのインタビューについては紙面の都合上、続刊で詳細に紹介することにして、1996年までトラストの理事長であったアンガス・スターリング氏の言葉を紹介して、本書を終わることにしよう。「ナショナル・トラストの100周年を我々のゴールに置き、このゴールがトラストを次の世紀へと進めることになろう[9]」。

資料　1994／95年　新しく獲得された資産と約款

イングランド
【エイヴォン】
　＊Bath：Klondyke Woodland. 以前、約款を付された6.08ha.の森林地、贈与。
　＊Bristol：15 Kingsweston Road、Henbury. 0.04ha.の土地、地域基金で購入。
【バッキンガムシァ】
　＊Aylesbury：The Cottage、King's Head Passage. 1455年に遡る歴史的なパブリック・ハウス、遺産金で購入。
【ケンブリッジシァ】
　＊Wicken Fen：Part Priory Farm. ウィッケン・フェンに隣接する51.87ha.の放牧地、イースト・ケンブリッジシァ地区評議会、ケンブリッジシァ州議会と

第 4 章　設立100周年を迎えて、そして次へ【1994/95年】

カントリィサイド委員会からの補助金、地域基金および国民自然保存基金から
の寄金、それに 3 名の遺産金で購入。

【チェシァ】

＊Styal：Part of the riverbed of the Bollin. 以前の譲渡から除かれた権利。

【コーンウォール】

＊Chmyder Farm：Cury、Helston. 5.26ha.のガンワロウ・マーシュを含む16.52
ha.の土地、国民自然保存基金で購入。

＊Land at Higher Pentire Farm、Helston. ペンローズ・エステートとルー・
プールに隣接する18.053ha.の農地、遺産金、エンタプライズ・ネプチューン基
金および匿名の寄付金で購入。

＊The Dodman：Hillcrest、Penare、Gorran. ペネア農場に隣接する0.08ha.の
土地、地域基金で獲得。

＊Lizard Peninsula：Land at Holestrow、Kynance. 0.62ha.のヒース地、地区
評議会からの贈与。

＊Lizard Point：Tregullas and Tregominnion Farms. リザード・タウンとリ
ザード・ポイントの間の50ha.の農地と0.736kmの崖地、エンタプライズ・ネプ
チューン基金とカントリィサイド委員会の補助金で購入。

＊Trelissick：Pill Farm. 農場家屋と伝統的な建物、森林地と波打ち際を含む73.9
ha.の農地。下車したトルーロー駅から別々のイギリス人の車に乗せてもらって
往復したトレリシック庭園、右も左もわからなかった頃のイギリス滞在時のと
ても懐かしい体験である。この庭園はカントリィサイド委員会からの補助金と
8 名からの遺産金で購入されたものであった。

＊West Penwith Coast：Carn Naun Point、Zennor. 53.75ha.の農地と崖地そ
れに0.48kmの海岸、エンタプライズ・ネプチューン基金で購入。

＊Land at Kenidjack、St Just. 59.43ha.の崖地と放牧場、1.6kmの海岸線を含む、
この地域の大部分は特別科学研究地域である。エンタプライズ・ネプチューン
基金および 3 名の女性から得られた遺産金で購入。

＊West Penwith Coast：Porthcurno Cliff and Beach. 名高い渚を有する12.08
ha.の崖地と谷合い、管理・維持のための基本財産と一緒にケーブル＆ワイアレ
スからの贈与によって獲得。

【ダービシァ】

＊Edale：Dunscar Farm、Castleton. 29.39ha.の農場、トラストに寄付された。
この年次報告書では説明されていないが、この農場は100周年を記念して贈与さ
れたのである。現在、この農場はB&Bも兼ねており、私たち夫婦は幸いにも2002
年 3 月に一泊できたことだけは記しておこう。

＊Longshaw Estate：The Grouse Fields. 11.74ha.の荒野と草原、ピーク・ディストリクト・アピール基金で購入。ロングショウ・エステートが本格的に獲得されたのは1931年である。トラストの資産が次々と獲得されていくのは、これまで簡単に見たところからでも明白である。実は私たちがダンスカー農場に宿泊したのはロングショウをフィールド・ワークした日であった。

【デヴォン】

＊Finch Foundry、Sticklepath、Okehampton. 0.2ha.、活用している道具と設備を備えた鋳物工場、遺産金によって獲得。

＊Holdstone Down、Combe Martin. 3.23ha.の入会地、地域基金で購入。

＊Heddon Valley：Hunter's Lodge、Parracombe. トラストの土地に隣接する住居と森林地、地域基金で購入。

＊Heddon Valley：Martinoe Mill Farm、Parracombe. ミル・ファームハウスと5.26ha.の土地、遺産金で獲得。

＊Lynmouth：Part Barton Wood、Brendon. 2.83ha.の雑木林、地域基金で購入。

＊Salcombe：Land at Higher Soar Farm、Kingsbridge. 15.17ha.の農地、2名の遺産金とエンタプライズ・ネプチューン基金で購入。

【ドーセット】

＊Burton Bradstock：Cogden Beach. 16.19ha.の波打ち際と海岸地、カントリィサイド委員会、ドーセット州議会、ウェスト・ドーセット地区評議会からの補助金および遺産金で獲得。

＊Burton Bradstock：Part Cogden Farm. 88.48ha.の海岸地、遺産金、カドベリィ慈善トラストおよびエンタプライズ・ネプチューン基金で購入。

＊Corfe Castle Estate：Blacker's Hole. スウォニッジの南西3.2km、47.36ha.、約0.8kmの海岸線を含む石灰岩の放牧地、険しい崖および副崖、カントリィサイド委員会からの補助金、エンタプライズ・ネプチューン基金および2名からの遺産金で購入。

＊Golden Cap Estate：Land at Eype、Bridport. 自然の水が得られる7.54ha.からなる放牧場、エンタプライズ・ネプチューン基金で購入。
かつてトラスト本部の農業問題の責任者であり、定年退職後ウェセックス委員会の委員も兼ねたジョン・ヤング氏に勧められてゴールデン・キャップを訪ねたことがあるが、Eypeも歩いたことは間違いない。ずいぶん以前のことになるが、それ以降この大地がどのように変わったかを確かめてみたいものだ。

＊West Bexington：South Cottage、Labour-in-Vain Farm、Puncknowle. すでにトラストに所有されている農場家屋の一部をなす庭付きの2つのコテッジ、

第4章　設立100周年を迎えて、そして次へ【1994/95年】

地域基金およびエンタプライズ・ネプチューン基金で購入。

【エセックス】

＊Rayleigh Mount. レイリィ・カースルの遺跡部分をなす0.32ha.の大地。レイリィの駅はロンドンのリヴァプール・ストリート駅からそう遠くないところにあるが、切符を買う時に発音を間違えたらしくreiliと言って直してくれたのを思い出す。これもずいぶん前のことになるが、駅からすぐそばにあり、地元の人たちが協力してここを守っていることがわかり、とても良い体験となった。

【グロースターシァ】

＊Stroud：Highlands Cottage Field、Pinfarthings、Amberley. 1.24ha.の永久放牧地、贈与。

＊Woodchester Park. ネイルズワースの北西、204ha.の5つの深い湖に取り囲まれた林間地、すぐそばにかつて歩いたことのあるミンチンハムトンがあるのを知って驚いた。ここからの帰りは徒歩であったから、あるいはこの林間地に少しは触れたかもしれない。4名の遺産金とカントリィサイド委員会およびストラウド地区評議会からの補助金で購入。

【ワイト島】

＊Bembridge and Culver Down. 約1.6kmの海岸線とワイト島海岸歩道を含むサンダウン湾の北側の海面をなす95.1ha.の海岸の崖地と丘陵地、一夫妻からの遺産金で購入。

＊Newport：35A St.James Street. この資産の4分の3の割当地は、1993年5月にF・W・ブライト氏の遺言のもとにトラストへ遺贈され、1999年5月に彼の未亡人が死去した時、残りの権利を有する土地がトラストへ譲渡された。4分の1の割当地は、1979年に他の女性によってすでに与えられていた。

【ランカシァ】

＊Holcombe Moor、Clitheroe. 370.85ha.の荒野、地域基金で獲得。

＊Silverdale：Low Town Field and High Town Field、Cornforth. バンク・ハウス農場にじかにつながっている約2.23ha.の2つの野原、遺産金およびアピールから得られた基金で購入。

【リンカンシァ】

＊Woolsthorpe Manor、Grantham. 0.093ha.の土地とオランダ風の納屋、この納屋はその後取り去られた。遺産金で購入。

＊Woolsthorpe Manor、Grantham. ウールズソープ・マナーに直接繋がっている0.27ha.の伝統的な家屋付きの農場、贈与。

【ロンドン】

＊Hampstead：2 Willow Road NW3 1TH. 1938／39年に建築家のErno Goldfinger

によって彼の自宅兼用として建てられた建物で、建築および芸術に興味のある人は、ロンドンに滞在している間に、是非訪ねてほしい。私自身、この建物をトラストが獲得してすぐの年に人々に尋ねながらやっと行き着いたのだが、すでに閉まっていた。しかしノックして入れてもらった楽しい記憶がある。この時は説明付きで絶好の機会だったのだが、私自身芸術に疎く、読者にこの時の事情を説明できないのが残念だ。

【ノーフォーク】

＊Sheringham Park：Weybourne Woods. シェリンガム・パークに隣接した40.42ha.の森林地、遺産金およびカントリィサイド委員会と北ノーフォーク地区評議会からの補助金で購入。

シェリンガム駅から海岸を降りて延々と続く崖地を歩きながら、幸いにも耕作地の中の歩道を横切ってシェリンガム・パークに着いた。ここも時々思い出すフィールド・ワークの一つだ。帰りも歩いてシェリンガム駅へ帰り着いた。

【ノーサンプトンシァ】

＊Canons Ashby：Hillview. 3つの寝室のあるコテッジと約2.05ha.の牧場、地域基金で獲得、譲渡可能。

【ノッティンガムシァ】

＊Worksop：Blyth Grove. 5番と7番のブリス・グローヴの向かい側にある小区画の土地で、駐車場と隣り合っている。遺産金で獲得。

【シュロップシァ】

＊Attingham Park：Shrewsbury. この大地を通過する道路を埋め合わせるための土地の部分として、獲得された4.57ha.の土地。

＊Woodland at Walcot、Lydbury North. 古代に起源を持つと信じられている8.2ha.の森林地帯。

＊Wilderhope Manor：Land at Lower Stanway Farm、Longville. ワイルダーホープ・マナーの南の境界線に隣接する約26ha.の耕作地、匿名の賛助会員によって寄贈された。

【サマセット】

＊Barrington Court：Ilminster. 6つの茅葺きのコテッジ、4名の遺産金および地域基金で購入。バリントン・コートがトラストによって確保されたのは1907年だが、このことについては筆者著『ナショナル・トラストの軌跡　1895～1945年』第2章「ナショナル・トラスト運動の展開（1907年～1945年）」（緑風出版、2003年）を参照されたい。

【スタッフォードシァ】

＊South Peak Estate：Field at Grindon、Near Leek. レディサイド・アンド・

第4章　設立100周年を迎えて、そして次へ【1994/95年】

オッサムズ・ヒル農場に隣接する3.79ha.の放牧地、ピーク・ディストリクト・アピール基金で購入。

【サリー】

＊Ranmore Common：Denbies Hillside. ドーキングのランモア・ロードの南側の2.2ha.の森林地、遺産金およびカントリィサイド委員会の補助金で購入。
　いつのことだったか。ボックス・ヒルからポレスデン・レーシィを右に見ながら、ランモア・コモンを左に見て歩いていくと、ドーキング駅に向かう道に入る。この道を左に折れていくと自ずとドーキング駅に着く。ロンドン近郊がナショナル・トラストの大地で点と線と面へと向かうのを実感できる。このことについては、すでに筆者著『ナショナル・トラストへの招待』（緑風出版、2007年）で著しているが、近年中にもっとわかりやすくトラストの考えていることも交えながら紹介するつもりである。

【イースト・サセックス】

＊Black Cap：Near Lewes. サセックス・ダウンズにある252ha.の農地、カントリィサイド委員会の補助金、地域とサウス・ダウンズ・アピール基金および個人の贈与で購入。

【ウェスト・サセックス】

＊Harting Down：Kill Devil Copse. 改良された牧草地、低木林とおよそ2.02ha.のブナ林、サウス・ダウンズ・アピール基金と一女性の遺産金、サセックス・ダウンズメン協会およびカントリィサイド委員会の補助金で獲得。

【ウィルトシァ】

＊Avebury：Glebe. 村に駐車するのを避け、訪問者の便宜を図るため、1.97ha.の土地を獲得した。一夫人からの遺産金で購入。

＊Avebury：West Kennet Farm. 3.25ha.の土地にある農場家屋と伝統のある建物。この土地には部分的にウェスト・ケネット・アヴェニューと新石器時代のエンクロージャーが含まれる。地域およびエイヴベリィ・アピール基金、5名の遺産金で購入。

【ノース・ヨークシァ】

＊Malham Tarn Estate：Town Head Barn. マラム村の端にある伝統的な谷間の納屋。ヨークシァ・ムアズ・アンド・デイルズ・アピール基金と6名の男女からの遺産金で購入。
　2004年9月に初めてマラム・ターンを訪ねた。近年中にここを含めて、アッパー・ウォーフデイルをも歩くことができるかもしれない。その時はこの大地を含めたフィールド・ワークについて紹介するつもりだ。

＊Robin Hood's Bay：Bottom House Farm. ロビン・フッド湾の北端、1.2km

445

の壮観な崖地の海岸線をもった80ha.の農場。

　ここには2013年、レイヴンスカーからロビン・フッド湾をめがけて北上したことがある。この日、この農場を確認したかどうかは定かでないが、少なくともこの目に触れたに違いない。私自身、トラストを研究し始めて以来、トラストの農業活動に特に注目したのは、既述のとおりである。

＊Upper Wharfedale：Land at Buckden. 2.53ha.の干し草の牧草地、ヨークシャ・ムアズ・アンド・デイルズ・アピール基金で獲得。

＊Upper Wharfedale：Heber Farm、Buckden. バックデン・パイクと滝に隣接している土地と一緒の伝統的な360.32ha.の丘陵地の農場、バックデン村での最後の作業現場たる農場、一部は遺産金とヨークシャ・ムアズ・アンド・デイルズ・アピール基金で獲得された。残りは一般基金から。

＊Upper Wharfedale：Town Head Barn、Buckden. ボランティアのベースとインフォメーションの地域として変えられた納屋、駐車場は村の中心部に近い。2名の女性からの遺産で獲得。

【ウェールズ】

（ダベッド州）

＊Llanerchaeron Estate：Pontbrenmydyr、Ciliau Acron. 18世紀中頃のコテッジと庭園、中央および地域基金で獲得。

（グウィネス州）

＊Beddgelert：Coed Cae Morys. グラスリンの谷の西側にある11.3ha.の広葉樹林、11ha.の隣接する農業用地に対しては約款も。カントリィサイド委員会およびポートメイリオン財団からの補助金で獲得。

＊Beddgelert：Craflwyn Hall Estate. この資産は93ha.の山岳地、一連の農場家屋と2つのコテッジなどからなっている。この資産はたいへん荒廃しているが5年もすると、トラストによって元気に回復されるであろう。ここは2名の紳士からの遺産金およびカントリィサイド・フォー・ウェールズからの基金で獲得された。

　私がこの土地を訪ねることができたのは、2003年10月10日から12日まで、トラストが挙行した「スノードニア・ウィークエンド」に参加できたからである。この大地の回復作業が始められてからおよそ10年が経っていたのである。この頃のこの大地の回復については、筆者稿「第9章　ナショナル・トラストと自然保護活動―持続可能な地域社会を求めて―」『西洋史の新地平』（刀水書房、2005年）を参照されたい。

＊Porthdinllaen、Nefyn、Near Pwllheli. 約1.6kmの海岸線、18のコテッジ、パブリック・ハウスとライフボート・ステーションからなる9.19ha.には約款、3

名の遺産金とカントリィサイド・カウンシル・フォー・ウェールズおよびエンタプライズ・ネプチューンからの基金で獲得。

＊Penrhyn Castle、Bangor. ペンリン・カースルへの車道に隣接する5.41ha.の森林、2名の遺産金で購入。

（ウェスト・グラモーガン州）

＊Gower Peninsula：The Old Parsonage、Rhossili. 19世紀の邸宅と一グループの離れ家からなるロシリィのうちの2.83ha., ガワー・アピールとエンタプライズ・ネプチューンからの基金および遺産金で購入。

【北アイルランド】

＊Orlock、Co. Down. トラストの土地に隣接する土地で、名ばかりの価格で獲得、譲渡可能。

＊Strangford Lough：Field at Greyabbey. トラストの所有地とグレイアビイの波打ち際に隣接する0.93ha.の野原、エンタプライズ・ネプチューンおよび北アイルランド環境省の野生生物部門からの基金で獲得。

第4章　注

（1） *1994/95 Annual Report and Accounts*（The National Trust, 1995）pp.5-7.

（2） *Ibid.*, pp.9-15.

（3） *Ibid.*, pp.17-18.

（4） *Ibid.*, p.18.

（5） *Ibid.*, p.19.

（6） *Ibid.*, p.20.

（7） *Ibid.*, pp.20-21.

（8） *Ibid.*, pp.21-22.

（9） *Ibid.*, pp.22-23.

主 要 指 標

保護された海岸線（km）

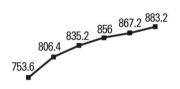

所有面積（1,000ha.）

約款（1000ha.）

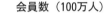

修繕・維持費（100万ポンド）

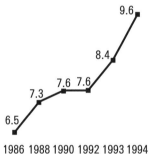

会員数（100万人）

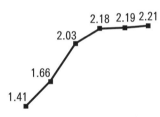

有料資産への訪問者数（100万人）

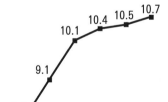

有料で一般に開放されている資産

The National Trust, *1994/95 Annual Report and Accounts*, p.29

地名索引

【あ行】

アーリントン・コート Arlington Court 196, 197

アイタム・モート Ightham Mote 237, 250, 251

アッパー・ウォーフデイル Upper Wharfedale 299, 435

アベルグウィッセン・コモン Abergwesyn Common 230, 232

ア・ラ・ロンド A la Ronde 363, 364

アルスウォーター Ullswater 232

イースト・アングリア East Anglia 385

イースト・リドレスデン・ホール East Riddlesden Hall 236

インナー・シティ Inner City 435

ウィッケン・フェン Wicken Fen 267, 367

ウィットビィ Whitby 176

ウィットリィ・コモン Witley Common 112

ウィンポール・ホール Wimpole Hall 134

ウォータースミート Watersmeet 36

ウォリントン・エステート Wallington Estate 237

エイヴベリィ Avebury 167, 363-364

エルディグ Erddig 65

【か行】

カーク・アベイ Carke Abbey 229

カースル・ウォード Castle Ward 268, 412

カイ・バドック Cae Fadog 159

カウンティスベリィ・ヒル Countisbury Hill 36, 37

北アイルランド Northern Ireland 40-41, 369

北アントリム海岸 North Antrim Coast 390

北ヨークシァ North Yorkshire 158

ギブサイド Gibside 386

キラトン・エステート Killerton Estate 269

キングストン・レーシィ Kingston Lacy 184,191, 195, 213

キンダー・スカウト Kinder Scout 191, 194, 195, 267

クーム・マーティン Coombe Martin 49

クイナンズ・ゲート Queen Anne's Gate 192

クォントック Quantock 196

クウォリィ・バンク・ミル Quarry Bank Mill 136-137, 181

クラウトシャム農場 Cloutsham Farm 368-370

クラッグサイド Cragside 119, 144, 386

グラスミア Grasmere 367

クランドン・パーク Clandon Park 21-22

グリーンウェイ Greenway 176-177

グロブナー・ハウス Grosvener House 426

クロム Crom 390

コーフ城 Corfe Castle 195、246、270

コールズヒル村 Coleshill Village 364-

365

コールトン・フィッシュエーカー・エス
テート Coleton Fishacre Estate
195, 366

コーンウォール岬 Cornwall Point 284

コッツウォルズ Cotswolds 365

コニストン湖 Coniston Water 161

【さ行】

サーストストン・コモン
Thurstaston Common 156

サウス・ダウンズ South Downs 385

サットン・ハウス Sutton House 395

サルクーム Salcombe 158

シッシングハースト Sissinghurst 156-
157, 252

シャーボン農場 Sherborne Farm 285

スカーバラ Scarborough 176

スコトニィ・カースル Scotney Castle
19-20

スタイアル Styal 136, 149

スタックポール Stackpole 109, 271,
324, 325, 394

スタート湾 Start Bay 160

スタッドランド湾 Studland Bay 199

ストーン・サークル Stone Circle 364

ストアヘッド Stourhead 52-54

ストラングファド・ラク
Strangford Lough 267-268

スノードニア山脈 Snowdonia Mountain
249, 283

スピーク・ホール Speke Hall 336-337

スリーヴ・ドナード Slieve Donald 390

スリンドン Slindon 337

セベノークス Sevenoakes 237, 250

セント・デイビッズ岬 St David's Point
232, 233

ソニースウェイト Thorneythwaite 38

【た行】

ダート・エスチュアリィ Dart Escuary
160

ダーナム・マッシィ Dunham Massy
120-121, 388, 415

チャッスルトン Chastleton 365, 372

ディナス・オライ Dinas Oleu 411

ドロコシィ Dolaucothi 344

【な行】

ニア・ソーリィ村 Near Sawrey Village
365

ノーフォーク Norfork 430

【は行】

バース・スカイライン Bath Skyline
387

バーマス Barmouth 159

ハインドヘッド Hindhead 373

ハインドヘッド・バイパス
Hindhead Bypass 396-397

バスコット村 Buscot Village 364-365

ハックニィ Hackney 407

ハットフィールド・フォレスト
Hatfield Forest 237

ハドリアンズ・ウォール Hadrian's Wall
80, 95, 269

ハニコト・エステート Holnicote Estate
197

地名索引

バリントン・コート Barrington Court
183

ピーク・ディストリクト Peak District
269, 430

ビジター・センター Visitor Centre 386

ファーン諸島 Farne Islands 162, 267

ファウンティンズ・アベイ
Fountains Abbey 210, 244, 386

フェルブリッグ・ホール Felbrigg Hall
19

プライア・パーク Prior Park 387

ブラッディ・ブリッジ Bloody Bridge
362, 363

ブラデナム・エステート
Bradenham Estate 191

ブランカスター Brancaster 67, 289-290

ブリクサム Brixham 54-55, 176

ブリックリング Blickling 162

ブルーコート・スクール
Blue Court School 175

ブレイクニィ・ポイント Blakeney Point
67

ベイシルドン・パーク Basildon Park
134-135

ペットワース Petworth 62-64, 93-94,
105

ベルトン・ハウス Belton House 210

ヘルフォード Helford 146

ボックス・ヒル Box Hill 162

ボローデイル Borrowdale 107

ボルト・テイル Bolt Tail 38, 39

ボルト・ヘッド Bolt Head 39

ホワイト・クリフス White Cliffs 82-
83, 146

【ま行】

マーロック・デューンズ
Murlough Dunes 390

マウント・スチュワート Mount Stewart
106-107, 268

マム・トー Mam Tor 269, 415

マラム・ターン Malham Tarn 299

マルバーン・ヒルズ Malvern Hills 167

メナイ Menai 249

モートン・イン・マーシュ
Morton-in-Marsh 365

モーペス Morpeth 387

モーン山脈 Mourne Mountain 362, 385

モンタキュート Montacute 98-99

【ら行】

ラムジィ Ramsey 232

ランズ・エンド Lands End 177-178

リザード半島 Lizard Peninsula 110

リポン Ripon 210

レイブンスカー Ravenscar 122, 158

ロウア・トレギニス農場
Lower Treginnis Farm 233

ロスベリィ Rothbury 387

ロビン・フッド湾 Robin Hood's Bay
110, 122, 158, 196

【わ行】

ワイト島 Isle of Wight 96, 121

ワゴナーズ・ウェル Waggoners' Well
373

ワデスドン・マナー
Waddesdon Manor 52

事項・人名索引

【あ行】

アーケル報告　211-212, 228-229

アガサ・クリスティ　176

アクセス　367-368

アソシエーション（協会）　182, 308-309, 372, 393

アメリカ合衆国のトラスト　85

アンガス・スターリング　192, 208-215, 264-266, 281-284, 337-341, 406-412, 429-432

アントリム卿　118

イギリス空軍基地　191

イギリス農村保護会議　35

遺産教育年　124-125

遺産と贈与　50, 104, 357

イコモス　35

EC　406

イングリッシュ・ヘリテイジ　382

インフレーション　226-227

ヴィクトリア・アンド・アルバート・ミュージアム　184

ウィリアム・モリス　65

ウェールズ農村保護会議　35

運輸省　384

エイコーン・キャンプ　27, 55, 179, 246

SSSI（特別科学研究対象地域）　217, 302

エネルギー　405

エリザベス皇太后　119, 143, 175

エリザベス・バトリック　249

エンタプライズ　394-395

エンタプライズ・ネプチューン　22-23, 38-39, 81-83, 135-136

オープン・カントリィサイド　281

オープン・スペース　266-267, 393-394

王立自然保護協会　268

王立野鳥保護協会　268

オクタヴィア・ヒル　411

【か行】

会計報告　416-417

家庭菜園（allotment）　107, 268

環境アセスメント　405

環境省　384

カントリィ・ハウス　383

カントリィサイド委員会　34, 255

基金募集　307-308

北アイルランド環境局　268

教育　236-237, 323-325, 430-431

共通農業政策（CAP）　391

強風（gale）　280, 306-307

グレアム・マーフィ　335

考古学　68-69, 304, 368

高地　234-235, 304

国土保全　47

国民遺産記念基金　155-156, 255, 382

国民経済的意義　47

国立公園　244, 247

国立公園局　233

古代記念物（中世を含む）保護協会　35

コダック　396

コミュニティ　301

【さ行】

最初のトラスト法　281-282

事項・人名索引

ジェニファー・ジェンキンズ　262-264,
　280-281, 298-300, 317-318, 334-335, 435
資産管理　227-228
自然保存委員会　233
自然保存評議会　112
慈善事業　419
シャイラク女史　196-197
社会事業団体　34, 426
ジャック・ボールズ　191-194, 208
ジュニア部門　111
ジョージアン協会　35
譲渡不能（inalianability）　62-64
ジョン・アーケル　211
人口減少　281
森林保護委員会　150, 263
スコットランド・ナショナル・トラスト
　34, 63, 166-167
政府機関と地方自治体　127
生物調査チーム　389
セット・アサイド　391
1972年財政法　50
センター　27-28, 71, 372, 393
ソイル・アソシエーション・スタンダード
　390
粗放農業　321
村落地　47-48

【た行】
地域・地方　51
チェルノブイリ　286
地球の危機　238
地方自治体　233
地方特有の建物　304-305, 368-369
チャールズ皇太子　426

チャールズ・ナネリィ　396
チョーリー卿　357-359, 372, 382-384,
　404-406, 426-429
ツーリズム　357
Tree disaster appeal　280
道路　346
道路建設　357
独立　417
トラスト75周年記念行事　15-17
トラストの協力団体　35

【な行】
内国歳入庁　393
ナショナル・トラスト・エンタプライズ
　235, 271-272
ナショナル・トラストと教育　218-219
ニコラス・ベアリング　372, 396
年次総会　309-311
農業　303, 341-342
農業環境政策　384
農業と自然保護　266-267
農業危機　281
農業不振　357
農業地代　78-79, 360
農地法（1984年法）　234

【は行】
バークレイズ銀行　160, 371
パートナーシップ　247
VAT　383
ピーター・ニクスン　238, 345
ビアトリクス・ポター　249, 365
ビクトリアン協会　35
100周年記念行事　389, 433-434

453

ピルグリム・トラスト　167-168

フィリップ殿下　244

フォード　396

不況　90

フラット　383

ブリティッシュ・ガス　395

ヘミング夫妻　365

法律制定　92-93

補助金　360, 386

ボランティア　218, 253

【ま行】

マーク・ノーマン　160

マーティン・ドルアリィ　363, 428, 429

ミス・ティチェスター　196

ミネルヴァ　431

【や行】

ヤング・ナショナル・トラスト・グループ
　165-166, 246

ヤング・ナショナル・トラスト・シアター
　166, 387-388

有機農法　390

ユネスコ　35

ヨーロッパ建築物遺産年　67-68

ヨーロッパ自然保護年　15

【ら行】

ラルフ・バンクス　195

リセッション　163

歴史的建築物協会　124, 383

歴史的建築物評議会　34

ロイズ銀行　199

ロイヤル・オーク財団　98, 126, 165

ロバート・ジョーンズ　285

ロバート・ハンター　373

【わ行】

ワーズワース　37

若者と自然保護　125

我らのヨーロッパ（Europa Nostra）
　35, 125

付録　ナショナル・トラストの所有資産地図（スコットランドを除く）

1　Cornwall
2　Devon and Dorset
3　Somerset and Wiltshire
4　The Cotswolds, Buckinghamshire and Oxfordshire
5　Berkshire, Hampshire and the Isle of Wight
6　Kent, Surry and Sussex
7　London
8　East of England
9　East Midlands
10　West Midlands
11　North West
12　The Lakes
13　Yorkshire
14　North East
15　Wales
16　Northern Ireland

（注1）地図上に記載されていない資産もある。
（注2）ナショナル・トラストのばあい、州ではなく、16の地域に区分されている。
（注3）地図は2017年の*National Trust Handbook*に記載されたものであるが、デジタル・データをナショナ
　　　　ル・トラスト本部から送付していただいたものを使用した。記して厚くお礼申し上げます。

1. Cornwall

2. Devon and Dorset

Legend:
- ▲ Buildings and/or gardens
- ● Entry points to coast and countryside
- National Trust land

10 miles (16km)

Locations shown:

Lundy, Mortehoe, Woolacombe, Ilfracombe, Baggy Point, Heddon Valley, Watersmeet, Arlington Court and National Trust Carriage Museum, Dunster Castle, Knightshayes, Tiverton, Killerton Estate: Clyston Mill, Killerton Estate: Ashclyst Forest, Killerton Estate: Marker's, Killerton Estate: Budlake Old Post Office, Killerton, EXETER, A la Ronde, Exmouth, Honiton, Branscombe, Sidmouth, Shute Barton, Loughwood Meeting House, Bideford, Barnstaple, Okehampton, Finch Foundry, Castle Drogo, Fingle Bridge, Parke, Newton Abbot, Bradley, Compton Castle, Torquay, Paignton, Greenway, Dartmouth, Coleton Fishacre, Coleton Camp, Brownstone, Little Dartmouth, Lydford Gorge, Launceston, Bude, Cotehele, Buckland Abbey, Shaugh Bridge, Plymbridge Woods, Cadover Bridge, PLYMOUTH, Saltram, Wembury, Salcombe, East Soar, Overbeck's, Mill Bay, Bolberry Down, South Milton Sands, TAUNTON, Yeovil, Lytes Cary Manor, Barrington Court, Montacute House, Bridport, Golden Cap, Burton Bradstock, Weymouth, DORCHESTER, Hardy Monument, Max Gate, Hardy's Cottage, Stourhead, Salisbury, Mompesson House, White Mill, Kingston Lacy, Clouds Hill, Ringstead Bay, Corfe Castle, BOURNEMOUTH, Poole, Brownsea Island, Studland Bay, Spyway

3. Somerset and Wiltshire

4. The Cotswolds, Buckinghamshire and Oxfordshire

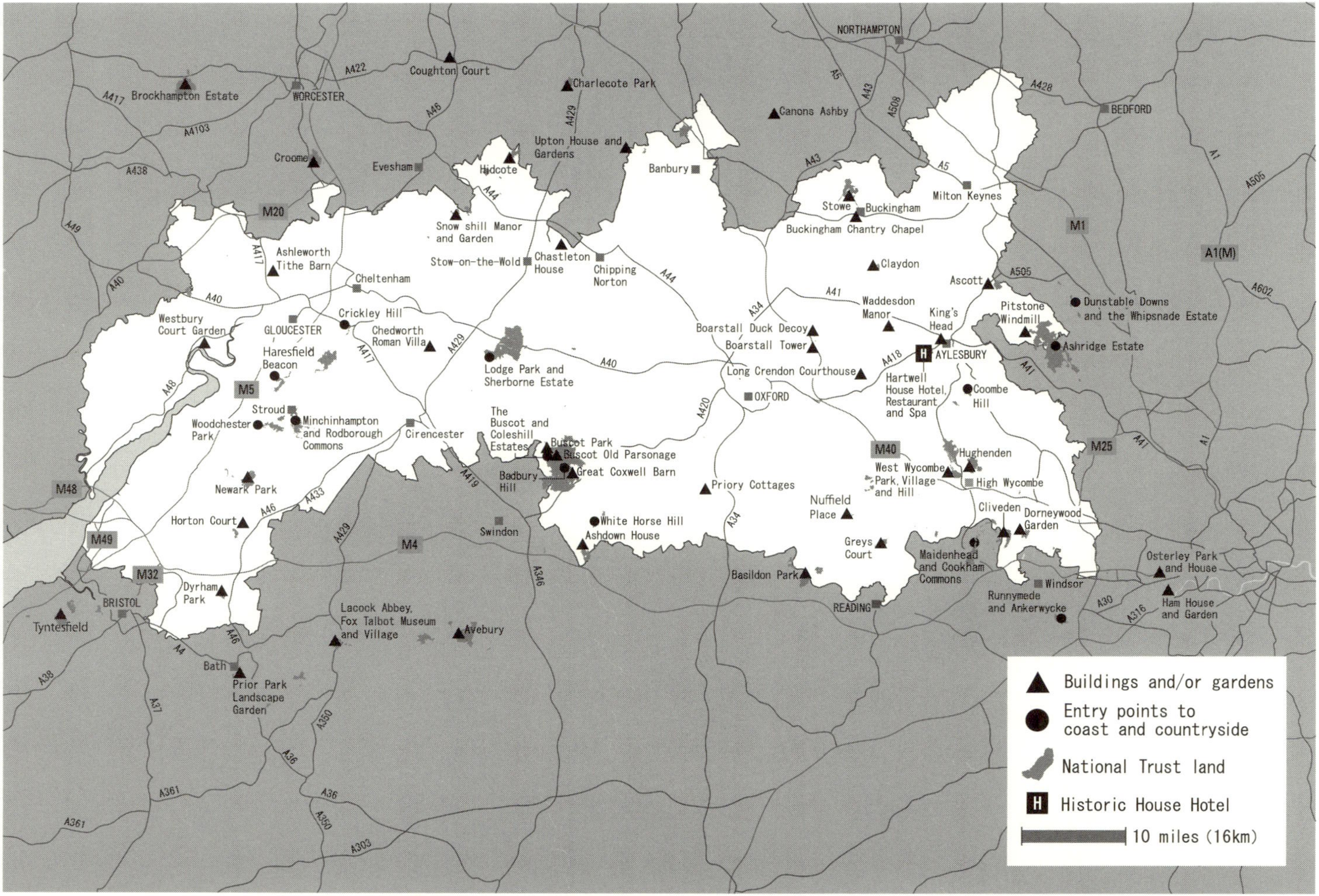

5. Berkshire, Hampshire and the Isle of Wight

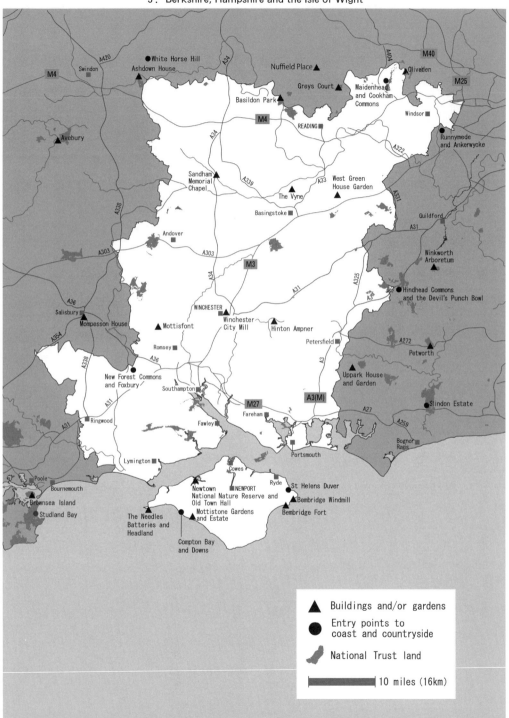

6. Kent, Surry and Sussex

7. London

Ightham Mote

M20

M26

Knole

A21

A20

Emmetts Garden

Chartwell

Rainham Hall

Eastbury Manor House

Woolwich

Red House

A12

A127

A12

A13

Hall Place and Gardens

M11

Sutton House and Breaker's Yard

Dr Johnson's House

Cutty Sark Museum

The Fan Museum

A2

M26

Enfield

Bevis Marks Synagogue

A10

George Inn

A205

The Old Operating Theatre Museum

A204

A22

Croydon

A10

A41

A406

2 Willow Road

Keats House

Foundling Museum

Benjamin Franklin House

575 Wandsworth Road

Morden Hall Park

A22

M23

Barnet

Carlyle's House

A24

A23

A217

Reigate Hill and Gatton Park

Ferton House and Garden

Freud Museum London

Museum of Brands

A41

A1

Epson

A24

Box Hill

Watford

M1

A40

Kingston Upon Thames

A3

Richmond

Strawberry Hill House

Polesden Lacey

M25

Osterley Park and House

Ham House and Garden

A316

Claremont Landscape Garden

A3

A30

Slough

A13

Windsor

M4

Maidenhead

Hughenden

High Wycombe

Cliveden

M40

M25

A404

Buildings and/or gardens

Entry points to coast and countryside

London Partners

National Trust land

10 miles
(16km)

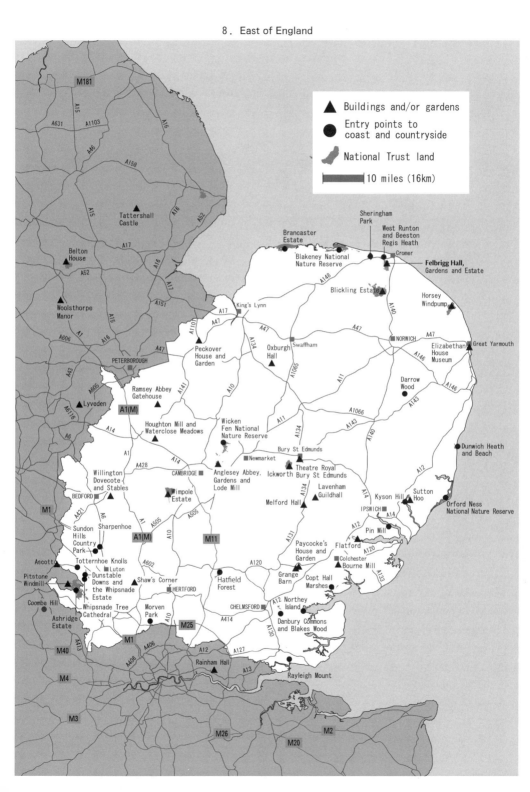

9. East Midlands

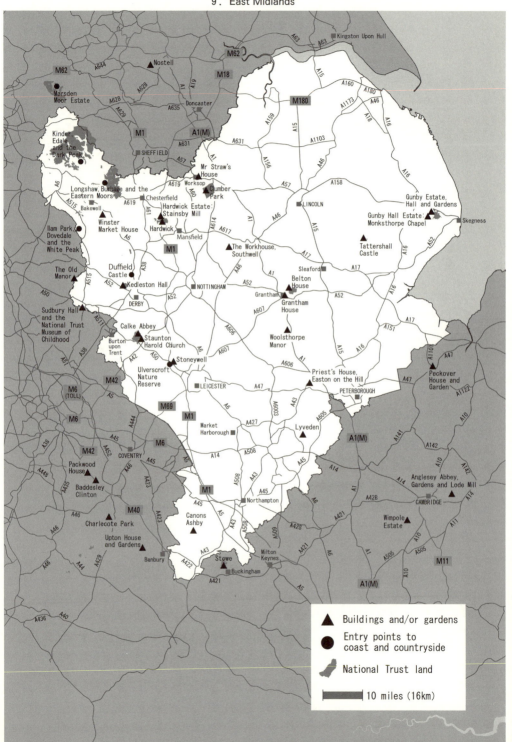

10. West Midlands

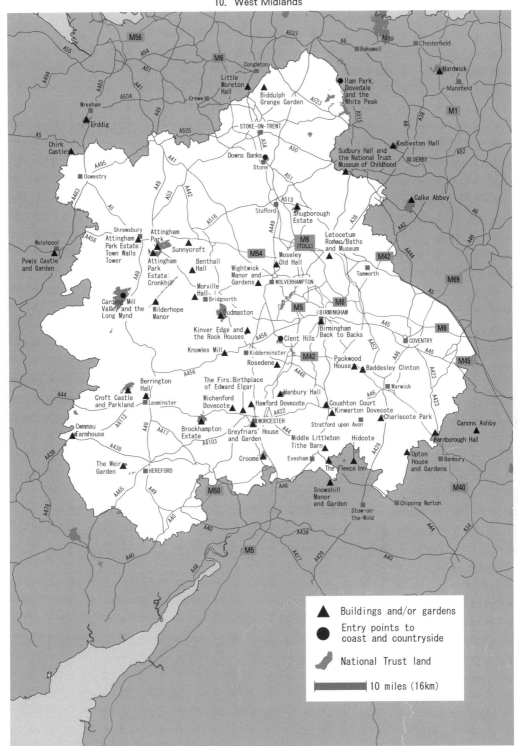

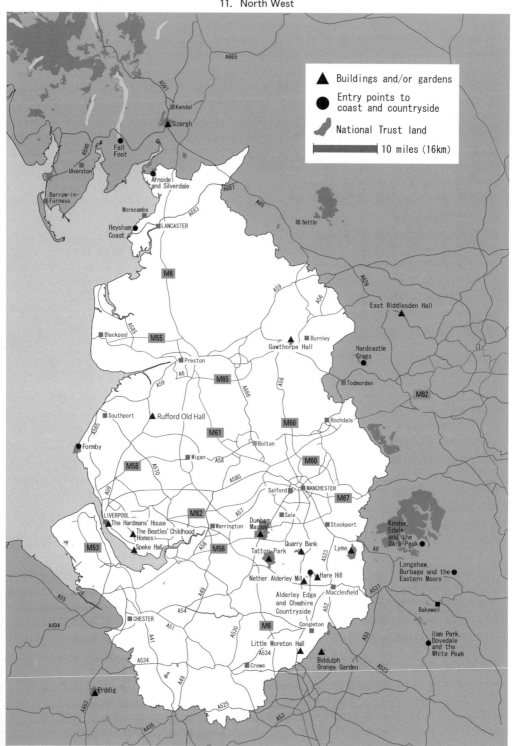

12. The Lakes

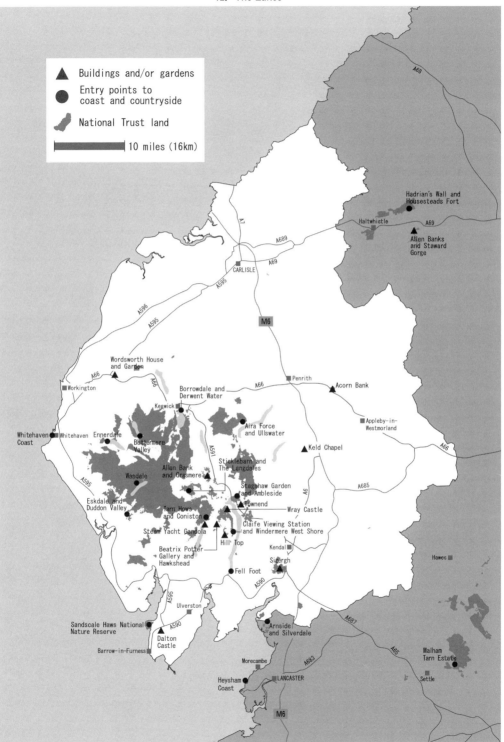

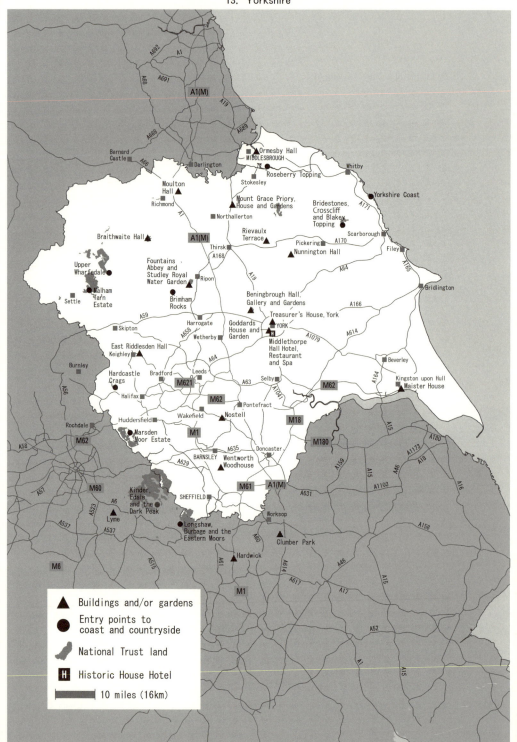

14. North East

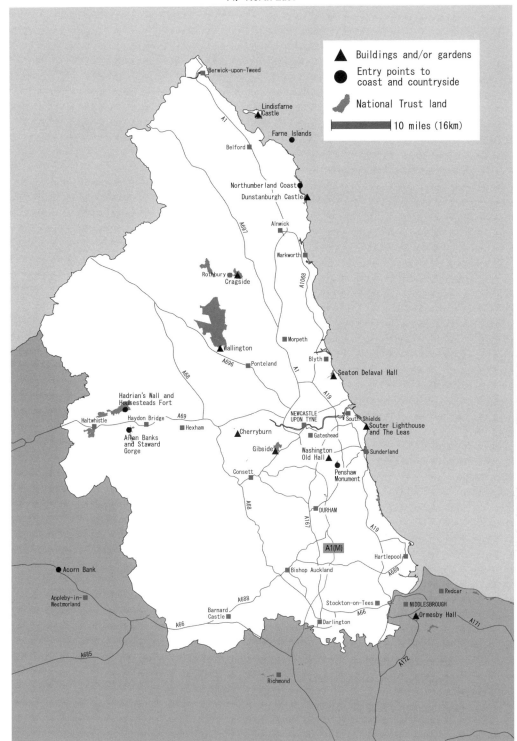

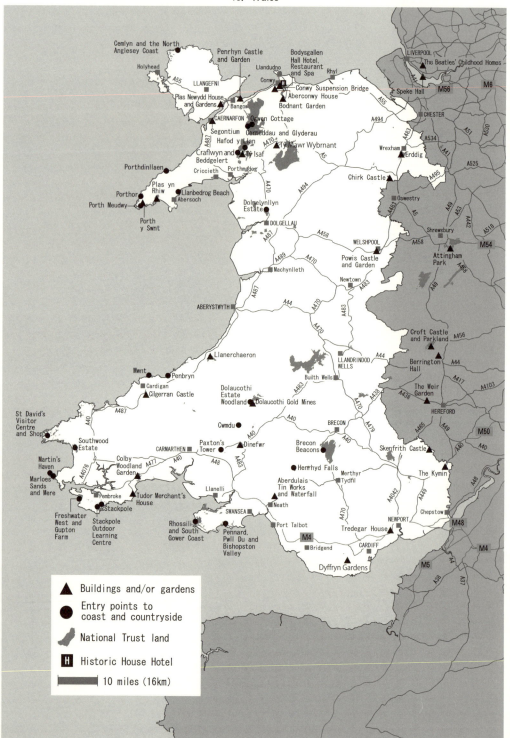
15. Wales

16. Northern Ireland

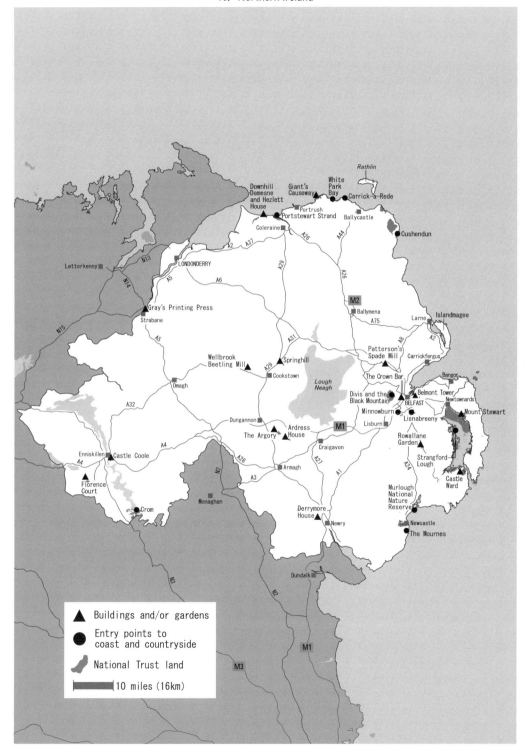

【著者略歴】

四元忠博（よつもと・ただひろ）

1938年　鹿児島県に生まれる
1964年　埼玉大学文理学部経済学専攻卒業
1968年　東京教育大学大学院文学研究科修士課程入学
1972年　同大学大学院博士課程中退
1972年　埼玉大学経済学部助手
2003年　埼玉大学経済学部教授定年退職
現　在　ナショナル・トラスト賛助会員

[著書]『イギリス植民地貿易史』（時潮社、2017年）
　　　　『ナショナル・トラストの軌跡　1895〜1945年』（緑風出版、2003年）
　　　　『ナショナル・トラストへの招待』（緑風出版、2007年）
　　　　『ナショナル・トラストの軌跡Ⅱ　1945〜1970年』（緑風出版、2015年）

[訳書]ヴァンダーリント（浜林・四元訳）『貨幣万能』（東大出版会、1977年）、ロビン・フェデン『ナショナル・トラスト―その歴史と現状』（時潮社、1984年）、グレアム・マーフィ『ナショナル・トラストの誕生』（緑風出版、1992年）

論文その他

ナショナル・トラスト100周年への道筋
1970〜1995年

2018年7月17日　第1版第1刷　定　価＝4500円＋税

著　者　四　元　忠　博　©
発行人　相　良　景　行
発行所　㈲　時　潮　社
　　　　174-0063　東京都板橋区前野町 4 - 62 - 15
　　　　電話（03）5915 - 9046
　　　　FAX（03）5970 - 4030
　　　　郵便振替　00190 - 7 - 741179　時潮社
　　　　URL http://www.jichosha.jp
　　　　E-mail kikaku@jichosha.jp

印刷・相良整版印刷　製本・仲佐製本

乱丁本・落丁本はお取り替えします。

ISBN978-4-7888-0725-9

時潮社の本

イギリス植民地貿易史
──自由貿易からナショナル・トラスト成立へ──

四元忠博 著

A 5 判・上製・360頁・定価3000円（税別）

イギリス経済史を俯瞰することは現在のグローバル化世界の根幹を知ることでもある。そのたゆまぬ人・モノ・カネの交流・交易──経済成長の行く先が「自然破壊」であった。そんななか自然保護運動として始まったナショナル・トラスト。本書は、その成立過程をイギリス経済史のなかに位置づける。

高度成長期日本の国立公園
─自然保護と開発の激突を中心に─

村串仁三郎 著

A 5 判・上製・432頁・定価3500円（税別）

行財政から環境政策の立案・実施にいたるまでの国立公園をめぐる日本の環境・自然保護運動の変遷と、国策たる各種開発政策の激突を豊富な実例を通じて分析する。国立公園政策研究の精華がここに！

源流の集落の息づかい
岩手県住田町土倉をみつめて

大須眞治 著

A 5 判・上製・232頁・定価2500円（税別）

通りすぎる車の音も一瞬の内に森の中に消え入ってしまうような深い森を背にして働き生活する人々の思いや悩みをこの集落の来し方・行方が見通せるのではないかという思いを込めて聞き取り調査をおこなった。

国際環境政策

長谷敏夫 著

A 5 判・上製・200頁・定価2900円（税別）

農薬や温暖化といった身近な環境問題から原子力災害まで、環境政策が世界にどのように認知され、どのように社会がこれを追認、規制してきたのかを平易に解き明かす。人類の存続をめぐる問題は日々新たに対応を迫られている問題そのものでもある。